Esperimenti didattici e amatoriali con i contatori Geiger

Francesco Riggi

Esperimenti didattici e amatoriali con i contatori Geiger

50+ attività per principianti e non solo

 Springer

Francesco Riggi
Dipartimento di Fisica e Astronomia
"E. Majorana" e INFN
Università di Catania e INFN
Catania, Italy

ISBN 978-3-031-72011-6   ISBN 978-3-031-72012-3 (eBook)
https://doi.org/10.1007/978-3-031-72012-3

This Springer imprint is published by the registered company Springer Nature Switzerland AG
The registered company address is: Gewerbestrasse 11, 6330 Cham, Switzerland

If disposing of this product, please recycle the paper.

"The humankind's most sensitive organ"
Albert Einstein, come riportato in una lettera
di Walter Müller ai suoi genitori

Prefazione

Ho visto e utilizzato per la prima volta un contatore Geiger da studente, durante il terzo anno di università, in un corso di laboratorio principalmente dedicato alla comprensione dei rivelatori di particelle e all'esecuzione di esperimenti legati alla fisica nucleare. Ricordo che insieme ad altri colleghi usammo uno di questi contatori, montato verticalmente in un supporto metallico capace di contenere, mediante un sistema a cassetti, delle lastrine di materiale per valutare la capacità di assorbimento delle radiazioni (beta o gamma) da parte del materiale interposto. Il rivelatore vero e proprio era collegato ad una scala di conteggio, un apparato dalle dimensioni generose, che faceva uso di valvole (Nixie tubes) per mostrare le cifre.

Dopo la laurea, le prime attività di ricerca mi portarono ad utilizzare prevalentemente rivelatori al silicio per la rivelazione delle particelle cariche di bassa energia. Successivamente entrai in contatto con gli scintillatori accoppiati a fotomoltiplicatori, con camere a drift multiwire, con spettrometri magnetici … e poi ancora con rivelatori a pixel di silicio per i tracciatori di particelle in esperimenti all'SPS e a LHC al CERN, o con scintillatori con fibre WLS e lettura tramite Avalanche Photodiodes per i grandi calorimetri elettromagnetici. Dove erano finiti i contatori Geiger? Non ebbi più contatto diretto con questi fino a che non mi ritrovai a condurre degli esperimenti didattici che utilizzavano questa tipologia di rivelatori, dapprima per semplici attività dedicate alla fisica dei raggi cosmici, poi come uno dei tool in un corso di laboratorio dedicato agli studenti del terzo anno, quello stesso corso nel quale avevo per la prima volta utilizzato questa strumentazione, e in cui ho avuto la possibilità di insegnare per una quindicina di anni, trasmettendo ad altri l'interesse verso la rivelazione delle particelle, questi occhi capaci di farci vedere l'invisibile.

Questo testo nasce da quell'esperienza, e dalla molteplicità di esperimenti e attività didattiche, molte delle quali condotte nel corso degli anni sfruttando la radiazione cosmica. Alcune di queste attività sono state parte integrante di tesi di laurea sia didattiche che legate alla fisica nucleare. Per questo testo ho cercato di ampliare, dove possibile, molte delle esperienze realizzate negli anni passati, cercando di adattarle anche a contatori Geiger disponibili recentemente sul mercato a prezzi contenuti. In molti casi, infatti, le esperienze proposte sono accessibili anche ad appassionati, indipendentemente dal curriculum specifico di fisica, specie in quei casi in cui non si fa alcun utilizzo di sorgenti radioattive, sebbene di bassa attività.

Nella maggior parte degli esperimenti e delle attività proposte, dopo aver introdotto brevemente il problema e l'interesse fisico verso quel tipo di misura, fornendo in molti casi anche un'adeguata bibliografia e riferimenti storici al tipo di misure realizzate in passato, si propone la descrizione di misure effettivamente eseguite e si riportano i risultati tipici che è possibile ottenere. In alcuni casi, tuttavia, ci si è limitati a proporre l'attività descrivendo e commentando le condizioni e i criteri per poter progettare e realizzare una misura specifica, o per migliorare quelle esistenti.

Alla serie numerosa, quasi 60, di attività ed esperimenti proposti, è stata premessa una parte introduttiva, costituita da alcuni capitoli dedicati ai concetti base della radiazione, alle possibili interazioni delle diverse radiazioni con i materiali, allo sviluppo dei primi rivelatori di particelle e al funzionamento dei contatori Geiger. L'ultimo capitolo della prima parte di questo testo è espressamente dedicato all'utilizzo, anche pratico, dei contatori Geiger recentemente disponibili sul mercato, anche a scopo didattico e amatoriale. Il testo è dunque rivolto anche a chi non abbia la possibilità di seguire un corso universitario che affronti questi argomenti, e che voglia farsi un'idea più completa delle problematiche che stanno dietro molti degli esperimenti da condurre con questa tipologia di rivelatori.

Il testo è corredato da circa 300 illustrazioni e numerose tabelle numeriche, insieme a molti riferimenti bibliografici su esperimenti storici e risultati recenti.

Gli esperimenti e le attività sono proposti partendo da quelle più semplici, nelle quali si fa uso di un solo contatore Geiger, per comprenderne l'utilizzo e le prestazioni tipiche, nonché per utilizzarlo come misuratore di radiazioni in una varietà di situazioni, dalla radioattività ambientale e legata alla presenza del radon alla misura delle radiazioni cosmiche. Ulteriori esperimenti e attività sono dedicati anche all'utilizzo simultaneo di più contatori, per migliorare le condizioni di utilizzo e per l'osservazione di fenomeni qualitativamente nuovi. Alcuni esperimenti o considerazioni più avanzate sono discussi negli ultimi capitoli della seconda parte, come suggerimento per attività più specifiche, come la possibilità di rivelazione dei neutroni, gli esperimenti relativi all'entanglement, o le tecniche di simulazione nella comprensione della risposta di un rivelatore. Questi ultimi vanno intesi come suggerimenti introduttivi a problematiche molto più ampie, il cui affronto dettagliato esula dallo scopo di questo testo.

Desidero ringraziare tutte le persone che hanno contribuito alle attività descritte in questo testo, e con le quali è stato un piacere poter collaborare. La maggior parte delle attività didattiche e di ricerca legate all'utilizzo di questi rivelatori ha enormemente usufruito della collaborazione ventennale con Paola La Rocca. Ringrazio anche espressamente le seguenti persone, che hanno contribuito a diversi aspetti di queste attività: Salvatore Aiola, Francesco Blanco, Alberto Calivà, Barbara Famoso, Filippo Fichera, Valeria Indelicato, Francesco Librizzi, Giuseppe Lo

Re, Davide Nicotra, Orazio Parasole, Chiara Pinto, Marika Rasà, Simone Riggi, Gianluca Santagati, Gaetano Zappalà e molti altri.

Un ringraziamento speciale va alla casa editrice Springer e al suo staff per l'attenzione dedicata a questo lavoro, anche nella sua edizione italiana.

Catania
Giugno 2024

Indice

Parte I
Radiazioni ionizzanti e loro misura

Che cos'è la radiazione?

1

1.1 Introduzione

Che cos'è la radiazione? Utilizziamo questa parola in molti contesti e per denotare aspetti apparentemente diversi. Parliamo ad esempio delle radiazioni UV che colpiscono il nostro corpo se ci esponiamo alla luce del Sole, ma anche delle radiazioni emesse dai cellulari, così come utilizziamo lo stesso termine per discutere delle radiazioni beta emesse da un composto radioattivo o delle radiazioni cosmiche che raggiungono la Terra dopo aver viaggiato per milioni di anni nello spazio.

Si tratta fondamentalmente di energia che proviene da una sorgente ed è capace di viaggiare attraverso lo spazio propagandosi da un luogo ad un altro, talvolta anche nel vuoto. In molti casi le radiazioni sono capaci di attraversare dei materiali, cioè di penetrare attraverso degli spessori più o meno grandi di materia.

Conosciamo differenti tipi di radiazioni: le stesse onde luminose, le onde radio o le microonde sono forme di radiazioni. In questo contesto, tuttavia, ci occuperemo particolarmente di radiazioni ionizzanti, cioè radiazioni che sono capaci di produrre atomi o molecole ionizzate (ioni) nella materia. Affinché un atomo o una molecola possano essere ionizzati, cioè perdere uno o più elettroni in un singolo processo fisico, occorre una quantità minima di energia, necessaria a superare il legame con cui gli elettroni sono legati al sistema. La tabella seguente (Tabella 1.1) mostra l'energia di ionizzazione (in eV), necessaria per strappare l'elettrone meno legato, nel caso di alcuni elementi atomici leggeri. Per strappare gli elettroni più legati, nel caso di sistemi a più elettroni, è ovviamente necessaria un'energia maggiore.

Come si vede dalla Tabella, queste energie sono dell'ordine di 10–20 eV, essendo maggiori per i gas nobili. Il processo di ionizzazione può essere espresso come

$$A(neutro) + energia \rightarrow A^+ + e^-$$

dove A è un atomo o una molecola, e nel processo vengono creati uno ione positivo e un elettrone.

© The Author(s), under exclusive license to Springer Nature Switzerland AG 2025
F. Riggi, *Esperimenti didattici e amatoriali con i contatori Geiger*,
https://doi.org/10.1007/978-3-031-72012-3_1

Elemento	Energia di ionizzazione (eV)
^{1}H	13.6
^{4}He	24.6
^{12}C	11.3
^{16}O	13.6
^{20}Ne	21.6
^{40}Ar	15.8

Tabella 1.1 Energie di ionizzazione necessarie per strappare l'elettrone meno legato, nel caso di alcuni elementi atomici leggeri

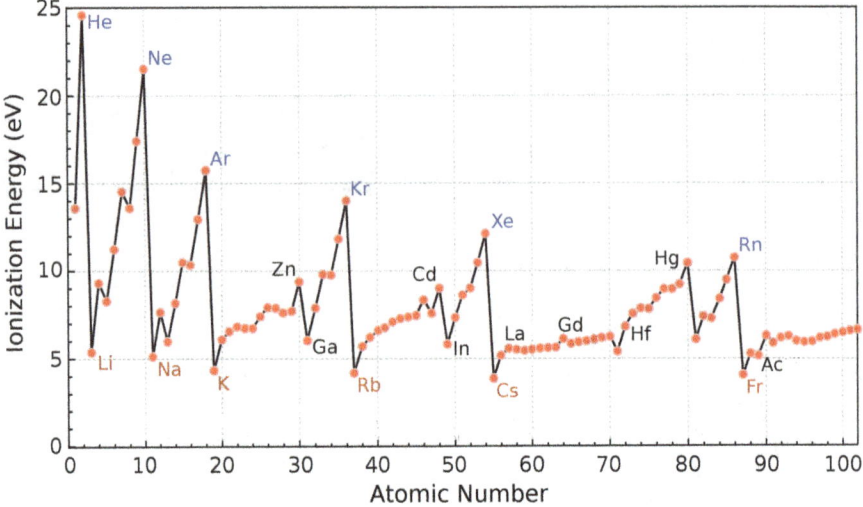

Figura 1.1 Energie di ionizzazione per i vari elementi della Tavola Periodica. Fonte: Wikimedia Commons

La Fig. 1.1 mostra un plot delle energie di ionizzazione per i vari elementi della Tavola Periodica. In alcuni casi, come ad esempio per il Potassio o il Cesio, l'energia di ionizzazione è solo di pochi eV.

Tradizionalmente si utilizza l'elettronvolt (eV) e i suoi multipli (keV, MeV, ...) come unità di misura dell'energia nel caso di processi atomici o nucleari. Questa unità è definita come l'energia acquisita da un elettrone accelerato da una differenza di potenziale di 1 V. In generale, una particella dotata di una carica $q = n\,e$, accelerata da una differenza di potenziale V, acquisterà un'energia cinetica $K = n\,e\,V$. Ad esempio una particella alfa (nucleo di He totalmente ionizzato, con una carica pari a $2e$), accelerato da una differenza di potenziale di 100 V, acquisterà un'energia cinetica di 200 eV. Naturalmente, in quanto unità di misura dell'energia, l'elettronvolt è legato all'unità di misura del Sistema Internazionale (SI), il Joule (J), dalla relazione:

$$1\,\text{eV} = 1.602 \times 10^{-19}\,\text{J}$$

Nei gas l'energia media per creare una coppia elettrone-ione positivo è in genere più elevata della semplice energia di ionizzazione, in quanto non tutta l'energia fornita

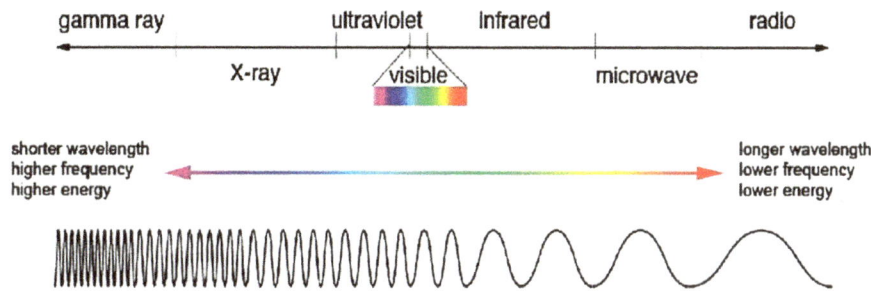

Figura 1.2 Spettro delle onde elettromagnetiche, dalle onde radio alle radiazioni gamma. Fonte: NASA

viene utilizzata per ionizzare, ma in parte anche per eccitare (senza ionizzazione) gli atomi o le molecole. Per questo motivo, in molti gas l'energia media necessaria per la ionizzazione può raggiungere anche i 30–40 eV.

Possiamo mettere in relazione questi valori tipici di energia con l'energia dei fotoni di una radiazione elettromagnetica di lunghezza d'onda (o frequenza) opportuna, in base alla ben nota relazione tra lunghezza d'onda, frequenza e velocità

$$E = h\nu = h\frac{c}{\lambda}$$

dove h rappresenta la costante di Planck, il cui valore è 6.626×10^{-34} J s, o 4.135×10^{-15} eV s, ν rappresenta la frequenza della radiazione e λ la lunghezza d'onda, essendo c la velocità della luce. Se esprimiamo l'energia di un fotone in eV e la lunghezza d'onda in m, esse saranno legate dalla relazione

$$\lambda = \frac{1.240 \times 10^{-6}}{E}$$

Lo spettro delle onde elettromagnetiche conosciute si estende, come sappiamo, su un intervallo enormemente ampio, dalle onde radio (lunghezze d'onda anche delle centinaia di metri) fino ai raggi gamma, come mostra la Fig. 1.2. La luce visibile copre solo una piccola porzione dell'intero spettro delle onde elettromagnetiche, con lunghezze d'onda che vanno da circa 400 a 700 nm.

Tenendo conto della relazione precedente tra lunghezza d'onda ed energia, possiamo verificare che le radiazioni ionizzanti, con energia minima del singolo fotone dell'ordine della decina di eV, devono avere lunghezze d'onda inferiori a circa 100 nm. Siamo dunque nella regione dell'ultravioletto, mentre la luce visibile non è in grado di ionizzare.

Anche se in linea di principio radiazioni elettromagnetiche aventi energia del singolo fotone di decine di eV sono capaci di ionizzare gli atomi o le molecole, bisogna considerare che esse possono essere arrestate anche da spessori molto piccoli di materiale. Le radiazioni ionizzanti di cui discuteremo nell'ambito di questi esperimenti da condurre con i contatori Geiger, così come altre tipologie di rivelatori, sono in genere radiazioni (elettromagnetiche o corpuscolari) che hanno energie molto più elevate e dunque anche capacità di penetrazione maggiore, a seconda del tipo di radiazione considerata.

1.2 Sorgenti di radiazione

Le radiazioni ionizzanti di cui discutiamo in questo contesto hanno origine in processi di tipo atomico (che coinvolgono cioè fenomeni che riguardano la struttura e le proprietà degli atomi), oppure in processi di tipo nucleare o subnucleare (che coinvolgono proprietà dei nuclei atomici, come il decadimento radioattivo, o dei suoi costituenti). Le due categorie di processi sono abbastanza distinte tra loro e danno luogo a radiazioni in range differenti di energia.

Possiamo suddividere queste radiazioni ionizzanti innanzitutto in base alla loro natura, se di tipo elettromagnetico o corpuscolare.

La radiazione elettromagnetica, di cui abbiamo visto in precedenza lo spettro in frequenza o lunghezza d'onda, in quanto capace di ionizzare, riguarda soprattutto le radiazioni con frequenza più elevata, dall'ultravioletto in su, in particolare i raggi X e i raggi gamma. I primi possono essere emessi spontaneamente dalla diseccitazione di livelli atomici, oppure prodotti artificialmente in seguito alla interazione di elettroni energetici con un materiale, come avviene nelle macchine a raggi X utilizzate in diagnostica medica. Tipicamente denotiamo con radiazioni X quelle radiazioni i cui fotoni hanno energie fino a circa 100 keV.

I raggi gamma sono invece prodotti da processi nucleari, cioè da transizioni tra stati energetici del nucleo, ad esempio in seguito a decadimenti radioattivi, e hanno in questo caso energie fino ad alcuni MeV. Anche le radiazioni gamma, fotoni con energie tipicamente superiori ai 100 keV, possono essere prodotte artificialmente, attraverso l'interazione di particelle cariche estremamente energetiche con altri nuclei, o in reazioni nucleari, mediante acceleratori di particelle, nel qual caso le energie in gioco possono anche essere molto elevate.

Per quanto riguarda la radiazione ionizzante di natura corpuscolare, essa può essere associata ad elettroni veloci, come la radiazione beta (elettroni emessi dal decadimento beta di nuclei radioattivi) oppure a particelle cariche più pesanti, come protoni, particelle alfa o nuclei più pesanti. Alcune di queste particelle pesanti possono essere prodotte spontaneamente in natura dai processi di decadimento radioattivo, specie le particelle alfa (energie tipiche di alcuni MeV) e i prodotti della fissione spontanea di alcuni nuclei pesanti (energie dell'ordine di 100 MeV). Naturalmente anche queste, dopo l'avvento degli acceleratori, sono state prodotte, ad energie ancora più elevate, tramite reazioni nucleari. Tra le particelle energetiche che possono indurre, anche se indirettamente, ionizzazione, sono da includere anche i neutroni, che sebbene non ionizzino direttamente sono capaci di produrre, in seguito a processi nucleari, altre particelle cariche, come ad esempio le particelle alfa o i protoni, a loro volta capaci di ionizzare.

In questo contesto va tuttavia ricordato che tra le sorgenti naturali di radiazioni ionizzanti, oltre i nuclei degli elementi radioattivi, abbiamo certamente anche i prodotti derivanti dalla radiazione cosmica secondaria, generata nell'atmosfera terrestre dall'arrivo di particelle primarie estremamente energetiche, nella maggior parte dei casi protoni, i quali interagendo con i nuclei presenti nell'atmosfera sono capaci di produrre a cascata una miriade di altre particelle, sia cariche che neutre. Sappiamo anzi che l'esistenza della maggior parte delle particelle elementari venne evidenziata, ben prima dell'avvento degli acceleratori di particelle, proprio nello studio della radiazione cosmica di origine extraterrestre.

Vedremo nei paragrafi successivi più in dettaglio alcune delle proprietà delle principali radiazioni ionizzanti che avremo modo di utilizzare in questa serie di esperimenti con i contatori Geiger.

1.3 Radioattività spontanea

Il fenomeno della radioattività spontanea di molti elementi esistenti in natura è alla base della produzione di alcune delle radiazioni ionizzanti che abbiamo appena discusso. Come è noto, questo fenomeno venne scoperto alla fine del 1800 dal fisico francese Henry Becquerel in seguito all'osservazione delle tracce fotografiche prodotte da materiali contenenti uranio. Becquerel dimostrò che le radiazioni prodotte dall'uranio non potevano essere raggi X (scoperti appena un anno prima da Roentgen), perché esse venivano deflesse da un campo magnetico. Doveva trattarsi dunque di particelle cariche. Il termine radioattività venne impiegato poco tempo dopo dai coniugi Curie, che osservarono fenomeni di emissione di prodotti energetici anche da altri elementi chimici, oltre che dall'uranio. La distinzione tra radioattività alfa, beta e gamma venne infine introdotta da Rutherford, in base alle proprietà delle particelle prodotte in questi processi, in particolare alla loro capacità di penetrazione nei materiali e alla loro eventuale deflessione in un campo magnetico. Mentre alcune di esse (le radiazioni alfa) erano arrestate anche da spessori molto piccoli di materiali – anche un foglio di carta – altre erano capaci di attraversare spessori metallici di 1–2 mm (radiazioni beta). Le radiazioni elettromagnetiche infine (X o gamma), risultavano in grado di attraversare anche spessori notevoli di materiali solidi, ad esempio diversi centimetri di piombo (Fig. 1.3). Vedremo in alcune delle attività proposte in questo testo, come caratterizzare, mediante l'uso di contatori Geiger, queste proprietà di trasmissione delle diverse tipologie di radiazioni ionizzanti attraverso i materiali.

Nei processi radioattivi, una trasformazione spontanea che avviene in un nucleo atomico può dar luogo all'emissione di particelle o di radiazione elettromagnetica, con la conseguente trasformazione del nucleo originario. Sebbene la maggior parte degli isotopi esistenti in natura, circa 250, siano stabili, una elevata frazione di essi è costituita da isotopi radioattivi, che in tempi più o meno lunghi si trasformano per decadimento spontaneo. Ad essi si aggiungono quegli isotopi che sono stati prodotti artificialmente, bombardando uno degli isotopi naturali.

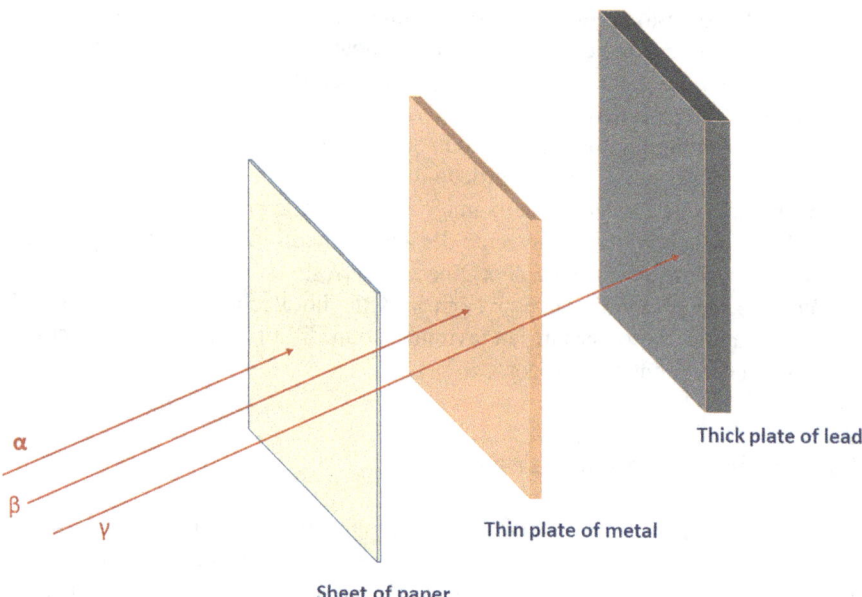

Thick plate of lead

Thin plate of metal

Sheet of paper

Figura 1.3 Il diverso comportamento delle radiazioni alfa, beta e gamma può essere evidenziato in base alla loro capacità di penetrazione in un materiale. Particelle alfa emesse da nuclei radioattivi (energie tipiche di alcuni MeV) possono essere fermate in un sottile foglio di carta, o in alcuni cm di aria. Elettroni (radiazione beta) di qualche MeV, come quelli emessi dai nuclei radioattivi beta, si arrestano in sottili spessori metallici (1–2 mm), mentre le radiazioni gamma emesse dalle sorgenti naturali richiedono spessori notevoli di materiali densi, anche parecchi cm di piombo

La condizione generale affinché un decadimento possa accadere è che il sistema finale sia più "legato" rispetto al sistema iniziale, o, tenendo conto della equivalenza massa-energia, che la massa del sistema iniziale sia maggiore della somma delle masse dei prodotti nello stato finale. Questa differenza di massa può essere convertita in energia che si rende disponibile nello stato finale. Ad esempio, nel decadimento alfa dell'isotopo ^{238}Pu, che produce un nucleo residuo ^{234}U e una particella alfa (^{4}He), la massa del nucleo originario, pari a 238.0495 unità di massa atomica, è maggiore della somma delle masse dell'^{234}U (234.0409 unità di massa atomica) e dell'^{4}He (4.0026 unità di massa atomica), cosicché la differenza positiva tra la massa iniziale e la massa finale, pari a 0.006 unità di massa atomica, equivale ad un'energia di 0.006×931.49 MeV/c^2, pari a 5.59 MeV.

Anche se un decadimento è energeticamente possibile, in base alle considerazioni precedenti, la probabilità che esso avvenga in un dato intervallo di tempo dipende fortemente dal particolare isotopo considerato. L'attività A di una sorgente radioattiva è definita come il numero di nuclei che decade per unità di tempo

$$A = \frac{dN}{dt}$$

Tabella 1.2 Valori della costante di decadimento e del tempo di dimezzamento per alcune specie nucleari

Nuclide	Costante di decadimento	Tempo di dimezzamento
^{212}Po	2.28×10^6/s	304 ns
^{220}Rn	1.33×10^{-2}/s	55.6 s
^{222}Rn	2.1×10^{-6}/s	3.82 giorni
^{14}C	3.9×10^{-12}/s	5 730 anni
^{238}U	5×10^{-18}/s	4.5×10^9 anni

Essa è legata al numero N di nuclei presenti a quel dato tempo nel campione considerato e ad un parametro caratteristico di ogni specie, λ, definita come costante di decadimento

$$A = -\lambda N$$

La legge fondamentale del decadimento radioattivo è dunque ricavabile dall'equazione

$$\frac{dN}{dt} = -\lambda N$$

Questa equazione ci dice come varia nel tempo il numero di nuclei N(t) presenti per quella data specie, naturalmente se altri processi non contribuiscono a creare – ad esempio da altri decadimenti – nuclei addizionali. La soluzione dell'equazione precedente porta ad un andamento del tipo

$$N(t) = N_0 e^{-\lambda t}$$

dove N_0 rappresenta il numero di nuclei all'istante iniziale ($t = 0$). Il numero di nuclei $N(t)$ presenti al tempo t diminuisce dunque secondo una legge esponenziale, caratterizzata dal parametro λ. Questo parametro può assumere valori estremamente diversi per le varie specie, come mostra la Tabella 1.2, in cui sono riportati alcuni valori caratteristici della costante di decadimento, sia per elementi con valori di λ estremamente piccoli che per valori di λ molto grandi.

Un altro parametro frequentemente usato per caratterizzare il comportamento dei nuclei radioattivi è il loro tempo di dimezzamento $T_{1/2}$, cioè il tempo dopo il quale in media il numero di nuclei si è ridotto a metà rispetto al numero iniziale. Imponendo nella legge della radioattività che $N = N_0/2$, si può ricavare il valore del tempo a cui questo avviene

$$T_{1/2} = \frac{\ln 2}{\lambda}$$

La tabella precedente mostra nell'ultima colonna anche il valore del tempo di dimezzamento, legato alla costante di decadimento dalla relazione precedente. Talvolta, anziché utilizzare come tempo caratteristico il tempo di dimezzamento si usa la vita media τ, pari all'inverso di λ, $\tau = 1/\lambda$.

La Fig. 1.4 mostra un esempio specifico di andamento esponenziale decrescente, nel caso dell'isotopo ^{222}Rn, con tempo di dimezzamento 3.82 giorni, assumendo un numero iniziale di nuclei pari a 10^6.

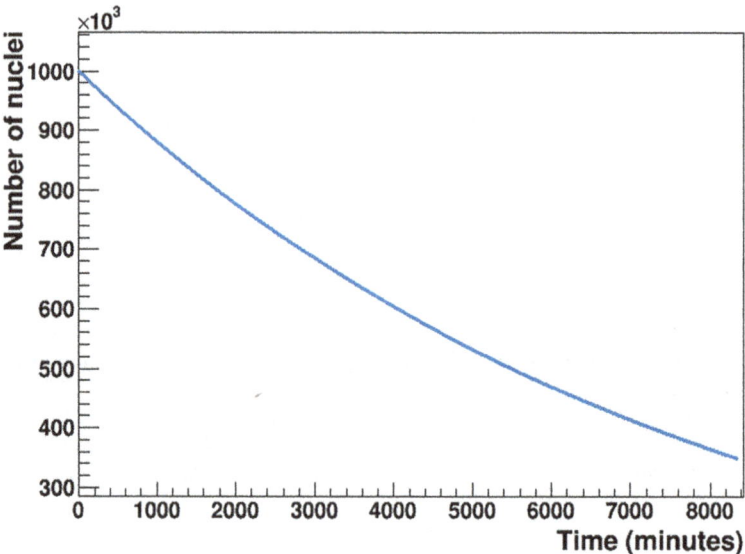

Figura 1.4 Andamento del numero di nuclei di ^{222}Rn al passare del tempo, secondo la legge del decadimento radioattivo, lungo un intervallo di tempo di circa 5.7 giorni

Sebbene per ragioni storiche l'unità di misura dell'attività fu il Curie (Ci), definito esattamente come 3.7×10^{10} disintegrazioni al secondo, che rappresentava la stima fatta a quel tempo dell'attività prodotta da un grammo dell'isotopo ^{226}Ra, oggi l'unità di misura dell'attività è semplicemente il Becquerel (Bq), eguale a una disintegrazione al secondo. Con questa definizione possiamo dire che $1\,\mathrm{Ci} = 3.7 \times 10^{10}\,\mathrm{Bq}$. Ancora oggi, tuttavia, il Curie, e specialmente i suoi sottomultipli, il milliCurie (mCi) pari a $3.7 \times 10^{7}\,\mathrm{Bq}$, e il microCurie (µCi) pari a $3.7 \times 10^{4}\,\mathrm{Bq}$, sono comunemente usati per caratterizzare l'attività di una sorgente o di preparati radioattivi. Vedremo che in molti esperimenti proposti in questo testo sono state adoperate sorgenti di uso didattico, aventi attività dell'ordine del microCurie o inferiore, che non pongono problemi se adoperate con le opportune precauzioni.

1.4   Decadimento alfa

I fenomeni di decadimento alfa sono tipici dei nuclei pesanti, per i quali questo decadimento è energeticamente possibile in modo spontaneo. In questo processo un nucleo (A, Z), con numero atomico Z e numero di massa A, decade emettendo una particella alfa (nucleo di ^{4}He), trasformandosi dunque in un nucleo residuo $(A-4, Z-2)$, secondo il processo (Fig. 1.5)

$$^A_Z X \rightarrow {}^{A-4}_{Z-2} Y + {}^4\mathrm{He}$$

Figura 1.5 Schematizzazione di un processo di decadimento alfa di un nucleo pesante. Il nucleo residuo, avente (*A*-4) nucleoni e numero atomico (*Z*-2) rispetto al nucleo originario (*A*, *Z*) rincula in direzione opposta alla particella alfa emessa

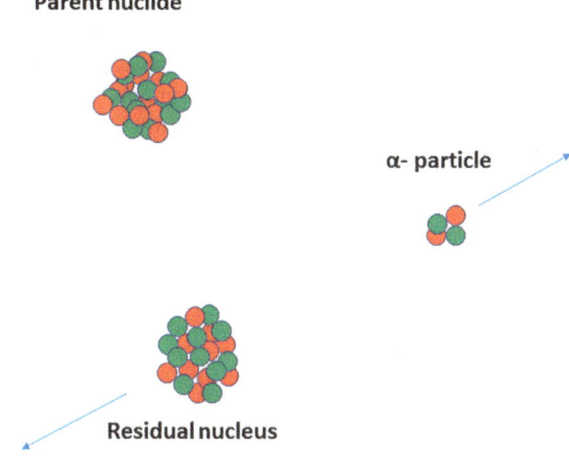

Essendo il decadimento alfa un processo a due corpi, che avviene con conservazione dell'energia e dell'impulso, il nucleo residuo acquisterà una direzione di moto (e un impulso) opposti a quelli della particella alfa, e una energia cinetica calcolabile dai principi di conservazione, in base al rapporto delle masse.

Se il nucleo residuo viene lasciato nel suo stato fondamentale, l'energia della particella alfa sarà la massima possibile; in generale, tuttavia, il nucleo residuo viene lasciato – con una certa probabilità – in uno dei suoi possibili stati eccitati, per cui la particella alfa sarà emessa con energia minore. Un dato isotopo radioattivo alfa potrà dunque emettere in generale particella alfa aventi energie diverse, in base ai possibili livelli eccitati del nucleo residuo. È importante notare, soprattutto, che lo spettro dell'energia posseduta dalle particelle alfa emesse è uno spettro discreto, costituito da pochi valori, a differenza di quanto accade nel decadimento beta, che vedremo nella prossima sezione.

A titolo di esempio, la Tabella 1.3 mostra i possibili valori dell'energia delle particelle alfa emesse nel decadimento di alcuni comuni nuclidi emettitori alfa, insieme al loro *branching ratio* (percentuale di decadimenti che producono particelle con quella data energia). La colonna 2 mostra anche il tempo di dimezzamento per i nuclidi riportati.

Tabella 1.3 Valori del tempo di dimezzamento, dell'energia delle particelle alfa prodotte e della probabilità (branching ratio) per quel particolare decadimento, nel caso di tre tipici emettitori alfa

Nuclide	Tempo di dimezzamento	Energia delle alfa (MeV)	Branching Ratio
^{232}Th	$1.4 \ 10^{10}$ anni	3.953	0.23
		4.012	0.77
^{238}U	$4.5 \ 10^{9}$ anni	4.149	0.23
		4.196	0.77
^{241}Am	433 anni	5.443	0.13
		5.486	0.85

Le energie delle particelle emesse in seguito a decadimento alfa hanno valori tipici, per la maggior parte degli emettitori noti in natura, compresi tra 3 e 7 MeV, sebbene esistano anche decadimenti capaci di produrre energie più elevate, fino a oltre 10 MeV. Una misura dell'energia delle particelle alfa può essere effettuata con rivelatori a semiconduttore, con buona risoluzione energetica, o ancor meglio mediante deflessione in un campo magnetico, per poter separare anche gruppi di particelle aventi energie molto prossime. Nel caso dei contatori Geiger, come vedremo, la rivelazione delle particelle alfa è resa difficile dal fatto che lo spessore stesso del tubo Geiger è sufficiente ad arrestare le particelle, data la loro energia e la loro elevata perdita di energia specifica. Solo contatori Geiger dotati di speciali finestre di ingresso sottili, realizzate in mica, sono capaci di rivelare particelle alfa con energia di qualche MeV.

1.5 Decadimento beta

Il decadimento beta di un nucleo, in seguito al quale si osservano elettroni veloci (negativi o positivi), aventi energia anche dei MeV, è stato qualcosa di più complesso da interpretare. In base alla loro energia, questi elettroni non possono essere emessi da normali transizioni tra livelli atomici e devono essere associati a processi che avvengono nel nucleo atomico. Oggi sappiamo che un processo di decadimento beta produce tre prodotti nello stato finale: l'elettrone, il nucleo residuo e una terza particella, il neutrino, inizialmente ipotizzata proprio per coerenza con il principio di conservazione dell'energia e osservata solo dopo molto tempo dalla sua ipotesi. Nel decadimento beta uno dei nucleoni (protone o neutrone) del nucleo può "trasformarsi" producendo rispettivamente un neutrone o un protone, con la conservazione del numero di massa complessivo del nucleo e con la conservazione della carica, dato che viene prodotto altresì un elettrone negativo o positivo, secondo uno dei processi (Fig. 1.6):

$$ {}_Z^A X \rightarrow {}_{Z+1}^A Y + e^- + \overline{\nu} $$
$$ {}_Z^A X \rightarrow {}_{Z-1}^A Y + e^+ + \nu $$

che portano rispettivamente all'emissione di un elettrone negativo e di un antineutrino, oppure all'emissione di un elettrone positivo (positrone) e di un neutrino. Nel primo caso il nucleo residuo ha un protone in più (e un neutrone in meno) rispetto al nucleo originario, nel secondo caso il nucleo residuo ha un protone in meno e un neutrone in più.

Il nucleo residuo in questo tipo di decadimento ha un'energia estremamente bassa, per cui risulta di difficile rivelazione. La terza particella, il neutrino (o antineutrino), interagisce molto debolmente con la materia e in pratica non viene mai rivelato, se non in esperimenti molto complessi e con apparati di rivelazione estremamente grandi. Ai fini pratici, dunque, i nuclei soggetti a decadimento beta, si comportano come sorgenti di elettroni, negativi o positivi, aventi una distribuzione continua in energia, tra zero e l'energia massima disponibile nel processo. Questa

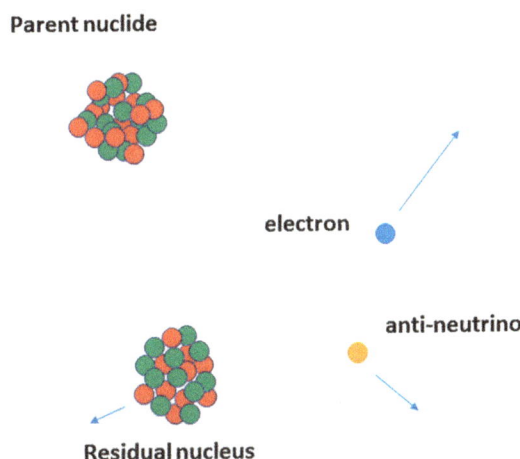

Figura 1.6 Schematizzazione di un processo di decadimento beta di un nucleo, con emissione di un elettrone (negativo) e di un antineutrino. Il nucleo residuo, avente numero atomico (Z + 1) rispetto al nucleo originario (A, Z) ha tuttavia lo stesso numero di nucleoni. Nel processo, oltre all'elettrone e al nucleo residuo, viene prodotta anche una terza particella, l'antineutrino, la cui rivelazione è estremamente difficile

energia, infatti, deve ripartirsi, secondo leggi statistiche, tra i tre corpi prodotti nello stato finale.

Gli elettroni (o i positroni) prodotti per decadimento beta hanno energie massime (*end point* dello spettro) tra qualche centinaio di keV e un paio di MeV all'incirca. Ad eccezione della frazione di particelle che hanno energie molto basse, corrispondenti alla prima parte dello spettro, gli elettroni possono essere rivelati con facilità dai normali contatori Geiger, e rappresentano una delle principali componenti, insieme alla radiazione cosmica, che contribuisce al rate complessivo di eventi osservato con un Geiger. Come vedremo successivamente però, un contatore Geiger non è in grado di misurare l'energia delle particelle che rivela, ma solo di segnalarne l'arrivo. In uno degli esperimenti proposti in questo testo discuteremo tuttavia la possibilità di misurare egualmente, adoperando un semplice contatore Geiger, lo spettro energetico degli elettroni emessi da una sorgente beta.

Non discuteremo per semplicità in questo contesto i processi di conversione interna e di emissione Auger di elettroni, che possono anch'essi produrre elettroni nello stato finale, limitandoci a considerare come sorgenti beta quei nuclei nei quali avviene il processo di decadimento beta così come descritto in precedenza.

1.6 Decadimento gamma

L'emissione di radiazione elettromagnetica di alta energia, che usualmente denotiamo come radiazione gamma, fotoni di energia superiore al centinaio di keV all'incirca, è spesso associata alle transizioni nucleari da un livello eccitato verso lo stato fondamentale o verso un livello ad energia di eccitazione minore dello stesso nucleo. Spesso questi stati eccitati nucleari sono la conseguenza di un precedente processo di decadimento beta, che lascia il nucleo residuo ad un certo livello energetico al di sopra dello stato fondamentale, da cui esso decade successivamente. Dato che i livelli energetici dei nuclei hanno valori discreti ben precisi, anche le

energie dei gamma provenienti da queste transizioni avranno energie ben definite, caratteristiche del particolare tipo di nucleo. L'insieme delle transizioni gamma
osservate rappresenta anzi una tecnica consolidata proprio per l'identificazione dei
nuclei presenti in un dato campione di materiale.

Il processo di decadimento gamma lascia dunque il nucleo residuo con lo stesso
numero di protoni e neutroni, ma ad un livello energetico minore

$$\,_Z^A X^* \to \,_Z^A X + \gamma$$

Le energie in gioco nei decadimenti gamma degli elementi esistenti in natura, conseguenza di decadimenti beta precedenti, sono tipicamente dell'ordine del MeV e
non eccedono 2.8 MeV. Esempi di sorgenti gamma di cui discuteremo diffusamente
l'uso nel corso di questo testo sono il ^{137}Cs, che emette gamma da 662 keV e il
^{60}Co, che emette radiazioni gamma da 1.17 e 1.33 MeV.

A seguito di un decadimento β^+, ad esempio nel caso del ^{22}Na, i positroni emessi
in questo processo usualmente vengono arrestati nel materiale stesso che costituisce la sorgente. Essi possono combinarsi con gli elettroni negativi presenti nella
materia, dando luogo ad un processo di annichilazione

$$e^+ + e^- \to 2\gamma$$

nel quale vengono emesse due radiazioni gamma aventi un'energia complessiva pari alla somma delle masse a riposo dell'elettrone e del positrone, cioè 1.022 MeV.
Questo processo di annichilazione dà luogo, pertanto, a due gamma di energia
0.511 MeV diretti in direzione opposta. Poiché il ^{22}Na, decadendo β^+ dà luogo ad
uno stato eccitato del nucleo residuo ^{22}Ne, ad energia 1.274 MeV, questa ulteriore radiazione gamma viene emessa in aggiunta ai gamma da 0.511 MeV derivanti
dall'annichilazione del positrone.

Per quanto riguarda la rivelazione delle radiazioni gamma vedremo che i contatori Geiger, pur avendo una bassa probabilità di rivelare direttamente, per ionizzazione
nel gas di riempimento del tubo Geiger, questi fotoni, possono sfruttare i processi
secondari a cui questi fotoni danno luogo nel materiale che circonda il gas, rendendo il contatore Geiger capace di rivelare – sebbene con efficienza ridotta – l'arrivo
di queste radiazioni. Da questo punto di vista si può dire che anche la presenza
di emettitori gamma, come molti nuclidi presenti nei materiali esistenti in natura,
contribuisce al rate di conteggio osservato da un Geiger.

1.7 Modi ulteriori di decadimento

Oltre alle principali forme di radioattività spontanea (alfa, beta e gamma) descritte
nelle sezioni precedenti, esiste un tipo di decadimento, il processo di fissione dei
nuclei pesanti, che può dar luogo all'emissione di frammenti di massa elevata, oltre
che di neutroni. Faremo solo un cenno a questo processo fisico in questo contesto, perché i nuclei soggetti a questo tipo di decadimento non sono molto comuni

nei materiali esistenti in natura, ed è dunque molto difficile osservare con mezzi alla portata di tutti l'emissione di questi frammenti pesanti. Il processo di fissione spontanea è significativo, infatti, solo per i nuclei molto pesanti, addirittura al di là dell'Uranio. Tra gli isotopi esistenti in natura, il ^{232}Th, l'^{235}U e l'^{238}U sono soggetti a fissione spontanea, con una probabilità molto bassa. La fissione, tuttavia, può essere un processo indotto (ad esempio da neutroni), come avviene nel caso dell'Uranio nei reattori nucleari.

Un processo di fissione dà luogo a due frammenti pesanti, accompagnati da un certo numero di neutroni veloci. Dato che la massa dei frammenti pesanti è molto maggiore di quella dei neutroni, i due frammenti vengono emessi in direzioni pressoché opposte. La distribuzione delle masse (e corrispondentemente delle energie cinetiche) di questi frammenti è asimmetrica; in altri termini è più probabile che vengano emessi due frammenti di massa differente, uno più leggero (masse intorno a 100–110) e l'altro più pesante (masse intorno a 140–150), che non due frammenti di massa circa eguale. L'energia complessiva in gioco in un processo di fissione è di poco inferiore ai 200 MeV e viene ripartita in buona misura (ad eccezione di una piccola frazione associata ai neutroni) tra i due frammenti, con il frammento più leggero che possiede la frazione più elevata di energia. A tutti gli effetti, una sorgente radioattiva soggetta a fissione, come ad esempio il ^{252}Cf, si può considerare come una sorgente spontanea di nuclei pesanti (masse dell'ordine del centinaio di unità di massa atomiche) ed energia dell'ordine dei 100 MeV, oltre che una sorgente di neutroni veloci (energie dell'ordine di qualche MeV). È da ricordare, tuttavia, che nella maggior parte dei casi i nuclei soggetti a fissione sono anche radioattivi alfa, e che la probabilità di emissione alfa è molto più elevata di quella relativa alla fissione spontanea.

Come detto già in precedenza, la maggior parte delle sorgenti di fissione sono nuclei transuranici, che vengono prodotti artificialmente in seguito a irradiazione di nuclei più leggeri. In ogni caso la rivelazione dei frammenti di fissione può essere condotta con rivelatori che non abbiano alcun materiale di schermaggio prima del volume sensibile, ad esempio rivelatori a semiconduttore operanti nel vuoto, in quanto la perdita di energia di questi frammenti, anche in spessori molto sottili, sarebbe tale da arrestarli facilmente.

1.8 Neutroni

I neutroni, oltre che nella radiazione cosmica, come vedremo nella prossima sezione, possono essere emessi in processi naturali o indotti artificialmente. Abbiamo già visto che nel processo di fissione spontanea dei nuclei pesanti (specie di quelli transuranici) vengono emessi un certo numero di neutroni veloci, con energia di qualche MeV. I reattori nucleari sono dunque una sorgente notevole di neutroni, che possono essere "moderati" con l'uso di opportuni materiali, producendo neutroni di bassissima energia.

Molto spesso, sorgenti di neutroni "naturali" sono ottenute mescolando un certo quantitativo di sostanza contenente nuclei emettitori alfa (come l'americio, il radio o il polonio) con degli elementi leggeri (isotopi del berillio, carbonio o ossigeno). Le particelle alfa emesse dai nuclei radioattivi sono capaci di interagire con i nuclei leggeri mediante reazioni nucleari del tipo (α, n), in cui vengono prodotti neutroni. Più rari i casi in cui l'emissione di neutroni è indotta da radiazioni gamma emesse anch'esse in seguito a decadimento gamma spontaneo. In questi casi la produzione di neutroni è legata all'attività dei nuclei emettitori primari (alfa o gamma) e alla sua evoluzione temporale in base al tempo di dimezzamento di questi isotopi.

I neutroni possono essere prodotti artificialmente mediante reazioni nucleari controllate, usando ad esempio un fascio di ioni leggeri (protoni, deutoni, tritio) ad energie superiori al MeV che bombardano un bersaglio anch'esso fatto da nuclei leggeri.

In quanto particelle prive di carica, i neutroni non sono capaci direttamente di ionizzare. Tuttavia, a causa di processi secondari, come le reazioni nucleari che essi sono capaci di indurre, possono produrre particelle cariche a loro volta capaci di ionizzare e dunque di essere rivelate. Questo è il caso anche dei contatori Geiger aventi una speciale struttura, come vedremo in un capitolo successivo, che li rende capaci di rivelare anche l'arrivo dei neutroni.

1.9   La radiazione cosmica

L'interazione delle particelle primarie della radiazione cosmica – nella grande maggioranza dei casi protoni o nuclei leggeri di altissima energia – con la parte sommitale dell'atmosfera terrestre produce una radiazione cosmica secondaria, di natura complessa. Elettroni, positroni, gamma, muoni, adroni carichi e neutroni, oltre ai neutrini, costituiscono la maggior parte delle componenti presenti nella radiazione cosmica secondaria. La proporzione tra le varie specie, la loro abbondanza alle diverse altezze rispetto al livello del mare, la loro distribuzione in energia e in angolo derivano dai complessi meccanismi di interazione e decadimento delle varie particelle prodotte durante lo sviluppo di ciò che viene denominato sciame atmosferico esteso (Fig. 1.7). Risulta di particolare interesse la composizione e le proprietà della radiazione cosmica a livello del mare o a moderate altitudini, in quanto rivelatori anche semplici, come i contatori Geiger, sono sensibili a questo tipo di radiazioni e possono essere utilizzati in una molteplicità di esperimenti che riguardano le loro proprietà.

I muoni, o mesoni μ, costituiscono la componente carica più penetrante della radiazione cosmica secondaria. Si tratta di particelle aventi una massa pari a circa 207 volte la massa dell'elettrone, cioè 105.7 MeV/c^2, esistenti in due stati di carica, μ^+ e μ^-, con una leggera abbondanza (circa il 30%) delle cariche positive rispetto alle negative. I muoni sono creati in buona parte in seguito al decadimento dei pioni e dei kaoni, mesoni di massa maggiore. Nonostante la loro breve vita media, 2.2 microsecondi, a causa della dilatazione relativistica dei tempi i muoni sono capaci di viaggiare attraverso l'intera atmosfera e arrivare al livello del mare, con un'energia media dell'ordine di 3–4 GeV. Hanno una capacità di penetrazione notevole, anche nei solidi e, in base alla loro energia, che può raggiungere anche valori delle cen-

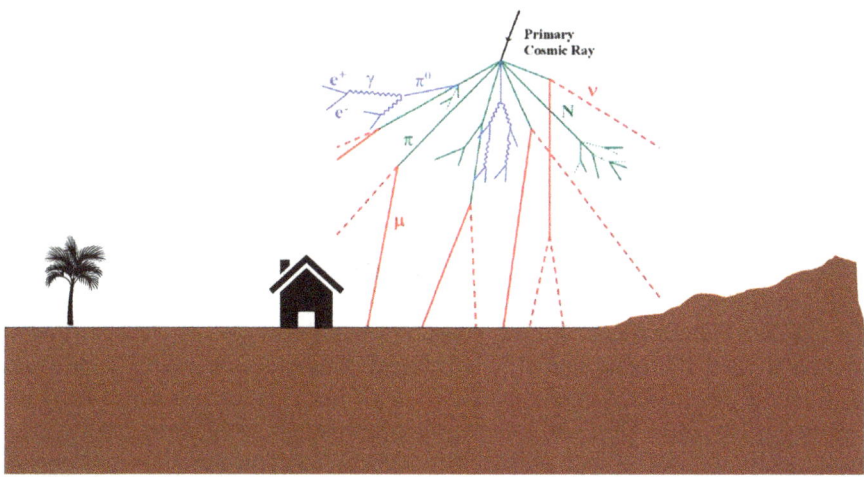

Figura 1.7 Schematizzazione di uno sciame atmosferico esteso creato nell'atmosfera terrestre dalla interazione di una particella primaria della radiazione cosmica di altissima energia (non in scala)

tinaia di GeV e oltre, possono attraversare anche spessori notevoli di roccia. Nello sviluppo delle conoscenze relative alla fisica dei raggi cosmici, questa componente venne denominata componente penetrante, o hard.

La componente "soft" è invece costituita da elettroni, positroni e gamma, prodotti nei processi di interazione elettromagnetica. Tale componente è assorbita da spessori molto minori di materiale solido, e storicamente venne assunto uno spessore pari a 15 cm di piombo come spessore tipico capace di arrestare in buona misura la componente soft lasciando passare quella hard. Lo spettro energetico degli elettroni e positroni è concentrato ad energie molto minori, usualmente qualche decina di MeV, rispetto a quello dei muoni. La componente gamma ha usualmente energie ancora minori. La proporzione tra la componente soft e quella hard dipende quindi strettamente dall'ammontare di materiale attraversato, che può agire da filtro selettivo. Spessori equivalenti a 15 cm di piombo (o corrispondentemente maggiori per materiali più leggeri, come i solai in cemento armato o le rocce) sono capaci di arrestare in buona parte la componente soft e filtrare solo i muoni.

Il flusso dei muoni a livello del mare si riporta spesso in relazione ad una superficie orizzontale, attraversata da ogni direzione dalle particelle, assumendo un flusso pari a 1 per cm^2 al minuto, equivalente a poco più di 150/(m^2 s).

L'abbondanza di altre specie cariche, come i protoni, è in genere trascurabile rispetto a quella dei muoni. I neutroni invece, rappresentano una componente importante della radiazione cosmica, specie quelli di bassa energia (0–20 MeV). Essi possono essere generati da diseccitazioni dei nuclei o da reazioni nucleari ad alta energia, processi che avvengono entrambi nell'atmosfera a seguito dello sviluppo dello sciame esteso.

I contatori Geiger, usati fin dai primordi della loro storia per la rivelazione della radiazione cosmica, sono particolarmente sensibili ai muoni e agli elettroni/positroni di alta energia. In larga maggioranza i conteggi misurati da contatori Geiger in condizioni normali sono proprio dovuti a eventi generati dall'arrivo di particelle della radiazione cosmica secondaria, oltre a quelli prodotti dalla radioattività dei materiali circostanti il rivelatore.

1.10   Il danneggiamento da radiazione

La radiazione ionizzante è uno degli aspetti dell'ambiente in cui viviamo. Radiazioni ionizzanti di origine naturale, cioè presenti indipendentemente dalla presenza dell'uomo, sono quelle dovute alla radiazione cosmica e alla radioattività delle sostanze presenti sulla Terra. Ad esse si sono aggiunte, da circa un secolo a questa parte, anche ulteriori livelli di radiazioni prodotte artificialmente, ad esempio quelle utilizzate nel campo della diagnostica e della terapia medica, o comunque prodotte in seguito ad attività umane (acceleratori, reattori nucleari, produzione di radioisotopi, ...). La Fig. 1.8 mostra una stima della percentuale di ognuna di queste cause nel determinare la dose di radiazione assorbita in media da un essere umano.

Le radiazioni ionizzanti depositano una certa quantità di energia nei materiali con cui esse interagiscono. Questo avviene anche nei tessuti degli organismi viventi. Sebbene gli esseri umani convivano da sempre con un certo livello di radiazio-

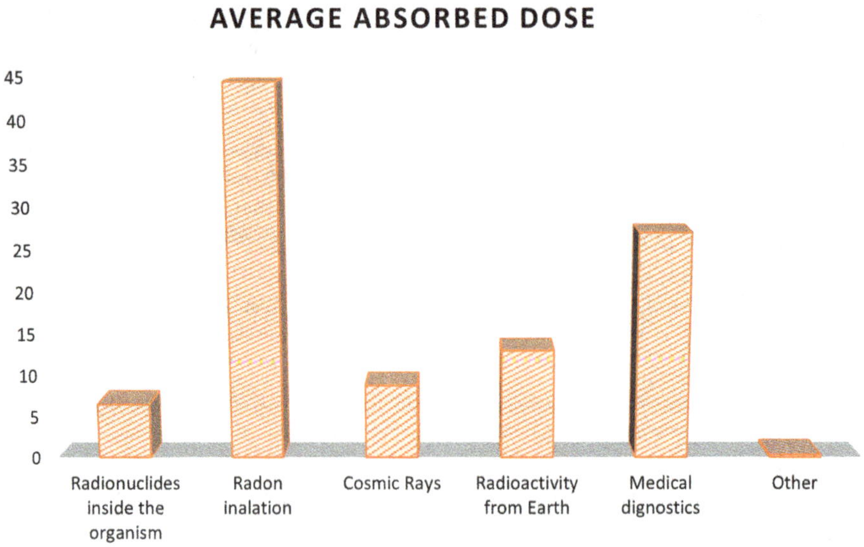

Figura 1.8 Distribuzione percentuale della dose media assorbita dagli individui in relazione alle varie cause che contribuiscono alla dose complessiva

ni naturali, è importante non aumentare la dose assorbita a causa di esposizioni prolungate ad altre fonti artificiali.

La dose di radiazione assorbita da un certo volume di materiale, o anche da un organismo vivente, utilizza delle unità di misura specifiche, espresse in termini della quantità di energia depositata e del potenziale danno biologico creato da queste radiazioni.

Si definisce dose di radiazione assorbita il rapporto tra l'energia depositata in un certo volume e la corrispondente massa

$$\text{Dose} = \frac{\text{Energia depositata}}{\text{Massa}}$$

Nel Sistema Internazionale di unità di misura (SI), la dose è espressa in Gray (G), equivalente a 1 Joule per Kg. La dose assorbita viene espressa comunemente adoperando anche altre unità di misura, in particolare il *rad*, equivalente a 100 erg/g, e i suoi multipli (ad esempio krad = 1 000 rad, Mrad = 10^6 rad). La relazione tra Gray e rad è dunque:

$$1\,G = 100\,\text{rad}$$

Il concetto di dose assorbita è un concetto puramente fisico, che tiene conto della quantità di energia dissipata in un certo volume. Si tratta di una quantità utile a caratterizzare ad esempio l'eventuale danneggiamento da radiazioni di certi tipi di materiali o, più spesso, di dispositivi elettronici. È usuale, ad esempio, che i circuiti basati sulla microelettronica siano sottoposti a test per valutare il loro comportamento al variare della dose di radiazione assorbita e caratterizzarne la resistenza alle radiazioni. Questo è particolarmente importante, ad esempio, per i dispositivi elettronici che devono operare nello spazio, dove il flusso di radiazioni è molto più elevato che a livello del mare, oppure nel caso di dispositivi progettati per i rivelatori di particelle in esperimenti di fisica nucleare o particellare condotta con acceleratori di particelle.

Quando si parla, tuttavia, del possibile danno biologico causato dalle radiazioni agli esseri viventi, il concetto di dose assorbita non descrive completamente quanto può succedere, perché l'effetto del danneggiamento biologico dipende anche dalla tipologia di radiazioni assorbite e non solo dall'energia depositata. Così, a parità di dose assorbita (dunque di energia depositata in un dato volume), il danno biologico può essere notevolmente differente se l'energia è stata depositata da elettroni, da gamma, da protoni o da nuclei pesanti.

Si utilizza in questi casi il concetto di dose equivalente, legato alla dose assorbita dalla relazione

$$\text{Dose equivalente} = (\text{Fattore di qualità } Q) \times (\text{Dose assorbita})$$

Il fattore di qualità Q vale all'incirca 1 per elettroni e radiazioni X o gamma, ma è sensibilmente maggiore, fino a 20, per particelle cariche più pesanti dei protoni (particelle alfa, nuclei leggeri) nonché per i neutroni, in quanto neutroni energetici possono produrre a loro volta nuclei per interazione nucleare. Il valore di Q inoltre dipende anche dall'energia delle particelle che producono la dose assorbita.

Se si utilizza il *rad* come unità di misura della dose assorbita, la corrispondente unità di misura per la dose equivalente è il *rem*. In altri termini, se il fattore di qualità fosse 1 (ad esempio per elettroni o gamma), ad una dose assorbita di 1 rad corrisponderebbe una dose equivalente di 1 rem. Utilizzando le unità del Sistema Internazionale, ad una dose di 1 Gray corrisponde una dose equivalente di 1 Sievert (Sv). Il Sievert, dunque, con i suoi sottomultipli ($mSv = 10^{-3}$ Sv, e $\mu Sv = 10^{-6}$ Sv) rappresenta l'unità di misura nel SI, della dose equivalente.

Vale pertanto la seguente corrispondenza:

$$1\,Sv = 100\,rem$$

Quando si valuta una dose assorbita o una dose equivalente in un processo che dura nel tempo, ciò che conta è non solo la dose totale ma anche quella per unità di tempo, cioè la dose istantanea. Ad esempio, l'effetto di una certa dose di radiazione su un organismo vivente non è la stessa se questa dose è assorbita in un breve intervallo di tempo o diluita su tutta la vita dell'individuo. Da questo punto di vista si utilizzano unità di misura come, ad esempio, il milliSievert per anno (mSv/anno) oppure il microSievert per ora (μSv/h).

La dose media assorbita da una persona per cause naturali (radioattività ambientale, raggi cosmici, radon, ...) o per la diagnostica medica, nella quale si fa uso di radiazioni (radiografie, TAC, ...), ammonta a circa 2.4 mSv/anno, equivalente a 0.27 μSv/h. La distribuzione di questa dose tra le varie cause elencate sopra è mostrata in Fig. 1.8.

È chiaro, tuttavia, che la dose assorbita da una persona può dipendere da molti fattori. Ad esempio, persone che viaggiano molto in aereo, come i piloti e il personale di bordo, sono soggette ad una maggiore dose di radiazione (e per questo si sottopongono a controlli medici periodici), persone che vivono in particolari ambienti ricchi di radon emesso dal sottosuolo oppure ad altitudini molto elevate, come l'altopiano del Tibet, sono soggette a dosi di radiazione lievemente maggiori del resto della popolazione, e così via. Occorre dire che gli esseri viventi convivono, fin dalla loro origine, con un livello di fondo di radiazioni naturali, che fa parte dell'ambiente stesso in cui ci troviamo. È importante, tuttavia, come già ricordato, cercare di minimizzare la dose di radiazione assorbita per altre cause extra-naturali (diagnostica medica, lavoro in prossimità di materiale radioattivo, ...). La legislazione stabilisce infine i limiti di esposizione alla dose per ciascuna categoria professionale.

In una delle attività proposte in questo testo vedremo come in linea di principio è possibile stimare – sebbene approssimativamente – la dose assorbita nel piccolo volume di un contatore Geiger posizionato in un dato luogo, se si misura il numero di conteggi per unità di tempo ottenuti con il contatore e si fa uso di un opportuno coefficiente di calibrazione.

Interazione delle radiazioni

2

2.1 Introduzione

Nel capitolo precedente abbiamo visto quali forme di radiazione ionizzante esistono, insieme alle loro principali proprietà. In questo capitolo discuteremo brevemente i meccanismi attraverso cui le radiazioni ionizzanti possono interagire con la materia e dunque essere rivelate. Affinché una radiazione possa essere rivelata, è necessario infatti che essa interagisca con il materiale di cui è costituito il rivelatore, producendo degli effetti fisici che possano dare un'indicazione del suo passaggio e (possibilmente) delle caratteristiche della radiazione rivelata. Non tutti i rivelatori sono capaci di dare informazioni dettagliate circa la natura o le caratteristiche delle radiazioni da cui essi sono colpiti. Questo dipende in ultima analisi dai meccanismi di interazione della radiazione con la materia, meccanismi che sono differenti a seconda della natura della radiazione (ad esempio se si tratta di particelle alfa o di raggi gamma) e della sua energia. La probabilità che avvenga un dato meccanismo di interazione dipende infine anche dal materiale attraversato, ad esempio dal suo numero atomico.

Per questo motivo è importante comprendere, almeno nelle sue linee essenziali, quali siano i meccanismi di interazione principali nel caso delle radiazioni ionizzanti di cui abbiamo discusso nel capitolo precedente. In genere si distingue tra l'interazione delle particelle cariche "pesanti" (la cui massa cioè sia sensibilmente più grande di quella degli elettroni) e quella degli elettroni. Meccanismi diversi sono poi quelli a cui la radiazione elettromagnetica X o gamma è soggetta, così come l'interazione dei neutroni. Passeremo in rassegna brevemente questi diversi meccanismi, rimandando per un approfondimento a degli ottimi testi generali sulla rivelazione delle radiazioni [Grupen2008, Knoll2000, Leo1987, Leroy2004].

© The Author(s), under exclusive license to Springer Nature Switzerland AG 2025
F. Riggi, *Esperimenti didattici e amatoriali con i contatori Geiger*,
https://doi.org/10.1007/978-3-031-72012-3_2

2.2   Interazione delle particelle cariche pesanti

Le particelle cariche pesanti, come ad esempio le particelle alfa emesse dagli isotopi radioattivi, interagiscono con la materia essenzialmente per il tramite della forza Coulombiana tra la loro carica positiva e quella degli elettroni atomici del materiale, mentre risulta trascurabile la probabilità di interazione con i nuclei atomici. L'interazione di queste particelle avviene attraverso molteplici interazioni, nelle quali solo una piccola frazione dell'energia della particella viene trasferita. La traiettoria delle particelle, durante questo processo di rallentamento, è abbastanza rettilinea, in quanto la deflessione angolare in ciascuna interazione è molto piccola. In conseguenza di queste interazioni la particella perde progressivamente la sua energia, e se lo spessore da attraversare è sufficientemente grande, essa si arresterà. Si parla del range medio come di quella distanza attraversata nel materiale dopo la quale in media il 50% delle particelle (aventi tutte la stessa energia iniziale) sono state arrestate.

Da un punto di vista macroscopico, si può quantificare la perdita di energia media per unità di percorso, o *Stopping Power*, mediante una relazione, detta relazione di Bethe-Bloch:

$$-\frac{dE}{dx} = 4\pi N_A r_e^2 m_e c^2 z^2 \frac{Z}{A} \frac{1}{\beta^2} \left[\ln\left(\frac{2 m_e c^2 \gamma^2 \beta^2}{I} \right) - \beta^2 - \frac{\delta}{2} \right]$$

dove N_A è il numero di Avogadro, r_e il raggio classico dell'elettrone, m_e la sua massa a riposo, c la velocità della luce nel vuoto, z la carica elettrica della particella, Z/A il rapporto tra il numero atomico e il peso atomico del mezzo nel quale la particella si propaga, $\beta = v/c$ (essendo v la velocità della particella), $\gamma = 1/\sqrt{1 - \beta^2}$ è il fattore di Lorentz e I (in eV) rappresenta il potenziale di ionizzazione. L'ultimo termine rappresenta un fattore di correzione dovuto alla densità, spesso approssimato con $2\ln\gamma + k$, con k costante. Lo spessore attraversato x è espresso molto di frequente in termini della densità superficiale (g/cm^2). Quest'ultima è data dal prodotto ρx tra la densità ρ del materiale considerato e lo spessore lineare x attraversato, ed è una grandezza molto utile nella descrizione di molti processi atomici e nucleari, che utilizzeremo ampiamente nel corso di questo testo. Si potrà dunque esprimere la perdita di energia specifica in MeV/(g/cm^2) anziché in MeV/cm, con il vantaggio che tale perdita di energia specifica in prima approssimazione è simile anche per materiali molto diversi tra loro, mentre se la esprimessimo in MeV/cm otterremmo valori molto dipendenti dal tipo di materiale, in particolare dal suo numero atomico.

In unità energetiche, le quantità costanti nella relazione precedente equivalgono ad un fattore

$$4\pi N_A r_e^2 m_e c^2 = 0.3071 \, \text{MeV g/cm}^2$$

Il potenziale di ionizzazione può essere parametrizzato in diversi modi: si può scegliere un valore comune a tutti gli elementi, o una semplice relazione di proporzionalità tra I e Z (o una potenza di Z con esponente prossimo ad 1), ma esistono anche relazioni semi-empiriche che legano I e Z, o tabelle personalizzate di valori per ogni elemento.

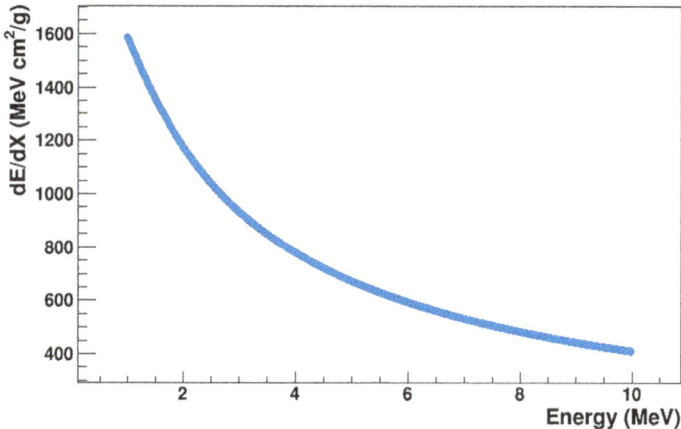

Figura 2.1 Perdita di energia specifica (stopping power) di particelle alfa con energia 1–10 MeV che interagiscono con una lamina di alluminio

Come esempio, mostriamo in Fig. 2.1 il plot della perdita di energia specifica dE/dx, espressa in MeV cm^2/g, nel caso di particelle alfa che interagiscono con uno spessore di ^{27}Al, nell'intervallo energetico tra 1 e 10 MeV.

Come si vede, l'andamento della perdita di energia specifica, in questo intervallo di energia tipico delle particelle alfa emesse da sorgenti radioattive, presenta un trend decrescente, a causa del fattore $1/\beta^2$ nella formula di Bethe-Bloch. Questa dipendenza dall'energia incidente si può considerare come generale per le particelle cariche pesanti (protoni, nuclei leggeri). Il valore assoluto di questa perdita di energia specifica dipende, a parità di energia incidente, dalla natura della particella. In particolare, il fattore z^2 nella formula di Bethe-Bloch indica che la perdita di energia aumenta quadraticamente con la carica della particella, essendo ad esempio 4 volte maggiore per le particelle alfa rispetto ai protoni. Infine, la dipendenza dal materiale attraversato è espressa soprattutto dal fattore Z/A, rapporto tra numero atomico e peso atomico. Questo fattore è all'incirca 0.5 per i nuclei leggeri, in quanto il numero di protoni e neutroni nei nuclei leggeri è all'incirca eguale. Il rapporto Z/A, tuttavia, diminuisce per i nuclei più pesanti, a causa del maggior numero di neutroni rispetto ai protoni, raggiungendo ad esempio 0.39 nel caso del ^{208}Pb. La perdita di energia specifica, se espressa utilizzando la densità superficiale al posto dello spessore lineare, sarà dunque leggermente minore, a parità di altri fattori, nel caso di elementi più pesanti.

Ad energie molto elevate, tuttavia, dopo aver raggiunto un minimo, l'andamento di dE/dx presenta una risalita, chiamata risalita relativistica. Per le particelle pesanti questo avviene ad energie superiori al GeV. La zona di minimo dello stopping power, in genere ampia e simile ad un pianerottolo, corrisponde alle particelle al minimo di ionizzazione (MIP = Minimum Ionizing Particles) e assume un valore intorno a 2 MeV cm^2/g. La Fig. 2.2 mostra un esempio del genere, per protoni di energia anche elevata, su un bersaglio di ^{27}Al.

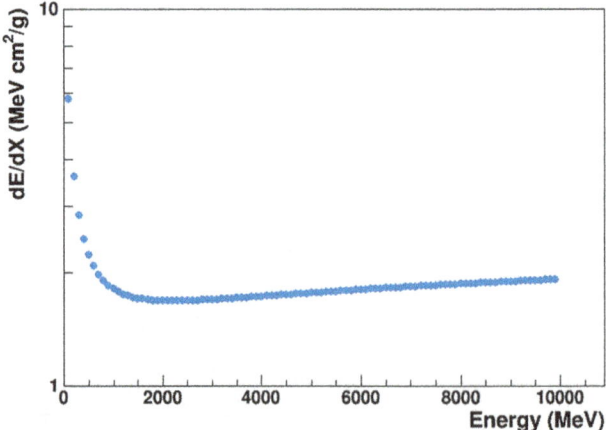

Figura 2.2 Perdita di energia specifica (stopping power) di protoni con energia fino a 10 GeV che interagiscono con una lamina di alluminio. Si può notare il minimo di ionizzazione intorno ad un'energia di 2 GeV e la risalita relativistica

Il valore della perdita di energia specifica descritto dalla relazione di Bethe-Bloch rappresenta un valore medio sul numero di processi equivalenti a cui le particelle, ipotizzate monoenergetiche, vanno incontro. Poiché, tuttavia, questi processi sono governati da leggi statistiche, il numero di interazioni microscopiche che ogni particella subisce sarà diverso da evento a evento, e di conseguenza anche la perdita di energia che ogni particella subirà sarà differente. Se un fascetto di particelle monoenergetiche attraversasse una lamina di materiale, le particelle in uscita non avrebbero dunque tutte la stessa energia residua. Questa dispersione dei valori di energia residua, a causa della differente perdita di energia da evento a evento, è denominata *straggling*; la distribuzione dei valori di energia si allarga man mano che lo spessore attraversato cresce. La distribuzione di probabilità $P(\Delta E)$ dei valori di energia persa ΔE in un dato spessore può essere considerata di tipo Gaussiano, di forma simmetrica, quando gli spessori sono elevati (e di conseguenza il numero di singole collisioni che la particella subisce è anch'esso elevato), mentre per piccoli spessori il numero di collisioni è estremamente ridotto e la forma della distribuzione di probabilità diviene asimmetrica, con una coda (*Landau tail*) verso i valori elevati di ΔE. In questo senso, la media di questa distribuzione non corrisponde al valore più probabile.

La Fig. 2.3 mostra due possibili casi concernenti la distribuzione della perdita di energia in una lamina di materiale assorbitore, nel caso di protoni di impulso 200 MeV/c che attraversano uno spessore di 5 micron (a sinistra) e di 50 micron (a destra). Entrambi i risultati sono stati ottenuti mediante il codice di simulazione GEANT [GEANT], ampiamente usato nella comunità dei fisici per simulare l'interazione delle particelle con i rivelatori e i materiali. Come si vede, nell'attraversare uno spessore di 5 micron, la perdita di energia più probabile, intorno a 45 keV, è differente dal valore medio, perché la forma della distribuzione è asimmetrica, con una

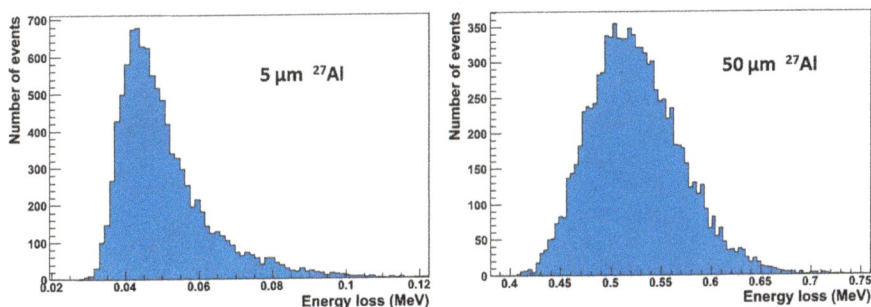

Figura 2.3 Distribuzione della perdita di energia di protoni da 200 MeV/c di impulso nell'attraversare uno spessore di 5 micron (a sinistra) e di 50 micron (a destra), valutata in base al codice di simulazione GEANT. È ben visibile la forma asimmetrica della distribuzione, con la caratteristica coda di Landau verso i valori elevati di perdita di energia nel caso mostrato a sinistra

lunga coda verso le energie più elevate. Quando si adopera uno spessore 10 volte maggiore (50 micron), la distribuzione diventa più simmetrica, con una forma più simile ad una Gaussiana.

Le fluttuazioni statistiche nel meccanismo della perdita di energia si riflettono anche in variazioni del range per particelle monoenergetiche. Per questo motivo si utilizza il concetto di range medio, come ricordato prima, equivalente a quella distanza dopo la quale il 50% delle particelle sono state arrestate.

La distanza massima che una particella può attraversare in un mezzo, in base alla sua energia cinetica iniziale, è detta infatti range della particella. Esso può essere calcolato in base alla relazione che esprime la perdita di energia specifica dE/dx vista in precedenza, mediante una procedura di integrazione numerica:

$$R(E) = \int_{E}^{0} \left(\frac{dE'}{dx}\right)^{-1} dE'$$

Essendo tuttavia il processo di perdita di energia di una particella carica in un mezzo un processo statistico, con molte interazioni lungo il percorso della particella, la perdita di energia specifica dE/dx calcolata tramite la relazione di Bethe-Bloch deve essere intesa come un valor medio rispetto al quale sono possibili fluttuazioni statistiche, governate da distribuzioni di probabilità per le quali rimandiamo a testi generali che trattano l'interazione delle particelle con la materia [Grupen2008, Knoll2000, Leo1987, Leroy2004]. In modo analogo, anche il range sarà soggetto a fluttuazioni statistiche da evento a evento, rispetto al valore medio valutato.

È di particolare interesse, per la valutazione delle condizioni sperimentali di misura, avere una stima del range delle particelle considerate in vari materiali, nonché nell'aria stessa. A titolo di esempio, il grafico mostrato in Fig. 2.4 riporta il valore del range (proiettato nella direzione di moto iniziale della particella) per particelle alfa che si muovono in aria, in funzione della loro energia, da 0 a 10 MeV. Il range proiettato (Projected range) è leggermente diverso, specie a bassa energia, dal cosiddetto CSDA (Continuous Slowing Down Approximation) range, che esprime il

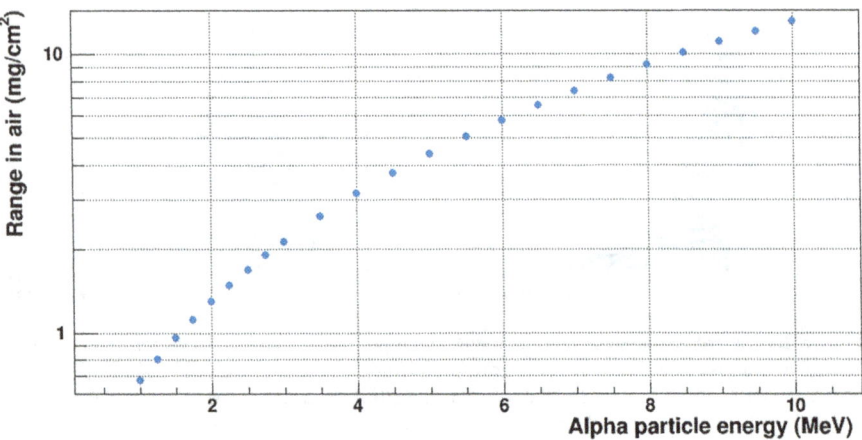

Figura 2.4 Range atteso delle particelle alfa in aria a pressione atmosferica. Fonte: [NIST]

percorso medio effettivamente seguito dalla particella, tenendo conto dei processi di scattering che la particella subisce. Nel range di energia considerato la differenza tra le due quantità è tuttavia solo di pochi punti percentuali. Tenendo conto della densità dell'aria in condizioni normali, 1 mg/cm² corrisponde a circa 0.82 cm di distanza lineare. Particelle alfa da 5 MeV, tipiche per i decadimenti alfa da nuclei pesanti, avrebbero dunque un range intorno a 3.5 cm in aria.

2.3 Interazione degli elettroni

A differenza delle particelle cariche pesanti, gli elettroni perdono energia seguendo un percorso più frastagliato nella materia, con frequenti deflessioni anche a grandi angoli (scattering), tanto che in alcuni casi può avvenire anche il fenomeno del backscattering, in base al quale un elettrone, in seguito ad una serie di collisioni può anche viaggiare all'indietro rispetto alla direzione originale di provenienza. Questo fenomeno è particolarmente rilevante per elettroni di bassa energia che interagiscono con elementi ad elevato numero atomico. Elettroni da 1 MeV o di energia inferiore che incidano su una lamina di Rame hanno ad esempio una probabilità superiore al 20% di essere deflessi all'indietro [Tabata1971].

Per quanto riguarda la perdita di energia specifica, essa risulta dal contributo di un termine collisionale e di un termine radiativo, la cui importanza relativa dipende dall'energia in gioco.

$$\frac{dE}{dX} = \left(\frac{dE}{dX}\right)_{\text{coll}} + \left(\frac{dE}{dX}\right)_{\text{rad}}$$

Il termine collisionale può essere descritto da una relazione simile a quella di Bethe-Bloch già vista nel caso delle particelle cariche pesanti, che riguarda il meccanismo di eccitazione e ionizzazione:

$$\left(\frac{dE}{dX}\right)_{\text{coll}} = \frac{2\pi e^4 N Z}{m_e v^2}\left(\ln\frac{m_e v^2 E}{2I^2(1-\beta^2)} - \ln 2\left(2\sqrt{1-\beta^2} - 1 + \beta^2\right)\right.$$
$$\left. + \left(1-\beta^2\right) + \frac{1}{8}\left(1 - \sqrt{(1-\beta^2)}\right)^2\right)$$

dove NZ rappresenta la densità elettronica del materiale, ed E è l'energia, essendo gli altri simboli già stati definiti come nella precedente relazione.

Il termine radiativo (bremsstrahlung) deriva dal fenomeno di emissione di radiazione elettromagnetica da parte di una carica che subisce un'accelerazione, e può essere espresso da una relazione del tipo

$$\left(\frac{dE}{dX}\right)_{\text{rad}} = \frac{NEZ(Z+1)e^4}{137 m_e^2 c^4}\left(4\ln\frac{2E}{m_e c^2} - \frac{4}{3}\right)$$

Il termine radiativo è importante per elettroni di energia elevata e per materiali ad elevato numero atomico, mentre per elettroni di bassa energia, dell'ordine del MeV, quali quelli prodotti nel decadimento beta delle sostanze radioattive, tale termine è trascurabile rispetto a quello collisionale.

Poiché il percorso degli elettroni nella materia è molto meno rettilineo rispetto a quello delle particelle più pesanti, come le particelle alfa, il concetto di range è meno definito, e c'è una notevole differenza tra il range proiettato (lungo la direzione originale di moto) e la distanza effettivamente percorsa, che può essere molto maggiore. A causa di questi processi di scattering, anche con piccoli spessori di materiale interposto, il numero di elettroni trasmessi si riduce, e la curva di trasmissione (frazione di elettroni trasmessi attraverso un dato spessore, in funzione dello spessore del materiale) decresce in modo continuo, anche nel caso di elettroni monoenergetici. Il fatto che gli elettroni emessi dalle sostanze radioattive presentano uno spettro energetico continuo, da zero fino ad un valore massimo, fa sì che la curva di trasmissione sia ancora più complessa da valutare analiticamente. In prima battuta essa si può approssimare ad una curva esponenziale decrescente, come vedremo in uno degli esperimenti effettuabili con un contatore Geiger, per valutare il coefficiente di assorbimento di elettroni con energia dell'ordine del MeV.

Da un punto di vista quantitativo, confrontata con quella delle particelle pesanti, la perdita di energia degli elettroni è molto inferiore, e questo giustifica la considerazione qualitativa vista nel capitolo precedente circa la differente capacità di penetrazione in un mezzo. In Fig. 2.5 è mostrata la perdita di energia specifica (stopping power) di elettroni in alluminio, nel range di energia tra 0.1 e 3 MeV. Dopo una decrescita, ad energie dell'ordine del MeV, lo stopping power raggiunge un minimo prima di aumentare nuovamente con l'energia, a causa dei processi radiativi.

Possiamo valutare anche il range atteso degli elettroni in aria, mostrato in Fig. 2.6, per confrontarlo con quello delle particelle alfa di energia similare. Stavolta, come vediamo il range è molto maggiore. Elettroni da 1 MeV, tipici del decadimento beta di molte sostanze radioattive, hanno un range in aria intorno a $0.4\,\text{g/cm}^2$, corrispondenti a oltre 3 m.

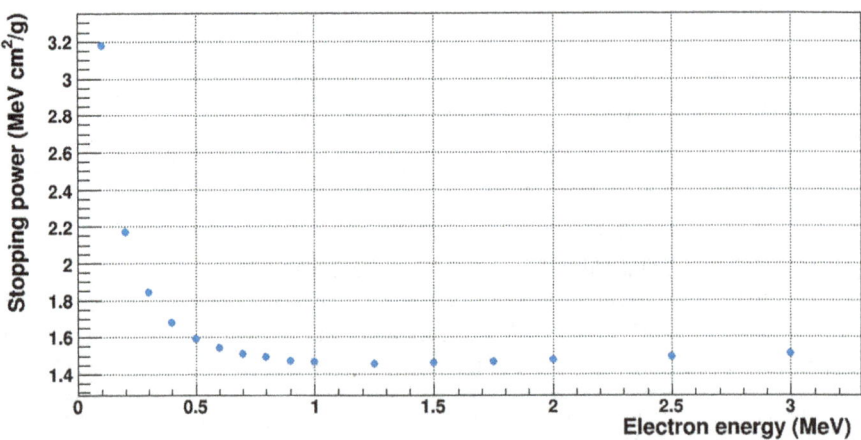

Figura 2.5 Perdita di energia specifica di elettroni in alluminio, nel range di energia tra 0 e 3 MeV. Fonte: [NIST]

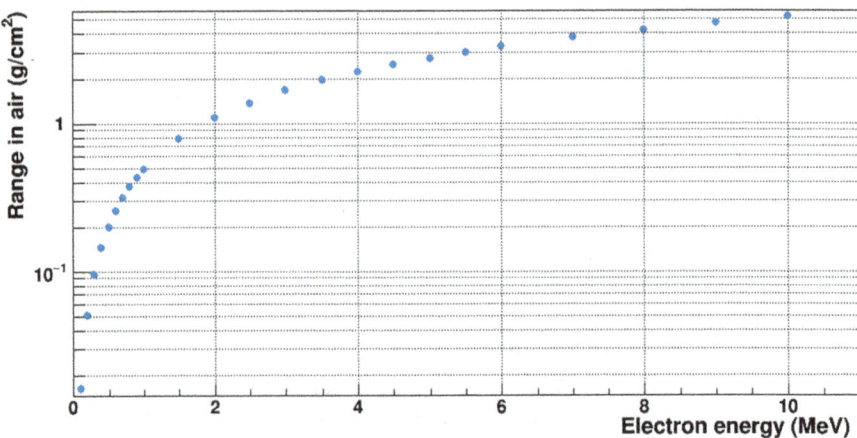

Figura 2.6 Range atteso di elettroni in aria. Fonte: [NIST]

Vale la pena accennare al fatto che anche gli elettroni positivi (positroni) interagiscono nella materia in modo simile agli elettroni negativi, e dunque gli stessi concetti discussi circa la perdita di energia e il loro range valgono come nel caso degli elettroni. C'è tuttavia una differenza sostanziale, dovuta al fatto che i positroni, alla fine del loro percorso, si annichilano con un elettrone negativo producendo due gamma da 0.511 MeV ciascuno e diretti in verso opposto. Questo avviene ad esempio nelle sorgenti di ^{22}Na, soggette a decadimento β^+. Questa emissione di due fotoni correlati avviene in aggiunta ad eventuali altri decadimenti gamma a cui il nucleo residuo può essere soggetto.

2.4 Interazione della radiazione X e gamma

A differenza dei processi relativi all'interazione delle particelle cariche, nella quale l'energia viene trasferita in modo quasi continuo, attraverso una molteplicità di processi elementari, nel caso di fotoni di energia elevata (radiazioni X o gamma) i processi di trasferimento di energia coinvolgono processi catastrofici, nei quali tutta, o una frazione consistente, dell'energia del fotone iniziale viene convertita in altre forme. I processi principali attraverso cui radiazioni elettromagnetiche di elevata energia possono interagire sono l'effetto fotoelettrico, l'effetto Compton e la produzione di coppie.

Nell'effetto fotoelettrico un fotone di energia $E = h\nu$, interagendo con un atomo del materiale, può produrre un elettrone, che avrà energia cinetica pari a $K = h\nu - E_0$, dove E_0 rappresenta il lavoro di estrazione, cioè l'energia necessaria per estrarre l'elettrone da uno dei livelli atomici in cui esso è legato. Poiché il lavoro di estrazione assume valori molto piccoli – dell'ordine delle decine di eV – mentre le energie in gioco dei fotoni X o gamma sono molto elevate, dalle decine di keV in su, E_0 è generalmente trascurabile rispetto all'energia del fotone incidente, e dunque l'energia cinetica del fotoelettrone (elettrone emesso in seguito all'effetto fotoelettrico) è praticamente eguale a quella del fotone. Trascuriamo per semplicità, rimandando a testi più dettagliati [Knoll2000], gli ulteriori processi che possono accadere a seguito dell'emissione dell'elettrone per effetto fotoelettrico e conseguente creazione di uno ione positivo.

La probabilità che il processo fotoelettrico avvenga dipende sia dall'energia del fotone che dalle caratteristiche del materiale (numero atomico) in cui il fotone si propaga. Tipicamente tale probabilità varia con una potenza elevata del numero atomico, all'incirca come Z^5, essendo molto maggiore per i materiali con Z elevato, e diminuisce con l'energia del fotone, come $E^{-7/2}$. La dipendenza dall'energia del fotone fa sì che a basse energie dei fotoni, l'effetto fotoelettrico sia il processo preponderante.

A titolo di esempio, la Fig. 2.7 mostra l'andamento della probabilità di assorbimento dei fotoni per effetto fotoelettrico, considerando come materiale ^{27}Al, nell'intervallo di energia tra 0.1 e 10 MeV.

L'effetto Compton rappresenta un altro importante processo tramite cui un fotone di energia relativamente elevata, come quella dei fotoni emessi tipicamente da sorgenti radioattive gamma, può interagire con la materia. Nell'effetto Compton, un fotone di energia $h\nu$ interagisce con un elettrone presente nella materia ordinaria, trasferendo parzialmente la sua energia all'elettrone e creando un fotone diffuso ad un certo angolo, di energia $h\nu'$ minore di $h\nu$. Il processo avviene secondo i princìpi di conservazione dell'energia e dell'impulso. Assumendo per semplicità che il processo avvenga su un elettrone libero, i princìpi di conservazione portano a delle equazioni in base alle quali l'energia del fotone diffuso è legata all'angolo di emissione θ di questo fotone dalla relazione

$$hv' = \frac{hv}{1 + \frac{hv}{m_e c^2}(1 - \cos\theta)}$$

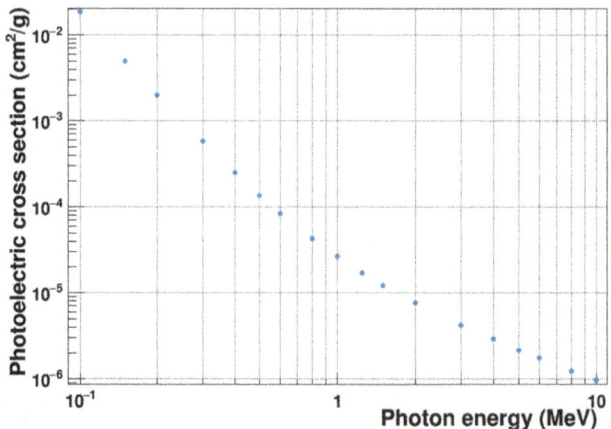

Figura 2.7 Coefficiente di assorbimento per fotoni di energia 0.1–10 MeV in alluminio, considerando il solo processo fotoelettrico. Fonte: [NIST]

La Fig. 2.8 mostra l'energia del fotone diffuso in funzione dell'angolo θ, per una energia del fotone incidente pari a 1 MeV.

In corrispondenza al fotone diffuso ad un dato angolo, l'elettrone sarà emesso con un'energia cinetica $K = h\nu - h\nu'$ e ad un angolo tale da rispettare il principio di conservazione dell'impulso. Non tutti gli angoli di emissione sono egualmente probabili; la distribuzione angolare dei fotoni diffusi è rappresentata dalla formula di Klein-Nishina [Knoll2000] e tipicamente mostra che questa probabilità è più elevata per gli angoli in avanti tanto più quanto è elevata l'energia del fotone iniziale.

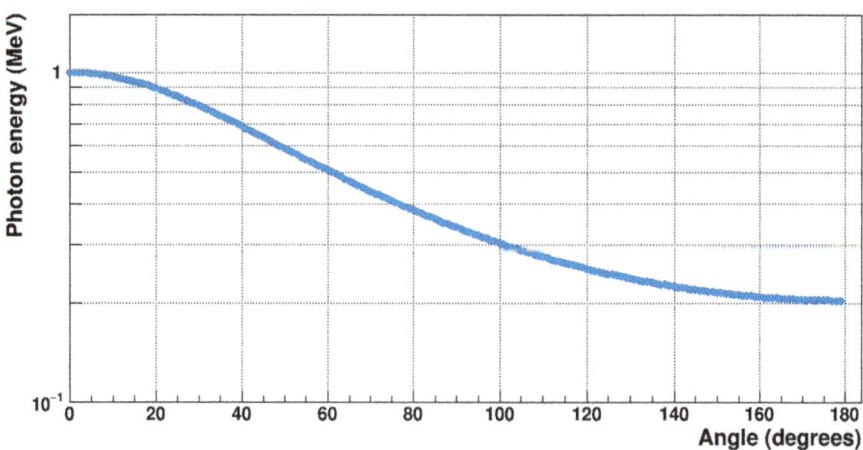

Figura 2.8 Energia del fotone diffuso per effetto Compton in funzione dell'angolo di emissione, assumendo un'energia iniziale pari a 1 MeV

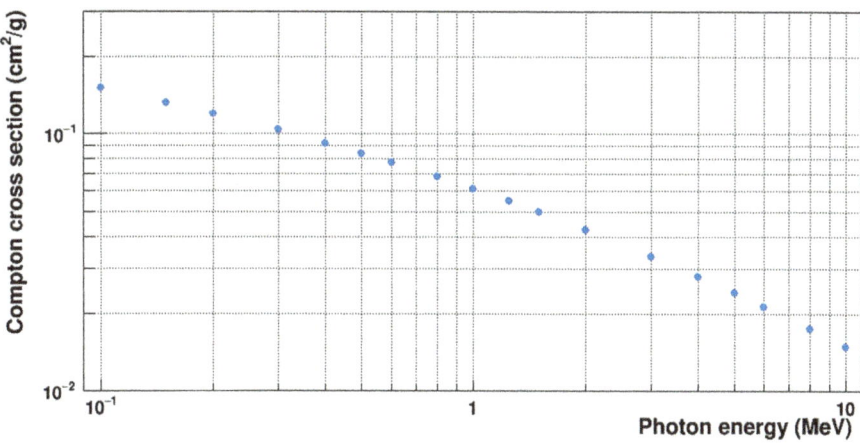

Figura 2.9 Coefficiente di assorbimento per fotoni di energia 0.1–10 MeV in alluminio, considerando il processo di scattering Compton. Fonte: [NIST]

La probabilità che questo processo avvenga dipende inoltre dal materiale, in particolare aumenta con il suo numero atomico Z. La dipendenza dall'energia mostra che la sezione d'urto del processo diminuisce con l'energia incidente, anche se più lentamente di quanto avvenga per l'effetto fotoelettrico. La Fig. 2.9 mostra come esempio la dipendenza della sezione d'urto complessiva di effetto Compton su ^{27}Al nell'intervallo di energia tra 0.1 e 10 MeV.

Ad energie maggiori di 1.022 MeV, corrispondente alla somma delle masse di un elettrone e di un positrone, diviene possibile energeticamente il processo di produzione di una coppia e^+e^- da parte di un fotone, con trasformazione di energia in massa. Naturalmente, l'energia in eccesso rispetto a quella necessaria per creare la massa delle due particelle della coppia viene trasferita alle particelle sotto forma di energia cinetica. La sezione d'urto di questo processo aumenta all'aumentare dell'energia del fotone incidente, come mostra la Fig. 2.10, sempre nel caso dell'^{27}Al come materiale. Per quanto riguarda la dipendenza dal numero atomico Z del materiale, essa è all'incirca proporzionale a Z^2.

La Fig. 2.11 mostra i diversi contributi visti finora, insieme alla loro somma. Come si vede, in questo caso (Alluminio), il contributo preponderante, anche ad energie relativamente basse, è dato dal processo Compton, poiché la sezione d'urto di effetto fotoelettrico, che dipende da una potenza elevata del numero atomico del materiale, è minore rispetto a quella del processo Compton. Su materiali ad elevato numero atomico possiamo attenderci invece l'inverso.

Il risultato netto di questi processi di interazione che i fotoni di elevata energia (X o gamma) subiscono in un materiale è l'assorbimento di una certa frazione di questi fotoni nell'attraversare un dato spessore di materiale. La legge di attenuazione del numero di fotoni segue un andamento esponenziale, del tipo

$$I = I_0 e^{-\mu x}$$

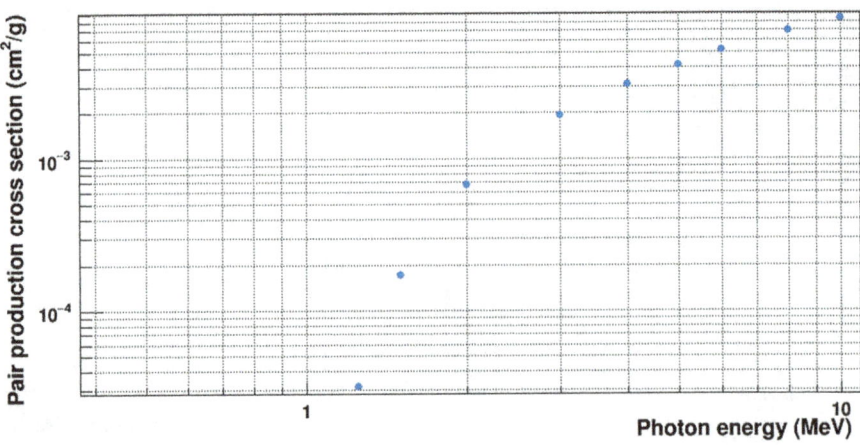

Figura 2.10 Coefficiente di assorbimento per fotoni di energia fino a 10 MeV in alluminio, considerando il processo di produzione di coppie elettrone-positrone. Fonte: [NIST]

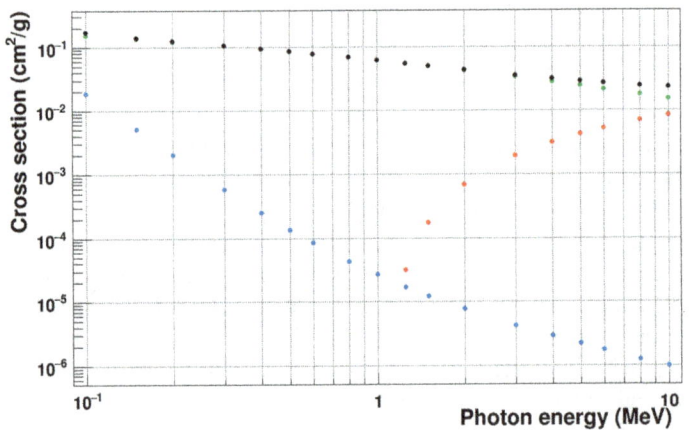

Figura 2.11 Coefficiente di assorbimento per fotoni di energia fino a 10 MeV in alluminio. Sono mostrati i diversi contributi: blu (fotoelettrico), verde (Compton), rosso (Produzione di coppie), nero (totale). Fonte: [NIST]

essendo I il flusso di fotoni capaci di attraversare uno spessore x di materiale e I_0 il flusso di fotoni iniziali. Se lo spessore x è espresso in unità di densità superficiale (ad esempio g/cm^2), la quantità μ, che rappresenta il coefficiente di assorbimento, verrà espressa in cm^2/g, come abbiamo visto nelle figure precedenti.

2.5 Interazione dei neutroni

Facciamo un cenno in questo contesto anche all'interazione dei neutroni con la materia, sebbene non sia di uso comune produrre o rivelare neutroni per esperimenti didattici e amatoriali. Abbiamo già visto che sorgenti naturali di neutroni possono essere nuclei pesanti soggetti a fissione spontanea, processo nel quale vengono emessi anche un certo numero di neutroni veloci, oppure reattori nucleari o ancora sorgenti emettitrici alfa, con un certo quantitativo di nuclei leggeri sui quali può avvenire un processo del tipo (α, n). Tutti questi processi richiedono generalmente attrezzature e condizioni di lavoro che vanno al di là di ciò che realisticamente si può fare in un esperimento didattico oppure in attività amatoriali. Bisogna ricordare, tuttavia, come già accennato nel Capitolo 1, che i neutroni sono parte integrante della radiazione cosmica secondaria, e che una certa frazione di neutroni arriva anche al livello del mare. Inoltre, neutroni possono essere prodotti come risultato delle interazioni secondarie che la radiazione cosmica produce nel suolo terrestre.

In che modo possono essere rivelati i neutroni? In quanto privi di carica, i neutroni non interagiscono mediante forza Coulombiana, come fanno gli elettroni e le altre particelle più pesanti dotate di carica. Essi, tuttavia, per interazione con i nuclei atomici, possono produrre particelle cariche pesanti (protoni, particelle alfa) che a loro volta possono essere rivelate in un rivelatore convenzionale, incluso i contatori Geiger. La probabilità di questi processi di interazione dipende fortemente dall'energia dei neutroni, e in genere si distingue tra neutroni lenti (energie dell'ordine dell'elettronvolt o inferiori) e neutroni veloci.

Per quanto concerne i neutroni lenti, il processo più probabile è quello di scattering su un nucleo; in questo processo, tuttavia, l'energia trasferita al nucleo è molto piccola ed è dunque praticamente impossibile rivelare il nucleo di rinculo se le energie in gioco sono dell'ordine degli eV. Il processo di scattering in ogni caso ha la funzione di "termalizzare" l'energia dei neutroni, cioè portarli ad un'energia media compatibile con la distribuzione dei neutroni termici (0.025 eV a temperatura ambiente). A queste energie, il processo preponderante diventa quello di cattura con emissione di una particella carica, particolarmente processi del tipo (n, p) oppure (n, α), reazioni nucleari con un bilancio energetico (Q-value) positivo, nelle quali i protoni o le alfa possono essere emesse con energie dell'ordine dei MeV, che rendono queste particelle più facilmente rivelabili.

All'aumentare dell'energia dei neutroni, queste reazioni diventano meno probabili, mentre per contro aumenta la probabilità di scattering elastico. Come conseguenza di questo processo, specie se si utilizzano come materiali dei nuclei leggeri, o addirittura con alto contenuto di idrogeno, vengono prodotti nuclei di rinculo (o protoni nel caso dell'idrogeno) abbastanza energetici da essere rivelati mediante tecniche convenzionali adatte alle particelle cariche.

In certe condizioni si può trattare l'interazione e l'assorbimento dei neutroni in un materiale in modo simile a quello dei gamma, cioè secondo una funzione di attenuazione esponenziale del loro flusso, del tipo

$$I = I_0 e^{-x/\lambda}$$

dove I_0 rappresenta il flusso di neutroni originale, I il flusso di neutroni dopo uno spessore x e λ è un libero cammino medio in quel materiale a quella data energia dei neutroni. Per neutroni lenti il libero cammino medio è dell'ordine del centimetro, mentre per quelli veloci dell'ordine di alcune decine di centimetri.

Il problema è tuttavia molto più complesso, a causa dei processi di scattering, e in genere per valutare correttamente il numero di neutroni che arriva in una data posizione tenendo conto dei materiali circostanti si richiede l'uso di complessi codici di trasporto basati sulla simulazione dei diversi processi fisici che possono avvenire.

Mentre i neutroni veloci sono spesso rivelati attraverso rivelatori basati su scintillatori plastici, vedremo nel capitolo dedicato ai contatori Geiger che è possibile in principio utilizzare anche degli speciali tubi Geiger adatti per la rivelazione dei neutroni, eventualmente circondati da materiale moderatore, proprio sfruttando qualcuno dei processi di interazione appena visti.

Riferimenti bibliografici

[Grupen2008] C. Grupen and B. Shwartz, *Particle Detectors*, Cambridge University Press, 2008.

[Knoll2000] G.F. Knoll, *Radiation Detection and Measurements*, John Wiley and Sons, New York 2000.

[Leo1987] W.R. Leo, *Techniques for Nuclear and Particle Physics Experiments*, Springer-Verlag, Berlin-Heidelberg-New York, 1987.

[Leroy2004] C. Leroy and P.G. Rancoita, *Principles of Radiation Interaction in Matter and Detection*, World Scientific Publishing Company, 2004.

[GEANT] geant4.web.cern.ch. Verificato il 20 Gennaio 2025

[NIST] National Institute of Standards and Technology, www.nist.gov. Verificato il 20 Gennaio 2025

[Tabata1971] T. Tabata et al., *An empirical equation for the backscattering coefficient of electrons*, Nuclear Instruments and Methods **94**(1971)509.

I primi rivelatori di radiazioni

3

3.1 Introduzione

La scoperta dei primi rivelatori di radiazioni ionizzanti ha segnato un importante punto di svolta nella storia della scienza e della tecnologia. Questi rivelatori sono strumenti che permettono di rilevare e misurare la presenza di particelle ionizzanti, come raggi X, raggi gamma e particelle alfa e beta, consentendo così di studiare e comprendere meglio la natura della radiazione e le sue applicazioni in vari campi scientifici e tecnologici.

Sebbene molte delle radiazioni ionizzanti che abbiamo discusso nei capitoli precedenti siano state presenti in natura fin dall'origine della Terra, e hanno dunque accompagnato l'uomo durante tutto il corso della sua storia, la loro esistenza è rimasta nascosta a causa della mancanza di mezzi e strumenti adatti a rivelarle. A differenza delle radiazioni luminosi visibili, che l'uomo ha sempre osservato, dapprima con i propri occhi, successivamente, negli ultimi secoli, anche attraverso l'utilizzo di strumenti ottici, come il microscopio e il cannocchiale, l'osservazione delle radiazioni ionizzanti ha richiesto un tempo più lungo, per comprendere i fenomeni che ne rivelavano l'esistenza e per mettere a punto gli strumenti e le tecniche in grado di fornire informazioni quantitative su di esse.

In qualche modo, i primi strumenti capaci di rivelare fenomeni legati all'arrivo di radiazioni ionizzanti, quale ad esempio l'elettroscopio, e lo stesso fenomeno della luminescenza, erano già noti nel XVIII Secolo.

Tuttavia, solo alla fine del XIX Secolo emerse l'evidenza di radiazioni capaci di produrre a loro volta degli effetti osservabili. Nel Novembre 1895, Wilhelm Conrad Roentgen (1845–1923), fisico tedesco che aveva compiuto i suoi studi di dottorato a Zurigo (Fig. 3.1), utilizzava dei tubi di Crookes (Fig. 3.2), in cui un fascetto di elettroni accelerato da una tensione elevata può produrre luce di fluorescenza su uno schermo ricoperto di platinocianuro di bario, un composto chimico già noto per le sue proprietà di fluorescenza. Roengen aveva notato che anche interponendo tra il tubo e lo schermo spessori via via crescenti (parecchi cm) di materiale soli-

F. Riggi, *Esperimenti didattici e amatoriali con i contatori Geiger*,
https://doi.org/10.1007/978-3-031-72012-3_3

Figura 3.1 Wilhelm Conrad
Roentgen (1845–1923). Fon-
te: AIP Emilio Segrè Visual
Archive

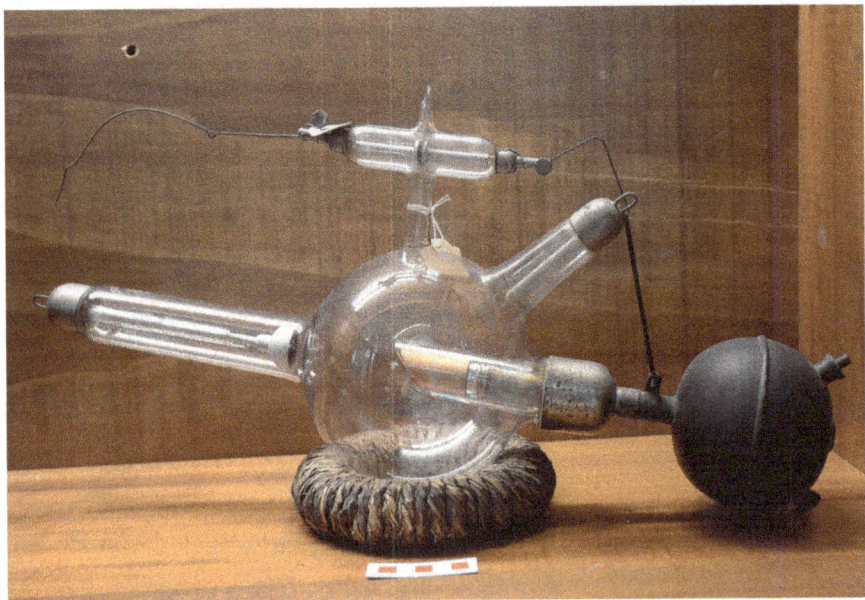

Figura 3.2 Un tubo a raggi X di Crookes, dalla Collezione di antichi strumenti del Dipartimento
di Fisica e Astronomia dell'Università di Catania, databile al 1915–1918

Figura 3.3 Henri Becquerel
(1852–1908). Fonte: AIP
Emilio Segrè Visual Archive

do questa luce di fluorescenza permaneva. Solo degli spessori adeguati di piombo apparentemente erano in grado di bloccare questa radiazione.

L'effetto di queste radiazioni, osservate inizialmente sullo schermo fluorescente, venne confermata presto anche da osservazioni condotte con una lastra fotografica posizionata al posto dello schermo, e nei giorni successivi Roentgen ottenne anche la prima radiografia ossea di una mano.

La radiazione emessa in questo processo, denominata radiazione X, si rivelò successivamente essere una radiazione elettromagnetica, come la luce visibile ma di frequenza enormemente più elevata. Roentgen notò anche che tale radiazione era capace di ionizzare l'aria attraversata, un fenomeno che divenne poi la base di molte tipologie di rivelatori delle radiazioni.

Appena un anno dopo, nel 1896, il fisico francese Henri Becquerel (1852–1908) dimostrò l'esistenza di radiazioni emesse dai materiali di uranio, osservando degli "spot" nelle lastre fotografiche su cui questi campioni erano stati depositati, senza peraltro che le lastre fossero state esposte alla luce del sole o ad altre sorgenti di radiazione (Fig. 3.3). Si tratta, come è noto, delle prime evidenze del fenomeno della radioattività.

Anche nel caso delle radiazioni emesse dai composti a base di uranio venne notato che tali radiazioni erano capaci di ionizzare l'aria, scaricando un elettroscopio precedentemente carico.

In entrambi i casi, dunque, la produzione di cariche elettriche nell'aria (ionizzazione) sembrava un elemento comune sia alle radiazioni X che a quelle emesse dalle sostanze radioattive. L'osservazione di questi fenomeni di ionizzazione nell'aria sembrò dunque, fin da subito, un mezzo promettente per rivelare il passaggio delle

Figura 3.4 Marie
(1867–1934) e Pierre
(1859–1906) Curie. Fonte:
AIP Emilio Segrè Visual
Archive

radiazioni, per l'appunto, ionizzanti. Le cariche prodotte per ionizzazione in un dato volume di gas potevano a loro volta essere raccolte mediante un opportuno campo elettrico, e già alla fine del 1800 le prime camere a ionizzazione rappresentarono uno strumento per la rivelazione del passaggio delle radiazioni ionizzanti.

Questa tecnica venne utilizzata ad esempio dai coniugi Curie (Maria Sklodowska e Pierre Curie), Fig. 3.4, già a partire dal 1898, per studiare alcune delle proprietà delle radiazioni emesse dai materiali contenenti uranio.

3.2   Gli elettroscopi e il loro utilizzo come rivelatori di radiazioni

Negli stessi anni l'utilizzo dell'elettroscopio, nel quale le due foglioline, una volta caricate elettrostaticamente si respingono divergendo, divenne ampiamente di uso comune per rivelare i fenomeni di ionizzazione nell'aria prodotti dall'arrivo di radiazioni ionizzanti. La presenza di cariche elettriche nel volume sensibile di aria dell'elettroscopio, infatti, è capace di scaricare le foglioline dell'elettroscopio e la velocità con cui esse si scaricano rappresenta una misura della quantità di cariche presenti nell'aria. Elettroscopi di varie tipologie vennero ampiamente utilizzati in passato già a partire dalla fine del XIX Secolo [DeAngelis2014].

Molte delle prime misure riguardanti quella che venne poi denominata radiazione cosmica vennero effettuate con elettroscopi nei primi anni del 1900, strumenti perfezionati in vari aspetti dagli stessi sperimentatori. Tra questi Theodore Wulf (1868–1946), che effettuò le misure alla sommità della Torre Eiffel, e successiva-

Figura 3.5 Schema di un tipico elettroscopio con fibre di
quarzo, utilizzato da Wulf per
le prime misure della radiazione cosmica. La divergenza
delle fibre può essere osservata su una scala graduata
mediante un oculare

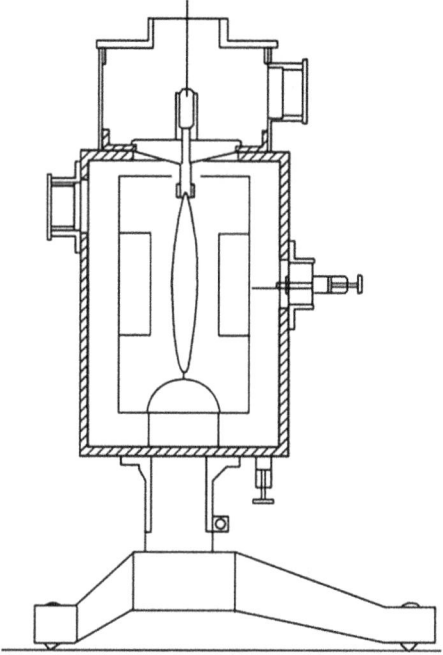

mente Victor Hess (1883–1964) e Werner Kolhörster (1887–1946), che portarono
diversi esemplari di elettroscopi a grandi altitudini mediante ascensioni in pallone.
Uno schema di elettroscopio – utilizzato da Wulf – in cui le foglioline d'oro sono
sostituite da fibre di quarzo, la cui divergenza può essere accuratamente misurata
mediante un oculare e una scala graduata, è mostrato in Fig. 3.5. Una discussione
più dettagliata di queste prime misure di interesse per la storia della fisica dei raggi
cosmici è riportata in [Riggi2023].

La Fig. 3.6 mostra un esemplare di elettroscopio, detto di Bohnenberger, antecedente al 1885, presente nella Collezione degli antichi strumenti del Dipartimento di
Fisica e Astronomia dell'Università di Catania.

Ulteriori perfezionamenti agli elettroscopi, per automatizzare le misure in voli
a grande altitudine condotti senza equipaggio umano vennero introdotti nella metà
degli anni '20 del secolo scorso dal gruppo di Robert Millikan negli Stati Uniti.
La lettura dell'elettroscopio poteva essere fotografata a intervalli costanti di tempo,
insieme ai valori di pressione e di temperatura, fornendo così uno dei primi esempi
di data logger nella storia delle radiazioni ionizzanti [Riggi2023].

Figura 3.6 Un esemplare
di elettroscopio di Bohnenberger, antecedente al 1885,
presente nella Collezione
degli antichi strumenti del
Dipartimento di Fisica e
Astronomia dell'Università di
Catania

3.3   Camere a ionizzazione e contatori proporzionali

Altri rivelatori che vennero ampiamente utilizzati per lo studio delle radiazioni
ionizzanti, in particolare per l'investigazione della radiazione cosmica, furono le
camere a ionizzazione, che sfruttano ancora una volta il fenomeno della ionizzazione in un gas. Le campagne di misura della radiazione cosmica in varie località
del mondo per studiare la dipendenza dalla latitudine geomagnetica, effettuate dal
gruppo di Arthur Compton (1892–1962) agli inizi degli anni '30 del secolo scorso,
utilizzavano ad esempio camere a ionizzazione riempite di Argon ad alta pressione.
Esse sono essenzialmente strumenti che integrano il flusso delle particelle ionizzanti rivelate, in quanto misurano il numero totale di coppie di ioni create in un certo
intervallo di tempo all'interno del volume di gas.

Una camera a ionizzazione può anche essere utilizzata per rivelare il passaggio di
una singola particella ionizzante. Tuttavia, in condizioni tipiche l'impulso di tensione che può essere prelevato agli elettrodi ha un'ampiezza molto limitata (dell'ordine
dei mV) e necessita di un opportuno sistema di amplificazione, cosa che divenne
possibile solo negli anni successivi con lo sviluppo progressivo dell'elettronica a
basso livello di rumore.

I rivelatori a gas basati sul fenomeno della ionizzazione possono operare, mediante un'opportuna scelta del campo elettrico per la raccolta delle cariche, in varie
modalità, o regimi di funzionamento. A tensione relativamente bassa, le coppie di
ioni prodotte per ionizzazione saranno in parte soggette a processi di ricombinazione. A tensioni più elevate il numero di ioni raccolti agli elettrodi aumenta, fino a
saturare, condizione nella quale idealmente tutti gli ioni sono raccolti. Tale valore

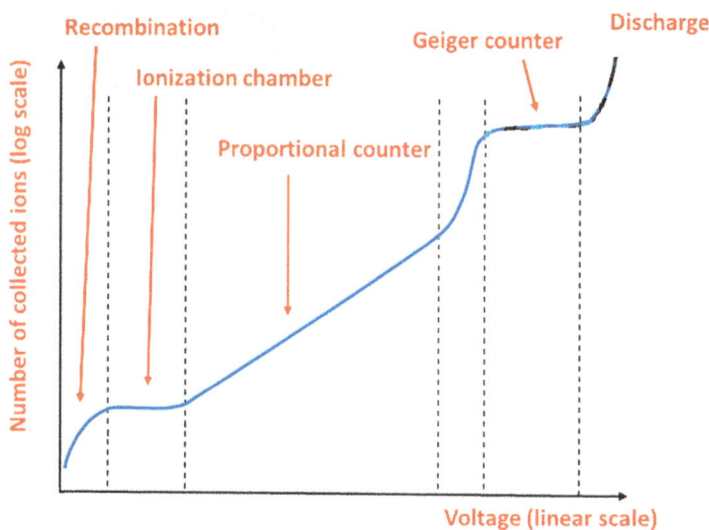

Figura 3.7 I diversi regimi di funzionamento per un rivelatore basato sulla ionizzazione in un gas. Il grafico mostra l'andamento del numero di ioni raccolti (in scala logaritmica) in funzione della tensione di alimentazione applicata (a pressione costante del gas). I due pianerottoli (zone in cui, anche aumentando la tensione, il numero di ioni raccolti non aumenta ulteriormente) corrispondono alle modalità di funzionamento come camera a ionizzazione e come contatore Geiger rispettivamente

rappresenta una misura della ionizzazione totale prodotta nell'intervallo di integrazione. Nel caso sia possibile rivelare il passaggio di una singola particella, il numero di ioni prodotti darà una stima dell'energia depositata dalla particella nel volume sensibile, tenendo conto che l'energia media per produrre una coppia elettrone-ione positivo in un gas è di alcune decine di eV.

La Fig. 3.7 mostra un grafico qualitativo, spesso adoperato per illustrare il comportamento dei rivelatori basati sulla ionizzazione in un gas, che riporta il numero di ioni raccolti agli elettrodi, in funzione della tensione di polarizzazione, ad una pressione costante. La scala verticale è di tipo logaritmico, il che mostra un enorme aumento nel numero di ioni nel passare da un regime al successivo. Quando la tensione è molto bassa il campo elettrico non è sufficiente a raccogliere tutte le cariche prodotte per ionizzazione primaria, che in parte sono soggette a ricombinazione. La frazione di cariche raccolte aumenta all'aumentare della tensione di lavoro, fino a raggiungere un primo "pianerottolo", in cui il numero di cariche raccolte non aumenta ulteriormente, anche se si aumenta la tensione. Questo regime corrisponde alla raccolta completa delle cariche prodotte per ionizzazione primaria. Le camere a ionizzazione operano in questo regime e producono, se sono adoperate per rivelare eventi singoli, impulsi di tensione molto bassi.

Come già menzionato, singole particelle con un basso potere ionizzante producono un numero limitato di ioni e un segnale di ampiezza corrispondentemente bassa. Una delle possibili strategie per aumentare il numero di cariche è la moltiplicazione mediante processi di ionizzazione secondaria. Questa è usualmente ottenuta con un campo elettrico elevato, fornito da un'appropriata geometria cilindrica degli elettrodi, come discuteremo successivamente. In questo regime, denominato regime di contatore proporzionale (Fig. 3.7), gli elettroni sono accelerati, raggiungendo energie tali da poter a loro volta ionizzare, creando ioni ulteriori. Nel processo vengono prodotti anche fotoni, che a loro volta possono creare ulteriori elettroni.

Si può far vedere che il numero totale di elettroni che raggiungono l'elettrodo centrale è dato dalla serie

$$n + \gamma n^2 + \gamma^2 n^3 + \dots$$

dove n è il numero di elettroni prodotti inizialmente e γ è la costante di proporzionalità. Se il termine $\gamma n < 1$, la serie converge ad un valore dato da

$$M = \frac{n}{1 - \gamma n}$$

che porta ad un numero di elettroni M all'incirca proporzionale al numero di elettroni prodotti inizialmente.

Queste sono le condizioni di lavoro per i rivelatori usualmente chiamati contatori proporzionali. I contatori proporzionali sono capaci di produrre impulsi di tensione elevata, che possono essere registrati da un apposito sistema elettronico, generalmente preceduto da una ulteriore amplificazione del segnale. I contatori proporzionali vennero usati negli anni successivi, a partire dalla fine degli anni '40, per varie applicazioni riguardanti la radioattività e la rivelazione dei raggi cosmici.

Discuteremo più in dettaglio il funzionamento dei contatori Geiger nel Capitolo successivo.

3.4 Emulsioni nucleari

Un'altra tecnica che ebbe un'importanza storica per la rivelazione delle particelle ionizzanti, soprattutto nei primi decenni di studio della fisica dei raggi cosmici e della fisica nucleare è quella delle emulsioni nucleari, speciali lastre fotografiche rivestite con una emulsione di gelatina contenente grani sottili di alogenuro d'argento. Dopo essere state esposte al passaggio delle particelle da rivelare, queste lastre dovevano essere sviluppate e infine osservate al microscopio. La traccia delle particelle, una volta visibile, poteva essere definita con ottima precisione (alcuni micron). La fase di analisi, tuttavia, era lunga e complessa e le informazioni non potevano essere disponibili in tempo reale. A causa delle loro caratteristiche, le emulsioni nucleari vennero ampiamente utilizzate per misure della radiazione cosmica ad elevate altitudini (alta montagna o su pallone) e successivamente anche per esperimenti condotti presso acceleratori di particelle.

Questa proprietà dei grani di alogenuro d'argento di segnalare in una lastra fotografica il passaggio delle particelle ionizzanti era nota fin dal 1900. Rutherford fu uno dei primi a utilizzare lastre fotografiche per le radiazioni emesse dalle sostanze

Figura 3.8 La fisica austriaca Marietta Blau (1894–1970) diede un contributo essenziale all'osservazione della radiazione cosmica attraverso la tecnica delle emulsioni nucleari. Fonte: AIP Emilio Segrè Visual Archive

radioattive. Successivamente, nel 1910, venne dimostrato che anche la traccia della singola particella poteva essere visualizzata e che quindi questa tecnica era adatta, pur con le sue limitazioni, per l'osservazione di eventi singoli. Un enorme contributo all'utilizzo delle emulsioni nucleari per la fisica dei raggi cosmici, e in particolare per lo studio delle interazioni che le particelle primarie producevano nell'atmosfera, creando delle "stelle" di particelle secondarie, venne dato dalla fisica austriaca Marietta Blau (1894–1970) [Riggi2023], Fig. 3.8. Nonostante il loro utilizzo storico, le emulsioni nucleari sono ancora oggi utilizzate in particolari esperimenti di fisica astroparticellare moderna.

3.5 Le camere a nebbia e l'osservazione visuale delle tracce

L'altro strumento capace di rivelare, ancora con una tecnica visuale sebbene di natura differente, il passaggio delle singole particelle ionizzanti, fu la camera a nebbia, i cui primi prototipi vennero realizzati dal fisico inglese Charles Thomson Rees Wilson (1869–1959) già dal 1896, per studiare la conduttività dell'aria esposta ai raggi X (Fig. 3.9).

Wilson si era reso conto che gli ioni esistenti all'interno del gas potevano agire da centri per la formazione di goccioline d'acqua. Divenne presto chiaro che questo fenomeno poteva essere sfruttato per visualizzare ed eventualmente fotografare la traccia visibile lasciata dal passaggio di una particella ionizzante. Dopo vari miglioramenti apportati ai primi prototipi, nel 1911 Wilson fu in grado di ottenere le prime immagini dettagliate delle tracce prodotte da singoli elettroni e particelle alfa.

Figura 3.9 Il fisico inglese Charles Thomson Rees
Wilson (1869–1959), noto
anche per l'introduzione della tecnica di osservazione
delle tracce delle particelle
ionizzanti nelle camere a nebbia. Fonte: AIP Emilio Segrè
Visual Archive

In tempi recenti camere a nebbia di uso didattico sono state costruite in modo
relativamente semplice, utilizzando alcool isopropilico puro e una base fredda, ad
esempio con ghiaccio secco (Fig. 3.10). Esse possono essere adoperate per alcune
ore – finché dura l'effetto della bassa temperatura e l'evaporazione dell'alcool isopropilico – per osservare tracce di elettroni o particelle alfa da preparati radioattivi
o il passaggio di radiazioni cosmiche [Barradas2010, Riggi2023].

3.6 La rivelazione di eventi singoli

Sebbene una traccia misurabile del passaggio di radiazioni ionizzanti potesse essere ottenuta mediante lastre fotografiche, tecnica che venne perfezionata negli anni
successivi, con la messa a punto e l'utilizzo delle emulsioni nucleari, i primi strumenti di osservazione delle radiazioni furono proprio gli elettroscopi a foglie e le
camere a ionizzazione. Queste ultime, utilizzate insieme ad un galvanometro, per
misurare quantitativamente la carica raccolta, erano sensibili solo a grandi flussi di
radiazione. Peraltro, anche gli elettroscopi, ampiamente usati all'inizio del 1900,
avevano una sensibilità ridotta, e necessitavano di un certo tempo per misurare una
ionizzazione tale da scaricare almeno parzialmente lo strumento.

Entrambe le tecniche erano dunque adatte alla misura di flussi di radiazione in-
tegrata nel tempo, o di intensità sufficientemente grande. In termini della natura di
queste radiazioni ionizzanti, in quanto costituite da singoli fotoni di elevata energia,

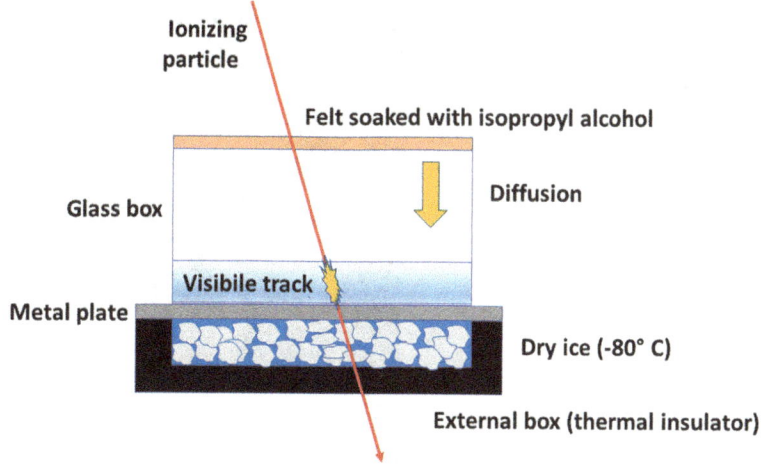

Figura 3.10 Lay out di una camera a nebbia di tipo didattico, realizzata con ghiaccio secco e alcool isopropilico

come nel caso della radiazione X, o di particelle cariche energetiche, come nel caso delle radiazioni alfa e beta, si può dire che le prime tecniche di rivelazione erano sensibili al passaggio di un numero elevato di fotoni o di particelle, ma non erano in grado di rivelare il passaggio della singola particella: non erano in grado cioè di rivelare eventi singoli.

Come fare, dunque, per avere informazioni sull'arrivo di una singola particella o di un singolo quanto di radiazione elettromagnetica nel caso delle radiazioni ionizzanti? Abbiamo già visto che alcune delle tecniche precedenti, come le emulsioni nucleari e le camere a nebbia erano in grado, in linea di principio, di rivelare la singola traccia dovuta al passaggio di una particella carica. Il loro utilizzo per misure quantitative e di routine non è tuttavia semplice, e nella storia dei rivelatori di particelle, già a partire da un secolo addietro, è sempre stata viva la necessità di poter osservare e distinguere eventi dovuti a singole particelle.

Il primo strumento capace di rivelare singoli eventi fu in effetti uno strumento chiamato spintariscopio, messo a punto da Crookes nel 1903 (Fig. 3.11). Si trattava di uno schermo ricoperto di Solfuro di Zinco, un materiale capace di emettere un breve impulso di luce di scintillazione quando colpito da una radiazione energetica. L'emissione di questi "flash" di luce poteva essere osservata con un microscopio o una forte lente di ingrandimento, dopo aver abituato gli occhi al buio per qualche minuto. Esemplari originali di spintariscopi risalenti all'inizio del 1900 sono ancora disponibili presso Musei e Istituzioni [ORAU]. In anni seguenti modelli giocattolo di spintariscopi vennero commercializzati, anche come parte integrante di kit dedicati alla radioattività, in alcuni casi con seri rischi e pericoli per l'utilizzo dei preparati radioattivi ivi inclusi, derivanti da una conoscenza ancora limitata dei problemi legati alle dosi da radiazione. Suggerimenti pratici sulla realizzazio-

Figura 3.11 Uno spintari-
scopio realizzato da Robert
Drosten in Belgio, 1905.
Fonte: Wikimedia Commons

ne di spintariscopi amatoriali sono disponibili presso vari siti, vedi ad esempio
[INSTRUCTABLE].

Come vedremo nel prossimo Capitolo, l'introduzione del contatore Geiger rappresentò effettivamente il passo avanti nella possibilità di osservare eventi singoli
dovuti al processo di ionizzazione creato in un gas da una singola particella carica
(elettroni, alfa, muoni cosmici …) e – attraverso processi secondari – anche eventi
dovuti a radiazioni elettromagnetiche energetiche.

L'utilità di rivelare eventi singoli, dovuti al passaggio di una singola particella o
quanto di radiazione, non è appena legata alla questione della migliore sensibilità,
dunque del limite inferiore nella osservazione di una data quantità di energia depositata. Si tratta invece della possibilità di caratterizzare il singolo processo fisico di
interazione dal punto di vista dell'energia depositata, delle eventuali particelle secondarie prodotte, della eventuale correlazione spaziale o temporale con altri eventi,
come vedremo successivamente. La possibilità di accedere al singolo evento di interazione apre dunque nuovi scenari, da un punto di vista qualitativo e quantitativo,
nello studio dei processi di interazione della radiazione con la materia.

Riferimenti bibliografici

[Barradas2010]	F. Barradas-Solad and Paloma Alameda-Melendez, *Bringing particle physics to life: build your own cloud chamber*, Science in School **14**(2010)36.
[DeAngelis2014]	A. De Angelis, *Atmospheric ionization and cosmic rays: studies and measurements before 1912*, Astroparticle Physics **53**(2014)19.
[INSTRUCTABLE]	https://www.instructables.com/Pocket-Size-Spinthariscope/. Verificato il 20 Gennaio 2025
[ORAU]	Oak Ridge Museum of Radiation and Radioactivity, www.orau.org. Verificato il 20 Gennaio 2025
[Riggi2023]	F. Riggi, *Messengers from the Cosmos. An Introduction to the Physics of Cosmic Rays in Its Historical Development*, Springer 2023.

I contatori Geiger

4

4.1 Hans Geiger e la nascita dei contatori di particelle

L'invenzione dei primi prototipi di contatori che successivamente saranno chiamati contatori Geiger, o Geiger-Müller, risale in effetti al 1908, quando il fisico tedesco Hans Wilhelm Geiger (1882–1945), lavorando insieme a Rutherford, mise a punto un sistema capace di rivelare il passaggio di singole particelle alfa.

Geiger era nato nel 1882 a Neustadt an der Hart, nell'ovest della Germania (Fig. 4.1). Dopo aver studiato fisica a Monaco, aveva conseguito il dottorato a Erlangen nel 1906 lavorando con Wiedemann sui fenomeni di scarica elettrica nei gas. Dopo il dottorato aveva ricevuto una borsa di studio per trascorrere un periodo di studio e ricerca a Manchester, dapprima con il fisico Arthur Schuster e subito dopo, dal 1907, con Ernest Rutherford, che gli era succeduto. Nel 1908, Rutherford, Geiger e Ernest Marsden misero a punto un rivelatore capace di rivelare le singole particelle alfa diffuse da una lamina sottile di oro, un processo fisico che Rutherford studiava per la comprensione della struttura dell'atomo, come costituito da un nucleo di dimensioni molto piccole rispetto all'intero volume dell'atomo e da un certo numero di elettroni che occupavano il resto del volume [Geiger1909, Rutherford1908].

Geiger rimase in Gran Bretagna fino al 1912, quando rientrò in Germania, a Berlino, come direttore dell'Istituto di Scienze e Tecnologia, dove continuò i suoi studi sulla radiazione e la struttura atomica degli elementi, in collaborazione con altri fisici eminenti, come Walter Bothe e James Chadwick, entrambi premi Nobel negli anni successivi, interessati alla rivelazione delle particelle alfa e della radiazione beta. Dopo la parentesi della Prima Guerra Mondiale, Geiger riprese il suo lavoro, utilizzando contatori simili a quelli messi a punto anni prima, per confermare i risultati dell'effetto Compton, un processo che abbiamo già discusso nel Capitolo 2. Nello studio di questo processo, nel quale un fotone incidente può produrre un fotone diffuso e un elettrone, è importante stabilire se la conservazione dell'energia e dell'impulso è una proprietà media relativa a molti eventi, o si applica al singolo evento, nel qual caso è necessario poter rivelare i singoli prodotti emessi in coinci-

F. Riggi, *Esperimenti didattici e amatoriali con i contatori Geiger*, https://doi.org/10.1007/978-3-031-72012-3_4

Figura 4.1 Hans Wilhelm
Geiger (1882–1945)

denza tra loro. Anche se i primi esperimenti sull'effetto Compton sono antecedenti all'introduzione del contatore Geiger, l'utilizzo di questi primi contatori contribuì allo studio di questo fenomeno negli anni successivi, permettendo un'osservazione diretta del singolo elettrone e del gamma diffuso in ciascun processo individuale.

Nel 1925 Geiger si trasferì all'Università di Kiel per insegnare, e successivamente, nel 1929, all'Università di Tubingen. Fu in quegli anni, particolarmente a Kiel, che Geiger, in collaborazione con Walter Müller (1905–1979), perfezionò i primi prototipi di contatori, rendendoli più robusti, compatti, duraturi e sensibili anche alle radiazioni beta e gamma, che producevano una ionizzazione minore [Geiger1928a, Geiger1928b, Geiger1929a, Geiger1929b]. È il 1928 l'anno che comunemente si associa alla introduzione del contatore Geiger quale lo conosciamo in pratica ancora oggi. Negli anni successivi moltissimi fisici iniziarono ad utilizzare questo tipo di rivelatori per misure riguardanti la radioattività e la fisica dei raggi cosmici [Riggi2023]. Lo stesso Geiger, a partire dal 1929, iniziò delle osservazioni di quelli che sarebbero stati denominati sciami atmosferici estesi.

Come già accennato, sebbene i primi prototipi fossero adatti a rivelare particelle alfa, nel 1928 questo tipo di contatore venne perfezionato in modo da poter rivelare anche particelle con potere ionizzante minore, come ad esempio gli elettroni e i gamma.

Il contatore di Geiger-Müller rappresenta probabilmente uno degli strumenti più noti, non solo in campo scientifico ma anche in un ambito più ampio, tanto da essere stato definito da Einstein *"The most sensitive organ of humanity"*, come sembra sia

Figura 4.2 Un francobollo dello stato di Antigua & Barbuda è stato dedicato a Hans Geiger nel 1998

stato riportato da Walter Müller in una lettera ai genitori. La Fig. 4.2 mostra un francobollo dedicato in tempi più recenti alla figura di questo scienziato.

La storia dell'introduzione di questo tipo di rivelatore e il significato che esso ha avuto nel campo della fisica sperimentale sono stati oggetto di numerosi articoli storici e didattici [Korff2013]. Esso rappresentò uno dei primi esempi di rivelatori capaci di segnalare l'arrivo sia di particelle alfa, che di elettroni e gamma, oltre che dei muoni della radiazione cosmica.

4.2 Princìpi di funzionamento dei contatori Geiger

Nel contesto dei fenomeni di ionizzazione, di cui abbiamo parlato a proposito dei rivelatori a gas, particelle singole, specie se a basso potere ionizzante, producono un quantitativo limitato di coppie ioni-elettroni e la corrispondente ampiezza dell'impulso di tensione che potremmo misurare ad esempio in una camera a ionizzazione sarebbe troppo piccola da poter rilevare senza una adeguata amplificazione. In questo caso, una delle strategie possibili è quella di sfruttare il fenomeno della ionizzazione secondaria, in base alla quale il numero di ioni prodotto inizialmente per ionizzazione diretta può essere moltiplicato, in presenza di un campo elettrico elevato, anche di un fattore molto grande, creando una valanga. Si stima che il numero di ioni formato in una tipica valanga sia dell'ordine di 10^9–10^{10}, producendo così un segnale elettrico che ha un'ampiezza elevata, dell'ordine di qualche volt.

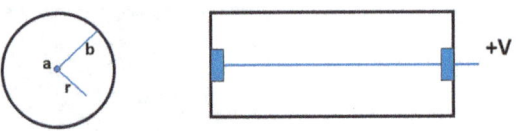

Figura 4.3 Geometria di un contatore Geiger, con gli elettrodi costituiti da un cilindro esterno di raggio b e da un filo centrale sottile, di raggio a, posto ad un potenziale positivo $+V$

In queste condizioni, gli impulsi hanno la stessa ampiezza, indipendentemente dalla ionizzazione primaria che li ha generati. Questo comporta il fatto che essi non possono dare informazioni sull'ammontare di ionizzazione primaria, dunque sull'energia depositata nel volume sensibile né sul tipo di particella che ha indotto il processo. Essi possono esclusivamente contare il numero di eventi prodotti. Un altro aspetto importante è l'elevato tempo morto di questi rivelatori, cioè il tempo necessario perché il contatore possa rivelare un evento successivo, dopo aver rivelato il precedente. Nonostante queste limitazioni, il suo utilizzo relativamente semplice e la flessibilità di uso di questo tipo di rivelatori ne ha fatto uno dei rivelatori di particelle più utilizzati nella fisica, non solo all'inizio della sua storia, ma anche in tempi recenti, sia per applicazioni didattiche e amatoriali che per misure e controlli dosimetrici.

Per produrre l'elevato campo elettrico necessario a creare una valanga, si adopera, anziché una geometria piana, con due elettrodi piani e paralleli, una geometria cilindrica che produce un campo elettrico molto più intenso in una regione specifica del volume sensibile. Una geometria piana, nella quale ai due elettrodi è applicata una differenza di potenziale V lungo una distanza d, produrrebbe un campo elettrico uniforme V/d, e per avere valori elevati del campo elettrico bisognerebbe applicare differenze di potenziali enormi, con il rischio di superare la rigidità dielettrica del gas, e avere delle scariche.

La geometria cilindrica fa invece uso di un elettrodo a forma di cilindro, di raggio b (tipicamente alcuni cm), e di un filo centrale sottile, di raggio a, teso lungo l'asse del cilindro (Fig. 4.3). Tra i due elettrodi è applicata una differenza di potenziale V, con il filo centrale a potenziale positivo (anodo). In queste condizioni il campo elettrico ha una simmetria radiale, cioè il suo valore dipende dal modulo della distanza r rispetto all'asse del cilindro, e assume un valore dato da

$$E = \frac{V}{r \log \frac{b}{a}}$$

In prima approssimazione questa dipendenza radiale è la stessa lungo tutta la lunghezza dell'asse del contatore; in realtà c'è un piccolo effetto di bordo: vicino ai bordi del cilindro il campo elettrico è meno intenso e dunque quella regione è meno sensibile; aumentando la tensione il volume sensibile aumenta. Questa è anche la ragione della lieve pendenza (dell'ordine dello 0.1% per volt) del pianerottolo in cui i contatori Geiger lavorano. Gli effetti di bordo sono tanto maggiori quanto più

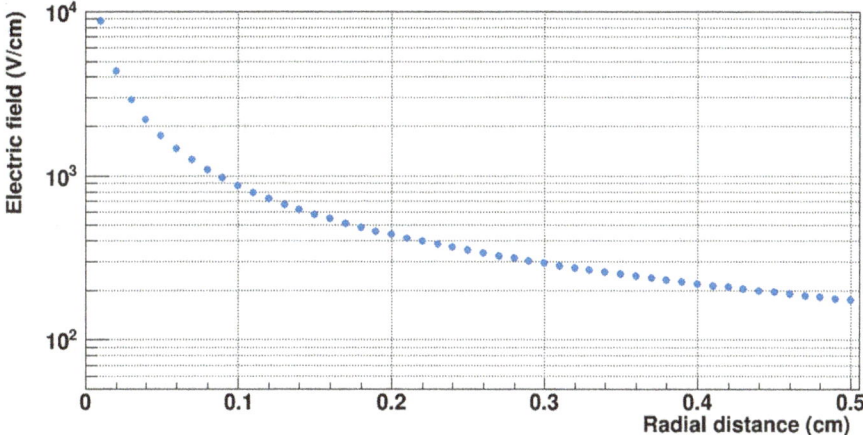

Figura 4.4 Campo elettrico creato all'interno di un contatore Geiger avente raggio esterno $b = 1$ cm e raggio del filo centrale $a = 0.01$ cm, con una differenza di potenziale applicata di 400 V

piccolo è il rapporto lunghezza/diametro del tubo. Per tubi sufficientemente lunghi, dunque, questi effetti possono essere trascurati.

Se assumiamo un cilindro di raggio $b = 1$ cm, e un filo centrale di raggio $a = 0.01$ cm (rapporto $b/a = 100$), con una differenza di potenziale applicata $V_0 = 400$ V, il campo elettrico radiale, a partire dal valore di distanza pari ad a (raggio del filo centrale), avrà l'andamento raffigurato in Fig. 4.4. Come si vede, la dipendenza da $1/r$ produce un campo elettrico che in prossimità del filo centrale può assumere valori prossimi a 10 kV/cm. Tipicamente i fili centrali dei contatori sono ancora più sottili di 100 μm, con un conseguente aumento del campo elettrico in prossimità del filo.

Per quanto riguarda le dimensioni del filo centrale, possiamo rappresentare l'andamento del campo elettrico in funzione del rapporto b/a ad una distanza radiale fissata (ad esempio $r = 0.2$ cm) e per un valore fissato della differenza di potenziale applicata (400 V, come nel caso precedente). Questo andamento è raffigurato in Fig. 4.5, e mostra che il valore di questo rapporto non è molto critico, dato che ad una variazione del 100% in b/a (da 100 a 200), il campo elettrico varia di poco più del 10%. Naturalmente dimensioni piccole del filo centrale consentono di sfruttare maggiormente il volume sensibile del contatore e soprattutto produrre un campo elettrico molto elevato a partire dalla superficie esterna del filo stesso.

Il campo elettrico risulta, dunque, molto intenso in prossimità del filo, e gli elettroni possono essere accelerati in quella regione fino ad assumere un'energia tale da essere capaci di ionizzare a loro volta altri atomi o molecole del gas, moltiplicando il numero di elettroni inizialmente prodotti. In questo processo si formano anche molti atomi o molecole eccitate, che in tempi rapidi si diseccitano emettendo fotoni nel range del visibile o dell'ultravioletto. Questo aspetto è importante, perché questi fotoni, interagendo a loro volta con il gas o con gli elettrodi, creano ulteriori elettroni che innescano altri processi a valanga.

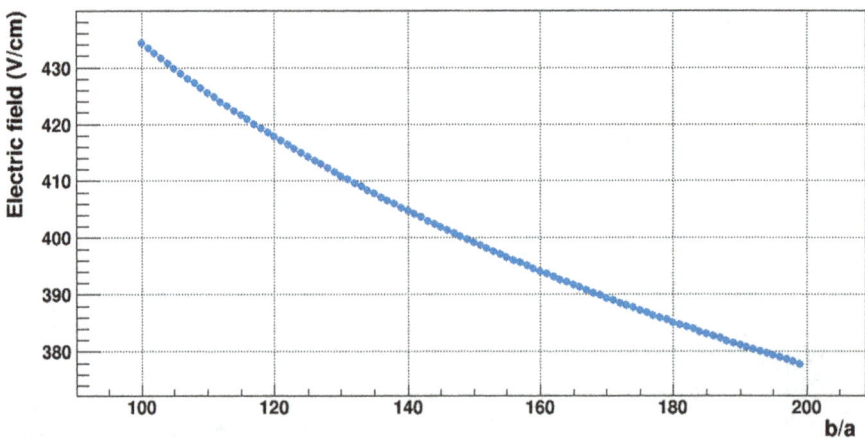

Figura 4.5 Campo elettrico creato all'interno di un contatore Geiger, ad una distanza radiale di 0.2 cm dall'asse, in funzione del rapporto b/a tra raggio esterno e raggio del filo centrale. Differenza di potenziale applicata di 400 V, come nella figura precedente

In un contatore proporzionale, a cui abbiamo accennato nel Capitolo 3, si può far vedere che il numero totale di elettroni che raggiungono l'elettrodo centrale è dato dalla serie

$$n + \gamma n^2 + \gamma^2 n^3 + \ldots$$

dove n è il numero di elettroni prodotti inizialmente e γ è la costante di proporzionalità. Se il termine $\gamma n < 1$, la serie converge ad un valore che è approssimativamente proporzionale al numero di elettroni inizialmente prodotti, come discusso nel Capitolo 3.

Tuttavia, se la differenza di potenziale tra l'elettrodo centrale e il cilindro esterno viene aumentata ulteriormente, il numero di elettroni prodotti diventa maggiore del numero di elettroni iniziali ($\gamma n > 1$). In questo caso la serie descritta a proposito dei contatori proporzionali, che stima il numero di elettroni complessivamente prodotti per ciascuna coppia primaria, diverge. Da un punto di vista fisico si avrebbe dunque una scarica. Se però il prodotto γn non è molto maggiore di 1, la scarica non riesce ad autosostenersi, per cui si estingue dopo ogni singolo evento. Dato che nei vari processi in cui vengono creati elettroni, si creano anche ioni positivi, e questi si muovono molto più lentamente degli elettroni (a causa della loro massa), si ha prima o poi un accumulo di carica positiva (carica spaziale) in prossimità dell'anodo centrale che tende a ridurre il campo elettrico, terminando così la scarica.

Per evitare il formarsi di scariche multiple nella miscela di gas utilizzata all'interno del contatore si adopera generalmente un gas di quenching, che ha il compito di "spegnere" la valanga; tra questi è frequentemente utilizzato l'alcool etilico. Questi tipi di molecole si dissociano man mano con l'utilizzo, il che può comportare un limite superiore nel numero di impulsi che il contatore potrà misurare nell'arco della sua vita operativa. Questo limite superiore è in genere dell'ordine di 10^9–10^{10}.

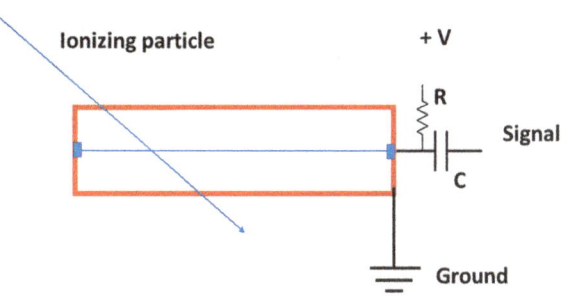

Figura 4.6 Circuito base per l'alimentazione e il prelievo di un segnale da un contatore Geiger

Per valutare in termini temporali la durata del contatore in queste condizioni, consideriamo il rate di fondo di un contatore di piccole dimensioni, tipicamente di 20–30 conteggi/minuto. A questo rate corrisponderebbero 60 anni di funzionamento continuo prima di raggiungere un limite di 10^9. Altro discorso invece se il contatore viene sempre adoperato in presenza di un flusso elevato di radiazioni, che producano centinaia di eventi al secondo, condizione tuttavia che si verifica raramente. Per evitare il problema della vita limitata del tubo Geiger in presenza di alti flussi di radiazione, si utilizzano talvolta gas alogeni. Il possibile deterioramento del gas di riempimento a causa dei processi che avvengono sugli elettrodi in ogni caso può costituire uno dei fattori limitanti riguardo la vita operativa di un tubo Geiger. Come già detto, tuttavia, raramente questo costituisce un problema pratico per l'utilizzo generico di un contatore in condizioni di background.

Il contatore è dunque capace di rivelare ogni singola particella ionizzante che lo attraversa. È in questo regime che i contatori Geiger-Müller funzionano. Si fa in modo che essi operino in corrispondenza ad un secondo pianerottolo, in cui l'aumento della tensione di alimentazione in prima approssimazione non produca un ulteriore aumento delle cariche. In effetti non si tratta di un plateau rigoroso, dato che si può osservare un aumento di qualche percento della carica in questa regione. I contatori Geiger-Müller sono caratterizzati da un impulso di tensione in uscita molto elevato, dell'ordine dei volt, e l'ampiezza di questo impulso è indipendente dalla carica primaria.

Il circuito base per l'alimentazione e il prelievo dell'impulso di uscita (segnale) prodotto da un contatore Geiger è mostrato in Fig. 4.6. Il filo centrale è collegato ad un potenziale positivo $+V$ per il tramite di una resistenza R di elevato valore. La variazione della tensione prodotta dalle cariche raccolte viene prelevata tramite un condensatore C.

L'impulso prodotto dal contatore è determinato in massima parte dagli ioni positivi più che dagli elettroni, poiché questi raggiungono molto velocemente l'anodo, in tempi dei nanosecondi dato che percorrono un percorso molto piccolo, dell'ordine delle decine di micron, mentre gli ioni viaggiano più lentamente lungo un percorso maggiore. Il risultato netto è che l'impulso ha una prima componente, dell'ordine del microsecondo, e una componente più lenta, che si sviluppa su tempi molto più lunghi, in pratica legati alla costante di tempo RC del circuito attraverso cui viene prelevato il segnale. Se questa costante di tempo fosse infinita, l'ampiezza del segnale sarebbe quella complessiva, corrispondente alla raccolta di tutti gli ioni. Si utilizzano, tuttavia, costanti di tempo dell'ordine delle decine di microsecondi. Questi valori, anche se riducono un po' l'ampiezza del segnale prelevabile, consentono una frequenza maggiore di impulsi, riducendo la sovrapposizione tra impulsi successivi.

La raccolta lenta degli ioni implica in ogni caso che è necessario un ammontare di tempo sufficiente affinché un secondo evento di scarica possa essere rivelato; questo produce ciò che è chiamato tempo morto del rivelatore, e su cui ci soffermeremo ulteriormente in uno degli esperimenti di questo testo. L'effetto del tempo morto sul conteggio degli eventi è, come vedremo, quello di perdere una certa frazione degli eventi, frazione che può essere stimata apportando delle opportune correzioni.

4.3 Considerazioni di design nella realizzazione di un contatore Geiger

Le dimensioni tipiche dei contatori Geiger-Müller presentano diametri di circa un centimetro e lunghezze tipiche di 5–10 centimetri, ma che potevano arrivare nel passato anche fino ad un metro nei modelli più grandi. A seconda del tipo di applicazione, essi possono essere dotati ad un'estremità di una sottile finestra di ingresso, realizzata in mica, che permette l'ingresso anche di particelle alfa o di elettroni di bassa energia, che sarebbero altrimenti arrestati nello spessore metallico costituente il cilindro.

Nel caso della rivelazione dei raggi cosmici, date le energie in gioco molto elevate, lo spessore del cilindro esterno non ha molta influenza sui muoni o gli elettroni di alta energia, che dunque possono essere rivelati senza alcun problema. Come vedremo in uno degli esperimenti proposti, anche i gamma possono essere rivelati, anche se con una bassa probabilità (qualche percento), in quanto interagendo con il materiale costituente il cilindro esterno (usualmente un metallo ad elevato numero atomico) possono produrre elettroni, che a loro volta interagiscono nel gas di riempimento producendo ionizzazione. L'efficienza di rivelazione è prossima al 100% per tutte le particelle ionizzanti che riescono a penetrare, direttamente o indirettamente, nel volume di gas interno.

Sebbene lo schema di principio di un contatore Geiger sia relativamente semplice, la realizzazione pratica di un rivelatore basato su un tubo Geiger non lo è altrettanto, e fin dall'inizio della sua storia, una grande attività venne dedicata alla comprensione dei dettagli costruttivi che potessero rendere più semplice la costruzione del tubo e più efficiente il suo funzionamento. Già in uno dei primi articoli risalenti al periodo dell'introduzione di questi contatori [Curtiss1928], si ricorda che *"Despite its great usefulness, very little is known regarding the real nature of its action. Many attempts have been made to explain its behaviour but no one of these explanations possesses the merit of including all observed facts concerning the operation of the counter"*. E quasi 20 anni dopo, lo stesso autore riportava i dettagli costruttivi di contatori Geiger a pareti sottili, realizzati con materiali artigianali, a riprova del fatto che la costruzione di prototipi di questi rivelatori, sebbene possibile senza mezzi industriali, non è un'impresa da poco, e richiede particolari abilità tecniche [Brown1945] per raggiungere buoni risultati.

Un contatore Geiger completo è basato su un opportuno tubo, nel quale avvengono i fenomeni di ionizzazione primaria e secondaria, un sistema di alimentazione per fornire una differenza di potenziale elevata tra il cilindro esterno e il filo centrale, che agisce da anodo, e un sistema di lettura e registrazione dell'impulso di tensione ricavato in uscita.

Uno dei problemi maggiori relativi alla costruzione del contatore è invece rappresentato dalla realizzazione del tubo Geiger vero e proprio, specie se esso deve consentire l'ingresso di particelle poco penetranti, come le alfa o la radiazione beta di bassa energia. In questi casi, le pareti del tubo – o l'eventuale finestra di ingresso che consenta attraverso una delle basi del cilindro l'ingresso delle particelle – devono essere realizzate in materiali sottili.

In questo lavoro di Brown e Curtiss [Brown1945], ad esempio, si nota che nell'ipotesi di utilizzare tubi in alluminio, sono disponibili commercialmente dei tubi aventi diametri di 1–2 cm e spessore delle pareti di soli 0.1–0.2 mm (100–200 micron), quali quelli utilizzati come contenitori per il dentifricio, che in linea di principio potrebbero essere utilizzati. Questo richiede tuttavia ricoprire l'alluminio con un leggero strato di rame – mediante elettrodeposizione – per consentire saldature tra le diverse parti e arrivare ad un sistema a tenuta di gas, il che non è un'operazione semplice e alla portata di tutti. Ulteriori lavorazioni in vetro erano necessarie per sostenere il filo centrale, per immettere un gas di riempimento, in questo caso argon e vapori di alcool, e infine per sigillare il tutto a tenuta. Tubi Geiger recenti utilizzano spessori ancora minori, ad esempio acciaio da 50 micron.

Se tutto il tubo è invece realizzato in vetro, occorre fare in modo di rendere conduttive le pareti interne mediante qualche rivestimento metallico (coating), o talvolta con un filo a spirale che corra lungo la parete laterale del cilindro.

La differenza di potenziale per polarizzare il tubo Geiger, specie nell'utilizzo in laboratori remoti (ad esempio in alta montagna) veniva fornita da opportune batterie capaci di fornire complessivamente l'elevata tensione necessaria. Per quanto riguarda la lettura e la registrazione del segnale, mentre nelle prime applicazioni dei contatori Geiger-Müller, durante gli anni '30 del secolo scorso, essi venivano collegati ad elettrometri per la lettura del segnale, in seguito vennero adoperati diversi circuiti di lettura dei segnali, utilizzando dei tubi a vuoto come circuiti amplificatori e vari sistemi per il conteggio degli impulsi [Curtiss1928, Libby1932]. La Fig. 4.7 mostra uno degli schemi utilizzati da Curtiss già nel 1928.

Nei decenni successivi, contatori Geiger di varia natura furono oggetto di studio dettagliato delle loro caratteristiche nonché di perfezionamenti di vario genere. Ecco, solo a titolo di esempio, alcuni dei contributi pubblicati in Review of Scientific Instruments tra gli anni '30 e gli anni '50: [Bennett1933, Brewer1938, Copp1943, MacKnight1951, Ramsey1935, Regener1947, Sugihara1953].

Molti antichi esemplari di contatori Geiger sono visibili on line, ad esempio sul sito dell'Oak Ridge Museum of Radiation and Radioactivity [ORAU]. La Fig. 4.8 mostra un vecchio modello di contatore Geiger usato per esperimenti didattici nel passato presso il Dipartimento di Fisica di afferenza dell'autore.

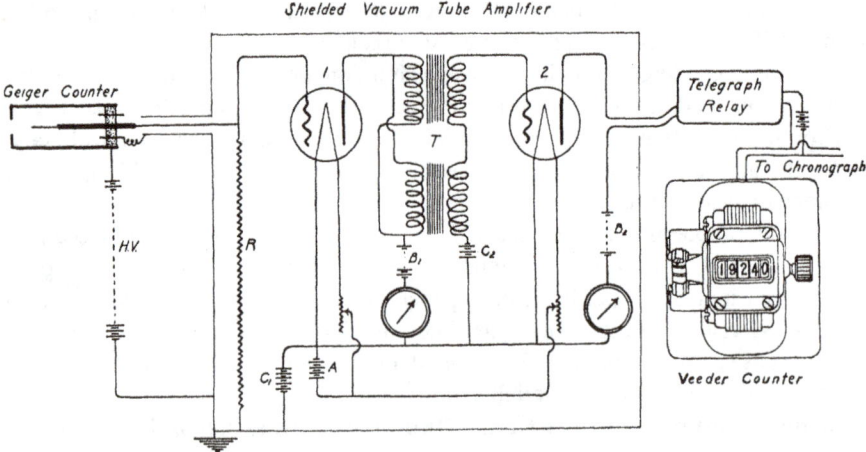

Figura 4.7 Schema di un contatore Geiger e del sistema di lettura associato, presente in uno dei primi modelli di questo tipo di rivelatori. Figura riprodotta dal lavoro di F.L. Curtiss, *On the action of a Geiger counter*, Physical Review **32**(1928)1060. Copyright (1928) American Physical Society, License No. RNP/23/JUL/068068

Figura 4.8 Un contatore Geiger didattico (Philips Mod.18506, degli anni '60) (Foto dell'autore dalla collezione del Dipartimento di Fisica e Astronomia di Catania)

4.4   Rivelazione dei neutroni con i contatori Geiger

I primi contatori Geiger, come abbiamo visto, erano capaci di rivelare particelle alfa ed elettroni (radiazione beta), anche se per le prime occorreva dotare il contatore di una finestra sottile. Le radiazioni X e gamma, tuttavia, possono essere rivelate indirettamente, a causa delle interazioni a cui esse sono soggette sulle pareti metalliche del tubo, che producono elettroni a loro volta rivelati dal contatore.

Esistono modelli di contatori Geiger adatti anche a rivelare neutroni. I neutroni, in quanto privi di carica, non possono ionizzare direttamente, ma devono produrre particelle cariche che a loro volta possano essere rivelate dal contatore. Contatori proporzionali basati sull'^{3}He ad alta pressione come gas di riempimento sono molto simili ai contatori Geiger. L'^{3}He, un isotopo dell'Elio, è stabile e possiede una elevata sezione d'urto per i neutroni di bassa energia, producendo $p + t$. In anni recenti, il costo di questo isotopo è aumentato enormemente, per cui i rivelatori attuali non ne fanno più uso.

In alternativa, si possono rivestire le pareti interne del tubo con Boro, oppure si può utilizzare come gas di riempimento il BF_3, gas che presenta una elevata sezione d'urto per i neutroni termici (energia molto bassa), sfruttando le reazioni (n, α), con conseguente rivelazione delle alfa nel contatore. Certi nuclei, infatti, oltre all'^{3}He, come il ^{6}Li e il ^{10}B hanno una elevata sezione d'urto di cattura per i neutroni di bassa energia.

Neutroni di energia più elevata, ad esempio i neutroni presenti nella radiazione cosmica a livello del mare, che hanno energie di parecchi MeV, o neutroni prodotti da sorgenti radioattive, possono essere "moderati" (cioè rallentati mediante urti) prima di entrare nel contatore. A tale scopo si sfruttano le interazioni dei neutroni con materiali a basso numero atomico, in particolare ricche di idrogeno, come certe sostanze plastiche, l'acqua o la paraffina. In questi materiali, che devono circondare il tubo Geiger, i neutroni subiscono processi di scattering elastico con i protoni e vengono rallentati. Lo spessore di questi moderatori deve essere di alcuni cm, ad esempio 5–10 cm. Spessori minori, infatti, non sono in grado di rallentare sufficientemente i neutroni, mentre spessori maggiori iniziano ad assorbire i neutroni, che potrebbero non giungere al contatore.

Un tipico contatore per neutroni veloci potrebbe dunque essere costituito da un contatore capace di rivelare direttamente i neutroni lenti (ad esempio con le pareti rivestite di Boro), circondato da un opportuno materiale moderatore di spessore adeguato (Fig. 4.9).

Uno dei problemi da tenere in conto, specie in misure quantitative, è la sensibilità di questi rivelatori anche alle altre forme di radiazione, in particolare ai gamma. Data la maggiore difficoltà di utilizzo dei contatori Geiger per la rivelazione dei neutroni, almeno a scopo didattico e amatoriale, non tratteremo in dettaglio questo argomento, rimandando a testi più completi per approfondire il loro principio di funzionamento e le possibili applicazioni [Crane1991, Knoll2000]. In una delle attività proposte, tuttavia, esamineremo la possibilità di schermare un contatore Geiger standard dai neutroni, circondandolo con materiale assorbitore.

Figura 4.9 Schema di
un possibile contatore per
neutroni veloci, in cui il
materiale che circonda un
contatore Geiger con le pareti
rivestite di Boro agisce da
moderatore

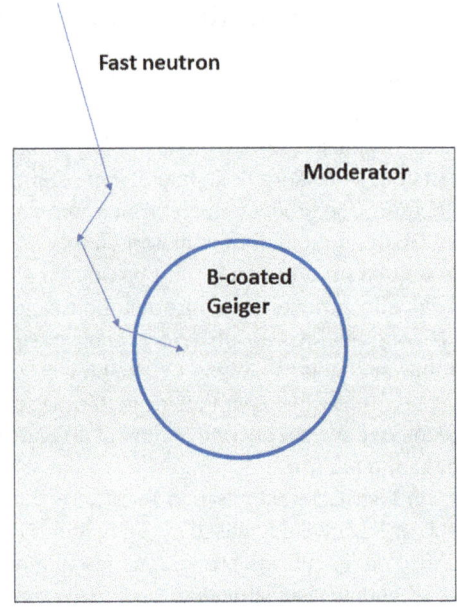

Riferimenti bibliografici

[Bennett1933]   R.D. Bennett et al., *A portable Double Geiger Counter*, Review of Scientific Instruments 4(1933)387.

[Brewer1938]   A.K. Brewer and A. Bramley, *A Geiger counter for beta rays*, Review of Scientific Instruments 9(1938)778.

[Brown1945]   B.L. Brown and L.F. Curtiss, *Thin-walled aluminum beta-ray tube counters*, Journal of Research of the National Bureau of Standards 35(1945)147.

[Copp1943]   D.H. Copp and D.M. Greenberg, *A mica window Geiger counter tube for measuring soft radiations*, Review of Scientific Instruments 14(1943)205.

[Crane1991]   T.W. Crane and M. Baker, *Neutron detectors, Chapter 13 in Passive Non Destructive Assay of Nuclear Material*, Nuclear Regulator Research NUREG/CR-5550 (1991), https://www.nrc.gov/docs/ML0914/ML091470585.pdf. Verificato il 20 Gennaio 2025

[Curtiss1928]   L.F. Curtiss, *On the action of the Geiger Counter*, Physical Review 31(1928)1060.

[Geiger1909]   H. Geiger and E. Marsden, *On a Diffuse Reflection of the α-Particles*, Proceedings of the Royal Society **A82**(1909)495.

[Geiger1928a]   H. Geiger and W. Müller, *Elektronenzählrohr zur Messung schwächster Aktivitäten*, Die Naturwissenschaften 16(1928)617.

[Geiger1928b]   H. Geiger and W. Müller, *Das Elektronenzählrohr*, Physikalische Zeitschrift **29**(1928)839.

[Geiger1929a]   H. Geiger and W. Müller, *Technische Bemerkungen zum Elektronenzählrohr*, Physikalische Zeitschrift **30**(1929)489.

[Geiger1929b]   H. Geiger and W. Müller, *Demonstration des Elektronenzählrohrs*, Physikalische Zeitschrift **30**(1929)523.

[Knoll2000]   G.F. Knoll, *Radiation Detection and Measurements*, John Wiley and Sons, New York 2000.

[Korff2013]   S. Korff, *How the Geiger counter started to crackle: electrical counting me-thods in early radioactivity research*, Annalen der Physik **A88–A92**, 525 (2013).

[Libby1932]   W.F. Libby, *Simple amplifier for Geiger-Müller counters*, Physical Review 42(1932)440.

[MacKnight1951] M.K. MacKnight and R.L. Chasson, Construction of the external-cathode Geiger counter, Review of Scientific Instruments 22(1951)700.

[ORAU]   Oak Ridge Museum of Radiation and Radioactivity, www.orau.org. Verificato il 20 Gennaio 2025

[Ramsey1935]   W.E. Ramsey and M.R. Lipman, *A circuit for the analysis of Geiger-counter pulses*, Review of Scientific Instruments 6(1935)121.

[Regener1947]   V.H. Regener, *All-metal fast Geiger counters for cosmic-ray research*, Review of Scientific Instruments 18(1947)267.

[Riggi2023]   F. Riggi, *Messengers from the Cosmos. An Introduction to the Physics of Cosmic Rays in Its Historical Development*, Springer 2023.

[Rutherford1908] E. Rutherford and H. Geiger, *An electrical method of counting the number o f α particles from radioactive substances*, Proceedings of the Royal Society (London) **A81**(1908)141.

[Sugihara1953]   T.T. Sugihara et al., *Large thin-wall Geiger counter*, Review of Scientific Instruments 24(1953)511.

Utilizzo dei contatori Geiger nella didattica e per scopi amatoriali

5

5.1 Diffusione dei contatori Geiger nel mondo amatoriale

Questo testo discute un'ampia scelta di esperimenti didattici e amatoriali che possono essere realizzati mediante l'utilizzo di uno o più contatori Geiger. L'utilizzo di piccoli contatori Geiger, con cui realizzare esperimenti, oppure per monitorare i livelli di radiazione in un ambiente o per approfondire la conoscenza di alcuni aspetti della fisica moderna, ha sempre appassionato molte persone, fin dai primordi della loro introduzione negli anni '30 dello scorso secolo.

Nel passato, l'utilizzo di contatori Geiger a livello amatoriale ha forse raggiunto il suo apice dopo la Seconda Guerra Mondiale, probabilmente come conseguenza delle esplosioni atomiche e del clima complessivo di quel periodo. In quegli anni si diffusero anche dei kit per l'esecuzione di esperimenti didattici e amatoriali legati al mondo della fisica nucleare. Uno dei più famosi fu il "Gilbert U-238 Atomic Energy Lab" (Fig. 5.1), un kit realizzato nel 1959 da Albert Carlton Gilbert [Marsh2020], che comprendeva una piccola camera a nebbia per l'osservazione delle particelle alfa, uno spintariscopio, un elettroscopio e un contatore Geiger, insieme a delle piccole sorgenti radioattive beta e gamma, e a minerali di uranio, anch'essi radioattivi. Sebbene il kit fosse reclamizzato come assolutamente privo di pericoli, molti sollevarono dubbi sui possibili rischi da parte di ragazzi e persone non addette ai lavori nel maneggiare campioni radioattivi, e qualcuno in tempi più recenti ha definito il kit addirittura come uno dei dieci giocattoli più pericolosi mai costruiti al mondo. In effetti, dato anche il prezzo non economico (circa 50$ nel 1950, equivalenti a circa 600$ di oggi), questo kit non ebbe larga diffusione, ma sembra che ne siano stati comunque venduti alcune migliaia di esemplari. Peraltro, kit educativi sia nel campo della fisica che della chimica ebbero una larga diffusione a partire da quegli anni e li ritroviamo ancora oggi – sebbene senza strumentazione espressamente dedicata alla fisica nucleare – in molti cataloghi odierni. Lo stesso produttore, la A.C. Gilbert & Co. aveva altra strumentazione del genere in catalogo, tra cui un contatore Geiger individuale (Mod. Gilbert U-239) [ORAU]. Un altro contatore Geiger "giocattolo" era venduto, sempre negli anni '50, dalla Bell Products Company. Al-

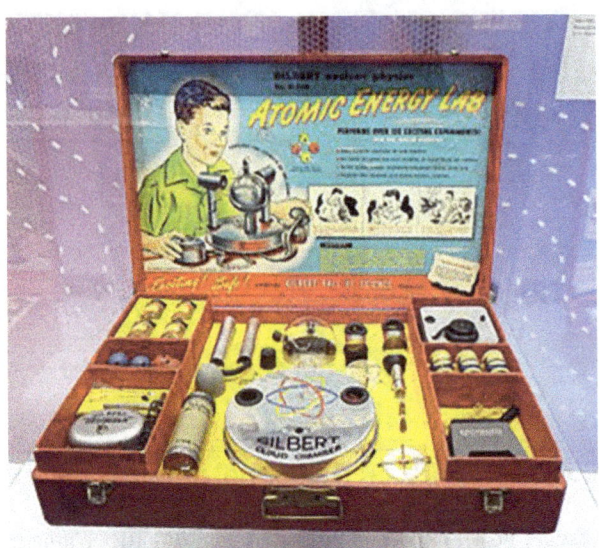

Figura 5.1 Il kit venduto dalla A.C. Gilbert & Co. intorno al 1950, contenente tra l'altro una camera a nebbia, un contatore Geiger, uno spintariscopio e vari preparati radioattivi. Fonte: Wikimedia Commons

tri kit dedicati all'energia atomica erano ad esempio quello della Porter Chemical Co. (Model 100 Atomic Energy kit) contenente uno spintariscopio e alcuni preparati radioattivi, oppure l'Atomic Energy Lab, un kit venduto dall'American Basic Science Club, contenente anch'esso uno spintariscopio, una camera a nebbia, un elettroscopio e vari preparati radioattivi.

Dopo la scoperta della radioattività, peraltro, e fino a quando non si diffuse una maggiore coscienza dei possibili effetti delle radiazioni ionizzanti, negli anni dal 1920 al 1940 furono in commercio un po' ovunque nel mondo dei prodotti che reclamizzavano come fattore positivo la proprietà di essere radioattivi (Fig. 5.2), dai dentifrici all'acqua minerale, dal cioccolato ai saponi e alle creme per la pelle. Un ampio elenco di prodotti commerciali del genere è riportato in alcuni siti [MUSEORADIOATTIVITA, ORAU]. In Italia, ad esempio, una delle acque minerali più reclamizzate per la sua radioattività intrinseca era quella della fonte Lurisia, di cui si ha ampia documentazione, e per la quale sembra si potesse misurare una attività addirittura di oltre 40 kBq/litro, contro un valore limite comunemente accettato oggi per le acque minerali imbottigliate destinate al consumo personale intorno a 100 Bq/litro.

La realizzazione pratica di apparati, non solamente contatori Geiger, dedicati alla rivelazione delle radiazioni ionizzanti è alla base di molti articoli divulgativi comparsi in riviste scientifiche del secondo dopoguerra [Brittin1949, Fried1957, McCready1955, PopularElectronics1955, PopularElectronics1956, PopularMechanics1950, PopularScience1955, Wesenfeld1961]. Una larga parte

Figura 5.2 Acqua minerale
certificata come radioat-
tiva (contenente Radio e
Thorio), esposta al National
Museum of Nuclear Science
& History. Fonte: Wikimedia
Commons

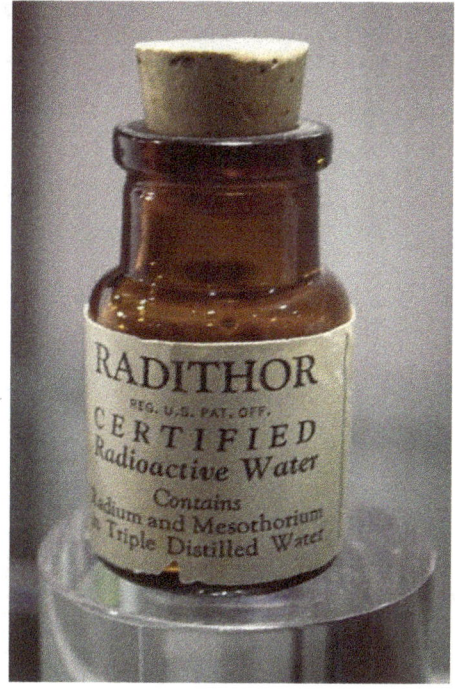

di un fascicolo della rivista Popular Electronics (Luglio 1955) venne dedicato ai
rivelatori, dagli elettroscopi ai contatori Geiger agli scintillatori, con survey commerciali circa i modelli disponibili sul mercato a quel tempo e articoli con dettagli
sulla costruzione e l'utilizzo dei rivelatori (Fig. 5.3). Un esempio più recente è
rappresentato da un articolo di Carlson pubblicato su Scientific American nel 2001
[Carlson2001], in cui si danno i dettagli costruttivi per la realizzazione di un rivelatore a geometria piana basato sulla ionizzazione in un gas, avente dimensioni
circa $20 \times 20 \, cm^2$.

Possiamo dunque affermare che già nel passato c'è stata una notevole attenzione verso l'utilizzo amatoriale di rivelatori di radiazione. A questo si aggiungono le
attività didattiche istituzionali che a livello scolastico e universitario hanno utilizzato apparati per lo studio delle radiazioni ionizzanti. In questo contesto i contatori
Geiger hanno rappresentato uno degli strumenti più diffusi nei laboratori didattici
di tutto il mondo, a causa della loro semplicità di uso e costo relativamente ridotto.
Molti antichi esemplari di contatori Geiger, utilizzati soprattutto a scopo didattico,
sono visibili presso collezioni universitarie e scolastiche o sul sito di vari Musei,
come ad esempio l'Oak Ridge Museum of Radiation and Radioactivity [ORAU].

Figura 5.3 Copertina del
fascicolo di Luglio 1955 della
rivista Popular Electronics,
in larga parte dedicato ai
rivelatori e al loro utilizzo

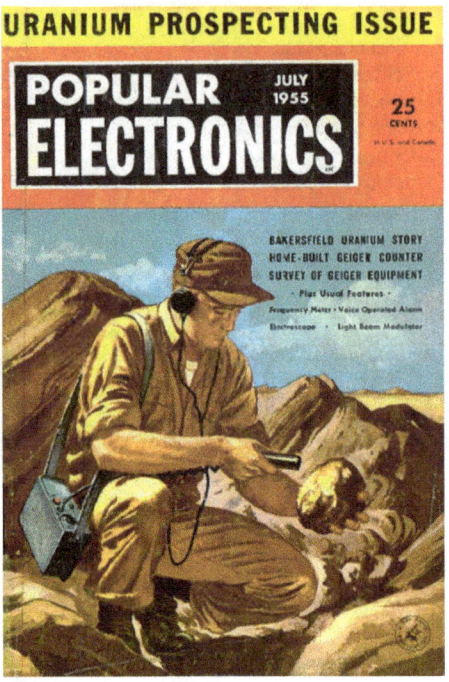

5.2   Moderni contatori Geiger

Oggi, esemplari di contatori Geiger di vario genere, completi delle diverse parti
(tubo, alimentazione, registrazione e conteggio degli impulsi, ...) sono disponibili
presso diversi fornitori, sia per applicazioni di tipo didattico e amatoriale che come
strumento di monitoraggio delle radiazioni ambientali. Una ricerca in rete fornirà
decine di modelli attualmente commercializzati, dai più economici (prezzi intorno
ai 50–100 Euro) a quelli più costosi (500 Euro o più). Quasi tutte le ditte specializ-
zate in forniture didattiche hanno nel loro catalogo uno o più modelli di contatori
Geiger, da usare singolarmente o nel contesto di esperimenti didattici completi.

Come vedremo nella seconda parte di questo testo, dedicata agli esperimenti e
alle diverse attività sperimentali, i contatori Geiger possono essere utilizzati per rilevare e quantificare la radiazione ambientale, oltre che il fondo di radiazione dovuto
ai raggi cosmici. Alcuni contatori, in base alla loro struttura, sono capaci di rivelare
(sebbene con bassa efficienza) solo le radiazioni gamma (oltre che i cosmici), mentre altri, dotati di una struttura meno schermante, possono rivelare anche i beta, e in
certi casi, se dotati di una sottile finestra di ingresso in mica, anche le alfa.

Un contatore Geiger di per sé misura eventi singoli (impulsi). L'arrivo di tali
eventi può essere segnalato in alcuni modelli da un semplice bip sonoro o dal-
l'accensione di un LED, lasciando all'utente il compito di contare manualmente
il numero di eventi. Altri modelli sono dotati di un sistema elettronico di conteggio

degli impulsi, talvolta insieme ad un timer per la misura dell'intervallo di tempo, in modo da ottenere direttamente il rate di conteggio, espresso in conteggi al secondo (CPS) o in conteggi al minuto (CPM). L'elettronica, e in alcuni casi anche il software installato a bordo di alcuni modelli, consentono di convertire il rate di conteggio in unità di dose per unità di tempo (ad esempio µSv/h) oppure di valutare e visualizzare su un display il valore medio dei conteggi o della dose per unità di tempo in intervalli di tempo successivi, se si effettuano misure di lunga durata. Bisogna tener presente, tuttavia, che i fattori di calibrazione che consentono di passare da conteggi al minuto a µSv/h dipendono dal tipo di calibrazione, cioè dalla sorgente di radiazione adoperata per effettuare la calibrazione stessa.

La maggior parte dei contatori Geiger disponibili in commercio, tuttavia, proprio a causa del loro modo di impiego (numero di conteggi integrati su un certo intervallo di tempo, o valutazione della dose media) non sfrutta ciò che è stato, fin dall'inizio, il tratto saliente di questo tipo di rivelatori. Essi sono nati proprio per fornire accesso al singolo evento più che per avere informazioni sul numero medio di eventi in un dato intervallo di tempo, cosa che anche altre tipologie di rivelatori erano in grado di fornire. Per certi versi si può affermare che l'introduzione del contatore Geiger segnò il passaggio, specie nella fisica dei raggi cosmici, verso l'approccio *event-by-event*, tipico della fisica nucleare e particellare moderna. Questo aspetto non è banale: non si tratta appena di raggiungere una sensibilità tale da poter osservare la ionizzazione prodotta da una singola particella (cosa già di per sé importante), ma anche di poter mettere in correlazione – spaziale o temporale – gli eventi rivelati da un contatore con quelli rivelati da un altro contatore, o, come vedremo, dallo stesso contatore ad un tempo precedente o successivo. Il concetto di "coincidenza" temporale tra due rivelatori individuali nacque proprio con il primo utilizzo dei contatori Geiger, intorno alla fine degli anni '20 del secolo scorso, e rivoluzionò la metodologia sperimentale nel campo della fisica moderna. Vedremo nella sezione successiva molti esempi di esperimenti di coincidenza tra rivelatori distinti.

Solo pochi modelli di contatori Geiger tra quelli visti in commercio hanno tuttavia la possibilità di fornire all'esterno il segnale elettrico individuale per ciascun evento in arrivo. È importante, dunque, nella scelta del rivelatore da utilizzare valutare se esiste questa possibilità.

Contatori Geiger che prevedono la possibilità di utilizzare un segnale di uscita TTL, adoperati ampiamente nel corso di questi esperimenti, sono ad esempio i Mod. SN7927 e SN7928 della PASCO [PASCO].

Il contatore SN7928 in particolare, che oggi sembra non essere più disponibile, mostrato in Fig. 5.4, può segnalare l'arrivo di un evento in modalità luminosa (con l'accensione di un LED) oppure in modalità luminosa e sonora (accensione di un LED e contemporanea emissione di un bip sonoro). In aggiunta, è previsto un connettore jack da 3.5 mm attraverso il quale ogni evento produce un segnale TTL positivo (transizione da 0 a +5V), di durata circa 120 µs. Un secondo connettore, un jack audio da 2.5 mm, produce un'ulteriore uscita adatta per un registratore audio, un amplificatore o altre interfacce verso un PC. Il sensore (tubo Geiger) adoperato in questo modello è un tubo con gas di quenching di tipo alogeno; l'intero siste-

Figura 5.4 Un contatore Geiger PASCO SN7928, utilizzato in molti degli esperimenti descritti in questo testo, capace di produrre un segnale di uscita del tipo TTL all'arrivo di ogni evento

ma è alimentato da una batteria di 9 V, capace di far funzionare ininterrottamente il contatore per 20 giorni circa.

In origine, questo contatore era utilizzato nell'ambito di un sistema di sensori della PASCO, con interfacce di tipo seriale a cui potevano essere collegati sia sensori analogici che digitali. Il contatore Geiger in questione era visto come un sensore digitale, e un software proprietario della PASCO era in grado di gestire gli impulsi provenienti dal contatore, contando il numero di eventi in prefissati intervalli di tempo, costruendo il grafico degli eventi osservati in funzione del tempo o eseguendo semplici calcoli statistici. Poiché il tubo è inserito all'interno di un contenitore in plastica, solo i gamma e i beta di energia sufficiente possono essere rivelati, oltre che naturalmente i cosmici di elevata energia. La disponibilità del segnale di uscita sotto forma di un impulso TTL di durata dell'ordine del centinaio di microsecondi rende questo contatore adatto a pilotare gli ingressi digitali di schede Arduino o similari, ed è in questa modalità che è stato ampiamente impiegato negli esperimenti descritti in questo testo.

Un altro modello della PASCO, il Mod. SN7927 (Fig. 5.5), è un contatore alloggiato in un contenitore cilindrico, con la presenza di una finestra in mica (di spessore 1.5–2 mg/cm^2) sul frontale, caratteristica che rende questo contatore a rilevare anche l'arrivo di particelle alfa, oltre che beta e gamma. Emette un bip sonoro all'arrivo di un evento e viene proposto come contatore da collegare ad una delle interfacce PASCO per la raccolta ed elaborazione dei segnali. Uno di questi modelli è stato adoperato nel corso di alcuni di questi esperimenti, per rivelare sia particelle alfa che beta di bassa energia. Modelli più recenti di contatori Geiger, funzionanti anche in modalità wireless, sono disponibili da questa Casa costruttrice [PASCO].

Figura 5.5 Un altro contatore Geiger della PASCO, il Mod. SN7927, dotato di una finestra sottile di mica, è stato anch'esso utilizzato in alcuni degli esperimenti descritti in questo testo

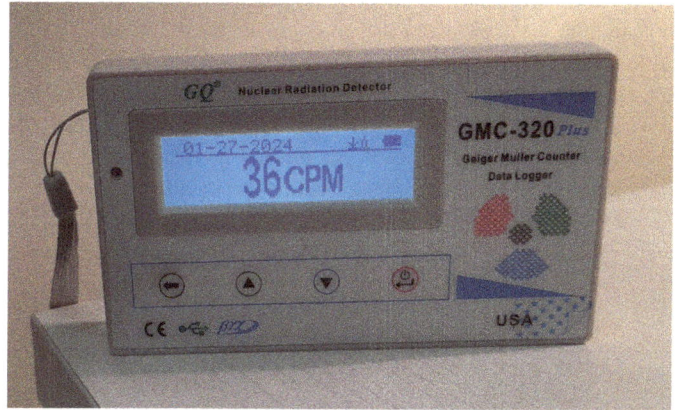

Figura 5.6 Un contatore Geiger della GQElectronics, il Mod. GMC-320Plus [GQELECTRONICS], testato recentemente nel contesto di queste attività, particolarmente per la possibilità di condividere in rete i dati acquisiti

Modelli simili a quest'ultimo sono commercializzati (Mod. 512515) anche dalla ditta Frederiksen [FREDERIKSEN], insieme ad apposite interfacce per l'acquisizione dei segnali.

Diversi modelli di contatori Geiger sono disponibili presso la Images Scientific Instruments [IMAGES]. La maggior parte di questi contatori, ad esempio il modello GCA-07W, che utilizza un tubo LND-712, sono capaci di fornire un segnale TTL, ma operano anche con una propria box di controllo hardware e software.

Un recente prodotto è stato reso disponibile anche dalla CAEN (SP5660) nel contesto dei kit educational [CAEN].

Un altro fornitore che ha diversi modelli di contatori Geiger nel suo catalogo è la GQElectronics [GQELECTRONICS], la maggior parte dei quali capaci di operare in modalità stand-alone o connessi ad un PC, anche per condividere in rete i dati acquisiti, come discusso in uno degli esperimenti in questo testo. La Fig. 5.6 mostra uno di questi modelli, il GMC-320Plus, che è stato utilizzato anche per la sua possibilità di condividere i dati all'interno di network globali di monitoraggio delle radiazioni.

Altre decine di modelli di contatori Geiger, da quelli più economici (costi intorno a 100 Euro) a quelli più costosi (500–1 000 Euro) sono poi disponibili sul mercato, generalmente con un display e un software che consente di visualizzare il risultato integrato degli eventi rivelati in un certo intervallo di tempo. Nonostante le performance e l'affidabilità anche dei modelli più costosi, molti di essi, tuttavia, non prevedono un output relativo al singolo evento. Sono dunque modelli che nel contesto degli esperimenti descritti in questo testo possono essere usati soltanto come contatori individuali, per misure di lunga durata.

Nella eventuale scelta di un contatore Geiger completo, anche di questi ultimi tipi, occorre valutare varie caratteristiche, tra cui anche la localizzazione del tubo Geiger vero e proprio (il sensore), se posizionato internamente, in posizione fissa, oppure esternamente, collegato alla box di controllo mediante un cavo. Quest'ultima possibilità rende più semplice avvicinare il sensore ad oggetti piccoli, in caso sia richiesto. La lettura della dose (o del numero di conteggi al minuto) nei modelli più antichi avveniva tramite uno strumento analogico, con un indice su una scala graduata, mentre nei modelli più recenti, la lettura è in genere fornita su un display digitale, che può fornire contemporaneamente diverse informazioni (conteggi per unità di tempo, conteggi totali, tempo di misura, dose corrispondente, ...). Spesso tali contatori possiedono diverse portate, per leggere livelli di radiazione misurata differenti.

5.3   Contatori Geiger "Do-It-Yourself" (DIY)

In anni recenti, anche con lo sviluppo della microelettronica a basso costo, è stato possibile realizzare, anche a prezzi molto ridotti, esemplari completi di contatori Geiger che fanno uso di uno dei tanti tubi Geiger disponibili in commercio, montati su una scheda che implementa le funzioni necessarie a farlo funzionare: alimentatore alta tensione per il tubo, circuito per il prelievo del segnale, formazione del segnale logico in uscita dalla scheda, visualizzazione dell'arrivo di un evento mediante LED e mediante un bip sonoro, e in qualche caso anche un display per la visualizzazione dei risultati.

Per quanto concerne i tubi Geiger, cuore dell'intero rivelatore, esistono molte ditte che producono una notevole varietà di dispositivi.

Tra queste possiamo citare ad esempio la tedesca Vacutec [VACUTEC], che commercializza diverse tipologie di tubi sia in vetro che in metallo, alcuni adatti per la rivelazione di alfa (con finestra in mica sottile), altri per la rivelazione di beta, X e gamma. I tubi disponibili hanno varie lunghezze, dai più piccoli (4 cm) fino a quelli più grandi (oltre 20 cm). Disponibili anche contatori proporzionali di grande area (100–200 cm^2) e contatori circolari di tipo Pancake. Questi ultimi sono contatori con una geometria sempre cilindrica, ma con superficie delle basi più grande e lunghezza minore. Se realizzati con una finestra di ingresso sottile, possono presentare una superficie più grande all'ingresso delle particelle alfa, ma allo stesso tempo questa finestra è ancora più delicata da maneggiare.

Un altro fornitore è la ditta americana LND, Inc. [LND], che ha in catalogo una cinquantina di modelli differenti, con differenti dimensioni, fino a 15 cm di lunghezza e 2.5 cm di diametro, differenti gas di riempimento e tensioni operative,

Figura 5.7   Alcuni tubi Geiger (Mod. SBM-20) di produzione russa

con tabelle di equivalenza rispetto ai modelli forniti da altre Case Costruttrici anche del passato.

Abbiamo poi la Mirion [MIRION], con alcuni modelli anche di tipo Pancake, l'inglese Centronic [CENTRONIC], che produce varie tipologie di rivelatori oltre ai tubi Geiger, e la GSTube [GSTUBE], che commercializza una grande varietà di tubi Geiger di produzione russa.

La Fig. 5.7 mostra ad esempio alcuni esemplari di tubi SBM-20 di produzione russa, frequentemente usati nella realizzazione di contatori Geiger amatoriali. Questi sono dei tubi con un diametro di 10 mm e una lunghezza di circa 90 mm, aventi il catodo (cilindro esterno) in acciaio da 50 micron, che lavorano ad una tensione operativa di 400 V, mentre la Fig. 5.8 mostra un modello con geometria del tipo pancake.

La Tabella 5.1 riporta le caratteristiche di alcuni tra i tanti tubi comunemente adoperati per la realizzazione di contatori Geiger.

Anche se non di facile realizzazione per l'hobbista o lo sperimentatore, alcuni hanno provato a realizzare da sé tubi Geiger artigianali [KI3U, PHYSICSOPENLAB], oppure contatori proporzionali [Winkler2015].

Tabella 5.1   Parametri essenziali di alcuni tubi Geiger di largo uso per la realizzazione di contatori Geiger DIY

Parametro	SBM-20	J305	LND-712	CTC-6
Lunghezza (mm)	91	88	38	195
Diametro (mm)	10	10	9	18
Materiale	Metallo	Vetro, metallo	Metallo + Finestra mica	Metallo
Tensione di lavoro (V)	400	Limite 550	500	390
Slope del plateau (%/V)	0.1	0.1	0.06	0.1
Durata tipica (impulsi)	$2 \ 10^{10}$	$> 10^9$	$> 10^9$	$> 10^9$

Figura 5.8 Un modello di contatore Geiger del tipo pancake (Mod.SI-8B, di produzione russa) [GSTUBE]

Più comuni sono invece le realizzazioni di contatori Geiger del tipo DIY ("Do It Yourself") che fanno uso di un tubo commerciale, come ad esempio quelli elencati nella tabella precedente, producendo artigianalmente la scheda per completarli con una opportuna elettronica per l'alimentazione e il prelievo del segnale. Una molteplicità di siti, blog, pagine personali, o compagnie private riportano progetti del genere o li commercializzano, vedi ad esempio [CREATIVESCIENCE, DANYK, DIY, DL3, ELECTRONICS-LAB, EMBEDDED-LAB, GAWRON, GIANGRANDI, HIGHVOLTAGEFORUM, IMAGES-2, INSTRUCTABLE1, IOT-DEVICE, LIBELIUM, MIT, MIGHTYOHM, NUTSVOLT, POCKETMAGIC, RHELECTRONICS].

Per quanto riguarda l'alimentazione del tubo, che richiede una tensione elevata, e il prelievo e gestione del segnale, queste ultime componenti hanno enormemente beneficiato negli ultimi decenni dello sviluppo dell'elettronica e possono oggi essere realizzate anche a livello amatoriale a prezzi contenuti, progettando degli opportuni circuiti o seguendo schemi comunemente disponibili in letteratura.

Circuiti elevatori di tensione, capaci di generare differenze di potenziale in continua di centinaia di volts, sono facilmente realizzabili sia mediante circuiti integrati del tipo DC/DC converter, che attraverso i classici circuiti moltiplicatori a diodi.

L'impulso di tensione può invece essere inviato ad un circuito capace di formare un segnale logico, ad esempio di tipo TTL (una transizione da 0 V a 5 V)

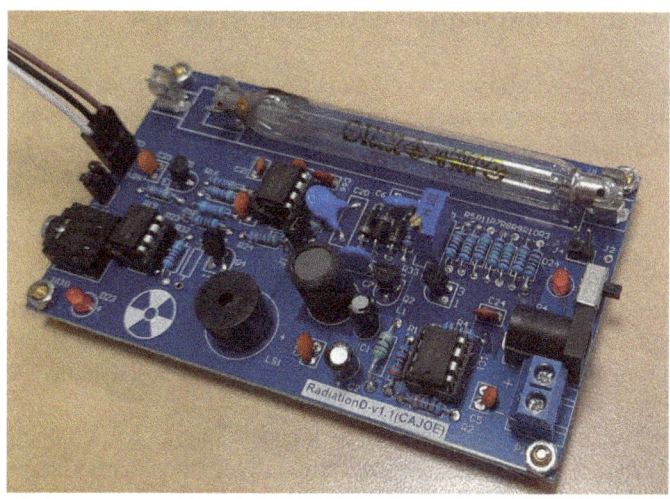

Figura 5.9   Un contatore Geiger del tipo DIY, commercializzato da vari siti, con un tubo J305

ed eventualmente pilotare un cicalino (buzzer) per ascoltare il classico "click" o visualizzare un impulso luminoso con un LED all'arrivo di ogni evento.

Per dettagli circa l'autocostruzione di contatori Geiger rimandiamo dunque ai numerosi siti già citati.

In questo testo abbiamo fatto ampio uso anche di un contatore Geiger del tipo DIY, prodotto in varie versioni [DZ52, RHELECTRONICS] e disponibile presso numerosi siti commerciali, che utilizza generalmente un tubo del tipo J305, ma che può montare anche altri tubi. La Fig. 5.9 mostra una foto di un esemplare di questo tipo di contatore.

La scheda in questione può essere alimentata con 3 batterie AA da 1.5 V, mediante un alimentatore, oppure tramite i pin che collegano la scheda ad un processore esterno. A bordo della scheda è montato il tubo, in questo caso il modello J305. Su uno dei pin di connessione (gli altri due rappresentano il Ground e la tensione di +5V) è presente un impulso TTL (invertito, cioè una transizione dal valore +5V al valore 0 in presenza di un segnale), Sulla scheda l'arrivo di un evento è anche segnalato da un buzzer (che può essere escluso mediante un jumper) e dall'accensione di un LED. Questo contatore è sensibile ai beta e ai gamma, dato che le particelle alfa di bassa energia sono arrestate nello spessore del vetro del tubo.

Esistono infine pochi esempi di contatori Geiger per i neutroni realizzati artigianalmente. Un esempio è riportato in [PHYSICSOPENLAB], facente uso di tubi SI19N oppure SNM11 di produzione russa.

5.4   La gestione dei segnali dai contatori Geiger

Nella maggior parte degli esperimenti e delle attività descritte in questo testo avremo bisogno di "contare" il numero di eventi registrati da uno o da più contatori Geiger, eventualmente mettendoli in relazione con l'intervallo di tempo in cui questi si sono verificati. Ad esempio, potremmo dover valutare il rate di conteggi (numero di conteggi osservati in un intervallo di tempo prefissato) al passare del tempo, per monitorarne l'andamento su un lungo periodo. Anche se un'operazione del genere può essere effettuata manualmente, osservando l'accensione di un LED o ascoltando il bip sonoro in intervalli di tempo successivi misurati da un cronometro, per misure lunghe conviene far uso di un contatore con il quale sia possibile registrare in modo automatico l'arrivo degli eventi e valutare a posteriori il numero di conteggi in un dato intervallo temporale.

Una osservazione visuale (del numero di accensioni del LED o dei bip sonori) usando un cronometro per valutare l'intervallo di tempo è adatta solo per condurre delle misure per periodi molto brevi. Questa modalità può essere tuttavia molto utile per condurre delle esercitazioni introduttive e far comprendere in modo diretto la natura casuale degli eventi e le prime proprietà statistiche del conteggio di eventi casuali. In molte delle esercitazioni iniziali riguardanti l'uso di questi rivelatori, indirizzate a studenti di fisica (bachelor level) o a studenti della scuola superiore è stato chiesto ad esempio di utilizzare in piccoli gruppi ciascuno un contatore e registrare manualmente il numero di eventi osservato da ciascun gruppo, confrontarne il risultato in misure successive, costruire un istogramma dei valori ottenuti, estrarne il valore medio e la dispersione.

In una fase successiva possiamo cercare di mettere a punto una procedura che faccia uso di un contatore di impulsi o della registrazione di questi eventi per una successiva analisi. Nel primo caso potremmo collegare l'uscita del segnale prodotto dal contatore Geiger ad una scheda, dotata di display, che faccia da counter/timer, cioè che valuti il numero di segnali ricevuti e il corrispondente tempo di misura. Questa può essere autocostruita se si è in possesso di alcune nozioni base di elettronica, sfruttando degli economici circuiti integrati [ELECTRONICSFORUM, INSTRUCTABLE2], oppure può essere scelta tra le varie opzioni disponibili sul mercato.

Nel caso di rate di conteggio non particolarmente elevati, come è il caso generalmente di un contatore Geiger, si può utilizzare una scheda programmabile, che acquisisca i segnali e li tratti in base alle necessità dell'utente, ad esempio semplicemente contandoli, mostrandone il numero complessivo su un display o registrandoli su una memoria o su un file. Un tipico sistema in grado di realizzare queste funzioni è offerto dalle schede Arduino (ampiamente utilizzate in questa collezione di esperimenti) o similari, facilmente programmabili e adattabili ad una varietà di situazioni. Non entreremo nel dettaglio del funzionamento di queste schede, per le quali esiste un'ampia letteratura e forum di discussione [ARDUINO] ma ci limiteremo in questo contesto a schematizzarne l'uso per l'acquisizione dei segnali provenienti da tipici contatori Geiger.

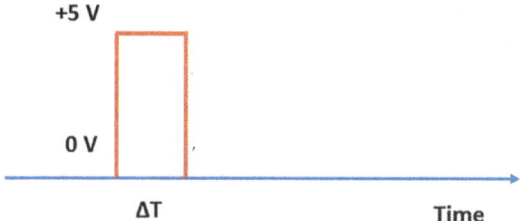

Figura 5.10 Un segnale TTL positive implica una transizione dallo stato logico 0 (0 V) allo stato logico 1 (+5V), con una durata ΔT (dell'ordine di 100–300 microsecondi per la maggior parte dei contatori Geiger). Alcuni contatori producono un'uscita "invertita" TTL, con una transizione da +5V a 0 quando viene rivelato un evento

Se i segnali prodotti dal contatore sono di tipo TTL, cioè rappresentano una transizione tra i livelli logici 0 (0 V) e 1 (+5 V), come in Fig. 5.10, o eventualmente una transizione opposta tra +5V e 0, le schede Arduino possono essere facilmente utilizzate per la lettura di questi segnali, adoperando uno degli input digitali presenti nella scheda, secondo il collegamento mostrato in Fig. 5.11.

Può essere istruttivo, se si ha la possibilità, osservare all'oscilloscopio l'impulso di tensione prodotto dal contatore e valutarne la forma e la durata temporale. Date le caratteristiche dei segnali comunemente prodotti dai contatori Geiger, questo oggi è possibile anche adoperando oscilloscopi tascabili a bassissimo costo, al di sotto di 50 Euro, che hanno una larghezza di banda più che sufficiente per visualizzare

Figura 5.11 Un contatore Geiger capace di produrre degli impulsi di tensione di tipo TTL può essere collegato ad una scheda Arduino, inviando il segnale ad uno degli ingressi digitali della scheda

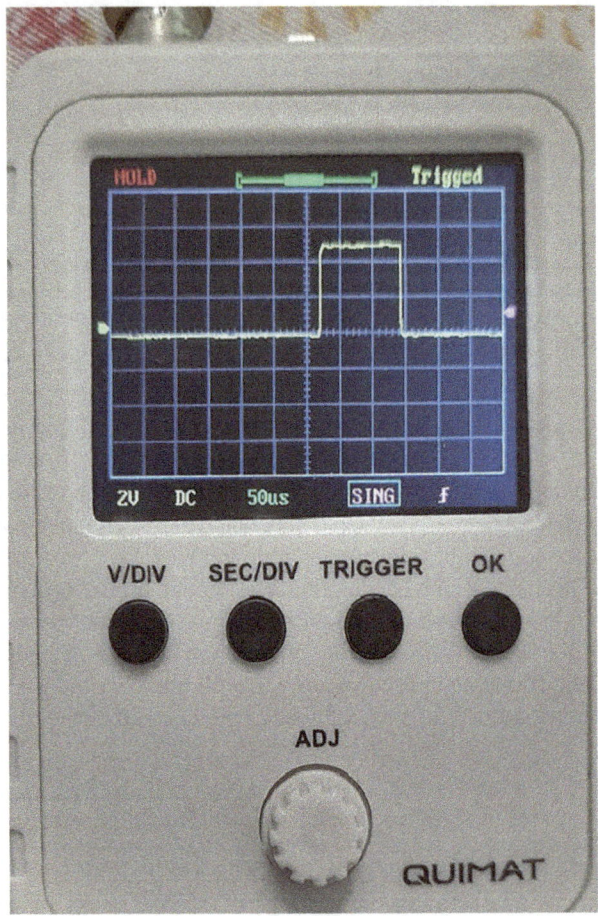

Figura 5.12 Un tipico segnale prodotto da un contatore Geiger, visto da un oscilloscopio portatile a basso costo

questo tipo di impulsi. La Fig. 5.12 mostra, ad esempio, uno di questi oscillo-scopi mentre visualizza il segnale prodotto dal contatore PASCO SN7928, avente un'ampiezza di 5 V e una durata temporale poco maggiore di 100 microsecondi.

Per quanto riguarda l'aspetto software della lettura di questo segnale da parte di una scheda Arduino, la lettura del canale digitale interessato può avvenire all'in-terno del codice scritto per Arduino (sketch) in modalità *polling* o tramite gestione degli *interrupt*.

Nella modalità *polling* il microcontrollore Arduino esegue ciclicamente delle istruzioni per leggere lo stato dell'ingresso e verificare se questo stato è basso o alto, cioè se è avvenuta una transizione (nel qual caso un evento è arrivato). Se il si-stema riconosce l'arrivo di un evento lo sketch può prevedere a questo punto diverse operazioni, a seconda delle necessità dell'utente; ad esempio può incrementare una variabile che funge da contatore; può segnalare l'arrivo di questo evento con il pilotaggio di un LED esterno o di un suono, tramite un buzzer (anche se queste funzioni sono talvolta già presenti a bordo del contatore Geiger); può infine registrare l'arrivo dell'evento, insieme al tempo ricavato dal clock interno di Arduino, scrivendo queste informazioni su un file o su una scheda di memoria. Il tempo necessario per leggere lo stato di un canale digitale in Arduino è dell'ordine di 5 microsecondi. La durata degli impulsi TTL prodotti dal Geiger, in genere dell'ordine di 100 microsecondi o più, dunque maggiore del tempo necessario per la lettura, permette il riconoscimento dell'arrivo dell'evento. Se il tempo richiesto dalle operazioni successive fosse molto ridotto, il programma potrebbe tuttavia rileggere più di una volta lo status dell'ingresso trovandolo ancora alto (double counting) e dunque contare in modo errato il numero di eventi rivelati. Per evitare questo fenomeno si introduce un ritardo pari o leggermente superiore alla durata del segnale, prima di ritornare a leggere lo stato dell'ingresso.

Nella modalità *interrupt*, il microcontrollore Arduino è in grado di riconoscere se lo stato di un certo ingresso è cambiato senza dover eseguire continuamente cicli di controllo. Questa modalità è più efficace se il microcontrollore deve anche eseguire altre operazioni tra una lettura e l'altra, e il rate di arrivo degli eventi è relativamente basso; in questo caso infatti le altre operazioni possono essere eseguite e il microcontrollore viene distolto dalle sue operazioni solo quelle rare volte in cui arriva un evento. Se tuttavia la funzione principale del codice è solo quella di leggere e memorizzare gli eventi non c'è molta differenza tra modalità polling e modalità interrupt.

Nella maggior parte delle attività e degli esperimenti proposti in questo testo è stata adoperata proprio una scheda Arduino per la lettura e registrazione su file degli eventi, tipicamente aggiungendo l'informazione sul tempo di arrivo dell'evento stesso, ottenuto mediante istruzioni specifiche di Arduino che consentono di ricavare il numero di millisecondi o di microsecondi trascorsi dall'inizio.

La stessa strategia può essere utilizzata anche per collegare più di un contatore Geiger alla stessa scheda, adoperando altrettanti ingressi digitali, e leggendone sequenzialmente il loro stato per cercare quale degli ingressi ha cambiato il suo stato. La lettura sequenziale di questi ingressi – che richiede circa 5 microsecondi per ogni lettura – è compatibile con la durata di ciascun segnale (dell'ordine o maggiore di 100 microsecondi), anche se i segnali dai diversi rivelatori fossero in partenza simultanei. Questo consentirà, come vedremo, anche l'esecuzione di esperimenti di coincidenza tra più rivelatori, di cui parleremo diffusamente in alcune delle attività proposte. Se avessimo ad esempio 3 contatori Geiger collegati a 3 ingressi digitali, potremmo produrre per ogni evento una riga contenente le seguenti informazioni

$$S_1, S_2, S_3, Time$$

dove le variabili S_i rappresentano lo stato logico di ciascuno degli ingressi (0 oppure 1) e *Time* è il tempo associato all'arrivo dell'evento, in opportune unità di misura. Una sequenza del tipo

$$1 \quad 0 \quad 0 \quad 4\,593$$

indicherebbe ad esempio un evento nel quale ha dato un segnale sul primo degli ingressi, mentre gli altri non hanno ricevuto alcun segnale e il tempo associato a questo evento è 4 593 ms, cioè 4.593 s dall'inizio. In esperimenti con più contatori potrà essere utile valutare la molteplicità *mult* dell'evento, cioè il numero di canali simultaneamente interessati e aggiungere questa variabile alla lista delle informazioni, nel seguente modo:

$$mult, S_1, S_2, S_3, Time$$

in modo da identificare più facilmente gli eventi in cui più di un canale è stato interessato. Questa modalità event-by-event è la modalità comunemente usata da sistemi di rivelazione complessi nell'ambito della fisica nucleare o astroparticellare, e consente di effettuare successivamente, sulla sequenza di eventi registrati, ogni tipo di analisi si voglia effettuare. Vedremo più avanti esempi di strategia di analisi multiparametrica in alcuni degli esperimenti proposti. Nel corso di queste attività è stato adoperato l'ambiente di programmazione ROOT per scrivere delle macro di analisi e produrre i risultati numerici e grafici mostrati nel testo. ROOT è un framework di analisi sviluppato al CERN nell'ambito degli esperimenti di fisica delle alte energie ed è liberamente utilizzabile [ROOT]. La maggior parte delle analisi descritte nel testo possono essere effettuate anche utilizzando altri ambienti di programmazione, e in alcuni casi anche semplici fogli di lavoro EXCEL possono essere sufficienti per estrarre dai dati le informazioni richieste e plottare i risultati.

5.5 Esperimenti didattici e amatoriali con i contatori Geiger

Esperimenti didattici e amatoriali con contatori Geiger, oltre che con altre tipologie di rivelatori, sono oggetto di discussione in vari forum dedicati alla radioattività, ad esempio [PHYSICSOPENLAB, RADIOACTIVITY] e sono stati descritti in diversi articoli, siti o testi a carattere didattico, tra cui [Blanco2006a, Blanco2006b, Blanco2008a, Blanco2008b, Blanco2009, Goldader2010, Iovine2020, LaRocca2009, Maghrabi2021, Verhage2010]. Sono da citare anche gli esperimenti didattici proposti da quelle Compagnie che commercializzano rivelatori di particelle e apparecchiature didattiche per la Fisica, come esempio delle attività possibili con le attrezzature in catalogo, tra cui [3BSCIENTIFIC, AMETEK, FREDERIKSEN, PASCO, PHYWE]. Non mancano dunque in rete risorse e suggerimenti sulla esecuzione di esperimenti didattici da condurre nel campo della radioattività e più in generale della fisica nucleare. Per quale motivo allora questo testo?

La ragione principale è il tentativo di mettere insieme, in un unico testo, una varietà ampia di esperimenti e di attività da condurre specificamente mediante contatori Geiger e attrezzature a basso costo. Nel caso delle attrezzature didattiche di tipo commerciale ci si trova davanti generalmente a prodotti di pregio, realizzati in modo professionale, ma dal costo altrettanto elevato, che anche gli istituti scolastici o i laboratori universitari hanno difficoltà ad acquistare. Le informazioni reperibili in vari siti amatoriali e forum di discussione, pur fornendo spesso indicazioni utili sulla realizzazione di alcuni esperimenti, frequentemente mancano di una base teorica adeguata e raramente discutono potenzialità e limiti delle attività presentate, ad esempio in termini della fattibilità reale di una misura o delle incertezze insite nel procedimento di misura. Una descrizione più dettagliata di alcuni esperimenti si trova generalmente in articoli pubblicati su riviste scientifiche, in cui il contenuto dell'articolo viene passato al vaglio di referee esperti nel settore. È difficile tuttavia reperire tutte le informazioni contenute in questo testo in altrettanti articoli, dato che essi coprono solo una parte delle attività qui proposte.

La lista delle attività descritte nella parte successiva di questo testo è molto lunga, raggiungendo quasi le 60 unità.

In alcuni casi gli esperimenti proposti sono di tipo qualitativo, miranti a misurare il possibile livello di radiazione presente in un ambiente (sperabilmente entro la norma) o a evidenziare la debole radioattività di piccoli campioni contenenti un certo quantitativo di isotopi radioattivi, mentre altri esperimenti sono stati condotti anche ad un livello più quantitativo. In questo testo abbiamo voluto fornire una serie molto completa di attività ed esperimenti realizzabili con uno o più contatori Geiger di tipo didattico o amatoriale, facendo vedere che in molti casi è possibile condurre misure quantitative di un certo livello anche con strumentazione semplice e a basso costo. Nella sequenza delle attività proposte si è partiti generalmente da quelli più semplici, che fanno uso di un solo contatore, per passare poi ad esperimenti che coinvolgono anche l'utilizzo di due o più contatori. Anche tra le attività proposte con un solo contatore sono discusse comunque sia attività più semplici o di tipo più qualitativo, che esperimenti più quantitativi o che richiedono delle conoscenze di fisica leggermente più avanzate. Nella maggior parte dei casi sono riportati esempi di risultati ottenuti, in forma numerica o grafica, e suggerimenti per ulteriori misure da condurre, eventualmente con maggiore precisione. Per quanto possibile, la problematica fisica relativa all'attività proposta è brevemente discussa all'inizio, per poi passare alla descrizione di un possibile setup sperimentale e di una serie di misure effettivamente eseguite, nonché all'analisi e interpretazione delle misure. A quest'ultima parte è dedicato ampio spazio, descrivendo in alcuni casi anche metodologie numeriche per l'analisi dei dati, in quanto queste possono essere di aiuto anche nella esecuzione di esperimenti più complessi, con altre tipologie di rivelatori.

Riferimenti bibliografici

[3BSCIENTIFIC] https://www.3bscientific.com/. Verificato il 20 Gennaio 2025
[AMETEK] AN34 Experiments in Nuclear Science, www.ortec-online.com. Verificato il 20 Gennaio 2025
[ARDUINO] https://www.arduino.cc/. Verificato il 20 Gennaio 2025
[Blanco2006a] F. Blanco et al., *Geiger counters offer powerful way to teach detection methods*, Physics Education **41**(2006)204.
[Blanco2006b] F. Blanco et al, *Educational cosmic ray experiments with Geiger counters*, Nuovo Cimento **C29**(2006)381.

[Blanco2008a]   F. Blanco, P. La Rocca and F. Riggi, *Educational experiments with cosmic rays, in "Science Education in Focus"* (M.V.Thomase Ed.), Nova Publishers, New York 2008, ISBN 1-60021-949-7.

[Blanco2008b]   F. Blanco, P. La Rocca, F. Riggi and S. Riggi, *Timing the random and anomalous arrival of particles in a Geiger counter with GPS devices*, European Journal of Physics **29**(2008)355.

[Blanco2009]   F. Blanco, P. La Rocca and F. Riggi, *Cosmic ray physics from sea level to aircraft cruise altitudes*, European Journal of Physics **30**(2009)685.

[Brittin1949]   F.L. Brittin, How to build a Geiger-Mueller uranium survey meter, Popular Mechanics (February 1949), 238.

[CAEN]   https://www.caen.it/products/sp5660/. Verificato il 20 Gennaio 2025

[Carlson2001]   S. Carlson, *Counting particles from space*, Scientific American 284(2001)84.

[CENTRONIC]   www.centronic.co.uk. Verificato il 20 Gennaio 2025

[CREATIVESCIENCE]   http://www.creative-science.org.uk/geiger.html. Verificato il 20 Gennaio 2025

[DANYK]   https://danyk.cz/gm_ind_en.html. Verificato il 20 Gennaio 2025

[DIY]   https://sites.google.com/site/diygeigercounter/. Verificato il 20 Gennaio 2025

[DL3]   https://dl3etw.darc.de/Geiger%20counter%20homemade/Geiger %20Counter%20Home-Made%20Documentation%20REV0.pdf. Verificato il 20 Gennaio 2025

[DZ52]   http://www.52dz-diy.com. Verificato il 20 Gennaio 2025

[ELECTRONICS-LAB]   https://www.electronics-lab.com/project/diy-geiger-counter-esp8266-touchscreen/. Verificato il 20 Gennaio 2025

[ELECTRONICSFORUM]   https://www.electronicsforu.com/electronics-projects/hardware-diy/pulse-counter-using-at89c4051. Verificato il 20 Gennaio 2025

[EMBEDDED-LAB]   https://embedded-lab.com/blog/tag/diy-geiger-counter/. Verificato il 20 Gennaio 2025

[FREDERIKSEN]   https://catalogues.frederiksen.eu/uk/experiments/. Verificato il 21 Gennaio 2025

[Famoso2005]   B. Famoso, P. La Rocca and F. Riggi, *An educational study of the cosmic ray barometric effect with a Geiger counter*, Physics Education **40**(2005)461.

[Fried1957]   O. Fried, *A combination Geiger counter-portable radio*, Popular Mechanics (March 1957)161.

[GAWRON]   https://robertgawron.blogspot.com/2015/02/homemade-geigermuller-counter-part-i.html. Verificato il 20 Gennaio 2025

[GIANGRANDI]   https://www.giangrandi.org/electronics/twin-tube-geiger/twin-tube-geiger.shtml. Verificato il 20 Gennaio 2025

[Goldader2010]   J.D. Goldader and S. Choi, *An inexpensive cosmic ray detector for the classroom*, The Physics Teacher 48(2010)594.

[GSTUBE]   https://www.gstube.com/. Verificato il 20 Gennaio 2025

[GQELECTRONICS]   https://www.gqelectronicsllc.com/. Verificato il 20 Gennaio 2025

[HIGHVOLTAGEFORUM]   https://highvoltageforum.net/index.php?topic=1559.0. Verificato il 20 Gennaio 2025

[IMAGES]   https://www.imagesco.com/geiger/digital-geiger-counter.html. Verificato il 20 Gennaio 2025

[IMAGES-2]   https://www.imagesco.com/articles/geiger/build_your_own_geiger_counter.html. Verificato il 20 Gennaio 2025

[INSTRUCTABLE1]   https://www.instructables.com/Simplest-Geiger-Counter/.
                      Verificato il 20 Gennaio 2025
[INSTRUCTABLE2]   https://www.instructables.com/TTL-Decimal-Counter/. Verificato
                      il 20 Gennaio 2025
[IOT-DEVICE]   https://iot-devices.com.ua/en/product/ggreg20_v3-ionizing-
                      radiation-detector-with-geiger-tube-sbm-20/. Verificato il 20
                      Gennaio 2025
[Iovine2020]   J. Iovine, *Nuclear experiments using a Geiger counter*, Images SI
                      Inc.(2020).
[KI3U]   http://ki3u.byethost3.com/Radio-PhysicsDIR/homemade_
                      GEIGER-TUBE.html. Verificato il 20 Gennaio 2025
[LaRocca2009]   P. La Rocca and F. Riggi, *Absorption of beta rays in different ma-
                      terials: an undergraduate experiment*, European Journal of Physics
                      30(2009)1417.
[LIBELIUM]   https://www.libelium.com/wp-content/uploads/2013/02/radiation_
                      board_eng.pdf. Verificato il 20 Gennaio 2025
[LND]   www.lndinc.com. Verificato il 21 Gennaio 2025
[Maghrabi2021]   A. Maghrabi et al., *Charged particle detector-related actvities of
                      the KACST radiation detector laboratory*, Journal of Radiation
                      Research and Applied Sciences 14(2021)111.
[Marsh2020]   A. Marsh, Fun and Uranium for the whole family in this 1950 scien-
                      ce kits, IEEE Spectrum Jan.31, 2020, https://spectrum.ieee.org/fun-
                      and-uranium-for-the-whole-family-in-this-1950s-science-kit. Ve-
                      rificato il 21 Gennaio 2025
[McCready1955]   E.A. McCready, *Poor Man's Geiger Counter*, Radio-Electronics
                      (July 1955), 42.
[MIRION]   https://www.mirion.com/. Verificato il 21 Gennaio 2025
[MIT]   https://ocw.mit.edu/courses/22-s902-do-it-
                      yourself-diy-geiger-counters-january-iap-2015/
                      e5641a1bcb88964d182a11b5437fb1c6_MIT22_S902IAP15_
                      gc_instruct.pdf. Verificato il 21 Gennaio 2025
[MIGHTYOHM]   https://mightyohm.com/blog/products/geiger-counter/. Verificato il
                      21 Gennaio 2025
[MUSEORADIOATTIVITA] https://www.museodellaradioattivita.it/. Verificato il 21 Gennaio
                      2025
[NUTSVOLT]   https://www.nutsvolts.com/magazine/article/pocket-geiger-unit.
                      Verificato il 21 Gennaio 2025
[ORAU]   Oak Ridge Museum of Radiation and Radioactivity, https://orau.
                      org/health physics museum/index.html. Verificato il 21 Gennaio
                      2025
[PASCO]   www.pasco.com. Verificato il 21 Gennaio 2025
[PHYSICSOPENLAB]   https://physicsopenlab.org/. Verificato il 21 Gennaio 2025
[PHYWE]   https://www.phywe.com/. Verificato il 21 Gennaio 2025
[POCKETMAGIC]   https://www.pocketmagic.net/diyhomemade-geiger-counter-2/.
                      Verificato il 21 Gennaio 2025
[PopularElectronics1955] *Home-built 700 V Geiger counter*, Popular Electronics (July
                      1955)28.
[PopularElectronics1956] *Simple transistorized Geiger counters*, Popular Electronics (June
                      1956)90.
[PopularMechanics1950]   *Uranium survey meter with audio amplifier*, Popular Mechanics
                      (July 1950), 160.
[PopularScience1955] *Prospecting with a Geiger counter*, Popular Science (April
                      1955)231.

[RADIOACTIVITY]   radioactivity.forumcommunity.net. Verificato il 21 Gennaio 2025

[RHELECTRONICS]   https://www.rhelectronics.store/diy-geiger-counter-kit.   Verificato
                       il 21 Gennaio 2025

[ROOT]   https://root.cern/. Verificato il 21 Gennaio 2025

[VACUTEC]   https://www.vacutec-gmbh.de/en. Verificato il 21 Gennaio 2025

[Verhage2010]   L.P. Verhage, *They came from outer space*, Nuts&Volts, July
                       2010,67.

[Wesenfeld1961]   G. Wesenfeld, *Treasure's finder PAL*, Popular Mechanics (August
                       1961)160.

[Winkler2015]   A. Winkler et al., *A gaseous proportional counter built from
                       a conventional aluminium beverage can*, ArXiv:1509.02379v1
                       [physics.ed-ph].

Parte II
Esperimenti e attività con i contatori Geiger

Rivelare eventi singoli con un contatore Geiger 6

La prima attività che è possibile fare con un contatore Geiger capace di rivelare singoli eventi dovuti all'arrivo di particelle ionizzanti è innanzitutto quella di osservare, visivamente o mediante il suono prodotto, la sequenza di arrivo di questi eventi, segnalati in modo opportuno dall'accensione di un LED, o da un bip sonoro. Nel caso in cui il contatore sia collegato ad un opportuno sistema di acquisizione dei dati è possibile innanzitutto rendersi conto dell'arrivo di ogni evento dalla segnalazione che il software è capace di gestire (scrittura su terminale, salvataggio su un file ...).

Possiamo subito notare come la sequenza di arrivo di questi eventi non sia periodica, cioè a intervalli costanti tra un evento e il successivo. Osserviamo talvolta il trascorrere di diversi secondi tra un evento e l'altro, così come può avvenire di osservare anche due o più eventi in rapida successione. Se rappresentassimo l'arrivo di ogni evento con un segmento verticale, rispetto ad un asse orizzontale (asse del tempo), potremmo osservare qualcosa del genere, come mostrato in Fig. 6.1, che rappresenta un piccolo set di dati reali, ottenuto da un contatore Geiger collegato ad una scheda Arduino [ARDUINO] per la registrazione degli eventi e del tempo corrispondente all'arrivo di ciascun evento, misurato con il clock interno della scheda mediante l'utilizzo della funzione *millis()*, che restituisce il tempo in millisecondi dall'inizio della misura.

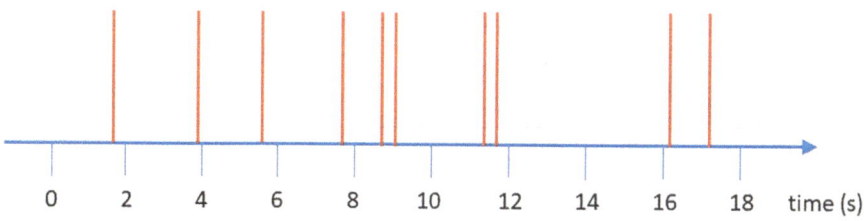

Figura 6.1 Rappresentazione schematica dell'arrivo di eventi osservati in un contatore Geiger al passare del tempo

© The Author(s), under exclusive license to Springer Nature Switzerland AG 2025
F. Riggi, *Esperimenti didattici e amatoriali con i contatori Geiger*,
https://doi.org/10.1007/978-3-031-72012-3_6

Evento	Tempo (s)
1	1.711
2	3.974
3	5.611
4	7.706
5	8.704
6	9.062
7	11.396
8	11.713
...	...

Tabella 6.1 Sequenza temporale di eventi rivelati con un contatore Geiger connesso ad una scheda Arduino. Il tempo è stato prelevato dal clock interno della scheda, con una risoluzione di 1 millisecondo

In questa sequenza possiamo osservare che in alcuni casi due eventi si sono succeduti con un intervallo breve (meno di 0.5 s), mentre in altri casi eventi consecutivi distano tra loro anche parecchi secondi. Vedremo successivamente in un altro esperimento da quali proprietà statistiche è governata questa successione di eventi. Per il momento, oltre che osservare una apparente casualità nella sequenza temporale degli eventi, cercheremo di caratterizzare questa sequenza valutando quanti eventi si possono osservare in intervalli di tempo successivi.

Immaginiamo allora di voler effettuare delle misure con il contatore Geiger posto in una posizione fissata e contare il numero di eventi osservato dal contatore in periodi successivi di 5 secondi, o in ciascun minuto successivo, adoperando il segnale prodotto da un contatore e inviato ad uno degli ingressi digitali di Arduino, che nel registrare l'arrivo di ogni evento fornisca su un file il tempo derivato dal clock interno di Arduino, con una risoluzione del millesimo di secondo. I primi dati relativi alla misura riportata in Fig. 6.1 avrebbero avere la struttura temporale riportata nella seguente tabella (Tabella 6.1).

Scegliendo un periodo di soli 5 secondi, nel primo intervallo avremmo osservato in questo caso 2 eventi, nel secondo intervallo di 5 secondi (cioè tra 5 e 10 secondi) 4 eventi, e così via. Vediamo già da questo semplice esempio che il numero di eventi osservati in eguali intervalli temporali non è lo stesso, cosa su cui torneremo più avanti.

Usando degli intervalli di tempo più lunghi, il numero di eventi osservati sarà evidentemente più grande, ma anche in questo caso sarà in generale diverso da intervallo a intervallo.

Un esperimento del genere, effettuato in tempi lunghi e adoperando un intervallo di 1 minuto per valutare il numero di eventi in esso contenuti, ha dato il risultato mostrato in Fig. 6.2. Come si vede, il numero di eventi al minuto oscilla intorno a 25 (il valore medio estratto dall'intera misura è stato in questo caso esattamente pari a 25.5). Si osservano tuttavia, da un intervallo all'altro, delle grandi variazioni rispetto al valore medio. In questa serie di misure osserviamo infatti anche un valore minimo pari a 14 eventi/minuto e un valore massimo pari a 40 eventi/minuto.

L'incertezza sul valore dei conteggi osservati in ciascuna misura è pari alla radice quadrata del numero di conteggi, secondo la distribuzione di probabilità di Poisson, che regola il comportamento degli eventi rari, e che esamineremo più in dettaglio in

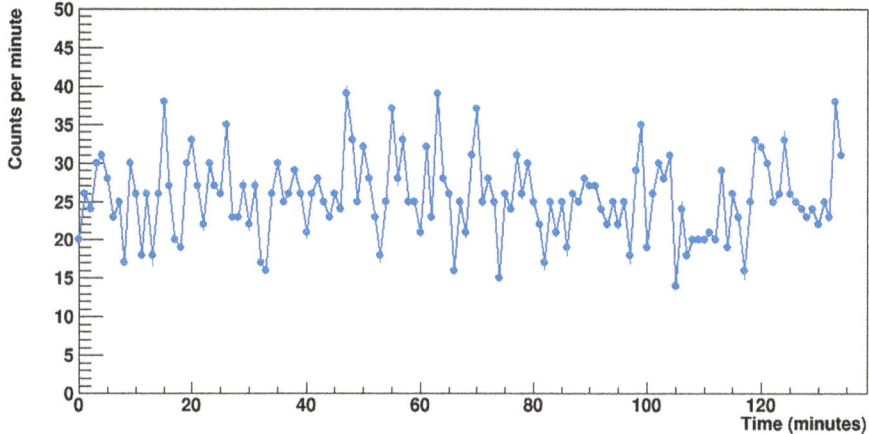

Figura 6.2 Distribuzione degli eventi misurati in successivi intervalli di tempo da un minuto, per un periodo complessivo di circa due ore

un'attività successiva. Una misura che desse un valore di conteggi pari a 25 avrebbe dunque una incertezza pari a ±5, un valore relativamente elevato. In un successivo esperimento vedremo come trattare queste incertezze statistiche e come esse siano connaturate con la natura casuale di questi eventi. Nella Fig. 6.2 le incertezze non sono mostrate, ma giustificano le grandi variazioni tra una misura e l'altra, che in realtà, entro le incertezze, sono confrontabili tra loro.

Ciò che stiamo osservando in questo caso è infatti il risultato dell'arrivo di particelle o radiazioni ionizzanti sul rivelatore, che in buona misura derivano da raggi cosmici (muoni o elettroni) o dalla radioattività ambientale dei materiali esistenti intorno al contatore.

Una misura del genere, cioè il monitoraggio del numero di conteggi misurati in eguali intervalli di tempo per un periodo più o meno lungo ci consente di valutare se il flusso di queste radiazioni rivelate dal contatore subisce delle variazioni significative al passare del tempo. Cercheremo di quantificare il termine "variazioni significative" più avanti, limitandoci per il momento a dire che tali variazioni, per essere considerate "significative" devono eccedere di molto quelle dovute alla natura casuale degli eventi. Variazioni significative peraltro potrebbero essere causate da reali cambiamenti nel sistema: immaginiamo ad esempio che in prossimità del contatore Geiger venga piazzata una sorgente radioattiva: in questo caso ai conteggi prodotti dalle cause già menzionate (cosmici e radioattività ambientale) si sommeranno quelli dovuti a questa ulteriore causa. Piccole variazioni nel flusso dei cosmici sono attese anche in base all'effetto della pressione atmosferica, che produce un maggiore o minore assorbimento delle particelle nell'aria, o a variazioni a lungo termine prodotte da altre cause, incluse quelle dovute ai fenomeni solari.

Per mostrare l'effetto di adoperare intervalli di tempo più lunghi, è stata effettuata una misura di maggiore durata (circa 48 ore) ed è stato considerato un intervallo di

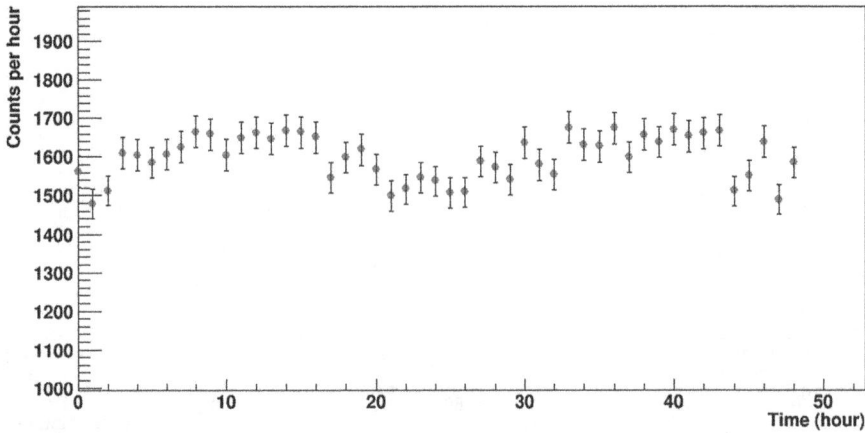

Figura 6.3 Distribuzione degli eventi osservati in successivi intervalli di tempo di un'ora, per un periodo complessivo di circa 48 h

tempo pari a un'ora per sommare i conteggi osservati all'interno di ciascun periodo. Il risultato è mostrato in Fig. 6.3.

In questo caso ad ogni misura è stata associata la rispettiva incertezza, pari alla radice quadrata del numero di conteggi osservato. Si può notare in questo caso una leggera variazione nel numero di conteggi osservati lungo l'arco delle 48 h, anche se le incertezze in ciascuna misura, che raggruppa all'incirca 1 600 conteggi, sono ancora relativamente elevate, pari a circa il 2.5%. La misura riportata in Fig. 6.3 ha avuto inizio alle ore 17.00. Nell'arco delle 48 ore si osserva in questa specifica misura una leggera modulazione, con una differenza di circa il 10% tra il valore massimo, osservato nel corso delle prime ore del mattino, e il valore minimo, osservato nel tardo pomeriggio. La misura in questione è stata effettuata ad una quota di 800 m sul livello del mare, all'interno di un edificio.

Misure di questo tipo sono la base per condurre esperimenti di monitoraggio del flusso dei raggi cosmici di lunga durata e possono essere condotti con un apparato relativamente semplice. Nel caso di questa attività è stato utilizzato un contatore Geiger Mod. SN-7928 della Pasco [PASCO] e una scheda Arduino Uno, opportunamente programmata mediante uno sketch che legge ciclicamente uno degli ingressi digitali, quello a cui il contatore Geiger è collegato, e scrive su un file il tempo di arrivo dell'evento, estratto dal clock interno di Arduino, con una risoluzione del millisecondo. Un successivo programma, scritto in ROOT [ROOT], ha permesso di leggere i files prodotti nel corso della misura e creare i grafici riprodotti nelle figure precedenti.

Riferimenti bibliografici

[ARDUINO] https://www.arduino.cc/. Verificato il 20 Gennaio 2025
[PASCO]   https://www.pasco.com. Verificato il 20 Gennaio 2025
[ROOT]   https://root.cern/. Verificato il 20 Gennaio 2025

Misurare la radiazione di fondo in ambienti differenti

7

La prima evidenza dell'esistenza di un livello di fondo naturale di radiazioni si può avere per il fatto stesso che un contatore Geiger rileva il passaggio di particelle ionizzanti anche senza una apparente causa di radiazioni posta in prossimità del contatore stesso. I risultati ottenuti nel corso dell'esperimento precedente hanno mostrato che il livello di queste radiazioni, nelle condizioni utilizzate (tipo di contatore e ambiente di misura), erano pari a circa 25 conteggi al minuto. Naturalmente le dimensioni del tubo Geiger, quindi il suo volume effettivo, nonché la sensibilità alle diverse particelle ionizzanti che lo colpiscono determina il rate medio di eventi registrati in una data posizione e ad un certo istante, cosicché contatori differenti, posizionati nello stesso luogo, possono dar luogo a rate di conteggio di fondo differenti.

Da dove deriva questo numero di eventi misurato? Fondamentalmente, in assenza di sorgenti esplicite di radiazioni, possiamo avere diverse fonti di radiazione che contribuiscono al fondo osservato:

(1) La radiazione cosmica, cioè la radiazione di origine extra-terrestre, che a livello del mare, o a moderate altitudini, è costituita in prevalenza da muoni (mesoni μ), elettroni e gamma (fotoni di alta energia). Mentre elettroni e muoni di alta energia vengono rivelati da un contatore Geiger con una efficienza elevata, prossima al 100%, i gamma vengono rivelati solo in parte, in quanto la probabilità che essi interagiscano, direttamente o indirettamente, con il materiale che costituisce il contatore stesso, è molto bassa, come vedremo in un'attività espressamente dedicata a questo.

(2) La radiazione di origine terrestre, derivante dalle sostanze radioattive presenti nel suolo terrestre o nei materiali di costruzione nonché dal gas radon emesso dal sottosuolo.

(3) La radioattività prodotta dagli isotopi radioattivi di certi elementi presenti negli organismi viventi, anche nel nostro stesso corpo, che contiene una piccola percentuale, circa lo 0.012%, di ^{40}K, isotopo che decade in vari modi, emettendo radiazioni beta e gamma.

F. Riggi, *Esperimenti didattici e amatoriali con i contatori Geiger*,
https://doi.org/10.1007/978-3-031-72012-3_7

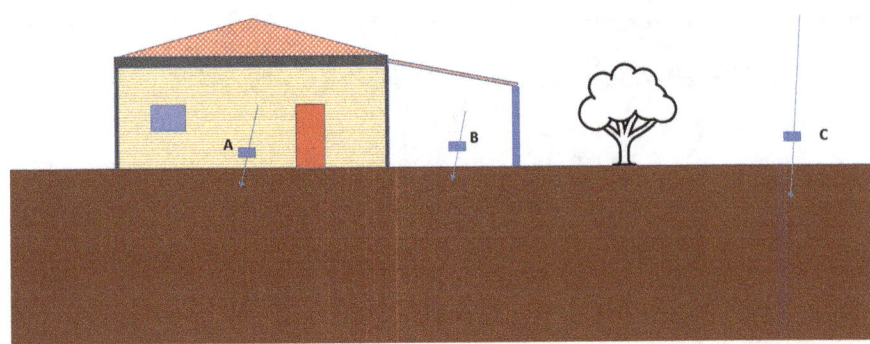

Figura 7.1 Posizione schematica del contatore Geiger (in blu) nella misura condotta all'interno dell'abitazione (A), all'esterno, sotto una sottile tettoia (B) e all'esterno, senza alcun materiale al di sopra di esso (C)

Il livello di radiazioni di fondo dipende dunque fortemente dai diversi fattori elencati. Per comprendere meglio questi aspetti, diverse serie di misure possono essere condotte con lo stesso contatore Geiger in ambienti differenti, per valutare la differenza nel numero di conteggi al minuto osservati nei diversi casi. Queste misure, condotte in modo quantitativo, con sufficiente precisione e in periodi differenti, possono essere alla base di attività di monitoraggio del fondo di radiazioni ionizzanti e delle sue variazioni sia nel tempo che nella posizione spaziale.

A titolo di esempio, sono state effettuate due misure con lo stesso contatore utilizzato nel precedente esperimento (un singolo contatore Pasco SN7928 [PASCO]), ponendo il contatore una volta all'interno di un piccolo edificio (A), e una seconda volta all'esterno, sotto una semplice tettoia (B), come mostrato in Fig. 7.1, confrontandole con il risultato di una terza misura, effettuata a pochi metri di distanza ma all'aperto, senza alcun materiale al di sopra del rivelatore (C). Tutte le misure si riferiscono ad un'altitudine di circa 800 m s.l.m.

La Fig. 7.2 mostra i risultati ottenuti, per un tempo di circa 1.5 h nel caso delle misure effettuate nelle posizioni A e B, e per un tempo ridotto nel caso della misura in posizione C. I conteggi misurati sono stati raggruppati utilizzando degli intervalli di tempo pari a 10 minuti, per avere un sufficiente numero di conteggi in ciascun intervallo e ridurre l'errore statistico. Estraendo da ciascuna misura il valore medio complessivo, si è ottenuto un valore pari a $(26.6 + 0.6)$ eventi/minuto per la misura condotta all'interno (A) e di (32.9 ± 0.5) eventi/minuto per la misura condotta sotto la tettoia (B). Come si vede, i valori misurati sotto una tettoia sottile (posizione B, in rosso nella figura) sono significativamente più elevati, circa il 30%, rispetto a quelli ottenuti all'interno (posizione A, in blu).

L'interpretazione di queste misure non è immediata, se si considerano anche i valori ottenuti con il contatore dislocato all'aperto, nella posizione C, in cui il contatore non è schermato da alcun materiale. Ci si potrebbe aspettare infatti un maggiore tasso di conteggio in queste condizioni rispetto a quanto osservato sotto un certo spessore di materiale, come nel caso del posizionamento sotto una tetto-

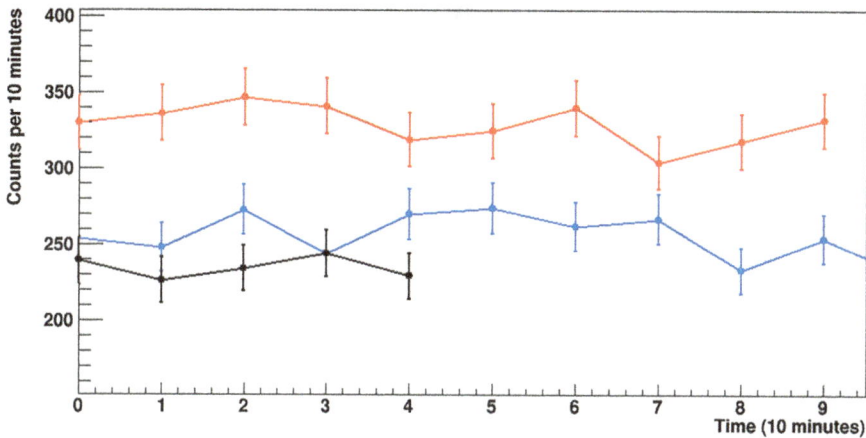

Figura 7.2 Confronto tra i valori ottenuti con il contatore posizionato nella posizione A (in blu), quelli ottenuti nella posizione B (in rosso) e i valori ottenuti nella posizione C (in nero)

ia, equivalente ad uno spessore verticale di alcuni cm di materiale solido, mentre si osserva il contrario, con un rate di conteggio che all'aperto è stato stimato pari a (23.6 ± 0.6) eventi/minuto. Questo è prevedibilmente dovuto al fatto che la componente soft della radiazione cosmica secondaria può indurre degli sciami elettromagnetici nello spessore di materiale solido posizionato al di sopra del contatore. I conteggi misurati dal contatore posto sotto la tettoia sono in questo caso influenzati anche dai prodotti secondari di questi sciami, in prevalenza elettroni di bassa energia, che si aggiungono alla componente penetrante costituita dai muoni.

Per contro, posizionando il contatore all'interno dell'abitazione, dove lo spessore interposto di materiale al di sopra del contatore è molto maggiore che nel caso di una semplice tettoia, almeno un solaio in cemento oltre alla copertura del tetto vera e propria, alcuni dei prodotti secondari degli sciami, dopo essere stati prodotti, vengono assorbiti nel materiale stesso. La problematica e l'interpretazione complessiva implica dunque dei fenomeni relativamente complessi che avvengono nell'interazione delle diverse particelle secondarie che fanno parte degli sciami atmosferici estesi. A questo si aggiunge anche la possibilità che la componente del fondo dovuto alla radioattività ambientale sia diversa nei casi considerati, complicando ulteriormente l'interpretazione.

Un'altra misura, in un ambiente totalmente differente, è stata condotta per un tempo molto lungo (circa una settimana) con un diverso contatore, il Mod. Pasco SN7927 [PASCO], al piano terra di un edificio avente diversi piani, e dislocato ad un'altitudine di circa 180 m sul livello del mare, senza alcun materiale di schermaggio posto intorno al contatore.

Il valore medio dei conteggi ha dato in questo caso un risultato pari a (0.3262 ± 0.0007) conteggi/s, equivalenti a (19.57 ± 0.04) conteggi/minuto. L'andamento dei conteggi in funzione del tempo è riportato in Fig. 7.3, raggruppando i dati a intervalli di 1 000 secondi. L'andamento temporale di questo rate di conteggio è

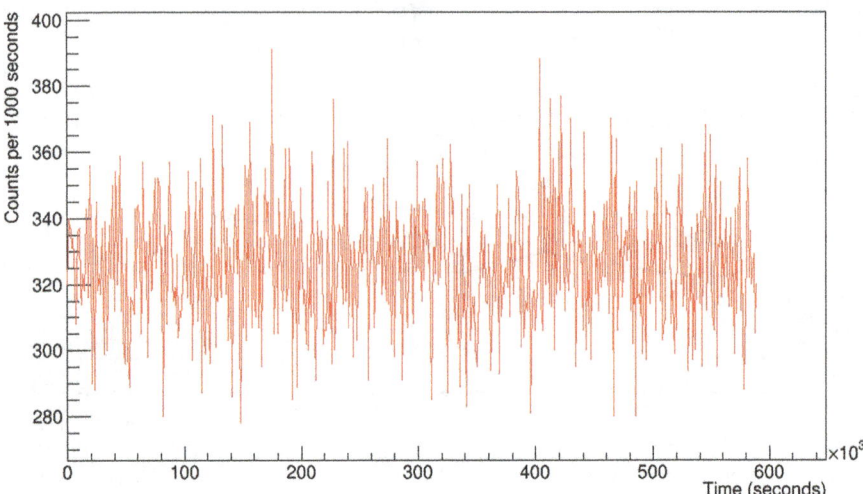

Figura 7.3 Rate di conteggio, espresso in numero di conteggi in 1 000 secondi, in funzione del tempo, durante una misura condotta nell'arco di tempo di una settimana, con un contatore Geiger SN7927 [PASCO] al piano terra di un edificio multipiano

apparentemente privo di grandi variazioni, se si eccettuano le fluttuazioni statistiche tra intervallo e intervallo. La possibilità di effettuare delle misure di lunga durata (giorni, settimane o più) in una data posizione e con lo stesso contatore, consente di monitorare il flusso osservato in funzione del tempo e verificare l'esistenza di variazioni a breve o lungo periodo, come vedremo in alcune attività successive.

Nel caso di misure condotte in funzione del tempo per periodi lunghi, risulta talvolta utile, per evitare le grandi fluttuazioni statistiche in misure successive, utilizzare una strategia di analisi che fa uso della "moving average". Questa tecnica consiste nel valutare la media di un certo numero di misure, spostandosi progressivamente nel tempo, aggiungendo di volta in volta un certo numero di misure successive e togliendo un equivalente numero di misure precedenti. Così, in una serie di misure come quella riportata in Fig. 7.3 potremmo valutare ad esempio la media delle prime 10 misure 1–10 (da $t=0$ a $t=10 \times 1\,000\,\text{s} = 10\,000\,\text{s}$), poi la media delle misure 2–11 (da $t=1\,000\,\text{s}$ a $t=11\,000\,\text{s}$), e così via. Il risultato è un insieme di valori che rappresentano la media in periodi successivi, sempre di 1 000 s, eventualmente assegnati al punto centrale di ciascun intervallo temporale, con il vantaggio che ciascun punto include un numero di eventi corrispondentemente maggiore e dunque un errore statistico minore. Naturalmente il primo valore di questa nuova serie di dati potrà essere ottenuto solo dopo aver sommato insieme le prime 10 misure, assegnandolo come tempo al valore centrale dell'intervallo ($t=0$, $t=10\,000\,\text{s}$), cioè a $t=5\,000\,\text{s}$.

Il risultato di questa procedura, per la serie di misure precedenti, è mostrato in Fig. 7.4.

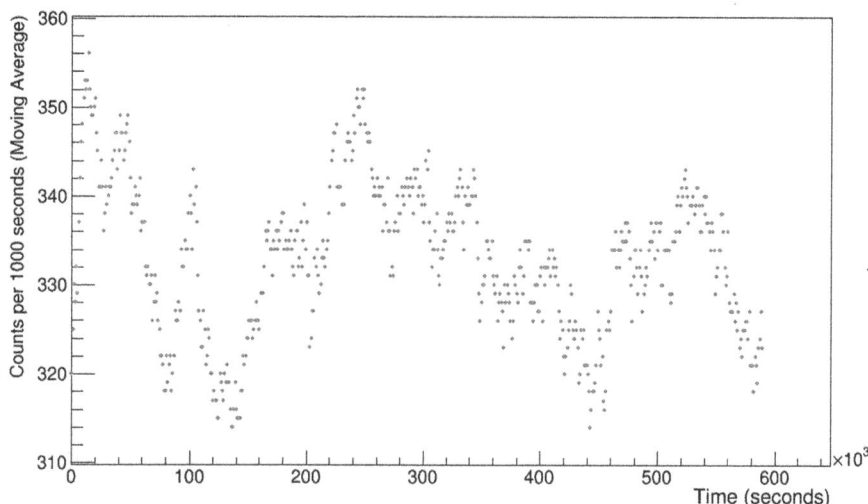

Figura 7.4 Gli stessi dati della figura precedente sono stati trattati con la tecnica della Moving Average, shiftando progressivamente di una misura l'intervallo entro cui valutare il numero di conteggi

Come si vede dal risultato, l'andamento dei dati è adesso più regolare. La tecnica della Moving Average è infatti utilizzata per smussare le fluttuazioni statistiche a breve periodo, ed esaltare invece le variazioni a periodo più lungo. In quest'ultimo plot sono infatti visibili adesso delle variazioni su una scala di parecchie ore, variazioni sulla cui origine torneremo in una delle attività discusse più avanti nel testo.

Le misure riportate in questo paragrafo sono soltanto alcuni esempi di quanto può essere fatto, utilizzando contatori diversi o lo stesso contatore dislocato in ambienti differenti. Come si vede, semplici misure del fondo, condotte sotto condizioni differenti, possono dare accesso ad una varietà notevole di esperimenti didattici diversificati, con molteplici misure da analizzare e interpretare.

Riferimenti bibliografici

[PASCO] www.pasco.com. Verificato il 20 Gennaio 2025

Rivelare particelle alfa con un Geiger

8

Abbiamo visto, discutendo le proprietà dei contatori Geiger, che essi sono sensibili al passaggio delle radiazioni ionizzanti, in quanto capaci di produrre ionizzazione all'interno del gas contenuto nel tubo Geiger. Sappiamo che tali radiazioni possono essere di varia natura, legate alla emissione di particelle o di radiazione elettro-magnetica di alta energia da parte di elementi radioattivi, oppure all'arrivo della radiazione cosmica di origine extraterrestre. Il diverso comportamento delle radiazioni alfa, beta e gamma nell'attraversare un materiale può essere messo in evidenza adoperando materiali di diverso spessore o di diversa natura in qualità di assorbitori posti tra la sorgente e il contatore.

Nel caso delle particelle alfa (nuclei di ^{4}He), esse hanno un limitato potere penetrante nella materia, specie se di bassa energia, essendo caratterizzate da un elevato valore della perdita di energia specifica, a causa della loro carica elettrica ($Z = 2$), come abbiamo discusso nel Capitolo 2.

Se utilizziamo un contatore Geiger capace di rivelare sia le particelle alfa che gli elettroni e i gamma possiamo distinguere qualitativamente tra i tre tipi di radiazione in base alla capacità di assorbimento di queste radiazioni che offrono i materiali di uso comune.

In questo esperimento fissiamo la nostra attenzione sulla rivelazione delle particelle alfa. Proprio perché le particelle alfa sono assorbite da spessori anche molto ridotti di materiale, non tutti i contatori Geiger sono in grado di rivelare queste particelle, specie se di energia pari ad alcuni MeV, come nel caso delle particelle alfa emesse dalle comuni sostanze radioattive. Lo stesso spessore del vetro o del contenitore del gas nel tubo Geiger limita infatti fortemente la possibilità che le particelle alfa possano penetrare all'interno del tubo dando luogo a processi di ionizzazione. Sono necessari in questo caso tubi Geiger nei quali almeno una piccola parte sia realizzata con un materiale di spessore molto ridotto, tale da permettere l'ingresso anche delle particelle alfa. Si utilizzano usualmente delle finestre di ingresso realizzate in mica, un materiale sfaldabile, avente densità intorno a 3 g/cm^3, che può essere prodotto anche con spessori molto piccoli, dell'ordine del centesimo di mm. È da dire comunque che questi contatori sono più delicati da utilizzare e posso-

F. Riggi, *Esperimenti didattici e amatoriali con i contatori Geiger*,
https://doi.org/10.1007/978-3-031-72012-3_8

Tabella 8.1 Valori di densità e densità superficiale per degli spessori tipici, nel caso di alcuni oggetti di uso comune utilizzabili come assorbitori per le radiazioni ionizzanti

Materiale	Densità tipiche in g/cm^3	Spessori lineari	Densità superficiale in g/cm^2
Foglio di carta	0.8	100 μm	0.008
Foglio cartoncino	0.8	0.3–0.6 mm	0.02–0.04
Carta alluminio da cucina	2.7	11 μm	0.003
Legno compensato	0.4–0.8	3 mm	0.12–0.24
Acqua	1	1 cm	1.0
Vetro	2.5	3 mm	0.75
Plastica (PVC …)	1.4	1 mm	0.14
Lastra ferro	7.87	1 mm	0.79
Lastra rame	8.96	1 mm	0.90
Lastra piombo	11.34	1 mm	1.13

no rivelare le particelle alfa solo provenienti da una data direzione che interseca la finestra di ingresso.

Per quanto riguarda possibili materiali di uso comune da utilizzare come assorbitori delle diverse tipologie di radiazione, la Tabella 8.1 mostra un elenco di alcuni materiali, insieme con le loro densità tipiche e gli spessori superficiali realizzabili.

Per valutare la perdita di energia in un assorbitore, se l'assorbitore in questione avesse uno spessore talmente piccolo da considerare all'incirca costante la perdita di energia specifica lungo i vari strati dell'assorbitore, potremmo valutare semplicemente la perdita di energia dal prodotto

$$\Delta E = (dE/dx)(\Delta x)$$

Raramente però ci troviamo in queste condizioni se usiamo assorbitori costituiti da materiali di uso comune, dunque con spessori non trascurabili. Ad esempio, in base a questo calcolo, per uno spessore di alluminio da 0.003 g/cm^2 (un semplice foglio di alluminio da cucina), particelle alfa di energia 5 MeV, con perdita di energia specifica ipotizzata pari a 600 MeV per g/cm^2, subirebbero una perdita di energia pari a 1.8 MeV. In realtà la perdita di energia è ancora maggiore, perché in un intervallo di energia così elevato, circa 2 MeV, non possiamo considerare la quantità dE/dx come costante.

Nel grafico mostrato nel Capitolo 2 possiamo vedere infatti che in corrispondenza ad un'energia di 3.2 MeV, pari all'energia residua dopo aver subito una perdita di 1.8 MeV, la perdita di energia specifica dE/dx è più elevata, circa 800 MeV per g/cm^2, rispetto a quella valutata per un'energia di 5 MeV. Una stima approssimata della perdita di energia potrebbe ottenersi in questo caso considerando un valore intermedio di dE/dx tra quello calcolato a 5 MeV e quello valutato a 3.2 MeV. Un calcolo più preciso si può effettuare in generale da un processo di integrazione numerica, suddividendo lo spessore complessivo in N spessori parziali, valutando

Figura 8.1 Contatore Geiger (Mod. SN7927 della Pasco, con la parte anteriore fornita di una finestra sottile in mica, per la rivelazione delle particelle alfa), alloggiato all'interno di un tubo in ottone

per ciascun spessore parziale la perdita di energia ΔE, e ricalcolando la perdita di energia specifica, dE/dx, in corrispondenza della nuova energia.

Anche queste semplici stime ci fanno vedere che nel caso delle particelle alfa, è sufficiente uno spessore abbastanza piccolo di assorbitore per produrre una perdita di energia significativa. Spessori appena maggiori sono dunque capaci di arrestare del tutto particelle alfa da pochi MeV. Utilizzando l'alluminio, sarebbe sufficiente ad esempio adoperare l'equivalente di un foglio di carta alluminio da cucina piegato in 4 per ottenere uno spessore di oltre 40 μm, capace di fermare le particelle alfa provenienti da una sorgente. Un risultato equivalente si può ottenere con un singolo foglio di carta non troppo sottile. Anch'esso ha uno spessore sufficiente ad arrestare particelle alfa da pochi MeV di energia. Lo stesso spessore della pelle, di alcuni centesimi di mm, è capace di fermarle.

Se si dispone di una sorgente alfa e di un contatore Geiger capace di rivelare queste particelle, cioè dotato di una finestra in mica, si può verificare che l'inserzione di uno di questi assorbitori è capace di eliminare il conteggio dovuto alla presenza della sorgente, lasciando solo un valore residuo dovuto al fondo.

Un esperimento di questo genere è stato effettuato utilizzando il contatore Geiger SN7927 della Pasco [PASCO], che ha una finestra in mica di spessore pari a 1.5–2.0 mg/cm², e una sorgente alfa di ^{241}Am, che emette particelle alfa principalmente di energia 5.443 MeV (12.5%) e 5.486 MeV (86%). Il contatore è stato alloggiato all'interno di un tubo di ottone, come in Fig. 8.1, ad alcuni centimetri di distanza dall'apertura frontale del tubo.

I risultati ottenuti con la sorgente alfa posizionata di fronte al tubo Geiger sono mostrati in Tabella 8.2. Come si vede, con la sorgente alfa posizionata di fronte al tubo Geiger, in corrispondenza alla finestra di mica che consente l'ingresso alle particelle alfa emesse dalla sorgente, si osserva un rate elevato, molto superiore al livello di fondo, riportato nella prima riga.

Tabella 8.2 Risultati ottenuti con una sorgente alfa posizionata di fronte ad un contatore Geiger provvisto di una finestra sottile in mica

Configurazione	Tempo di misura (s)	Numero di eventi	Rate osservato (eventi/s)
Sorgente assente (fondo)	500	146	(0.29 ± 0.02)
Sorgente posizionata di fronte al contatore	250	1 315	(5.26 ± 0.15)
Come sopra, ma con un foglio di carta interposto	500	115	(0.23 ± 0.02)
Come sopra, ma con un foglio di carta alluminio da cucina interposto	500	145	(0.29 ± 0.02)

Figura 8.2 Un foglio di carta, inserito tra la sorgente alfa di ^{241}Am e il contatore Geiger, è sufficiente ad arrestare le particelle alfa emesse dalla sorgente

Se tuttavia viene interposto un semplice foglio di carta tra la sorgente e il contatore (Fig. 8.2), il rate si riduce nuovamente ad un valore comparabile con quello del fondo, sintomo del fatto che tutte le particelle alfa sono state assorbite da questo materiale. Dalla Tabella 8.1 sappiamo che lo spessore di un foglio di carta tipico è dell'ordine di 0.1 mm, equivalenti a 8 mg/cm^2. Se assumiamo una perdita di energia specifica simile a quella dell'alluminio, il cui plot è stato riportato nel Capitolo 2 (circa 600 MeV cm^2/g ad un'energia intorno a 5 MeV), possiamo comprendere come l'intera energia delle particelle alfa sarà depositata in questo materiale, cosicché nessuna particella raggiungerà il rivelatore.

Ci aspetteremmo che con una lamina sottile di alluminio (spessore circa 3 mg/cm^2) le particelle alfa, pur perdendo una frazione consistente della loro energia, circa 2 MeV, dovrebbero raggiungere il contatore, cosa che non si osserva in base al risultato riportato in Tabella 8.2. Anche in questo caso, infatti, si misura un rate compatibile con il fondo. La ragione di questa apparente discrepanza è molto semplice: nel setup adoperato le particelle alfa emesse dalla sorgente, posizionata in stretta prossimità della lamina di alluminio, devono percorrere alcuni centimetri di aria per raggiungere il contatore, e questo percorso in aria è sufficiente ad arrestare le particelle già degradate in energia. Nel Capitolo 2 abbiamo già visto i valori tipici del range di particelle alfa in aria in base alla loro energia, e i valori riportati giustificano pienamente il risultato ottenuto. Questo aspetto indica un fattore importante di cui tener conto quando si vogliano rivelare particelle alfa con un contatore Geiger: non solo è importante valutare l'effetto di eventuali materiali solidi (assorbitori, la stessa finestra in mica del contatore, ...) ma anche l'effetto di pochi centimetri di aria in condizioni standard può divenire il fattore principale dell'assorbimento di queste particelle.

In misure di spettrometria alfa condotte abitualmente con rivelatori a semiconduttore è pratica comune inserire la sorgente e il rivelatore all'interno di una cameretta da vuoto, in cui l'aria viene eliminata in buona parte mediante una pompa da vuoto. Anche se in questi esperimenti si utilizzano tipicamente pompe rotative, in grado di raggiungere pressioni limite dell'ordine di 10^{-3}–10^{-2} mbar, valori di pressione così bassi non sono strettamente necessari, e sarebbe sufficiente adoperare sistemi di pompaggio molto più semplici ed economici, capaci di raggiungere pressioni non più elevate di un decimo della pressione atmosferica. In queste condizioni il range delle particelle diventa comunque enormemente maggiore dei pochi centimetri attesi a pressione atmosferica, ed è dunque più semplice la loro rivelazione anche ponendo il contatore ad una certa distanza dalla sorgente.

Da questo punto di vista si potrebbero progettare con i contatori Geiger anche delle misure in aria, ma a pressione ridotta, sfruttando la variazione della pressione atmosferica con l'altitudine. Ad un'altitudine di 2 000 m s.l.m. infatti la pressione atmosferica si è ridotta di circa 200 mbar, cioè del 20% rispetto a quella a livello del mare, e si potrebbe progettare un setup con la distanza sorgente-contatore scelta in modo tale che a livello del mare le particelle alfa vengano arrestate nello spessore di aria interposto, mentre ad alta quota riescano a giungere sul rivelatore.

Per quanto riguarda infine la possibilità di valutare il range delle particelle alfa in un materiale solido, si possono realizzare delle misure interponendo degli spessori sufficientemente sottili di un materiale (1 μm o inferiori) e misurare il rate di particelle rivelato dal contatore al variare dello spessore complessivo di materiale interposto, mantenendo ovviamente invariata la geometria del sistema. Una misura del genere è riportata ad esempio da [PHYSICSOPENLAB], combinando delle sottili lamine di argento (spessore 0.5 micron ciascuna) fino a raggiungere uno spessore complessivo di circa 15 μm, e riportando il rate misurato, o meglio il fattore di trasmissione (rapporto tra rate misurato con un dato spessore di assorbitore e rate misurato in assenza di assorbitore), in funzione dello spessore. La curva caratteristica che si ottiene in queste condizioni dovrebbe essere un gradino ideale (Fig. 8.3, curva blu) se non ci fossero fluttuazioni statistiche nella perdita di energia (e dunque anche nel range). In presenza di queste inevitabili fluttuazioni possiamo attenderci invece un gradino smussato (curva rossa), da cui è possibile stimare il range medio,

Figura 8.3 Il fattore di trasmissione (rapporto tra flusso
uscente e flusso entrante) per
particelle alfa, in funzione
dello spessore di materiale
attraversato. La curva blu
(gradino ideale) attesa in
assenza di fenomeni di straggling è modificata in realtà in
quella rossa

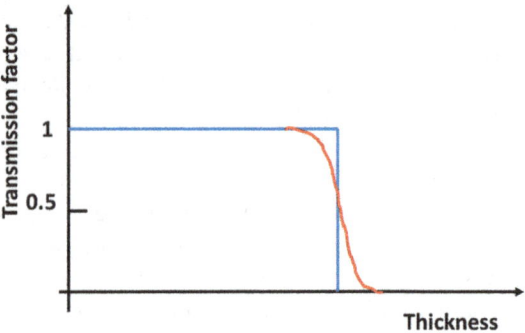

come discusso nel Capitolo 2, corrispondente allo spessore di materiale attraversato
che riduce al 50% il flusso di particelle trasmesse.

Riferimenti bibliografici

[PASCO]   www.pasco.com. Verificato il 20 Gennaio 2025
[PHYSICSOPENLAB] https://physicsopenlab.org/. Verificato il 20 Gennaio 2025

Rivelare la radiazione beta con un Geiger

Nel caso degli elettroni la capacità di penetrazione è maggiore rispetto a quella delle particelle alfa. Possiamo renderci conto di questo adoperando ancora un contatore Geiger, stavolta non necessariamente fornito di una finestra in mica, e una sorgente beta, ad esempio una sorgente di ^{90}Sr. Quest'ultimo è un isotopo radioattivo, che decade in ^{90}Y con un tempo di dimezzamento di 28.8 anni, emettendo elettroni con uno spettro continuo fino ad un'energia massima di 0.546 MeV. A sua volta l'isotopo ^{90}Y è anch'esso radioattivo beta, decadendo in ^{90}Zr con un tempo di dimezzamento di 64.6 h, con elettroni di energia massima 2.28 MeV. Lo spettro energetico complessivo degli elettroni emessi da una sorgente di ^{90}Sr ha dunque due componenti, una di bassa energia e una di energia più elevata, fino all'energia massima di 2.28 MeV, come vedremo in un'attività successiva.

Elettroni in questo range di energia sono capaci di penetrare attraverso materiali solidi per alcuni mm. Nel caso dell'alluminio, il range di elettroni aventi energie fino a 3 MeV, compatibili con le energie massime in gioco nel decadimento beta, è mostrato in Fig. 9.1. Un plot simile, nel caso dell'aria, è stato riportato nel Capitolo 2. Anche in questo caso il range è espresso in g/cm^2, unità che può essere facilmente convertita in spessore lineare, considerando la densità del materiale in questione. Ad esempio, elettroni da 2 MeV, a cui corrisponde un range di circa 1 g/cm^2, potrebbero attraversare uno spessore lineare di alluminio pari a $(1 \text{ g/cm}^2)/(2.7 \text{ g/cm}^3) = 0.37$ cm.

Come già detto nel Capitolo 2, la perdita di energia specifica degli elettroni è in generale il risultato di due diversi contributi: quello di tipo collisionale, che segue, con qualche modifica, la relazione di Bethe-Bloch, e quello di tipo radiativo, particolarmente importante nel caso delle particelle leggere come gli elettroni. Il termine radiativo inizia a diventare preponderante rispetto a quello collisionale a partire da una certa energia in poi (generalmente indicata con energia critica), dipendente dal tipo di materiale. Nell'intervallo di energia tipico degli elettroni emessi da questa sorgente, e per questo materiale, il termine radiativo è trascurabile; dunque, il contributo è dato praticamente dal solo termine collisionale.

Se confrontiamo i valori della quantità dE/dx ottenuti per elettroni di qualche MeV di energia con quelli valutati nel caso delle particelle alfa (esperimento pre-

© The Author(s), under exclusive license to Springer Nature Switzerland AG 2025
F. Riggi, *Esperimenti didattici e amatoriali con i contatori Geiger*,
https://doi.org/10.1007/978-3-031-72012-3_9

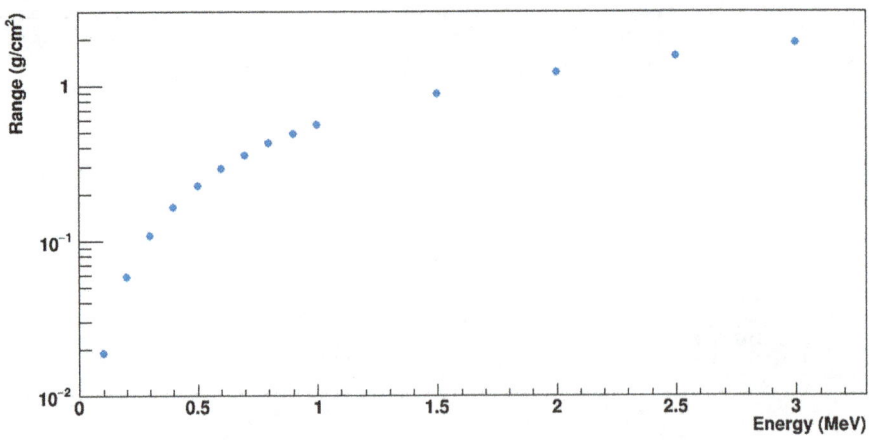

Figura 9.1 Range di elettroni di bassa energia (0–3) MeV in alluminio

cedente), vediamo che in questo caso i valori sono enormemente minori, il che giustifica una capacità di penetrazione e un range molto più elevati per gli elettroni.

Possiamo verificare questo aspetto, procedendo come nel caso precedente, posizionando la sorgente di ^{90}Sr di fronte ad un contatore Geiger e adoperando dapprima gli stessi assorbitori adoperati nel caso delle particelle alfa, cioè un semplice foglio di carta, o un foglio di carta alluminio da cucina. Nel nostro caso è stata adoperata una sorgente di ^{90}Sr da 0.1 μCi nominali (che a causa del tempo trascorso dalla sua produzione, 2006, aveva un'attività ridotta a circa 0.07 μCi). Come si vede dalla Tabella 9.1, che riporta i risultati ottenuti in questa serie di misure, l'inserzione di un foglio di carta non altera sensibilmente il rate di conteggio osservato, producendo una diminuzione all'incirca del 7%.

Un risultato simile si ottiene adoperando un foglio di alluminio di carta da cucina, nel qual caso il rate si riduce all'incirca del 4%. Contrariamente a quanto osservato con le particelle alfa, la maggior parte degli elettroni, aventi energia in

Tabella 9.1 Risultati ottenuti con una sorgente beta di ^{90}Sr posizionata di fronte al contatore Geiger

Configurazione	Tempo di misura (s)	Numero di eventi	Rate osservato (eventi/s)
Sorgente assente (fondo)	500	146	(0.29 ± 0.02)
Sorgente posizionata di fronte al contatore	250	5 252	(21.0 ± 0.3)
Foglio di carta interposto come assorbitore	250	4 875	(19.5 ± 0.3)
Foglio carta alluminio da cucina interposto come assorbitore	250	5 050	(20.2 ± 0.3)
Lastra di alluminio da 2 mm interposta come assorbitore	250	308	(1.23 ± 0.07)

media delle centinaia di keV, riesce dunque ad attraversare sia il foglio di carta che il foglio di carta alluminio.

Tuttavia, osserviamo una riduzione significativa se interponiamo un assorbitore costituito da una lastrina di alluminio da 2 mm di spessore. Vedremo in un successivo esperimento come si possa quantificare in modo più preciso la capacità di assorbimento delle radiazioni beta da parte di un materiale. Già con questo semplice esperimento, tuttavia, possiamo renderci conto che a parità di energia (alcuni MeV) gli elettroni hanno una capacità di penetrazione molto maggiore di quella delle alfa. Spessori di alluminio da circa 3 mm, corrispondenti ad una densità superficiale di 0.8 g/cm^2, sarebbero capaci di arrestare in questo caso la quasi totalità degli elettroni.

I risultati riportati in Tabella possono essere più correttamente analizzati sottraendo da ciascuna misura il rate di fondo riportato nella prima riga della tabella. Questo è particolarmente importante, ad esempio, per la misura relativa alla lastra di alluminio da 2 mm (ultima riga), nel qual caso il rate sottratto del fondo diventa 0.94 eventi/s, in ogni caso ancora sensibilmente diverso da zero, dato che anche con uno spessore da 2 mm una piccola frazione degli elettroni, specie quelli più energetici, riesce a passare.

Rivelare la radiazione gamma con un Geiger 10

Veniamo infine alle radiazioni gamma, le più penetranti tra quelle prodotte dalle sostanze radioattive. Anche in questo caso possiamo adoperare una configurazione simile a quella adoperata in precedenza, anche se il contatore Geiger di per sé ha un'efficienza di rivelazione intrinseca molto ridotta per le radiazioni gamma. Per osservare tuttavia l'effetto di un materiale assorbitore interposto tra la sorgente e il rivelatore possiamo prescindere dalla efficienza di rivelazione, in quanto essa si ripercuote allo stesso modo sui risultati ottenuti con e senza assorbitore interposto.

Come già discusso nel Capitolo 2, le radiazioni gamma interagiscono con un materiale attraverso tre meccanismi principali: l'effetto fotoelettrico, lo scattering Compton e la creazione di coppie elettrone-positrone. Quest'ultimo processo è possibile solo se l'energia del gamma supera il valore di soglia di 1.022 MeV, corrispondente alla massa della coppia elettrone-positrone. L'importanza relativa di questi tre diversi meccanismi, quantificata dalla sezione d'urto di ciascun processo, dipende dall'energia del gamma e dal materiale. Occorre ricordare in ogni caso che i processi di interazione dei gamma sono processi "catastrofici", nei quali il gamma scompare, producendo un elettrone al quale cede la quasi totalità della sua energia (per effetto fotoelettrico), producendo un elettrone e un gamma diffuso ad energia minore (per effetto Compton), oppure una coppia elettrone-positrone, al quale viene ceduta quella parte di energia che eccede il valore di soglia necessaria per creare la coppia. Contrariamente a quanto succede per le particelle cariche (alfa o beta) l'interazione non avviene dunque attraverso una serie di processi nei quali viene ceduta progressivamente una piccola parte dell'energia originaria. La probabilità complessiva di interazione, risultante dalle probabilità che avvenga effetto fotoelettrico, Compton o produzione di coppie, determina il coefficiente di assorbimento dei gamma di una data energia nell'attraversare un materiale. Questa capacità di penetrazione dei gamma è molto maggiore di quella relativa agli elettroni e l'assorbimento dei gamma nella materia segue una legge di tipo esponenziale:

$$I = I_0 e^{-\mu x}$$

F. Riggi, *Esperimenti didattici e amatoriali con i contatori Geiger*, https://doi.org/10.1007/978-3-031-72012-3_10

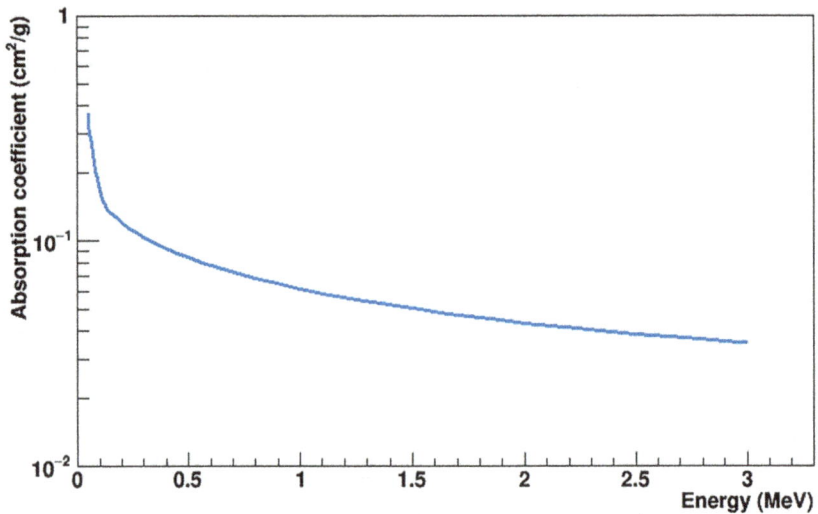

Figura 10.1 Coefficiente di assorbimento dei gamma in alluminio, nell'intervallo di energia fino a 3 MeV

dove I_0 rappresenta il flusso originario dei gamma, I il flusso dopo aver attraversato uno spessore x di materiale, e μ il coefficiente di assorbimento, che avrà le dimensioni dell'inverso di una lunghezza. Se ad esempio esprimiamo lo spessore x di materiale attraversato in cm, μ sarà espresso in cm^{-1}, mentre se adoperiamo la densità superficiale (g/cm^2) per esprimere lo spessore, μ sarà espresso in cm^2/g.

Nel Capitolo 2 abbiamo riportato il contributo dei singoli processi alla sezione d'urto complessiva. La Fig. 10.1 mostra il coefficiente di assorbimento dei gamma in alluminio, nell'intervallo di energia fino a 3 MeV, espresso in cm^2/g. In corrispondenza ad un'energia dei gamma di 0.5 MeV, ad esempio, il coefficiente di assorbimento è circa $0.08\,cm^2/g$.

Questo vuol dire che il flusso di gamma di quella data energia si ridurrà a $1/e$ del valore iniziale dopo una densità superficiale pari a $(1/0.08) = 12.5\,g/cm^2$. Tenendo conto della densità dell'alluminio, questa densità superficiale corrisponde ad uno spessore lineare di circa 4.6 cm. Da questa stima si comprende che la capacità di penetrazione dei gamma in questo intervallo di energia è molto maggiore rispetto a quella degli elettroni, tanto che più del 30% dei gamma iniziali riescono ad attraversare questo spessore senza aver interagito.

Per verificare quanto detto, abbiamo adoperato anche in questo caso lo stesso contatore Geiger adoperato in precedenza (SN7927 PASCO), e una sorgente di ^{137}Cs da 0.25 μCi nominale, prodotta nel 2012, dunque con un'attività stimata di circa 0.20 μCi. Il ^{137}Cs decade spontaneamente beta in ^{137}Ba (per il 94.6% al primo stato eccitato di questo nucleo, per il restante 5.4% allo stato fondamentale), con un tempo di dimezzamento di circa 30.05 anni. Gli elettroni emessi nel decadimento beta hanno un'energia massima di 0.514 MeV nel caso di decadimento verso

Tabella 10.1 Risultati ottenuti con una sorgente di ^{137}Cs, che emette sia beta che gamma, posizionata di fronte al contatore Geiger

Configurazione	Tempo di misura (s)	Numero di eventi	Rate osservato (eventi/s)
Sorgente assente (fondo)	500	146	(0.29 ± 0.02)
Sorgente posizionata di fronte al contatore	250	1 688	(6.75 ± 0.02)
Lastra di alluminio da 2 mm interposta come assorbitore	250	200	(0.80 ± 0.05)
Lastra di alluminio da 5 mm	250	198	(0.80 ± 0.05)
Lastra di alluminio da 10 mm	250	224	(0.90 ± 0.05)

il primo stato eccitato del ^{137}Ba, di 1.176 MeV nel caso di decadimento allo stato fondamentale del ^{137}Ba. Il ^{137}Ba a sua volta, se prodotto al primo stato eccitato, decade da questo per emissione gamma, con un tempo di dimezzamento molto breve, di 2.55 minuti, emettendo gamma da 0.662 MeV. Da una sorgente di ^{137}Cs sono emessi dunque sia elettroni che gamma. Dato il rapporto dei tempi di dimezzamento dei due isotopi, ci troviamo in una situazione di equilibrio secolare, e il numero di decadimenti beta per unità di tempo è circa eguale a quello dei decadimenti gamma.

Il risultato di alcune misure condotte per un tempo limitato con questo semplice setup è riportato nella Tabella 10.1. In assenza della sorgente, è stato misurato il rate di fondo del contatore, ottenendo un valore pari a (0.29 ± 0.02) eventi/s, in modo da poterlo sottrarre dalle misure successive. Nonostante l'efficienza ridotta per la rivelazione dei gamma, la sorgente posizionata di fronte al contatore produce un rate di conteggio di (6.75 ± 0.02) eventi/s, significativamente maggiore di quello di fondo.

Se utilizziamo tra la sorgente e il nostro contatore Geiger un assorbitore costituito da una lastra di alluminio da 2 mm, che dovrebbe essere in grado di arrestare la radiazione beta, osserviamo che il conteggio diminuisce da 6.75 eventi/s a 0.80 eventi/s. Considerando e sottraendo il contributo del fondo, si passa da $(6.75 - 0.29) = 6.46$ eventi/s a $(0.80 - 0.29) = 0.51$ eventi/s, cioè una riduzione di oltre un fattore 10. Se elettroni e gamma fossero rivelati con la stessa efficienza dal contatore Geiger, potremmo aspettarci una riduzione del 50% nel rate di conteggio, in quanto dopo aver fermato gli elettroni dovrebbero rimanere i gamma che praticamente non vengono attenuati da uno spessore molto piccolo (2 mm) di alluminio. La forte riduzione del rate con un assorbitore da 2 mm è dovuta essenzialmente all'assorbimento degli elettroni, che costituiscono la parte preponderante dei conteggi osservati con questa sorgente. I gamma, infatti, pur attraversando in buona parte lo spessore di alluminio da 2 mm, vengono rivelati dal contatore Geiger solo in piccola frazione, a causa dell'efficienza del contatore alle radiazioni gamma. Che i gamma abbiano bisogno di spessori molto più elevati per essere assorbiti è confermato dal fatto che anche aumentando lo spessore di alluminio da 2 mm a 5 mm o a 10 mm, il rate di conteggio del contatore Geiger rimane sostanzialmente invariato entro i limiti delle incertezze statistiche relativamente elevati in questo set di misure, condotte per un tempo limitato.

Vedremo in un successivo esperimento che con un set di assorbitori di vari spessori noti si può misurare in modo quantitativo il coefficiente di assorbimento di un dato materiale per le radiazioni beta o gamma, osservando e caratterizzando la diminuzione del flusso misurato.

Riduzioni più consistenti del rate di conteggio potrebbero essere osservate, a parità di spessore adoperato, se si adoperano materiali differenti come il ferro o il piombo, caratterizzati da un diverso coefficiente di assorbimento ai gamma.

Vedremo in un successivo esperimento che con un set di assorbitori di spessore noto, può essere valutato quantitativamente il coefficiente di assorbimento per i beta o per i gamma, osservando e caratterizzando la diminuzione del flusso con lo spessore interposto.

Evidenziare i raggi cosmici con un Geiger 11

Abbiamo visto finora il diverso potere penetrante delle radiazioni alfa, beta e gamma, in base al quale possiamo avere una idea qualitativa del tipo di radiazioni che un contatore Geiger è in grado di rivelare, e identificare in qualche misura il tipo di radiazioni in arrivo utilizzando materiali e spessori opportuni per schermare il contatore. Così, se il rate di conteggi osservato si riduce praticamente a zero anche interponendo un semplice foglio di carta o di carta alluminio da cucina, con buona probabilità le radiazioni rivelate sono particelle alfa di bassa energia, mentre se il rate di conteggi non si modifica molto interponendo un foglio di carta o di carta alluminio da cucina ma si riduce quasi a zero interponendo spessori di alcuni mm di materiale solido, si tratta prevedibilmente di elettroni. Se infine il rate si riduce progressivamente solo adoperando materiali solidi di spessore notevole, dell'ordine dei cm, si tratta di radiazioni gamma.

Possiamo notare, tuttavia, che anche adoperando come assorbitori materiali a densità e numero atomico più elevati dell'alluminio, come ad esempio il ferro o addirittura il piombo, il rate di conteggio osservato in un contatore Geiger schermato da questi assorbitori non si riduce mai a zero. Se utilizzassimo una sorgente gamma di ^{137}Cs posta di fronte al contatore e adoperassimo delle lastre di ferro con spessori via via crescenti, dato il coefficiente di assorbimento di questo materiale per gamma di 662 keV (pari a circa $0.075 \, \text{cm}^2/\text{g}$), potremmo aspettarci che uno spessore di 1 cm (pari a $7.87 \, \text{g/cm}^2$) dovrebbe produrre un flusso residuo, valutabile in base alla legge esponenziale già vista, pari a $\exp(-7.87 \times 0.075) = 0.55$, cioè al 55% di quello misurato in assenza del materiale interposto, e che uno spessore di 10 cm di ferro dovrebbe addirittura lasciar passare un flusso residuo pari a $\exp(-78.7 \times 0.075) = 0.003$, cioè allo 0.3% del valore originario. Con spessori del genere praticamente tutta la radiazione gamma verrebbe assorbita. Lo stesso effetto si potrebbe ottenere con uno spessore di piombo minore, tra 4 e 5 cm, dato che questo materiale ha un coefficiente di assorbimento di circa $0.11 \, \text{cm}^2/\text{g}$, e una densità molto più elevata, di $11.34 \, \text{g/cm}^3$.

Tuttavia, anche se interponessimo 10 cm di ferro, o 5 cm di piombo, tra la sorgente gamma e il contatore Geiger, osserveremmo ancora un rate di conteggi sensibilmente diverso da zero. Che questi conteggi non siano dovuti alla sorgente gamma

F. Riggi, *Esperimenti didattici e amatoriali con i contatori Geiger*,
https://doi.org/10.1007/978-3-031-72012-3_11

può essere facilmente verificato spostando la sorgente lontano dal contatore, nel qual caso il rate osservato rimane sostanzialmente immutato. In qualche modo osserviamo un effetto simile a quello notato adoperando piccoli spessori di alluminio per separare la componente dovuta agli elettroni e lasciar passare solo quella dovuta ai gamma. Evidentemente, anche dopo aver assorbito la quasi totalità dei gamma, rimane una sorgente di radiazioni ancora più penetrante, che neppure parecchi cm di ferro o di piombo riescono ad assorbire. Oggi sappiamo che questa radiazione è dovuta ai raggi cosmici, e furono proprio le osservazioni condotte ai primi del 1900, a quel tempo con elettroscopi, a mostrare l'esistenza di una radiazione non riconducibile a quella prodotta dalla radioattività delle rocce terrestri (gamma), e la cui natura si precisò nei decenni successivi [Riggi2023].

Nel caso di mattoni in cemento il coefficiente di assorbimento, sempre per fotoni da 662 keV, è di circa 0.08 cm^2/g, mentre la densità può essere stimata intorno a 1.4 g/cm^3. Stime simili possono essere fatte anche per i mattoni pieni utilizzati in edilizia (densità circa 1.7 g/cm^3), se si volesse osservare un effetto del genere, anche da un punto di vista qualitativo, adoperando materiali facilmente reperibili. Tipicamente questi mattoni hanno dimensioni di $5.5 \times 12.5 \times 25$ cm^3. Disponendo un mattone tra la sorgente gamma e il contatore Geiger, in modo che i gamma attraversino lo spessore minore (5.5 cm), questo corrisponde ad una densità superficiale di circa 9 g/cm^2. Ipotizzando un coefficiente di assorbimento di 0.08 cm^2/g, potremmo aspettarci un flusso residuo pari a exp(-0.08×9) = 0.49 (circa il 50% di quello iniziale), mentre disponendo il mattone con lo spessore maggiore lungo la direzione tra sorgente e contatore Geiger (25 cm), il rapporto tra il flusso residuo e quello iniziale sarebbe di exp(-0.08×42.5) = 0.033. Anche adoperando un semplice mattone del tipo usato in edilizia, si può ottenere dunque una notevole riduzione del flusso dei gamma, fino a valori dell'ordine di qualche percento del valore misurabile in assenza di questo assorbitore. Si può tuttavia notare che il rate di conteggio osservato dal contatore, anche in presenza dell'assorbitore, non diminuisce per grandi spessori del materiale interposto, come ci si potrebbe attendere se i conteggi fossero dovuti esclusivamente alla presenza della sorgente gamma.

Alcune misure preliminari del genere sono state fatte a titolo di esempio utilizzando una sorgente di ^{137}Cs da 0.2 μCi, un contatore PASCO SN7927 e alcuni assorbitori in Alluminio e Ottone. I risultati sono riportati in Tabella 11.1. Con uno spessore di alluminio da 2 mm, come visto in uno degli esperimenti precedenti, si possono arrestare gli elettroni provenienti dal decadimento beta, per cui il rate di conteggio osservato diminuisce di molto, da $(6.39 - 0.29)$ eventi/s = 6.10 eventi/s ad un valore di $(0.75 - 0.29)$ eventi/s = 0.46 eventi/s, dunque oltre un fattore 10, come già osservato. L'interposizione di ulteriori assorbitori, in questo caso realizzati in ottone, diminuisce progressivamente il rate di conteggio, che stavolta è dovuto ai gamma, oltre che al fondo.

I risultati sono mostrati in Fig. 11.1, in funzione dello spessore adoperato. Dopo una forte riduzione dovuta all'inserzione di un piccolo spessore di alluminio (2 mm), che elimina gli elettroni, rimane solo la componente gamma, che viene assorbita da spessori maggiori. Anche l'utilizzo di spessori notevoli di ottone non

Tabella 11.1 Risultati ottenuti con una sorgente di ^{137}Cs

Condizioni sperimentali	Spessore (g/cm^2)	Tempo di misura (s)	Rate di conteggio osservato (eventi/s)
In assenza di sorgente	0	500	(0.29 ± 0.02)
Sorgente senza alcun assorbitore	0	250	(6.39 ± 0.015)
Al da 2 mm	0.54	500	(0.75 ± 0.04)
Al da 2 mm + Ottone da 3 mm	3.16	500	(0.62 ± 0.04)
Al 2 mm + Ottone 6 mm	5.78	500	(0.49 ± 0.03)

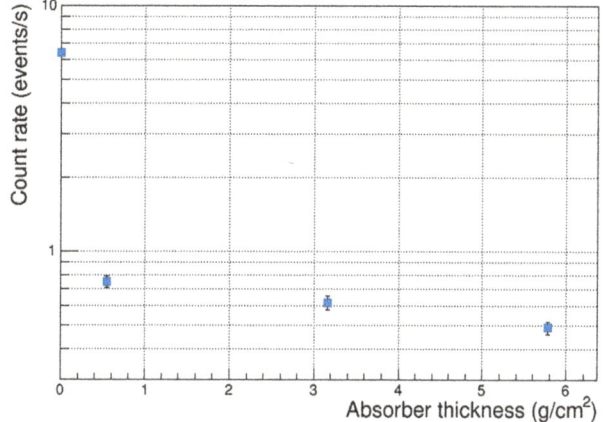

Figura 11.1 Rate di conteggio ottenuto con una sorgente di ^{137}Cs interponendo dei materiali assorbitori (Alluminio e Ottone, come in Tabella 11.1)

riduce tuttavia a zero il rate di conteggio osservato, indice del fatto che il contatore sta rivelando una radiazione residua dovuta, come oggi sappiamo, ai raggi cosmici.

Anche in questo caso ci troviamo dunque di fronte a radiazioni di diversa natura e potere penetrante, che arrivano sul contatore Geiger, e l'utilizzo opportuno di materiali assorbitori con spessori adeguati è capace di darci informazioni quanto meno sul potere penetrante delle diverse componenti. I materiali e gli spessori che sono capaci di assorbire le componenti meno penetranti lasciano passare quelle più penetranti e possiamo progressivamente filtrare, almeno entro un certo limite, le diverse componenti. Nelle misure descritte è stata adoperata una sorgente beta e gamma posta di fronte al contatore. Poiché anche i materiali da costruzione posti intorno al contatore Geiger possono contenere nuclei radioattivi capaci di emettere radiazioni gamma, per essere sicuri di eliminare queste componenti occorre uno schermaggio adeguato del contatore da ogni lato, in modo che la componente gamma sia ridotta sufficientemente da poter trascurare il suo contributo al rate di conteggio osservato.

Anche la radiazione cosmica osservabile a livello del mare a sua volta esibisce diverse componenti, una delle quali meno penetrante, costituita da elettroni e gamma di energia relativamente bassa (MeV o decine di MeV) e una componente più penetrante, costituita da muoni, di energia media pari ad alcuni GeV. Questi ultimi sono capaci di penetrare anche spessori molto elevati (decine di cm di piombo, o solai in cemento armato anche con spessori complessivi del metro o superiori). L'utilizzo di assorbitori così spessi è dunque capace di eliminare quasi del tutto le componenti meno penetranti e lasciar passare solo la componente muonica. Misure di questo genere sono riportate nell'esperimento successivo, adoperando dei mattoni di piombo di elevato spessore per valutare l'assorbimento della radiazione cosmica.

Riferimenti bibliografici

[Riggi2023] F. Riggi, *Messengers from the Cosmos. An Introduction to the Physics of Cosmic Rays in Its Historical Development*, Springer 2023.

Schermare un contatore Geiger con blocchi di piombo

12

Abbiamo visto già nelle attività precedenti come certi materiali possano agire da schermo per la rivelazione di certe radiazioni da parte di un contatore Geiger. Nel caso delle particelle alfa emesse da sostanze radioattive bastano spessori molto piccoli, anche un foglio di carta, ad arrestarle. Nel caso degli elettroni emessi da una sorgente abbiamo visto come materiali solidi, in particolare metalli come l'alluminio, in spessori di 2–3 mm, siano sufficienti a schermare il contatore da queste particelle. Nel caso della radiazione gamma, la cui attenuazione in un materiale segue una legge esponenziale con lo spessore, sono necessari spessori maggiori di materiale affinché il flusso dei gamma si riduca in modo significativo. Nel caso dei cosmici infine, date le enormi energie in gioco, soprattutto della componente più penetrante, anche spessori di alcuni centimetri di metallo non hanno un grande effetto sulla riduzione del flusso dovuto a queste particelle.

In generale si pone il problema di schermare un rivelatore dalle radiazioni non desiderate quando si vogliano rivelare bassi livelli di radiazione, dovuti ad altre cause, e che potrebbero essere anche minori del fondo. Ad esempio, per valutare la debole radioattività di un materiale posto in prossimità del contatore, occorre il più possibile ridurre il fondo dovuto alla radioattività ambientale e alla radiazione cosmica. Se la prima può essere in buona parte eliminata circondando il rivelatore da ogni parte con adeguati spessori di materiale solido, il contributo dei cosmici richiede schermature molto più consistenti.

Un aspetto importante da considerare quando si vogliano effettuare delle misure per valutare l'eccesso di conteggi rispetto al fondo, che potrebbe essere indicativo di una sorgente addizionale di radiazioni, è l'incertezza statistica dovuta alle misure. Supponiamo che in un dato intervallo di tempo il numero di conteggi di fondo rilevato sia N_b, e che vogliamo misurare un eventuale eccesso di eventi, nello stesso intervallo di tempo, pari a N_s. Discuteremo più avanti in dettaglio il problema delle incertezze statistiche legate a processi di conteggi di eventi casuali e le distribuzioni di probabilità che li descrivono, ma possiamo fin da adesso affermare che in una misura che dà luogo a N conteggi, l'incertezza statistica (dato che si tratta di eventi casuali) è dell'ordine della radice quadrata del numero N, cioè $\sqrt{N}$. Se misuriamo N_b conteggi dovuti al fondo, tale misura avrà dunque un'incertezza pari a $\sqrt{N_b}$. Una

F. Riggi, *Esperimenti didattici e amatoriali con i contatori Geiger*, https://doi.org/10.1007/978-3-031-72012-3_12

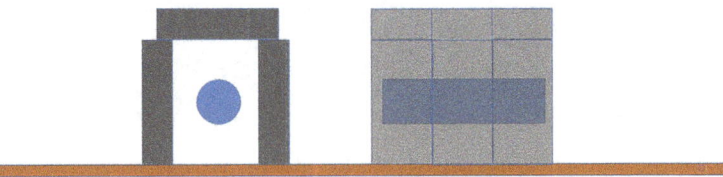

Figura 12.1 Posizionamento di un contatore Geiger (vista lungo una sezione trasversale e longi-tudinale) all'interno di uno schermo costituito da alcuni mattoni di piombo da $20 \times 10 \times 5 \, \mathrm{cm}^3$. Lo spessore attraversato dalle particelle della radiazione cosmica lungo la direzione verticale è pari a 5 cm di piombo

Figura 12.2 Foto dello scher-maggio realizzato con alcuni mattoni di piombo per valu-tare l'effetto di assorbimento sulle misure di fondo con un contatore Geiger

misura condotta in presenza di un campione che sospettiamo essere una sorgente di radiazioni, con un numero di conteggi atteso N_s, potrà rivelare questo eccesso di conteggi solo se N_s è sufficientemente grande, tanto da essere incompatibile con una normale fluttuazione statistica dei conteggi di fondo. A titolo di esempio, se $N_b = 1\,000$, e l'incertezza statistica associata a questa misura è $\pm\sqrt{1\,000} \sim 30$, una misura condotta in presenza di un campione, che desse un risultato 1 020, cioè con un eccesso di conteggi $N_s = 20$, sarebbe del tutto compatibile con il fondo, e non indicherebbe alcun livello di radiazione ulteriore rispetto al fondo, mentre un valore di 1 100 conteggi, dunque un eccesso di conteggi $N_s = 100$, indicherebbe un piccolo (10%) ma significativo aumento dei livelli di radiazione.

Le possibili strategie per rivelare bassi livelli di radiazione si basano sulla possibilità di effettuare misure molto lunghe, sia per il fondo, che in presenza del campione, in modo da ridurre l'incertezza statistica relativa $\sqrt{N}/N$ su entrambe le misure, oppure sulla riduzione del fondo, in modo da poter evidenziare meglio anche un piccolo eccesso rispetto a questo valore. Vedremo nel corso delle attività discusse in questo testo esempi sia della prima che della seconda strategia.

Per valutare gli effetti di schermaggio su un contatore Geiger si possono adoperare ad esempio dei blocchi di materiale ad alta densità, idealmente il piombo. Un'attività del genere è stata condotta in un laboratorio dislocato al piano terra di un edificio multipiano, ad un'altitudine di circa 150 m sul livello del mare, con un contatore Geiger PASCO SN7928, connesso ad un sistema di acquisizione dati capace di contare il numero di eventi misurati in intervalli di tempo prefissati. Il contatore è stato dapprima adoperato per effettuare una misura del fondo presente in quelle condizioni e successivamente schermato con alcuni mattoni di piombo, ciascuno delle dimensioni di $20 \times 10 \times 5\,\mathrm{cm}^3$, disposti come in Fig. 12.1 e 12.2. Lo spessore attraversato dalle particelle della radiazione cosmica lungo la direzione verticale è pari in queste condizioni a 5 cm di piombo. Tenendo conto della densità del piombo ($11.34\,\mathrm{g/cm}^3$), questo spessore è equivalente ad una densità superficiale di $56.7\,\mathrm{g/cm}^2$.

Per valutare l'effetto di questo materiale sul tasso di conteggio misurabile con questo contatore, è stata effettuata una prima misura senza l'utilizzo di alcun blocco di piombo intorno al rivelatore, acquisendo il numero di conteggi in intervalli da 10 secondi ed estraendo successivamente la distribuzione di queste misure (Fig. 12.3, in alto) e il rispettivo valor medio, pari a (19.57 ± 0.04) conteggi/minuto.

Una seconda misura è stata effettuata circondando il contatore Geiger con alcuni mattoni di piombo, secondo la geometria descritta in Fig. 12.1. La distribuzione delle misure ottenute, adoperando sempre intervalli da 10 s, è mostrata in Fig. 12.3 (in basso). Come si vede, la distribuzione è spostata significativamente verso valori più bassi del numero di conteggi, ottenendo in questo caso un valore medio pari a (11.57 ± 0.09) conteggi/minuto. L'effetto di questo schermaggio ha ridotto in questo caso complessivamente i conteggi di fondo di circa il 60%. In queste condizioni la riduzione è dovuta in buona parte all'eliminazione di una grossa percentuale della radioattività ambientale e – in piccola misura – ad una certa riduzione della componente dovuta ai cosmici.

Possiamo attenderci che ulteriori spessori di piombo disposti intorno all'apparato riducano ulteriormente il fondo residuo, che non sarà comunque mai nullo, in particolare a causa dei muoni di alta energia, in grado di penetrare anche spessori molto elevati di materiali solidi.

Una varietà notevole di misure può essere organizzata adoperando materiali differenti al posto dei mattoni di piombo, che sebbene abbiano le migliori proprietà schermanti, non sono di facile reperibilità o a basso costo. Tra i materiali a basso costo che potrebbero essere utilizzati per realizzare delle box di schermaggio possiamo considerare ad esempio i mattoni pieni da costruzione utilizzati in edilizia, disponibili con dimensioni $12 \times 25 \times 5.5\,\mathrm{cm}^3$, e con una massa di 2.7 kg (dunque con densità circa $1.7\,\mathrm{g/cm}^3$).

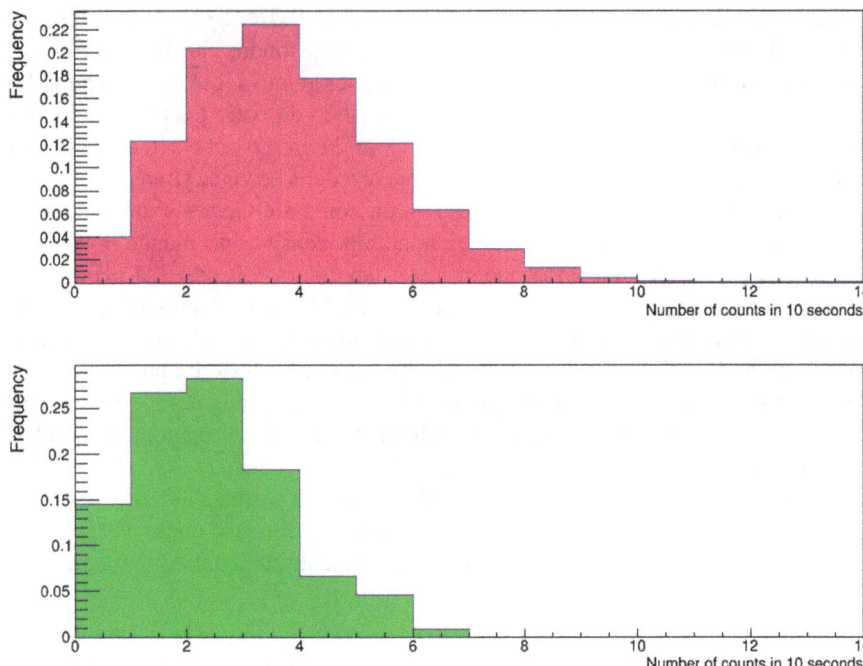

Figura 12.3 Distribuzione delle misure ottenute con lo stesso contatore Geiger. In alto: misura effettuata senza alcuno schermo di piombo. In basso: misura effettuata con uno schermo realizzato con mattoni di piombo delle dimensioni $20 \times 10 \times 5 \, cm^3$, disposti intorno al contatore, come in Fig. 12.1

Investigare l'accettanza geometrica di un contatore Geiger con una sorgente

Quando si utilizza un rivelatore, ad esempio uno dei contatori Geiger impiegati in questa serie di esperimenti, per rivelare le particelle emesse da una sorgente di radiazioni, il numero di eventi effettivamente rivelati N_{events} è proporzionale all'attività A della sorgente (cioè al numero di particelle emesse per unità di tempo dalla sorgente), all'efficienza di rivelazione ε_{det} per quel dato tipo di particelle e all'accettanza geometrica ε_{geo}. Quest'ultima rappresenta la probabilità che una particella emessa dalla sorgente arrivi effettivamente sul rivelatore, e dipende dalle dimensioni geometriche di sorgente e rivelatore, nonché dalla loro disposizione (distanza relativa, orientazione nello spazio).

Potremmo scrivere dunque

$$N_{events} = A \varepsilon_{det} \varepsilon_{geo}$$

L'efficienza intrinseca di un rivelatore, cioè la probabilità che esso produca un segnale rivelabile quando è colpito da una particella, dipende da molti fattori, in particolare dalla tipologia di particelle e dalla loro energia. Sappiamo che i contatori Geiger hanno un'efficienza di rivelazione prossima al 100% per gli elettroni, per i muoni della radiazione cosmica e in generale per le particelle cariche, purché riescano a penetrare nel volume sensibile del contatore. Vedremo in uno degli esperimenti successivi, ad esempio, come stimare l'efficienza di rivelazione di un contatore Geiger per le radiazioni gamma.

Per quanto riguarda l'accettanza geometrica rispetto alle particelle emesse da una sorgente o da un campione radioattivi, argomento oggetto della presente attività, essa può essere definita come il rapporto tra il numero di particelle che colpiscono il rivelatore, N_{hit}, e il numero di quelle emesse dalla sorgente, $N_{emitted}$:

$$\varepsilon_{geo} = N_{hit}/N_{emitted}$$

In casi geometricamente semplici, come ad esempio quello di una sorgente puntiforme (cioè di dimensioni molto piccole rispetto a quelle del contatore Geiger e alla loro distanza relativa), l'accettanza geometrica è valutabile a partire dall'angolo

F. Riggi, *Esperimenti didattici e amatoriali con i contatori Geiger*,
https://doi.org/10.1007/978-3-031-72012-3_13

Figura 13.1 Geometria di rivelazione con un contatore Geiger di forma cilindrica, posizionato all'interno di un cilindro in ottone (sulla sinistra), con l'asse allineato con la posizione della sorgente, rappresentata dal dischetto posto su un supporto metallico sulla destra

solido sotteso dal rivelatore, ipotizzando che tutte le particelle siano emesse dalla sorgente in modo isotropo, cioè con la stessa probabilità in ogni direzione. Consideriamo ad esempio, come in Fig. 13.1, una disposizione geometrica nella quale il contatore di forma cilindrica (contenuto in questo caso all'interno di un cilindro in ottone, disposto nella parte sinistra della figura) è disposto con l'asse che interseca la posizione della sorgente, immaginata puntiforme, rappresentata dalla parte centrale del dischetto in plastica posizionato su un supporto metallico sulla destra in figura.

Se la distanza tra la sorgente e la base frontale del cilindro che rappresenta il tubo Geiger è sufficientemente grande, possiamo approssimare questa base (un cerchio di raggio r) con la calotta sferica, rispetto ad una ipotetica sfera di centro nella sorgente e raggio pari alla distanza d tra la sorgente e la base del cilindro. In questo caso l'angolo solido sotteso da questa calotta sferica sarà dato dal rapporto tra l'area della base del cilindro (πr^2) e il quadrato della distanza sorgente-rivelatore, d^2:

$$\Omega = \pi r^2 / d^2$$

L'accettanza geometrica in questo caso sarà il rapporto tra questo angolo solido e l'intero angolo solido corrispondente a tutto lo spazio, 4π sr, equivalente al rapporto tra l'area della calotta sferica e l'area complessiva della superficie sferica, dunque

$$\varepsilon_{\text{geo}} = r^2 / \left(4d^2\right)$$

Da questa relazione si vede come per una sorgente puntiforme e un rivelatore la cui superficie frontale può essere approssimata ad una calotta sferica, l'accettanza geometrica varia con l'inverso del quadrato della distanza tra sorgente e rivelatore.

Una semplice attività sperimentale per verificare questa relazione può essere basata per l'appunto sull'utilizzo di un contatore Geiger cilindrico, come mostrato in

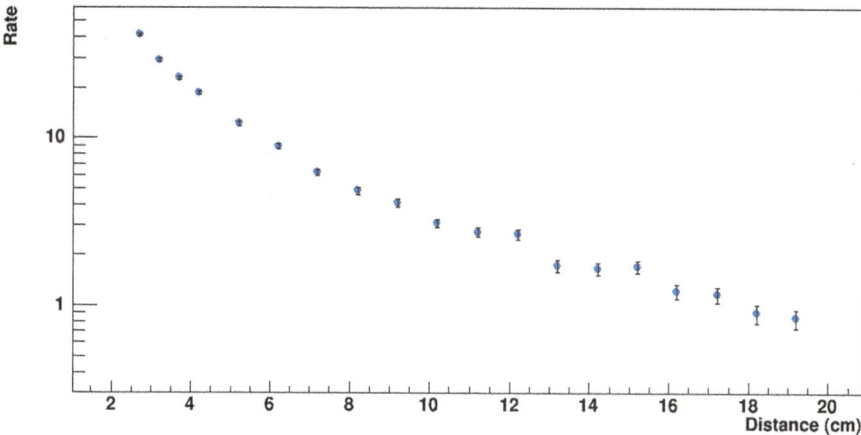

Figura 13.2 Rate di conteggio (eventi/s) misurato dal contatore Geiger a varie distanze da una sorgente posizionata frontalmente, lungo l'asse del contatore, in funzione della distanza sorgente-rivelatore

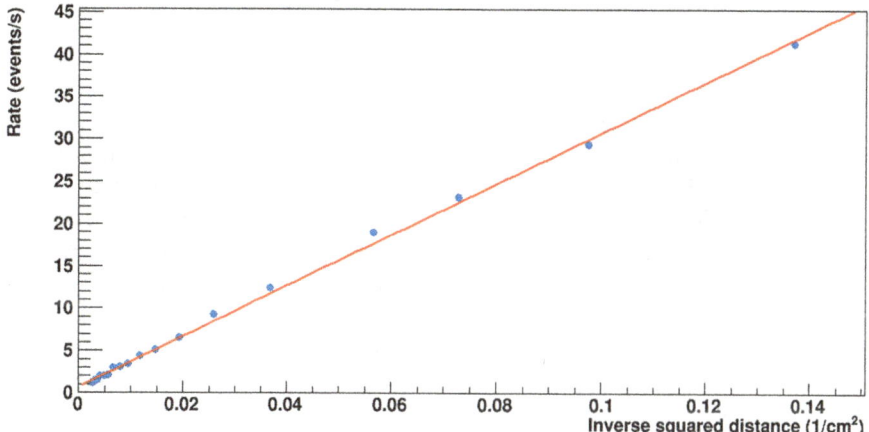

Figura 13.3 Rate di conteggio misurato dal contatore Geiger (eventi/s), riportato in funzione dell'inverso del quadrato della distanza

Fig. 13.1, orientato con la base frontale di ingresso verso la sorgente, spostando progressivamente la sorgente (o il rivelatore) lungo l'asse del cilindro, in modo da esplorare diverse distanze sorgente-rivelatore e misurare il rate di conteggio nelle diverse configurazioni. Risultati di una serie di misure, condotte con un contatore SN7927 PASCO e una sorgente beta di ^{90}Sr da 0.1 μCi, a distanze tra circa 2 e 20 cm, sono mostrati nelle Fig. 13.2 e 13.3.

Come si vede, il rate di conteggio misurato diminuisce all'aumentare della distanza sorgente-rivelatore. Anziché confrontare direttamente questo andamento con una relazione del tipo $1/d^2$ per verificare la dipendenza dall'inverso del quadrato

Figura 13.4 Possibili configurazioni geometriche per lo
studio dell'accettanza geometrica al variare della distanza,
nel caso di area sensibile
di piccole dimensioni (configurazione A) o di grandi
dimensioni (configurazio-
ne B) rispetto alle distanze
sorgente-rivelatore

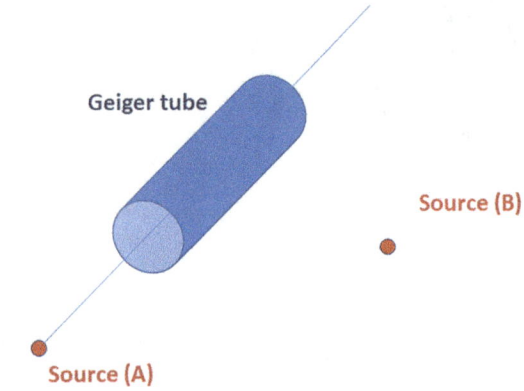

della distanza, possiamo riportare il rate di conteggio misurato in funzione dell'inverso del quadrato della distanza, come in Fig. 13.3, che mostra anche la corrispondente retta di best-fit lineare. Quest'ultima riproduce ragionevolmente i dati
ottenuti, confermando che l'accettanza geometrica in questo caso diminuisce con
una legge del tipo $1/d^2$.

Bisogna tuttavia considerare che per grandi distanze percorse in aria, una piccola
frazione degli elettroni, quelli di più bassa energia, può essere arrestata. Il range di
elettroni da 100 keV in aria è all'incirca 13 cm, mentre per un'energia di 200 keV
il range aumenta fino a oltre 40 cm. Dato che lo spettro energetico degli elettroni
emessi nel decadimento dello ^{90}Sr è continuo, estendendosi da 0 a circa 2.3 MeV,
la frazione di elettroni con energia inferiore a 100 keV non è del tutto trascurabile,
specie per le misure effettuate a distanze più grandi. Disponendo un contatore Geiger con una diversa geometria rispetto alla sorgente, ad esempio come in Fig. 13.4
con la sorgente localizzata in (B) anziché in (A), è possibile verificare se anche in
questo caso viene seguita la dipendenza dall'inverso del quadrato della distanza,
dato che la superficie sensibile, per piccole distanze, non può essere approssimata
ad una calotta sferica.

Una misura del genere è stata condotta adoperando un contatore SN7928, con
un semplice setup mostrato in Fig. 13.5. Anche in questa misura è stata adoperata
una sorgente di ^{90}Sr da 0.1 μCi, come nel caso precedente. In questo caso l'area
sensibile del rivelatore vista lateralmente dalla sorgente è all'incirca 5×1 cm^2.

I risultati di questa seconda serie di misure sono mostrati in Fig. 13.6, anche in
questo caso riportando il rate misurato in funzione dell'inverso del quadrato della
distanza. La distanza è stata variata tra 1 cm e 50 cm. Come si vede, stavolta l'andamento non è lineare, se non per piccoli valori di $1/d^2$, che corrispondono a distanze
molto grandi. Anche in questa situazione, per grandi distanze percorse in aria dagli
elettroni, un calcolo più preciso dovrebbe tener conto della frazione di elettroni di
bassa energia che vengono arrestati in aria prima di poter giungere al contatore.

Per rendersi conto ulteriormente di come una diversa disposizione geometrica
dello stesso rivelatore rispetto alla sorgente possa influenzare l'angolo solido sotto cui esso è visto dalla sorgente, e dunque l'accettanza geometrica, due ulteriori

Figura 13.5 Setup adoperato per lo studio dell'accettanza geometrica al variare della distanza, con una sorgente posta lateralmente rispetto al tubo Geiger (configurazione B nella figura precedente)

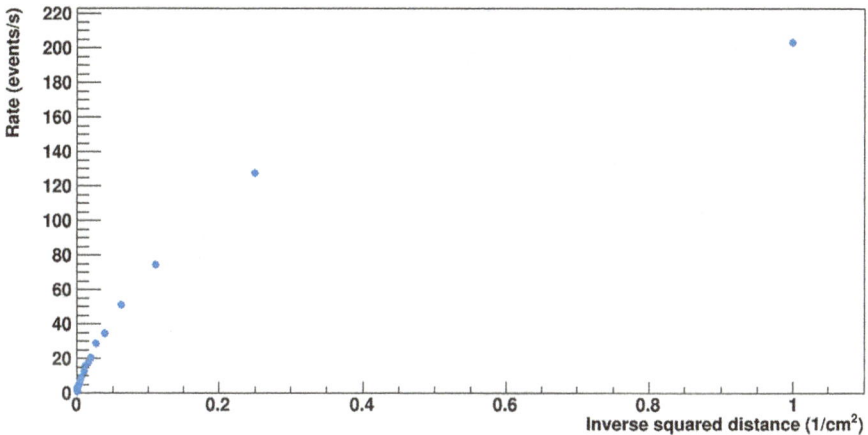

Figura 13.6 Rate di conteggio misurato dal contatore Geiger con la geometria descritta nelle Figure B8.4 e B8.5, in funzione dell'inverso del quadrato della distanza tra il centro del rivelatore e la sorgente. Le misure sono state effettuate nell'intervallo di distanze tra $d = 1$ cm e $d = 50$ cm

misure sono state effettuate dapprima ponendo il tubo Geiger con il suo asse passante per la sorgente (Fig. 13.7) e successivamente con il tubo Geiger inclinato orizzontalmente a circa 45° (Fig. 13.8).

Nel primo caso (Fig. 13.7) si è misurato un rate di conteggio di circa 4 eventi/s, con la sorgente posta ad una distanza di circa 1 cm dalla superficie frontale del rivelatore, e dunque ad una distanza di circa 3.5 cm dalla base circolare del tubo Geiger in esso contenuto. Nel secondo caso (Fig. 13.8), con una distanza pari a 10 cm tra il

Figura 13.7 Disposizione di rivelazione con il contatore avente l'asse del tubo Geiger nella direzione della sorgente, localizzata sulla destra in figura

Figura 13.8 Disposizione di rivelazione con il contatore avente l'asse del tubo Geiger inclinato di circa 45° rispetto alla direzione centro del rivelatore-sorgente

centro del tubo Geiger e la sorgente, si è ottenuto un rate di conteggio pari 8.3 eventi/s, da confrontare con un valore di 12.5 eventi/s ottenuto in precedenza, quando la superficie laterale del cilindro del tubo Geiger era disposta frontalmente rispetto alla sorgente, evidenza del fatto che l'angolo solido visto dalla sorgente è diminuito in modo significativo a causa della diversa orientazione del rivelatore.

Studiare l'effetto dell'orientazione di un Geiger mediante i raggi cosmici

14

La geometria di un tubo Geiger, come sappiamo, è abitualmente di forma cilindrica, con raggio di piccole dimensioni rispetto alla lunghezza del cilindro. La posizione del tubo Geiger rispetto ad una eventuale sorgente radioattiva (puntiforme o estesa) determina l'angolo solido complessivo sotteso dal rivelatore e dunque il tasso di conteggio osservato. Abbiamo ad esempio visto in un precedente esperimento come l'allontanare la sorgente dal contatore porta ad una riduzione del numero di conteggi osservati per unità di tempo, che in prima approssimazione può essere descritta da una legge quadratica con l'inverso della distanza. Abbiamo altresì osservato come disponendo la sorgente in posizioni differenti rispetto al tubo Geiger porta a differenti angoli solidi (accettanze geometriche) e quindi a differenti rate di conteggio.

Se il contatore Geiger è adoperato per rivelare raggi cosmici, che provengono da tutte le direzioni, seguendo una distribuzione angolare del tipo $dN/d\Omega \sim \cos^2 \vartheta$, dove ϑ è l'angolo zenitale (rispetto alla direzione verticale), dunque con un massimo in corrispondenza della direzione verticale e un minimo per la direzione orizzontale, i problemi di accettanza geometrica diventano più complessi da trattare analiticamente.

Possiamo tuttavia effettuare un semplice esperimento, orientando il contatore in diverse posizioni (come in Fig. 14.1 o 14.2), e verificare il tasso di conteggio nelle diverse condizioni.

Semplici misure del genere sono state effettuate con un contatore Geiger SN7928, in cui la posizione del tubo Geiger è facilmente visibile anche all'esterno dell'involucro (Fig. 14.3), orientando in vario modo l'involucro stesso, ed effettuando delle misure di una certa durata (30–60′), per verificare eventuali differenze nel rate di conteggio. Molti altri modelli di contatori Geiger hanno comunque la possibilità di individuare la disposizione del tubo Geiger all'interno dell'apparato, e consentono quindi di effettuare misure comparative del genere. Alcuni risultati di queste misure sono riportati in Tabella 14.1.

Confrontando le prime tre misure, di durata circa 40′, ed effettuate consecutivamente, con una incertezza statistica dell'ordine del 3%, si nota che entro queste

F. Riggi, *Esperimenti didattici e amatoriali con i contatori Geiger*,
https://doi.org/10.1007/978-3-031-72012-3_14

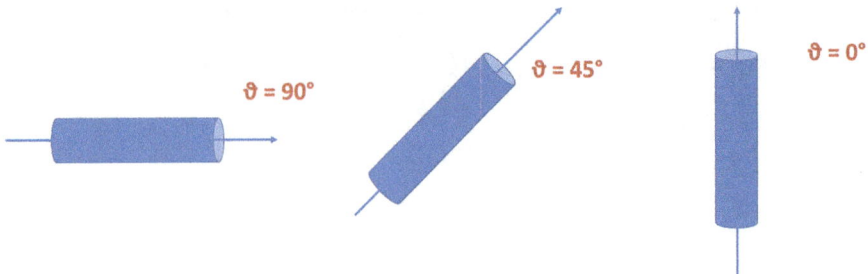

Figura 14.1 Possibili orientazioni di un tubo Geiger di forma cilindrica rispetto alla direzione verticale (90°, 45° o 0°)

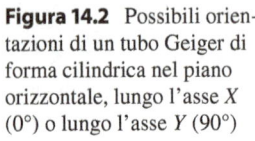

Figura 14.2 Possibili orientazioni di un tubo Geiger di forma cilindrica nel piano orizzontale, lungo l'asse X (0°) o lungo l'asse Y (90°)

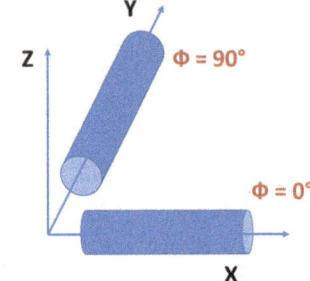

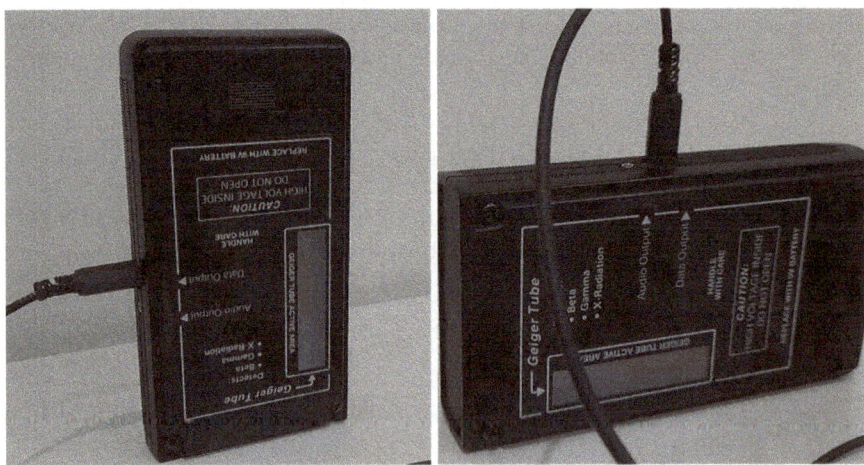

Figura 14.3 Posizionamento verticale (sinistra) e orizzontale (destra) di un tubo Geiger, utilizzando il contatore SN7928 della PASCO

incertezze i valori ottenuti sono confrontabili, dunque in prima approssimazione l'orientazione del tubo Geiger, ai fini della rilevazione dei cosmici, non è critica.

Le ultime due misure sono state effettuate in un giorno e ad un orario differente dalle prime tre, dunque non sono direttamente confrontabili con le prime. Esse sono

Tabella 14.1 Risultati ottenuti con il tubo Geiger disposto lungo differenti orientazioni

Condizione di misura	Rate di conteggio osservato (eventi/s)
Tubo con l'asse disposto verticalmente	(0.433 ± 0.013)
Tubo con l'asse disposto orizzontalmente	(0.420 ± 0.013)
Tubo con l'asse disposto a 45°	(0.411 ± 0.012)
Tubo orientato con asse orizzontale lungo X	(0.449 ± 0.011)
Tubo orientato con asse orizzontale lungo Y	(0.443 ± 0.011)

state effettuate tuttavia in modo consecutivo e mostrano anche in questo caso valori confrontabili tra loro entro il margine dell'incertezza statistica associata ad ogni misura.

I risultati ottenuti mostrano sostanzialmente che l'orientazione del tubo Geiger del contatore non modifica il rate di conteggio osservato rispetto al flusso dei cosmici in arrivo. Questo è dovuto al fatto che ogni punto interno al contatore può essere attraversato dalle particelle in arrivo con la stessa probabilità, indipendentemente dall'orientazione che il tubo stesso ha, dato che gli effetti di schermaggio sui cosmici sono trascurabili.

In prima approssimazione, questo è vero anche per le radiazioni di origine ambientale rivelate insieme ai raggi cosmici, che provengono da ogni direzione rispetto al contatore, a meno che una sorgente di intensità non trascurabile sia posta in prossimità del contatore, distruggendo l'apparente isotropia delle altre componenti.

Stimare l'efficienza di un contatore Geiger ai raggi gamma

15

Abbiamo già discusso il fatto che un contatore Geiger è poco sensibile alla radiazione gamma, dato che i gamma con energie dell'ordine dei MeV hanno una bassa probabilità di interagire con il gas di riempimento del tubo Geiger. Poiché tipicamente il gas all'interno di un tubo Geiger ha una pressione ridotta, circa un decimo della pressione atmosferica, e lo spessore lineare attraversato dai gamma lungo il tubo è in media di pochi cm, lo spessore corrispondente, espresso in termini di densità superficiale, è anch'esso molto ridotto. A titolo di esempio, uno spessore di 1 cm di gas a pressione pari a 1/10 della pressione atmosferica corrisponde all'incirca ad una densità superficiale di 1.4×10^{-4} g/cm^2. Assumendo un coefficiente di assorbimento di circa 0.06 cm^2/g, tipico dell'aria per gamma da 1 MeV [NIST], la riduzione del flusso in tale spessore sarebbe trascurabile, pari a

$$1 - e^{-0.06 \times 1.4 \times 10^{-4}}$$

cioè dell'ordine di 10^{-5}. Non dovremmo osservare dunque praticamente nessuna interazione con il contatore Geiger quando poniamo una sorgente gamma in prossimità del tubo. Tuttavia, il materiale solido che costituisce l'involucro del contatore e lo stesso vetro o metallo adoperato per contenere il gas di riempimento nel tubo Geiger, offrono una possibilità di interazione per i gamma, che possono produrre elettroni per effetto fotoelettrico o per effetto Compton. A loro volta gli elettroni possono penetrare nel gas di riempimento del tubo e venire rivelati con una efficienza elevata.

Per stimare questo effetto, consideriamo la probabilità di interazione dei gamma in uno spessore di vetro di 1 mm (densità assunta pari a 2.7 g/cm^3), che corrisponde ad una densità superficiale di 0.27 g/cm^2. Assumendo sempre gamma da 1 MeV e un coefficiente di assorbimento del vetro pari a 0.06 g/cm^2, in uno spessore di 1 mm il flusso dei gamma si ridurrebbe a exp $(-0.06 \times 0.27) = 0.98$, dunque circa il 2% dei gamma potrebbero interagire nel solo spessore di 1 mm di vetro. Considerando complessivamente il materiale che circonda il tubo (involucro in plastica, componentistica elettronica ...), possiamo valutare in qualche percento la probabilità complessiva di interazione dei gamma nel contatore. Tale probabilità è enorme-

F. Riggi, *Esperimenti didattici e amatoriali con i contatori Geiger*,
https://doi.org/10.1007/978-3-031-72012-3_15

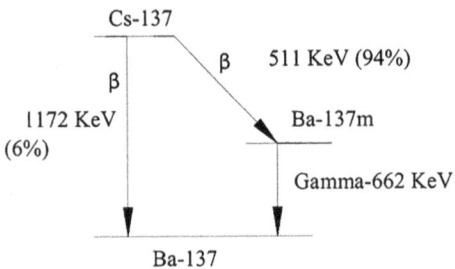

Figura 15.1 Schema di decadimento dell'isotopo ^{137}Cs, utilizzato frequentemente come sorgente gamma da 662 keV. In effetti, il ^{137}Cs decade beta, nel 94% dei casi verso lo stato eccitato del ^{137}Ba (che a sua volta emette i gamma), oppure, nel 6% dei casi direttamente allo stato fondamentale del ^{137}Ba, con energia massima degli elettroni pari a 1 172 keV

mente maggiore (un fattore 1 000 all'incirca) rispetto alla probabilità di interazione intrinseca nel gas del tubo Geiger vero e proprio.

Una stima quantitativa precisa dell'efficienza di rivelazione di un contatore Geiger per gamma di una data energia richiederebbe di utilizzare una sorgente calibrata, di attività nota, posta ad una certa distanza dal contatore con una geometria ben definita, in modo da poter calcolare la frazione di gamma (accettanza geometrica) che attraversano il tubo Geiger, possibilmente isolato dal resto del contatore e valutare dunque il numero di eventi osservati rispetto a quelli attesi se l'efficienza fosse il 100%. Una misura del genere, oltre che complessa da realizzare, è spesso poco significativa, perché l'efficienza del contatore è in buona parte determinata, come abbiamo visto, proprio dagli effetti del materiale circostante il tubo, più che dal gas di riempimento del tubo stesso, e dunque è caratteristica della particolare configurazione geometrica e dei materiali che costituiscono l'insieme del contatore Geiger.

Una stima grossolana dell'efficienza di un contatore Geiger per gamma emessi da sorgenti radioattive di uso comune, come il ^{137}Cs, può sfruttare il fatto che tali sorgenti emettono oltre che gamma, anche elettroni, come discusso nel corso di esperimenti precedenti, e che arrestando gli elettroni con un materiale assorbitore adeguato (1–3 mm di materiale solido, come l'alluminio), solo i gamma possono arrivare al contatore.

Nel caso del ^{137}Cs, sorgente che emette gamma da 662 keV, la catena di decadimento, rappresentata in Fig. 15.1, mostra che con un branching ratio del 94% vengono emessi elettroni di energia massima 511 keV, popolando lo stato eccitato del ^{137}Ba, che decade verso lo stato fondamentale emettendo gamma da 662 keV. Mentre il tempo di dimezzamento del decadimento beta è relativamente lungo, circa 30 anni, il successivo decadimento gamma è molto veloce (tempo di dimezzamento circa 2.6 minuti), cosicché si instaura il cosiddetto equilibrio secolare, secondo il quale il rate relativo al decadimento beta, R_β, è eguale al rate relativo al decadimento gamma, R_γ.

Figura 15.2 Una sorgente di ^{137}Cs posta in prossimità del tubo di un contatore Geiger (Mod. SN7928 della Pasco) consente di effettuare misure del rate con e senza un piccolo assorbitore di alluminio capace di arrestare gli elettroni, in modo da valutare l'efficienza di rivelazione ai gamma

Assumendo in prima approssimazione che tutti gli elettroni che colpiscono il rivelatore siano rivelati, cioè assumendo un'efficienza pari al 100% per gli elettroni, il rate misurato direttamente con la sorgente posta ad una certa distanza dal contatore, sarà dato da

$$R_{\text{not schielded}} = R_\beta + \varepsilon R_\gamma = R_\gamma + \varepsilon R_\gamma = (1 + \varepsilon) R_\gamma$$

dove ε rappresenta l'efficienza di rivelazione per i gamma. Il rate misurato invece con un assorbitore appena capace di schermare il contatore dall'arrivo degli elettroni, assumendo che in questo piccolo spessore di materiale non venga prodotto un eccessivo numero di elettroni addizionali, cioè che l'interazione dei gamma in questo piccolo spessore sia trascurabile, sarà dato da

$$R_{\text{shielded}} = \varepsilon R_\gamma$$

Combinando le due equazioni precedenti, possiamo ricavare una stima grossolana dell'efficienza, data da

$$\varepsilon = \frac{1}{\dfrac{R_{\text{not shielded}}}{R_{\text{shielded}}} - 1}$$

Una misura di questo tipo, effettuata con una sorgente di ^{137}Cs (attività al momento della misura pari a circa 0.20 μCi), posta in prossimità del contatore Geiger SN7928 della PASCO, come mostrato in Fig. 15.2, ha fornito i risultati riportati in Tabella 15.1, già corretti per il rate di fondo.

Da questi valori si può ricavare una efficienza pari a circa il 12%.

Una ulteriore misura, condotta interponendo uno spessore di 4 mm di Alluminio, dunque con la sorgente leggermente più distanziata dal tubo Geiger, ha dato un rate di conteggio di (30.9 ± 0.5) eventi/s senza lo spessore di Alluminio interposto, e di

Tabella 15.1 Risultati ottenuti con una sorgente di ^{137}Cs

Condizioni di misura	Rate osservato, corretto per il fondo (eventi/s)
Sorgente non schermata	(41.0 ± 0.4)
Schermo in alluminio da 2 mm	(4.4 ± 0.1)

(3.2 ± 0.1) eventi/s con l'assorbitore in posizione, da cui si può estrarre un valore di efficienza dell'11%.

Con la stessa sorgente sono state effettuate delle misure adoperando un altro tipo di contatore Geiger (DIY), secondo il semplice setup mostrato in Fig. 15.3, adoperando spessori di 2 mm o di 5 mm di alluminio. I risultati sono mostrati in Tabella 15.2, e danno un valore di efficienza intorno al 16% secondo la relazione vista prima.

Figura 15.3 Setup utilizzato per misure di efficienza del contatore Geiger DIY con una sorgente di ^{137}Cs, identificata nella foto dal dischetto di colore rosso

Tabella 15.2 Risultati ottenuti con la stessa sorgente di ^{137}Cs e il contatore Geiger DIY. Anche in questo caso il rate è stato corretto sottraendo il fondo misurato in assenza della sorgente

Condizioni di misura	Rate osservato (eventi/s)
Sorgente non schermata	(18.75 ± 0.01)
Schermo in alluminio da 2 mm	(2.68 ± 0.07)
Schermo in alluminio da 5 mm	(2.58 ± 0.05)

Occorre dire, tuttavia, che la stima precedente non tiene conto di diversi fattori, che richiederebbero un'analisi più dettagliata e metodi di simulazione numerica. In particolare, l'efficienza di rivelazione ε_β degli elettroni non può essere assunta pari al 100%, perché gli elettroni emessi per decadimento beta hanno uno spettro in energia continuo, che si estende da zero fino all'energia dell'end-point. Tale valore massimo è di 511 keV nel caso del ^{137}Cs. È ragionevole supporre che gli elettroni di energia più elevata possano penetrare attraverso lo spessore del vetro del tubo Geiger e dunque essere rivelati; tuttavia, una parte degli elettroni di energia più bassa sarà certamente arrestata nello spessore di vetro, riducendo l'efficienza di rivelazione. Dovremo scrivere pertanto

$$R_{\text{not shielded}} = \varepsilon_\beta R_\beta + \varepsilon R_\gamma = \varepsilon_\beta R_\gamma + \varepsilon R_\gamma = \left(\varepsilon_\beta + \varepsilon\right) R_\gamma$$
$$R_{\text{shielded}} = \varepsilon R_\gamma$$

e in questo caso avremmo 3 incognite (ε_β, ε, R_γ). A meno di non conoscere R_γ, che rappresenta il rate di gamma in arrivo sul tubo Geiger (e questo a sua volta richiede la conoscenza dell'attività assoluta della sorgente e l'accettanza geometrica), non è possibile risolvere il sistema precedente.

Possiamo tuttavia avere un'idea di quanto ε_β sia diverso da 1 (100%), considerando lo spessore tipico del vetro del tubo Geiger e il range degli elettroni di una data energia nel vetro. Ad esempio, elettroni da 300 keV hanno un range tipico di 0.4 mm nel vetro, dunque per uno spessore pari a 0.4 mm tutti gli elettroni di energia inferiore a 300 keV sarebbero arrestati e non contribuirebbero al conteggio degli elettroni nel rivelatore. In genere lo spessore del vetro nei tubi Geiger risulta anche minore di questa quantità, tuttavia la frazione degli elettroni arrestati, per uno spettro con end-point pari a 511 keV non è assolutamente trascurabile, e questo rischia di falsare di parecchio la stima dell'efficienza fatta in precedenza.

Possiamo inoltre fare delle ipotesi circa il valore di questa frazione di elettroni rivelati dal Geiger e verificare di quanto questo modifichi il valore dell'efficienza per i gamma stimati. Dato che in questo caso avremmo

$$\varepsilon = \frac{\varepsilon_\beta}{\dfrac{R_{\text{not shielded}}}{R_{\text{shielded}}} - 1}$$

un valore di ε_β minore di 1 si riflette linearmente anche sull'efficienza stimata per i gamma. In altri termini, se rivelassimo solo metà degli elettroni, l'efficienza stimata per i gamma in base alla formula di partenza sarebbe solo il 50% di quanto stimato. In questo senso possiamo intendere l'efficienza stimata in base alla formula semplificata solo come un limite superiore dell'efficienza per i gamma.

Nel caso del ^{60}Co la situazione è peggiore dal punto di vista sperimentale, perché l'end-point dello spettro beta è minore, solo 0.31 MeV, e dunque una frazione notevole degli elettroni, se non la quasi totalità, sarà arrestata nello spessore del contatore. A questa energia, infatti, corrisponde un range nel vetro di circa 0.4 mm. In queste condizioni possiamo aspettarci che anche senza alcun schermaggio ulteriore interposto tra la sorgente e il rivelatore, i conteggi saranno quasi esclusivamente dovuti all'interazione dei gamma.

Misure di questo genere, condotte sia con il contatore SN7928 della PASCO che con il contatore DIY e una sorgente di ^{60}Co hanno dato risultati compatibili con questa ipotesi.

Ad esempio, nel caso del contatore DIY, si è osservato un rate di conteggio di 10.9 eventi/s senza alcun assorbitore interposto, di 10.5 eventi/s con uno spessore di 2 mm di Alluminio, e di 9.0 eventi/s con 5 mm di Alluminio. Come si vede, l'interposizione di uno spessore di 2 mm di Alluminio, che avrebbe dovuto arrestare gli eventuali elettroni rivelati non produce un effetto sensibile sul rate di conteggio, segno che gli elettroni non erano rivelati neppure in assenza dell'assorbitore di alluminio. Risultati simili sono stati ottenuti anche con altri modelli di contatori Geiger.

Riferimenti bibliografici

[NIST] National Institute of Standards and Technology, https://www.nist.gov/. Verificato il 20 Gennaio 2025

Convertire conteggi al minuto in dose di radiazione

16

Abbiamo espresso finora il livello di radiazione misurato da un contatore Geiger riportando semplicemente il numero di conteggi per unità di tempo, ad esempio il numero di conteggi al minuto (spesso indicato con CPM, counts per minute). La dose di radiazione assorbita da un certo volume di materiale, o anche da un organismo vivente, utilizza delle unità di misura specifiche, espresse in termini della quantità di energia depositata e del potenziale danno biologico creato da queste radiazioni.

Abbiamo già discusso di questi aspetti alla fine del Capitolo 1, parlando del possibile danneggiamento da radiazioni. Ricordiamo qui solo la definizione di dose di radiazione assorbita, come rapporto tra l'energia depositata in un certo volume e la corrispondente massa

$$\text{Dose} = \frac{\text{Energia depositata}}{\text{Massa}}$$

che è espressa in Gray (G) nel Sistema Internazionale di unità di misura (SI), oppure in rad, equivalente a 100 erg/g, dunque pari a 0.01 Gray, con i rispettivi multipli o sottomultipli. (ad esempio, krad = 1 000 rad, Mrad = 10^6 rad).

Abbiamo anche già discusso del fatto che la dose assorbita è un concetto puramente fisico, che tiene conto della quantità di energia dissipata in un certo volume, utile a caratterizzare l'eventuale danneggiamento da radiazioni di certi tipi di materiali o, più spesso, di dispositivi elettronici. Nel discutere di possibili danni biologici causati dalle radiazioni agli esseri viventi, il concetto di dose assorbita è sostituito da quello di dose equivalente, perché l'effetto del danneggiamento biologico dipende anche dalla tipologia di radiazioni assorbite e non solo dall'energia depositata. Così, a parità di dose assorbita (dunque di energia depositata in un dato volume), il danno biologico può essere notevolmente differente se l'energia è stata depositata da elettroni, da gamma, da protoni o da nuclei pesanti. La dose equivalente, come già visto, è legata alla dose assorbita per il tramite di un fattore di qualità

$$\text{Dose equivalente} = (\text{Fattore di qualità}) \times (\text{Dose assorbita})$$

F. Riggi, *Esperimenti didattici e amatoriali con i contatori Geiger*, https://doi.org/10.1007/978-3-031-72012-3_16

fattore che vale all'incirca 1 per elettroni e radiazioni X o gamma, ma è sensibilmente maggiore, fino a 20, per particelle cariche più pesanti dei protoni (particelle alfa, nuclei leggeri) nonché per i neutroni. In corrispondenza al rad come unità di misura della dose assorbita, la corrispondente unità di misura per la dose equivalente è il rem. In altri termini, se il fattore di qualità fosse 1 (ad esempio per elettroni o gamma), ad una dose assorbita di 1 rad corrisponderebbe una dose equivalente di 1 rem. Utilizzando le unità del Sistema Internazionale, ad una dose di 1 Gray corrisponde una dose equivalente di 1 Sievert (Sv). Il Sievert, dunque, con i suoi sottomultipli (il milliSievert $mSv = 10^{-3}$ Sv, e il microSievert $\mu Sv = 10^{-6}$ Sv) rappresenta l'unità di misura, nel SI, della dose equivalente.

La dose assorbita per unità di tempo, cioè la dose istantanea, è una grandezza importante ai fini del monitoraggio delle radiazioni mediante un rivelatore. Infatti, l'effetto di una certa dose di radiazione su un organismo vivente non è la stessa se questa dose è assorbita in un breve intervallo di tempo o diluita su tutta la vita dell'individuo. Per esprimere la dose istantanea si fa uso di unità di misura come, ad esempio, il milliSievert per anno (mSv/anno) oppure il microSievert per ora (μSv/h).

Come fare però a convertire il numero di conteggi al minuto misurato da un dato contatore Geiger in una stima della dose, cioè del livello di radiazione che una persona assorbirebbe in quel momento nella posizione occupata dal contatore? Questo non è immediato, per due motivi: il primo è che occorre conoscere un fattore di calibrazione K, diverso da contatore a contatore, in base alle dimensioni e alle altre caratteristiche del contatore stesso, che può servire per ottenere la dose, in base alla relazione

$$\text{Dose} = K \times \text{CPM}$$

cioè moltiplicando il numero di conteggi al minuto per questo fattore. Tale fattore di calibrazione non sempre è noto, specie in quei contatori Geiger per i quali non si conosce il modello di tubo Geiger utilizzato come elemento sensibile. Il secondo aspetto è legato al fatto che rigorosamente questo fattore è diverso a seconda della particolare radiazione che il contatore sta rivelando, cioè se si tratta di elettroni o di gamma ... e a seconda anche della loro energia.

Una stima di questi fattori di calibrazione può essere fatta o per via teorica, simulando il comportamento del rivelatore a radiazioni di diversa tipologia e con differenti energie, oppure facendo una misura accurata di calibrazione, adoperando sorgenti con attività note e geometrie di rivelazione ben definite. Molto frequentemente i fattori di calibrazione dei contatori Geiger sono stimati adoperando come riferimento le radiazioni gamma emesse dal ^{137}Cs, di energia pari a 0.662 MeV, oppure quelle emesse dal ^{60}Co (energie pari a 1.17 e 1.33 MeV). Misure di precisione dovrebbero dunque tener conto delle radiazioni effettivamente rivelate dal contatore. Tuttavia, in prima approssimazione, e per avere un'idea dell'ordine di grandezza del livello di radiazione esistente, si può assumere un valore medio di questo coefficiente. Nella tabella seguente (Tabella 16.1) è riportata una stima approssimata di alcuni valori dei fattori di calibrazione relativi a differenti tubi Geiger diffusi in commercio, così come reperibili in rete, spesso senza alcuna garanzia che tali valori derivino da accurate misure di calibrazione.

Tabella 16.1   Valori tipici del fattore di calibrazione riportati per alcuni modelli di tubi Geiger comunemente disponibili in commercio

Modello di tubo Geiger	Fattore di calibrazione da CPM a µSv/h
SBM20	0.006–0.007
J305	0.008
LND712	0.008–0.010

Nonostante l'ampia variabilità di questi fattori di calibrazione, spesso per lo stesso tubo Geiger, una stima grossolana, seppure con incertezze molto grandi, anche del 50%, può essere fatta circa il livello di dose di radiazione esistente. Così, ad esempio, immaginando di avere 20 conteggi/minuto con un tubo del tipo SBM20, un tipico valore riscontrato per il fondo naturale, questo corrisponde ad un valore di dose dell'ordine di 0.11 µSv/h, un valore che è inferiore al livello di dose media naturale, che è di circa 0.27 µSv/h. Questo può dare un'idea, per quanto poco precisa, se il livello di radiazione esistente in un dato ambiente supera di molto il livello di fondo. Valori anche di qualche decina di conteggi/minuto possono essere ancora del tutto ragionevoli in certe condizioni (alta montagna, ambienti con accumulo di radon, ...), mentre valori che superano nettamente i 50 conteggi/minuto in un ambiente in cui il fondo naturale è all'incirca di 20 conteggi/minuto indicano certamente qualche sorgente di radiazioni aggiuntiva rispetto al fondo. È da ricordare che valori abbastanza più alti del fondo naturale, ma per un tempo limitato, possono verificarsi ad esempio durante i voli aerei ad alta quota, dove si raggiungono valori di intensità della radiazione cosmica anche 10 volte maggiori di quelli riscontrati a livello del mare. Tuttavia, il numero di ore di volo passate ad alta quota, per i normali passeggeri, è sempre molto limitato e non contribuisce in modo significativo alla dose media annuale. Per contro, il livello di radiazioni assorbite dal personale di bordo è significativamente maggiore che per il resto della popolazione, e come abbiamo ricordato, implica dei controlli medici periodici.

A titolo di esempio, potremmo convertire uno dei grafici che esprime il numero di conteggi per unità di tempo (conteggi/s, conteggi al minuto, o per un certo intervallo di tempo) ottenuto mediante un tipico contatore Geiger in un grafico che esprima la dose, utilizzando uno dei fattori di conversione discussi prima (Fig. 16.1).

Molti tra i contatori Geiger commerciali, anche se non forniscono un segnale di uscita relativo al singolo evento, hanno una scala che è direttamente tarata in unità opportune per la misura della dose istantanea (ad esempio in µSv/h), dose che è comunque valutata come valore medio in un certo intervallo di tempo. Alcuni sono capaci di indicare anche la dose cumulata in un lungo intervallo di tempo, in µSv o mSv, nonché il valore massimo ottenuto nel corso della misura. Contatori che forniscono solo un segnale in uscita all'arrivo di ogni evento hanno bisogno della procedura descritta in precedenza per fornire una stima della dose misurata. Molti modelli, tuttavia, sono dotati sia della possibilità di fornire un'indicazione in unità di conteggi al minuto che di dose. Nella scelta o nell'utilizzo di uno specifico contatore Geiger può essere dunque importante capire la tipologia di utilizzo che

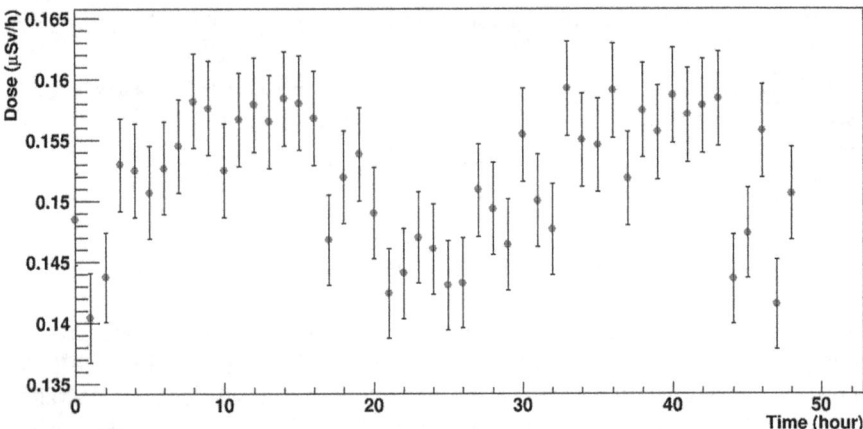

Figura 16.1 Stima della dose misurata, in funzione del tempo, durante una misura di durata circa 2 giorni, effettuata all'interno di un'abitazione situata ad un'altitudine di 800 m s.l.m

se ne voglia fare, se principalmente per monitoraggio delle dosi di radiazione o per esperimenti nei quali fare uso della informazione relativa all'arrivo di una singola particella ionizzante.

Distribuzione statistica delle misure da un contatore Geiger

17

Come abbiamo già visto, rivelare degli eventi con un contatore Geiger mette in evidenza la natura casuale di questi eventi, che si susseguono senza una periodicità ben definita, ma le cui proprietà statistiche possono invece essere determinate con un certo grado di precisione. Se scegliamo un dato intervallo di tempo e contiamo ripetutamente il numero di eventi rivelati in quel dato intervallo noteremo in generale valori differenti da intervallo a intervallo, come mostra la Tabella 17.1, che riporta il risultato di 10 misure successive effettuate in condizioni di fondo, scegliendo un intervallo di tempo pari a 10 secondi.

Come si vede, in alcune misure è stato rivelato un solo evento, in altre misure due o tre eventi, in un caso nessun evento. Anche da un numero così limitato di misure è possibile determinare un valore medio, che sarà tanto più preciso quanto maggiore è il tempo complessivo di misura. In questo caso, la media delle 10 misure, corrispondenti ad un tempo complessivo di 100 secondi, darebbe il valore 0.26 eventi/s, dato che sono stati rilevati complessivamente 26 eventi in un tempo di 100 secondi.

È di notevole importanza non solo capire con quale incertezza possiamo determinare le proprietà statistiche di un insieme di misure, ma anche comprendere in

Tabella 17.1 Numero di eventi misurato con un contatore Geiger in una serie di 10 misure consecutive da 10 secondi ciascuna

Misura	Numero di eventi
1	4
2	2
3	4
4	2
5	6
6	1
7	1
8	3
9	0
10	3

© The Author(s), under exclusive license to Springer Nature Switzerland AG 2025
F. Riggi, *Esperimenti didattici e amatoriali con i contatori Geiger*,
https://doi.org/10.1007/978-3-031-72012-3_17

che modo le misure sono distribuite, cioè qual è la probabilità di ottenere un certo numero di eventi in quel fissato intervallo di tempo.

Per quanto riguarda la media di una serie di N misure ripetute nelle stesse condizioni, cioè assumendo che non ci siano cause di variazione da una misura all'altra, essa è data dalla media aritmetica, definita come è noto dalla relazione

$$\overline{C} = \frac{\sum_{i=1}^{i=N} C_i}{N}$$

dove i valori C_i rappresentano il numero di eventi in ciascuna delle N misure.

La dispersione delle singole misure intorno al valore medio può essere quantificata dalla varianza della distribuzione, definita da

$$\sigma = \sqrt{\frac{\sum_{i=1}^{i=N} (C_i - \overline{C})^2}{N-1}}$$

La varianza esprime l'incertezza media di ogni misura. Nel caso delle 10 misure precedenti, questa quantità vale $\sigma = 1.776$ (riferita ad un intervallo di 10 secondi, dunque 0.1776 eventi/s).

Per quanto riguarda invece l'incertezza sul valore della media aritmetica, essa è data da

$$\sigma_m = \frac{\sigma}{\sqrt{N}}$$

cioè $1.776/\sqrt{10} = 0.562$ (anch'essa riferita all'intervallo di 10 s, dunque 0.0562 eventi/s).

Per valutare la distribuzione di una serie di misure effettuate nelle stesse condizioni, cioè appartenenti alla stessa popolazione, è conveniente realizzare un istogramma delle misure stesse, che mostra graficamente come risultano distribuite le misure tra i diversi valori possibili. Nel caso di una variabile continua è conveniente raggruppare le misure ottenute in un certo numero di intervalli per realizzare l'istogramma. Il numero di intervalli o la loro ampiezza devono essere scelti in modo opportuno. Se l'ampiezza di ciascun intervallo è troppo piccola, ci saranno molti intervalli vuoti, che non contengono cioè alcuna misura al loro interno, mentre se l'ampiezza è troppo grande si perde in risoluzione, cioè si avranno solo pochi intervalli che contengono le misure, perdendo l'informazione più dettagliata al loro interno. In questi casi un valore realistico dell'ampiezza Δ di ciascun intervallo è rappresentato dall'intervallo complessivo di variabilità delle misure, $(X_{max} - X_{min})$, diviso per la radice quadrata del numero N di misure ottenute, cioè $\Delta = (X_{max} - X_{min})/\sqrt{N}$.

Nel caso dei dati riportati nella tabella precedente i valori possibili da rappresentare sono semplicemente i numeri interi 0, 1, 2, ... dato che si tratta di eventi misurati in un dato intervallo di tempo, e questo numero di eventi varia tra 0 (valore minimo) e 6 (valore massimo). Un istogramma relativo a queste poche misure darebbe il risultato mostrato in Fig. 17.1.

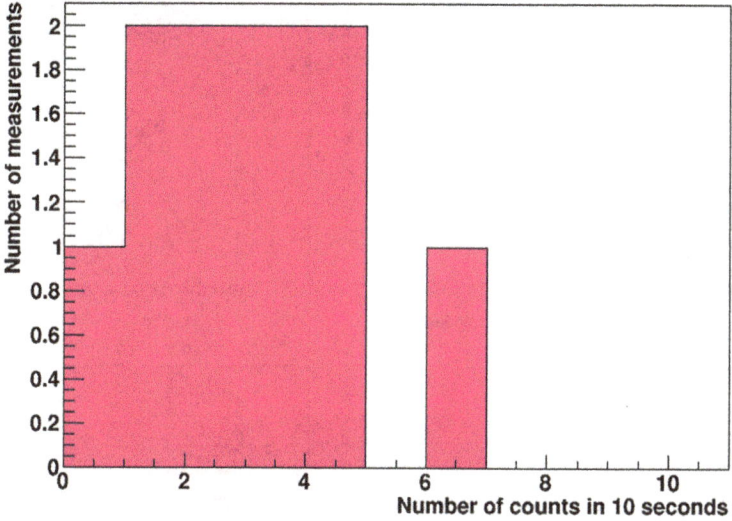

Figura 17.1 Istogramma di una serie di 10 misure di conteggi in intervalli successivi da 10 secondi, ottenute mediante un contatore Geiger (Dati dalla Tabella 17.1)

Il numero di misure rappresentato in questo istogramma è molto ridotto, per cui le fluttuazioni statistiche sono elevate. Questo significa che un ulteriore set di 10 misure, ripetute nelle stesse condizioni, produrrebbe una distribuzione molto differente dalla precedente, con una forma dell'istogramma diversa, ma statisticamente compatibile. Ad esempio, la Fig. 17.2 mostra le distribuzioni ottenute da quattro diversi set di 10 misure effettuate consecutivamente.

Queste fluttuazioni statistiche tendono a diminuire man mano che il numero delle misure effettuate aumenta. Possiamo renderci conto di questo attraverso vari aspetti che caratterizzano la distribuzione statistica delle misure. Se consideriamo l'insieme delle 40 misure mostrate in Fig. 17.2, e ne costruiamo un istogramma complessivo, otteniamo il risultato mostrato in Fig. 17.3, in cui le fluttuazioni da intervallo a intervallo sono diminuite e l'istogramma ha assunto una forma più definita.

Ci aspettiamo infatti che, al crescere indefinitamente del numero di misure, la distribuzione delle misure, ripetute nelle stesse condizioni, converga verso una forma definita. Possiamo verificare questo effettuando un numero di misure molto elevato, sempre per intervalli di 10 secondi, e ottenere una distribuzione limite delle misure, con un istogramma che assume una forma che non viene sostanzialmente modificata anche effettuando ulteriori misure. Un esempio è riportato in Fig. 17.4, che mostra l'istogramma estratto da un numero elevatissimo di misure consecutive da 10 secondi ciascuna, circa 60 000, effettuate nell'arco di tempo di una settimana circa.

La forma di questo istogramma, dopo un numero così elevato di misure, non si modifica ulteriormente anche se altre misure effettuate nelle stesse condizioni vengono aggiunte alla serie. In questo senso si può dire che questa è una distribuzione

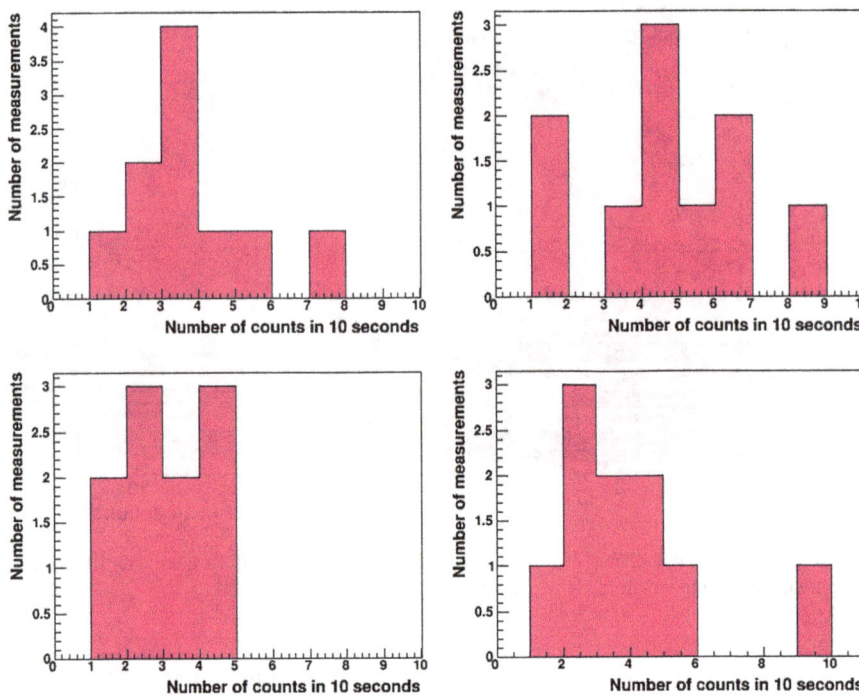

Figura 17.2 Istogrammi ottenuti da 4 diverse serie di 10 misure ciascuna, di conteggi in intervalli successivi da 10 secondi, ottenute mediante lo stesso contatore Geiger

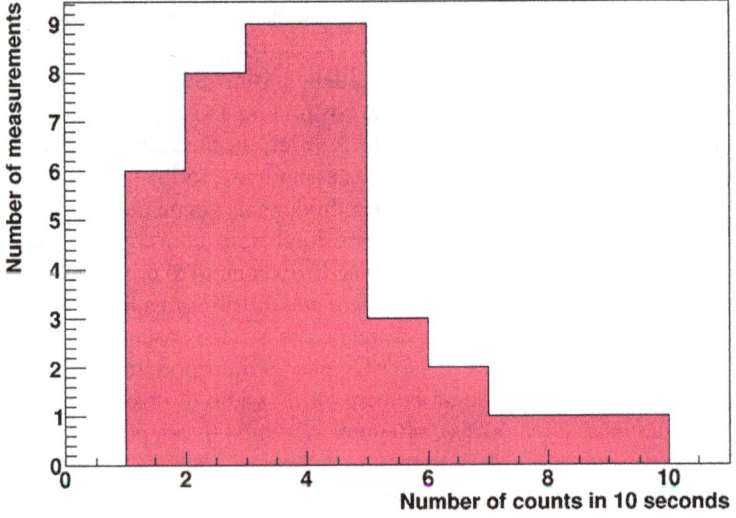

Figura 17.3 Istogramma relativo all'insieme delle 40 misure riportate nella figura precedente

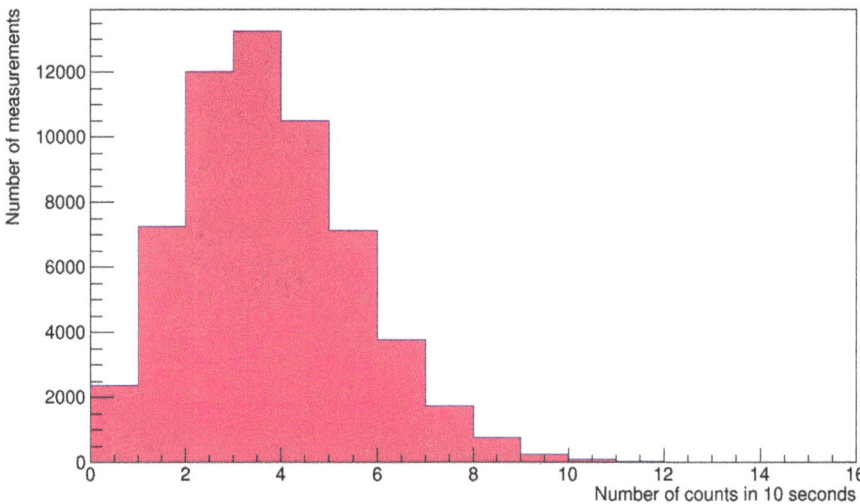

Figura 17.4 Istogramma di una serie numerosa di misure di conteggi in intervalli successivi da 10 secondi, ottenute mediante un contatore Geiger nell'arco di tempo di circa una settimana

limite, quella cioè a cui tende la distribuzione per un numero di misure tendente ad infinito. Questo implica che i parametri che la definiscono (valore medio e deviazione standard) non si modificano sostanzialmente di molto all'aumentare del numero di misure. Vedremo poi nell'attività successiva come confrontare questa distribuzione sperimentale con la distribuzione teorica che possiamo aspettarci in esperimenti del genere.

Un altro degli aspetti importanti della distribuzione delle misure è rappresentato dal fatto che il valore medio di una serie di misure ripetute nelle stesse condizioni ha un'incertezza sempre più piccola all'aumentare del numero N di misure, in particolare la sua deviazione, come abbiamo visto, diminuisce con $1/\sqrt{N}$. Se rappresentiamo ad esempio il valore medio estraibile da una serie di misure successive condotte con un contatore Geiger nelle identiche condizioni, al variare del numero di misure effettuate, possiamo ottenere un grafico come quello mostrato in Fig. 17.5, che riporta il valore medio estratto dai primi 70 valori di questa lunga serie di misure di conteggi in intervalli successivi di 10 secondi.

Come si vede, mentre all'inizio il valore medio cambia di parecchio man mano che vengono considerate misure ulteriori, con oscillazioni dell'ordine di 0.4–0.5 (in 10 secondi), dopo parecchie decine di misure le fluttuazioni si sono ridotte a valori dell'ordine di 0.1. Da un punto di vista quantitativo, il fatto che l'incertezza sulla media (deviazione standard della media) diminuisca con $1/\sqrt{N}$ implica che per avere un'incertezza 10 volte minore occorre effettuare un numero di misure 100 volte maggiore, il che richiede un tempo di misura 100 volte maggiore. Questo è il lato negativo del fenomeno, in quanto per ragioni pratiche non si può aumentare enor-

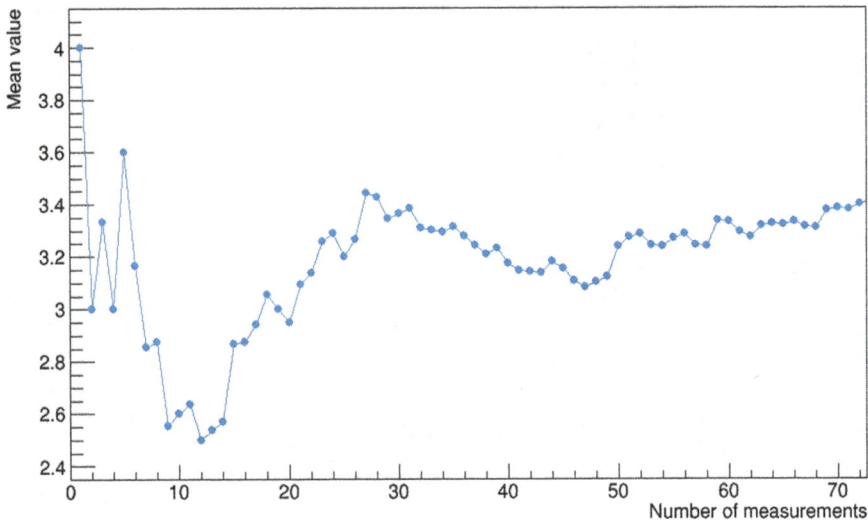

Figura 17.5 Evoluzione del valore medio in una serie di misure effettuate con un contatore Geiger in intervalli successivi di 10 secondi. Sono rappresentati qui i valori ottenuti fino ad un tempo di circa 700 secondi, corrispondenti a 70 intervalli successivi da 10 secondi

memente il numero di misure da effettuare. Peraltro, e questo rappresenta l'aspetto positivo, diminuire il numero di misure per effettuarle in un tempo ridotto, compatibile con l'esecuzione dell'attività, non porta ad un peggioramento notevole in termini dell'incertezza sulla media. Se anziché effettuare 100 misure, ottenendo un dato errore sulla media, effettuiamo solo 50 misure, dunque impiegando il 50% del tempo dedicato all'esperimento, avremo peggiorato l'incertezza sulla media solo del 30% circa, dato che passiamo da $\sigma/\sqrt{100}$ a $\sigma/\sqrt{50}$.

Nel caso limite di un numero enorme di misure le fluttuazioni si ridurranno ancora di più, come mostra la Fig. 17.6, che riporta l'evoluzione del valore medio delle misure fino ad un totale di circa 60 000 misure da 10 secondi (effettuate in un tempo complessivo di circa una settimana).

In questo caso il valor medio tende a stabilizzarsi, con una incertezza molto piccola, almeno nell'ipotesi che le condizioni di misura non siano cambiate. Rigorosamente, per tempi di misura così lunghi (parecchi giorni), il valore medio potrebbe essere tuttavia influenzato da altri fattori che modificano nel corso del tempo il flusso di raggi cosmici misurato, ad esempio a causa di variazioni della pressione atmosferica o di altre cause, come ad esempio quelle legate all'attività solare. Lo studio della distribuzione statistica dei risultati deve dunque sempre essere compatibile con l'ipotesi di considerare un campione omogeneo di misure.

Lo studio delle proprietà statistiche dei risultati di conteggi ottenuti da un contatore Geiger è una delle attività didattiche più formative quando si studiano i

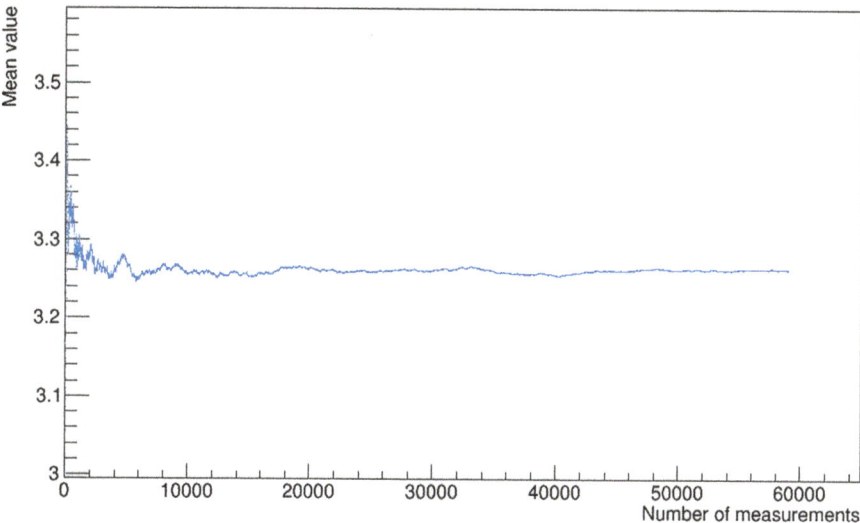

Figura 17.6 Evoluzione del valore medio in una serie enormemente lunga di misure effettuate con un contatore Geiger in intervalli successivi di 10 secondi

fenomeni casuali e le prime proprietà della rivelazione delle radiazioni ionizzanti. Come abbiamo visto in questa attività, è possibile condurre una varietà notevole di misure – con un grado di precisione più o meno elevato – e di interpretazione dei risultati.

Confrontare le distribuzioni sperimentali con le distribuzioni di probabilità

18

Nell'esperimento precedente abbiamo visto come all'aumentare del numero di misure effettuate, la distribuzione di queste misure tende a stabilizzarsi assumendo una forma che potremmo definire come distribuzione limite delle misure. Nel caso di conteggi effettuati con un contatore Geiger in intervalli fissati di tempo, qual è la distribuzione limite che ci attendiamo da una serie numerosa di misure?

Dobbiamo considerare che gli eventi rivelati dal contatore Geiger, siano essi dovuti all'arrivo di particelle dalla radiazione cosmica o all'arrivo di particelle o radiazioni emesse da sostanze radioattive poste in prossimità del contatore, sono eventi casuali, governati da certe distribuzioni di probabilità. In molti fenomeni fisici che riguardano processi legati alla fisica nucleare o alla fisica dei raggi cosmici siamo interessati a valutare il numero di eventi che accadono in un certo intervallo di tempo. Problemi simili si incontrano anche in altri aspetti della scienza o della vita quotidiana: pensiamo ad esempio al numero di telefonate giornaliere che riceviamo, o al numero di nascite giornaliere in un ospedale, o al numero di globuli rossi visti in un dato campo al microscopio. Queste grandezze variano da una misura all'altra, cioè presentano fluttuazioni statistiche intorno ad un valore medio, tanto che non possiamo prevedere il risultato esatto in ciascuna misura, ma soltanto fare delle considerazioni statistiche sui risultati.

Nel caso di eventi casuali che segnalano l'arrivo di una particella in un contatore Geiger possiamo in particolare considerare la distribuzione di probabilità binomiale, quella di Poisson o quella di Gauss per confrontare il loro andamento con le distribuzioni ottenute sperimentalmente.

La distribuzione di probabilità binomiale $B(k,N,p)$ ci dà la probabilità di avere k eventi (denominati spesso successi) in una misura in cui N sono le prove (numero di eventi possibili) e p rappresenta la probabilità di successo per la singola prova. Essa è data da:

$$B(k, N, p) = \binom{N}{k} p^k (1-p)^{N-k}$$

© The Author(s), under exclusive license to Springer Nature Switzerland AG 2025
F. Riggi, *Esperimenti didattici e amatoriali con i contatori Geiger*,
https://doi.org/10.1007/978-3-031-72012-3_18

145

dove il primo termine è il coefficiente binomiale, dato da

$$\binom{N}{k} = \frac{N!}{k!(N-k)!}$$

Nel caso di un decadimento radioattivo da parte di un campione i cui prodotti possono essere rivelati dal contatore Geiger, il numero di possibili eventi N è enormemente grande, dell'ordine del numero di Avogadro (10^{23}), perché in linea di principio tutti i nuclei di quel campione sono soggetti ad un possibile decadimento radioattivo. La probabilità p che uno specifico nucleo decada in un dato intervallo di tempo è, tuttavia, enormemente piccola, cosicché in un piccolo intervallo di tempo il numero medio di nuclei che decadrà effettivamente, dato dal prodotto pN, può assumere valori dell'ordine delle unità. Naturalmente, questo numero medio dipende dalla scelta dell'intervallo di tempo in cui contare gli eventi di interesse. Considerazioni simili si possono fare anche nel caso della rivelazione di raggi cosmici, in quanto il numero di particelle in arrivo su una data regione della Terra è estremamente elevato, ma la superficie sensibile di un contatore Geiger è molto ridotta, cosicché il numero di eventi rivelati in un dato intervallo di tempo può anche essere molto piccolo. Abbiamo visto ad esempio da alcuni degli esperimenti precedenti che un tipico contatore Geiger è capace di rivelare circa 0.2–0.3 eventi al secondo, in base alle sue dimensioni.

L'applicazione della distribuzione binomiale ad un caso del genere è in pratica difficile da realizzare a causa della valutazione numerica dei fattoriali dei numeri coinvolti, quando N o k eccedono alcune decine. Anche se esistono delle formule approssimate per il calcolo del fattoriale di un numero, la distribuzione binomiale può tuttavia essere approssimata a tutti gli effetti da altre distribuzioni, come quella di Poisson o di Gauss, almeno sotto alcune ipotesi.

La distribuzione di Poisson descrive la probabilità di ottenere un dato numero di conteggi ν in una misura nella quale il numero medio di conteggi è noto ed è eguale a μ, ad esempio la probabilità di ottenere 5 conteggi quando il valor medio dei conteggi nello stesso intervallo di tempo è eguale a 3.5. Questa distribuzione si utilizza quando sono soddisfatte le seguenti ipotesi:

(a) Il numero di possibili eventi è molto grande;
(b) La probabilità di ciascun evento individuale è molto piccola;
(c) Il numero medio di eventi attesi in un dato intervallo di tempo è dell'ordine dell'unità, cioè non è enormemente grande né enormemente piccolo.

Vediamo facilmente che nel caso di conteggi da decadimenti radioattivi, o dell'arrivo di particelle dalla radiazione cosmica in un piccolo rivelatore, queste ipotesi sono soddisfatte se consideriamo intervalli di tempo dell'ordine di 1–10 secondi.

La probabilità di ottenere k eventi in una misura in cui il valore medio è μ, secondo l'espressione matematica della distribuzione di Poisson, è la seguente:

$$P(k) = \mu^k e^{-\mu} / k!$$

Si tratta di una distribuzione a valori discreti (interi, in corrispondenza dei possibili valori di k), la cui forma caratteristica dipende dal valore della media μ. Se il valore di μ è molto piccolo, ad esempio inferiore a 1, la distribuzione presenta un massimo in corrispondenza al valore $k = 0$, con valori di probabilità decrescenti verso i valori più grandi di k, mentre se μ è maggiore di 1, il massimo si sposta progressivamente verso i valori più elevati di k. La Fig. 18.1 mostra alcuni esempi di tipiche distribuzioni di Poisson per diversi valori della media μ (0.3, 1.0, 2.0 e 4.0).

È importante ricordare che la distribuzione di Poisson, come tutte le distribuzioni di probabilità, è normalizzata al valore 1. In altri termini, vale la seguente condizione:

$$\sum_{k=0}^{k=\infty} P(k) = 1$$

cioè la somma delle probabilità di ottenere 0, 1, 2, ... eventi deve essere pari a 1. In alternativa, si possono esprimere le probabilità in percentuale, utilizzando una normalizzazione per la somma delle varie probabilità pari al 100%. La corretta normalizzazione è importante, come vedremo, per poter effettuare un confronto tra l'istogramma delle misure sperimentali e la distribuzione di probabilità teorica.

Possiamo provare a confrontare una delle distribuzioni sperimentali discusse nel capitolo precedente con la distribuzione di Poisson. Per fare questo, consideriamo ad esempio la distribuzione ottenuta da 40 misure mostrata in Fig. 17.3. La figura in questione riporta in ordinate il numero di misure in corrispondenza ad ogni possibile numero di eventi misurato nell'intervallo di 10 secondi. Il valore medio di questa distribuzione è pari a 3.6.

Per confrontare questo andamento con la corrispondente distribuzione di Poisson, cioè con la distribuzione caratterizzata da un valore medio μ eguale a quello determinato sperimentalmente, è necessario normalizzare in altezza le due distribuzioni, quella sperimentale e quella di Poisson. Possiamo procedere in due modi: costruendo l'istogramma delle frequenze sperimentali, cioè riportando la frequenza (rapporto tra numero di misure e numero totale di misure) e confrontandolo direttamente con la distribuzione di Poisson, oppure moltiplicare ciascun valore della distribuzione di Poisson per il numero di misure effettuate (40 in questo caso), cioè normalizzando la distribuzione di Poisson al numero di misure. Se scegliamo questa seconda strategia, possiamo vedere in Fig. 18.2 il confronto tra le due distribuzioni. L'istogramma delle misure sperimentali è riportato tratteggiato in rosso, mentre i corrispondenti valori calcolati in base alla distribuzione di Poisson sono rappresentati dall'istogramma con la linea continua in blu. Come si vede, nonostante la forma sia simile, ci sono delle discrepanze tra i due istogrammi, discrepanze tuttavia che restano entro i limiti delle incertezze statistiche sulle misure. Il numero di misure, infatti, in questo caso è molto ridotto, e l'incertezza corrispondentemente molto elevata.

Se effettuiamo il confronto con il set di misure riportato in Fig. 17.4 (circa 60 000 misure), seguendo la stessa procedura, otteniamo il risultato mostrato in Fig. 18.3, che stavolta mostra un accordo molto stretto tra la distribuzione sperimentale e la distribuzione teorica di Poisson.

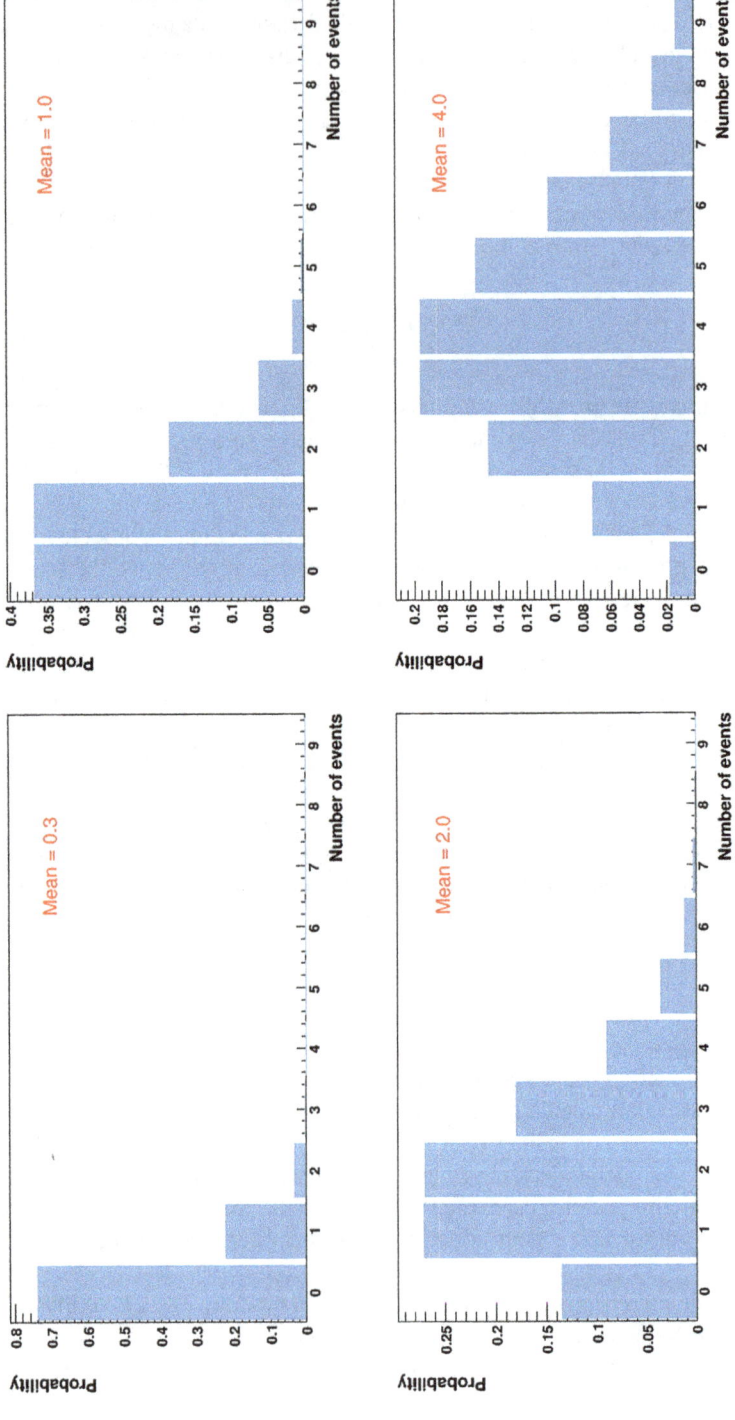

Figura 18.1 Forma della distribuzione di Poisson per diversi valori della media (0.3, 1.0, 2.0 e 4.0)

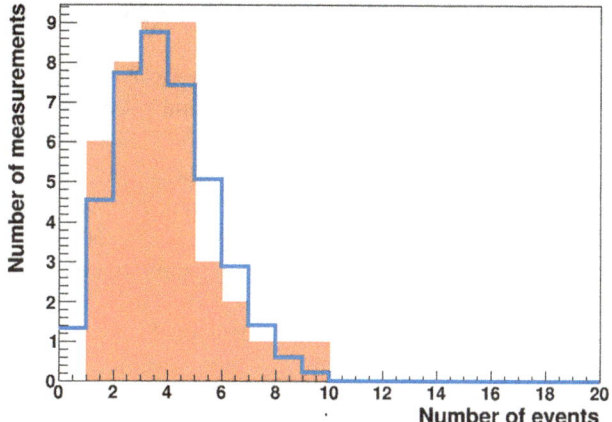

Figura 18.2 Confronto tra l'istogramma delle misure (tratteggiato, in rosso) e la corrispondente distribuzione di Poisson con la stessa media (linea continua in blu)

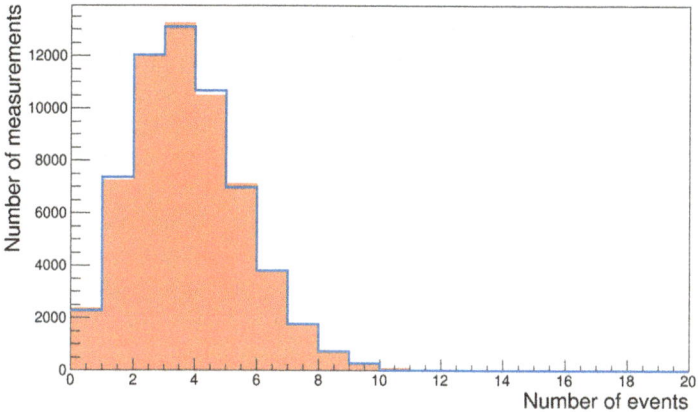

Figura 18.3 Come nella figura precedente, ma per una distribuzione di circa 60 000 misure, che mostra un ottimo accordo con la corrispondente distribuzione di Poisson

Una stima quantitativa dell'accordo o meno tra una distribuzione sperimentale di misure e una distribuzione di probabilità teorica, come ad esempio quella di Poisson, può essere effettuata mediante dei test statistici, come il test del χ^2, per il quale rimandiamo a testi generali di statistica o di analisi dati, ad esempio [Taylor1997].

L'utilizzo della distribuzione di Poisson per l'analisi statistica delle misure di conteggi da un contatore Geiger è del tutto adeguato, e in genere mostra che le distribuzioni delle misure sperimentalmente ottenute sono in buon accordo, entro le incertezze sperimentali, con la distribuzione di Poisson. Per la distribuzione di Poisson la deviazione standard σ è pari a $\sqrt{\mu}$, cioè alla radice quadrata della media, che è l'unico parametro dal quale la distribuzione dipende. Ad esempio, nella distribuzione mostrata in Fig. 18.3, la media ha un valore di 3.26 (eventi in 10 secondi), con una deviazione standard pari a 1.81.

Un altro aspetto che possiamo investigare in questa attività è la modifica che subisce la distribuzione delle misure di conteggio effettuate con un contatore Geiger al variare dell'intervallo di tempo in cui si considerano i conteggi osservati, in altri termini come variano le fluttuazioni statistiche al variare del numero di conteggi osservato. Le misure discusse e analizzate in precedenza erano riferite a intervalli di tempo di 10 secondi, durante i quali i contatori Geiger adoperati misuravano un numero medio di conteggi circa eguale a 3. In ogni singola misura, dunque, possiamo avere un numero di conteggi minore di 3 (0, 1 o 2) oppure superiore a 3. Come già ricordato nell'attività discussa in precedenza, l'incertezza su una singola misura che abbia dato N conteggi è pari a $\sqrt{N}$ in base alle considerazioni fatte a proposito della varianza della distribuzione di Poisson. Naturalmente la media estratta da un numero di misure via via crescente avrà un'incertezza sempre minore, data dalla deviazione standard della media, pari a $\sigma/\sqrt{N}$.

Consideriamo adesso un intervallo di tempo più lungo, ad esempio di 100 secondi anziché di 10 secondi e vediamo come sono distribuite in questo caso le misure. Se abbiamo acquisito i dati a intervalli di 10 secondi, contando cioè il numero di eventi rivelati dal contatore Geiger in intervalli successivi di 10 secondi, possiamo raggruppare le misure a 10 a 10, ottenendo il numero di eventi in successivi intervalli di 100 secondi. Per il set di misure discusso in precedenza, ci accorgiamo ad esempio che il valore medio risulterà di 32.6 eventi in 100 secondi. Naturalmente anche questo valore presenterà fluttuazioni statistiche da una misura all'altra e la distribuzione delle misure sperimentali potrebbe essere confrontata con la distribuzione di Poisson avente valore medio 32.6. Quando consideriamo distribuzioni di Poisson con valor medio molto più elevato di 1, ci accorgiamo che la distribuzione tende a divenire simmetrica rispetto al valore medio. Già in Fig. 18.1 abbiamo visto l'effetto dell'aumentare la media da 0.3 fino ad un valore di 4. Valori ancora più elevati della media danno luogo a distribuzioni sempre più simmetriche. In questi casi la distribuzione di Poisson può essere approssimata con un'altra distribuzione di largo uso in fisica, la distribuzione normale o di Gauss, che descrive la distribuzione dei valori di una grandezza quando le incertezze su ogni misura sono il risultato di un grande numero di cause che producono piccole variazioni in eccesso o in difetto, come spesso accade nel processo di misura di una variabile.

La distribuzione di Gauss è rappresentata da una funzione matematica continua

$$G(x) = A e^{-\frac{(x-\mu)^2}{2\sigma^2}}$$

dove μ rappresenta il valore centrale della distribuzione, σ la deviazione standard. Il parametro A rappresenta un coefficiente di normalizzazione, in modo tale che

$$\int_{-\infty}^{+\infty} G(x)dx = 1$$

La quantità $G(x)dx$ rappresenta infatti la probabilità di trovare il valore di una misura compreso tra x e $(x+dx)$, ed è dunque ragionevole ammettere che la probabilità di

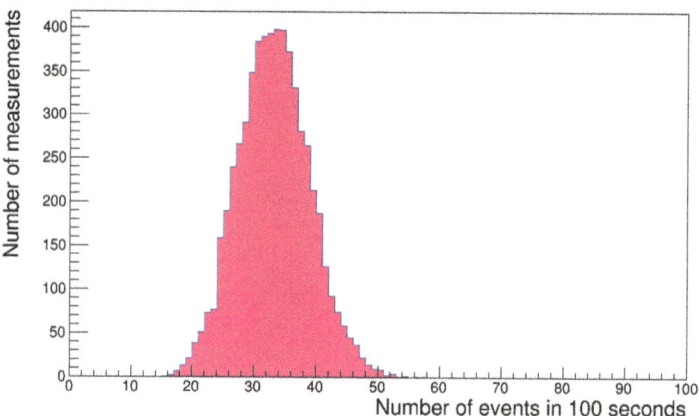

Figura 18.4 Distribuzione delle misure in intervalli da 100 secondi. Il valore medio della distribuzione corrisponde a 32.6 eventi in 100 secondi

trovare una misura nell'intero intervallo da meno infinito a più infinito corrisponda alla certezza, cioè ad una probabilità pari a 1. Da questa condizione si può far vedere che il coefficiente di normalizzazione A deve essere pari a

$$A = \frac{1}{\sqrt{2\pi\sigma^2}}$$

In generale l'integrale esteso della funzione G(x) nell'intervallo (a,b) dà proprio la probabilità di trovare una misura in questo intervallo, se le misure appartengono ad una popolazione "normale". In particolare, l'integrale esteso all'intervallo $(\mu - \sigma, \mu + \sigma)$ è pari circa a 0.693, cioè al 69.3% di tutta l'area. La distribuzione di Gauss è simmetrica, con una caratteristica forma "a campana", la cui larghezza dipende dal parametro σ.

Se vogliamo analizzare la forma della distribuzione sperimentale del numero di eventi misurati in successivi intervalli di tempo, di durata sufficiente perché il numero medio di eventi in ciascun intervallo sia sensibilmente maggiore di 1, ad esempio in questo caso scegliendo intervalli da 100 secondi ciascuno, possiamo innanzitutto costruire l'istogramma delle misure, come rappresentato in Fig. 18.4.

Come si vede da questo plot, la forma dell'istogramma è abbastanza simmetrica rispetto al valore medio estratto dalle misure e pari a 32.6 eventi in 100 secondi. Tale istogramma si potrebbe confrontare sempre con la distribuzione di Poisson avente media 32.6, tuttavia il calcolo matematico potrebbe divenire di difficile esecuzione a causa del calcolo dei fattoriali di numeri elevati; inoltre, in questo caso la distribuzione di Poisson può essere certamente approssimata con quella di Gauss, dato che il valore medio è molto maggiore di 1.

Il confronto tra l'istogramma delle misure (rappresentato tratteggiato in rosso) e la distribuzione di Gauss (rappresentata dalla linea solida in blu) è mostrato in Fig. 18.5.

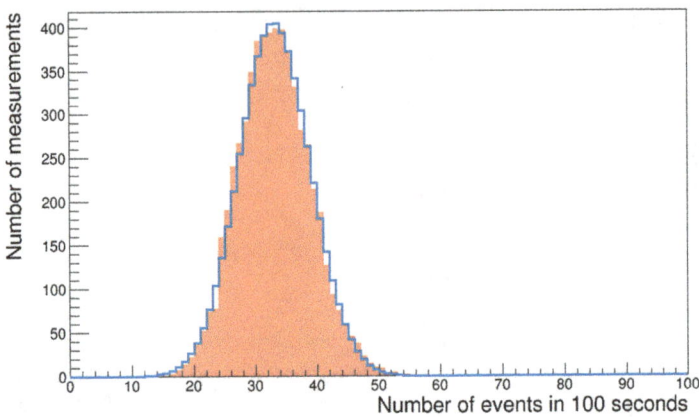

Figura 18.5 Confronto tra l'istogramma delle misure (tratteggiato in rosso) e la distribuzione di Gauss (curva solida in blu)

Anche in questo caso si nota un ottimo accordo tra le due distribuzioni, confermando che per valori elevati della media la distribuzione degli eventi sperimentali può essere ben riprodotta dalla distribuzione di probabilità di Gauss.

Attività simili possono essere condotte utilizzando set di dati ottenuti mediante contatori Geiger sotto diverse condizioni, e utilizzando intervalli di tempo differenti per avere un numero medio di eventi in ciascun intervallo sia molto piccolo (anche minore di 1), che molto grande (ad esempio dell'ordine di alcune decine) e verificare l'accordo con le corrispondenti distribuzioni di Poisson o di Gauss.

Riferimenti bibliografici

[Taylor1997] J.R. Taylor, *An Introduction to Error Analysis: The Study of Uncertainties in Physical Measurements*, University Science Books, 1997; trad.it. *Introduzione all'analisi degli errori. Lo studio delle incertezze nelle misure fisiche*, Zanichelli, 2023.

Distribuzioni temporali degli eventi misurati 19

Fin dall'inizio di questa serie di esperimenti abbiamo detto che il succedersi degli eventi in un rivelatore avviene casualmente nel tempo, senza una cadenza periodica: talvolta due eventi si susseguono a breve distanza di tempo l'uno dall'altro, talvolta passa un tempo più lungo prima che arrivi l'evento successivo. La Fig. 6.1 ha mostrato una tipica serie di eventi in un rivelatore nel corso del tempo. In questo esperimento vogliamo investigare più a fondo le caratteristiche della distribuzione dei tempi di arrivo, per studiarne le regolarità che sono sottese dietro l'apparente casualità che si può osservare in prima istanza. Nonostante l'arrivo degli eventi sia casuale, cioè non è esattamente prevedibile quando arriverà l'evento successivo, sappiamo che in ogni dato intervallo di tempo troviamo in media lo stesso numero di eventi, se non sono modificate le condizioni sperimentali, e negli esperimenti precedenti abbiamo anche visto come la distribuzione del numero di eventi in successivi intervalli di tempo segua una distribuzione statistica di Poisson, che può essere approssimata con la distribuzione di Gauss nel caso di un numero medio di eventi molto elevato.

Per quanto riguarda invece la distribuzione dei tempi di arrivo, in particolare la distribuzione della differenza t nel tempo di arrivo tra un evento e il successivo, nell'ipotesi che il fenomeno segua un processo di Poisson, essa è governata da una legge di distribuzione esponenziale. Se μ è la media del numero di eventi per unità di tempo, $1/\mu$ rappresenterà il tempo medio di attesa tra un evento e il successivo. Ad esempio, se $\mu = 0.3$ eventi al secondo (un valore tipico per i piccoli contatori Geiger in condizioni di fondo dovuto ai raggi cosmici e alla radioattività ambientale), il tempo medio di attesa tra un evento e l'altro sarà all'incirca 3.3 secondi. Naturalmente, come abbiamo detto, potrà capitare che due eventi si susseguano a brevissima distanza di tempo l'uno dall'altro, oppure che trascorra un tempo molto più lungo di 3 secondi. La densità di probabilità che due eventi siano separati da un tempo t sarà data da

$$P(t) = \mu e^{-\mu t}$$

F. Riggi, *Esperimenti didattici e amatoriali con i contatori Geiger*,
https://doi.org/10.1007/978-3-031-72012-3_19

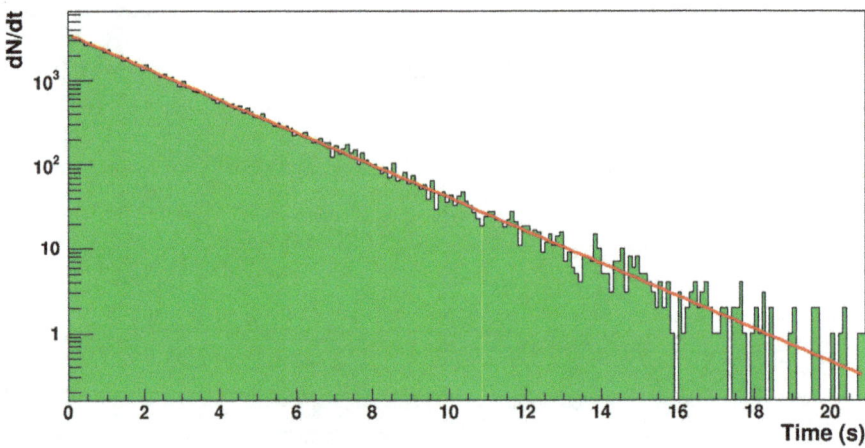

Figura 19.1 Istogramma (in verde) delle differenze di tempo tra un evento e il successivo in una serie di eventi acquisiti con un contatore Geiger ed etichettati in tempo mediante il clock interno di una scheda Arduino. La linea continua rossa rappresenta il fit con una funzione esponenziale

Questo significa che la probabilità che due eventi successivi siano separati da un tempo molto lungo è più piccola (esponenzialmente) rispetto alla probabilità che essi siano separati da un intervallo di tempo breve.

Per investigare sperimentalmente questa distribuzione si possono acquisire degli eventi con un contatore Geiger etichettando in tempo l'arrivo di ciascun evento. Questo può essere fatto, ad esempio, utilizzando una scheda Arduino e usando il clock interno della scheda per associare ad ogni evento ricevuto sull'ingresso digitale utilizzato per connettere il contatore Geiger il tempo estratto dalla funzione *millis()*, che restituisce il tempo del clock in millisecondi. Registrando su un file questo tempo per ogni evento in arrivo, si avrà una sequenza temporale che potrà poi essere utilizzata per valutare la differenza di tempo tra ciascun evento e il successivo, costruendo l'istogramma di queste differenze temporali.

Una sequenza di eventi del genere è stata già riportata nel Capitolo 6 (Tabella 6.1). Analizzando una sequenza molto lunga di eventi è possibile costruire un istogramma delle differenze temporali, come quello mostrato in Fig. 19.1, rappresentato dall'istogramma in verde. Il set di dati misurati include in questo caso circa 80 000 eventi, acquisiti durante un intervallo di tempo complessivo di circa due giorni. Il plot in scala semilogaritmica mostra una decrescita lineare, ben riprodotta dal fit (linea rossa).

Come si vede dalla figura, c'è un perfetto accordo tra l'andamento esponenziale, rappresentato in scala semilog dalla retta e l'istogramma dei dati, fino a valori molto grandi, oltre 10 secondi, della differenza in tempo tra eventi successivi. In questa serie di eventi il valor medio dell'intervallo di tempo tra eventi successivi è pari a 2.253 secondi, mentre il rate di eventi è pari a 0.444 eventi/s.

Possiamo notare che, anche se con bassa probabilità, è stato possibile osservare eventi successivi separati di ben 20 secondi, nonostante in media arrivi un evento poco più che ogni 2 secondi. Così, se per caso il vostro Geiger non desse alcun segnale per decine di secondi, non necessariamente significa che esso sia guasto o abbia le batterie scariche, può solo essere un effetto della coda nella distribuzione dei tempi di arrivo!

Questo tipo di distribuzione si applica anche a fenomeni di varia natura, governati, almeno con un certo grado di approssimazione, dalla distribuzione di Poisson. Esempi di fenomeni del genere possono essere le telefonate ad un call center (il cui numero medio per intervallo di tempo è in prima approssimazione costante, ma l'intervallo tra telefonate successive segue la distribuzione vista in precedenza), le visite ad una pagina Web di un sito, i guasti ad un sistema complesso, e così via.

Avere a disposizione una lunga lista di eventi rivelati dal contatore, ciascuno con il suo tempo di arrivo, consente di fare delle ulteriori analisi statistiche su questi dati, alle quali accenneremo in questo contesto.

Un esempio è dato dalle distribuzioni delle differenze di tempo tra eventi successivi, considerando stavolta le possibili differenze di tempo tra l'evento i-esimo e k eventi successivi ($k = 1, 2, 3, \ldots$). Abbiamo visto già il risultato per il caso $k = 1$ nella figura precedente. La Fig. 19.2 mostra gli istogrammi delle differenze di tempo per i casi $k = 1, 2, 3, 4$.

Come si vede, mentre per il caso $k = 1$ l'andamento è di tipo esponenziale decrescente, come abbiamo già visto, per $k > 1$ la forma della distribuzione cambia, con un massimo che si sposta progressivamente verso tempi maggiori e una larghezza della distribuzione anch'essa crescente con k.

In generale la distribuzione delle differenze di tempo tra ciascun evento i e l'evento $i + k$ è descritta dalla funzione Gamma di ordine k [Knoll2000], la cui espressione è data da

$$P_k(t) = \mu(\mu t)^{(k-1)} \frac{e^{-\mu t}}{(k-1)!}$$

che si riduce a quella vista in precedenza, una semplice curva esponenziale, nel caso $k = 1$.

La Fig. 19.3 mostra, ad esempio, l'istogramma (in verde) delle differenze di tempo con $k = 3$, estratto dalla serie temporale delle misure a disposizione, confrontato con la rispettiva funzione Gamma dello stesso ordine (linea continua in rosso). Come si vede, l'istogramma ha esattamente la stessa forma rappresentata dalla funzione.

Ogni rivelatore ha un suo tempo morto, come discuteremo più avanti, in uno degli esperimenti descritti nel seguito. Durante questo intervallo di tempo, che segue la rivelazione di un evento, il rivelatore non è in grado di rivelare un ulteriore evento che segue da vicino il primo, con conseguente perdita di eventi. Spesso il tempo morto dovuto al sistema di acquisizione dati è maggiore del tempo morto intrinseco dovuto al rivelatore. In questi casi la distribuzione delle differenze di tempo tra eventi successivi, rappresentata in Fig. 19.1, si modifica in corrispondenza a piccoli valori della differenza di tempo, in quanto la probabilità di rivelare eventi consecutivi con una differenza di tempo molto piccola tende a zero. Fenomeni del genere sono ad esempio discussi in [Arqueros2004, Blanco2008b].

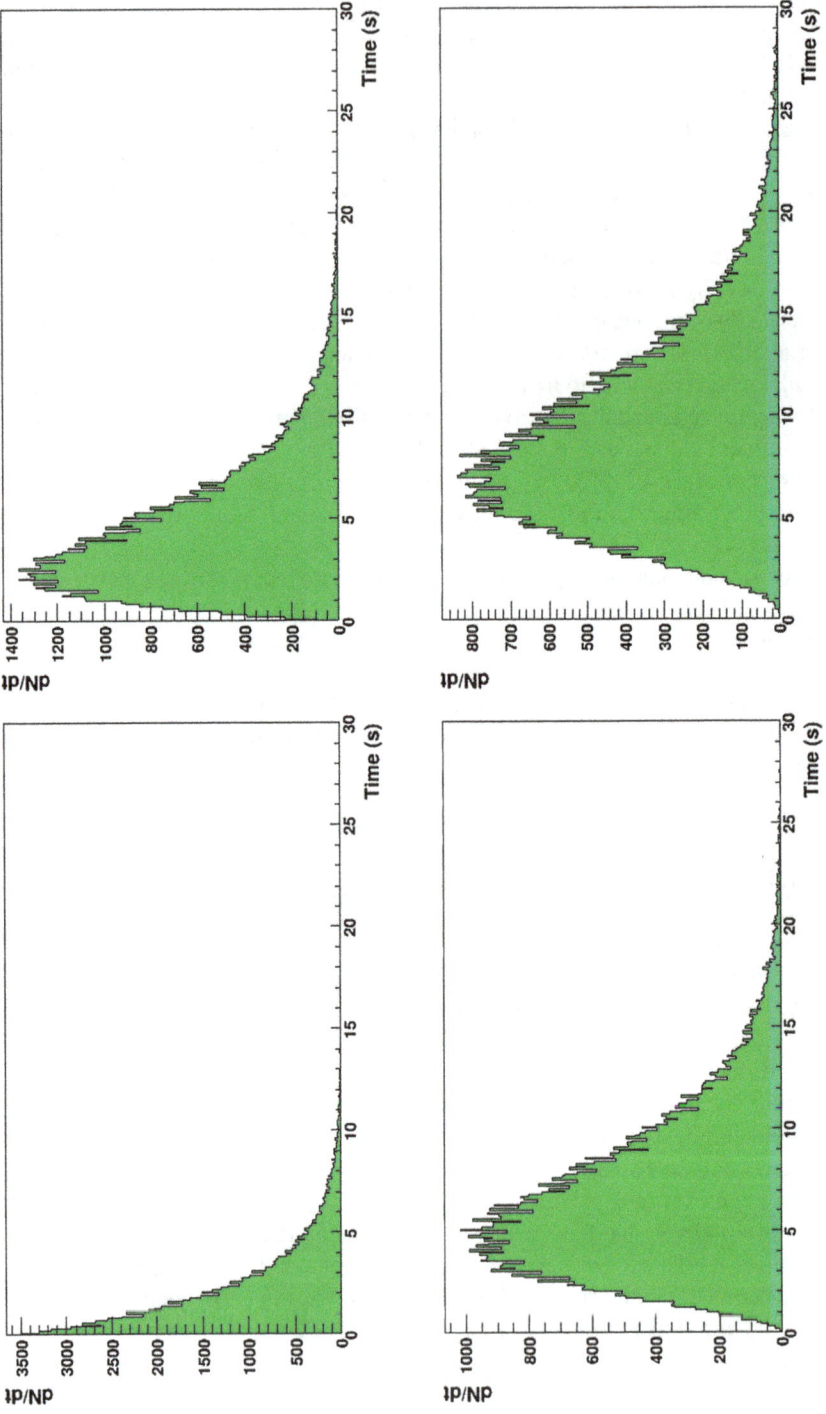

Figura 19.2 Istogrammi delle differenze di tempo tra un evento e *k* eventi successivi (*k* = 1 in alto a sinistra, *k* = 2 in alto a destra, *k* = 3 in basso a sinistra, *k* = 4 in basso a destra)

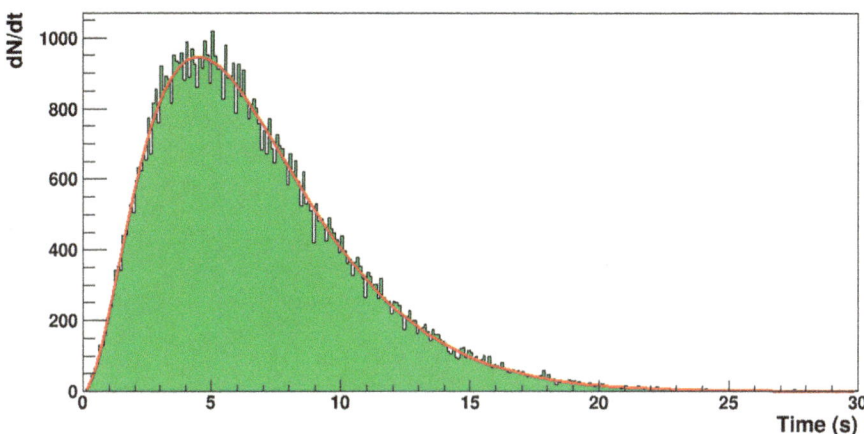

Figura 19.3 Istogramma delle differenze di tempo tra un evento e 3 eventi successivi (rappresentato in verde), confrontato con la corrispondente funzione Gamma (linea continua rossa)

Riferimenti bibliografici

[Arqueros2004] F. Arqueros, F. Blanco and B.J. de Cisneros, *Studying the statistical properties of particle counting with a very simple device*, European Journal of Physics **25**(2004)399.

[Blanco2008b] F. Blanco, P. La Rocca, F. Riggi and S. Riggi, *Timing the random and anomalous arrival of particles in a Geiger counter with GPS devices*, European Journal of Physics **29**(2008)355.

[Knoll2000] G.F. Knoll, *Radiation Detection and Measurements*, John Wiley and Sons, New York 2000.

Rivelare un burst di eventi in un contatore Geiger

20

Talvolta, in esperimenti di fisica astroparticellare, si pone il problema di decidere se un eccesso di eventi osservati in un rivelatore durante un breve intervallo di tempo può essere il segnale di qualcosa di anomalo, di un fenomeno fisico di interesse che esula dalle normali fluttuazioni statistiche del fondo abituale misurato da quel rivelatore. La ricerca di componenti non random in una sequenza temporale di eventi osservati è uno degli aspetti più peculiari di molti esperimenti. Burst di eventi possono essere prodotti da diversi fenomeni catastrofici nell'universo e sono stati spesso investigati in relazione all'osservazione di neutrini, radiazioni gamma di alta energia o onde gravitazionali.

Naturalmente, un semplice contatore Geiger non è adatto alla rivelazione di fenomeni del genere: tuttavia, la possibilità di misurare il tempo di arrivo associato ad ogni evento rivelato, con una risoluzione dell'ordine di alcuni microsecondi, come in misure condotte con una semplice scheda Arduino, permette di condurre delle semplici analisi statistiche sulla sequenza temporale degli eventi anche allo scopo di individuare eventuali eccessi di eventi in intervalli ridotti di tempo. Questa possibilità può dare luogo a interessanti esperimenti didattici, nei quali l'arrivo di un eventuale burst di eventi può essere simulato, rispetto al fondo, introducendo una ulteriore sorgente di radiazioni per un breve intervallo di tempo. I dati raccolti possono essere poi analizzati per valutare le condizioni sotto le quali tale eccesso di eventi può essere messo in evidenza.

Un eccesso di eventi per un breve tempo in una sequenza di eventi random, che seguono la distribuzione di Poisson, può dare luogo ad un picco – più o meno evidente a seconda del numero di eventi presenti nel burst – nella sequenza temporale degli eventi, oppure ad una modifica delle distribuzioni delle differenze di tempo tra ciascun evento e il successivo, come introdotto nell'esperimento precedente.

Per simulare l'arrivo di un burst di eventi in questa attività è stato utilizzato un contatore Geiger SN7928 connesso ad una scheda Arduino, in modo da scrivere su un file il tempo associato ad ogni evento rivelato, così come estratto dal clock interno di Arduino. In condizioni normali il contatore rivelava eventi dovuti ai raggi cosmici e alla radioattività ambientale, che costituivano il fondo. Durante questo periodo di misura è stata avvicinata al contatore, per un tempo T, una ulteriore fonte

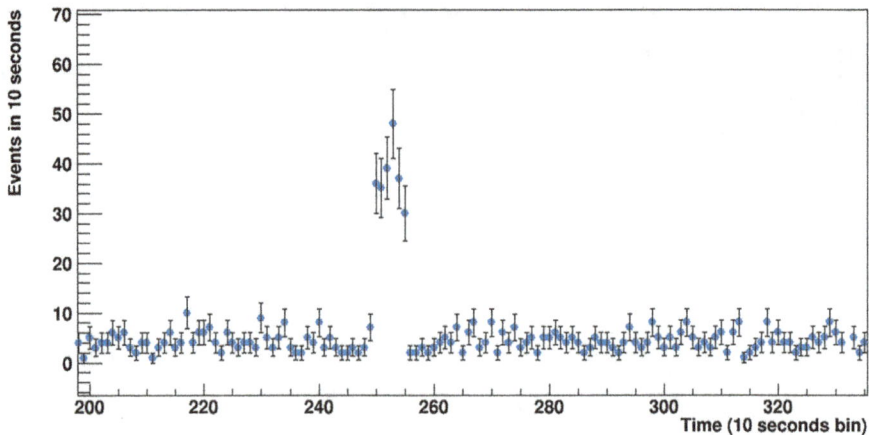

Figura 20.1 Sequenza temporale degli eventi rivelati dal contatore in intervalli consecutivi di tempo di 10 secondi. Intorno al bin 250 (tempo pari a 2 500 s) si nota la presenza di un picco, in cui sei valori consecutivi mostrano dei conteggi sensibilmente maggiori del livello di fondo

di radiazione, un oggetto solo debolmente radioattivo, la cui natura verrà precisata in esperimenti successivi (Capitoli 22 e 23), per produrre un piccolo eccesso di eventi rispetto al livello di fondo.

La Fig. 20.1 mostra un primo esempio di sequenza temporale, nella quale è riportato il numero di eventi rivelati in bin successivi di 10 secondi, in una porzione ridotta dell'intero intervallo di misura. Il valore medio del rate di conteggio in queste condizioni è stato di circa 0.44 eventi/s, dunque 4.4 eventi in 10 secondi. Intorno al tempo $t = 2\,500$ s si nota la presenza di un picco, cioè di un eccesso di eventi per un intervallo di tempo di circa 1 minuto, durante il quale sono stati osservati 40 eventi in più in ciascun intervallo da 10 secondi, rispetto al fondo medio atteso.

Scansionando la sequenza temporale di eventi e raggruppando gli eventi in intervalli da 10 secondi, in questo caso è facilmente rilevabile la presenza di questo burst, sia perché la durata del burst è stata di circa un minuto, e ha pertanto coinvolto diversi intervalli successivi da 10 secondi ciascuno, sia perché il numero di eventi misurato in ciascuno di questi intervalli da 10 secondi era molto superiore al fondo (un fattore 10 all'incirca).

La possibilità di evidenziare un burst è legata proprio a questi due fattori: la sua durata e l'eccesso nel rate di eventi rispetto al fondo, in questo caso circa 40 eventi in ciascun bin da 10 secondi. Consideriamo ad esempio l'effetto della durata dell'intervallo di tempo in cui raggruppare gli eventi, scegliendo ad esempio bin non di 10 secondi, ma più lunghi, diciamo da 1 minuto, ottenendo il plot mostrato in Fig. 20.2.

In questo caso il livello di fondo presenta un valore di circa 26 eventi al minuto, e vediamo un eccesso di eventi in due bin, nei quali sono stati rivelati circa 90 e 160 eventi rispettivamente, dunque ancora una volta molto maggiori del livello di fondo

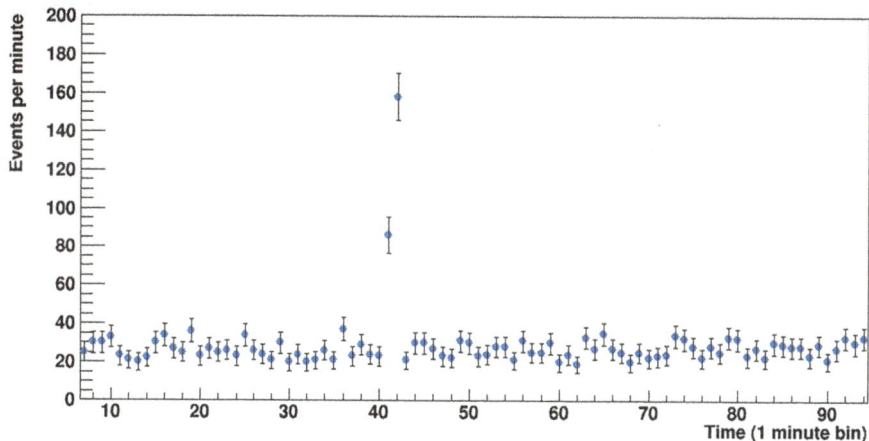

Figura 20.2 Sequenza temporale degli eventi rivelati dal contatore, raggruppandoli in intervalli consecutivi di tempo da 1 minuto. In due bin consecutivi si nota un eccesso di eventi rispetto al livello di fondo

aspettato. Anche in questo caso, dunque, l'eccesso di eventi (burst) è facilmente visibile.

Se nello stesso set di misure aumentiamo ancora l'intervallo di tempo entro cui contare il numero di eventi rivelati, portandolo stavolta a 30 minuti, otteniamo il risultato mostrato in Fig. 20.3. Osserviamo stavolta solo un leggero eccesso di eventi nel secondo bin, nel quale sono stati rivelati 960 eventi, a fronte di un numero di eventi di circa 800 nel bin precedente e in quello successivo. Si tratta di un aumento significativo? L'incertezza associata a questi valori di fondo è dell'ordine di $\sqrt{800} = 28.3$, dunque valori compresi entro ± 2 deviazioni standard da questo valore, cioè compresi tra circa 743 e 857 sarebbero del tutto compatibili con il valore di fondo e potrebbero essere imputati a normali fluttuazioni statistiche. Il valore osservato di 960 conteggi è affetto a sua volta da una incertezza statistica pari a $\sqrt{960} = 31.0$. Se consideriamo la differenza $(960 - 800) = 160$ tra il valore osservato in questo particolare bin e il valore di 800 conteggi osservato poco prima o poco dopo questo eccesso, essa avrà un'incertezza, usando una somma in quadratura delle singole incertezze, pari a 59.3. Considerando un intervallo di confidenza corrispondente a due deviazioni standard, possiamo dire che l'eccesso di 160 eventi, anche considerando la relativa incertezza, è significativo. Se assumessimo, tuttavia, un intervallo di confidenza pari a 3 deviazioni standard, l'eccesso non sarebbe considerato significativo. In alcuni fenomeni fisici, specie dove si ricercano eventi rari, si stabiliscono livelli di confidenza ancora più elevati, nel qual caso l'eccesso visto in questa serie di dati non potrebbe essere considerato un'anomalia che indica una reale causa fisica, ma piuttosto considerato come compatibile con una fluttuazione statistica.

È chiaro, pertanto, che l'intervallo entro cui contare il numero di eventi rivelati gioca un ruolo essenziale per valutare se quell'eccesso possa essere considerato si-

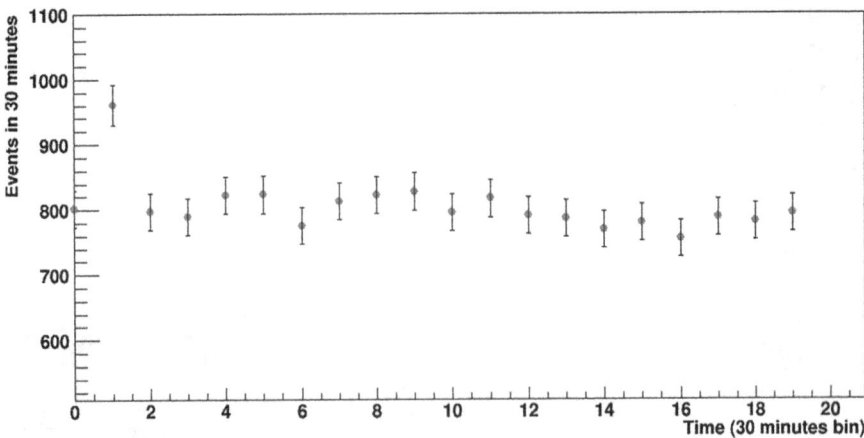

Figura 20.3 La stessa sequenza temporale degli eventi rivelati dal contatore è stata raggruppata in intervalli consecutivi di tempo da 30 minuti, osservando nel secondo bin un leggero eccesso di conteggi

gnificativo o meno. Da questo punto di vista potrebbe essere utile ridurre la durata di ciascun bin, per mettere in evidenza veri e propri burst di eventi concentrati in un piccolo intervallo di tempo. Tuttavia, non sempre è noto l'intervallo di tempo entro cui attendersi la durata del burst, nel qual caso occorre analizzare i dati utilizzando molte durate diverse dell'intervallo di raggruppamento dei dati. Nel seguire questa procedura si incontra da un lato la difficoltà di un'analisi lunga, specie se la serie temporale degli eventi misurati ha una durata complessiva molto lunga, anche di anni, come avviene in molti esperimenti di fisica astroparticellare, dall'altro la possibilità che riducendo la durata degli intervalli la maggior parte dei bin siano vuoti, non contengano cioè alcun evento. L'analisi delle serie temporali di eventi fisici è dunque complessa, e sono stati sviluppati algoritmi ad hoc per estrarre possibili evidenze di segnali rari rispetto al fondo medio osservato.

Se consideriamo poi il ruolo dell'intensità del segnale, anch'esso ovviamente contribuisce a rendere evidente oppure no un eventuale eccesso di eventi. Nella stessa serie temporale di misure, in cui è stato introdotto un primo burst, già analizzato, è stato anche introdotto un secondo burst di eventi, intorno al tempo 16 900 s, anch'esso di durata circa un minuto, ma con una intensità pari a circa 1/30 del precedente. La scansione della serie di eventi, raggruppata in bin da 10 secondi in Fig. 20.4, non mostra tuttavia alcuna evidenza di questo burst, coerentemente con il fatto che in questo caso il numero di eventi attesi in eccesso è di circa 7 in un minuto, a fronte di 26 eventi di fondo nello stesso intervallo di tempo.

Una ulteriore analisi dei dati, almeno relativamente all'evidenza del burst introdotto ed evidenziato al tempo $t = 2\,500$ s, può essere effettuata in base alla distribuzione delle differenze di tempo tra un evento e il successivo, così come discusso nell'esperimento precedente. Possiamo attenderci, infatti, che l'arrivo di un burst di eventi in un periodo di tempo breve porti ad una distribuzione delle differenze

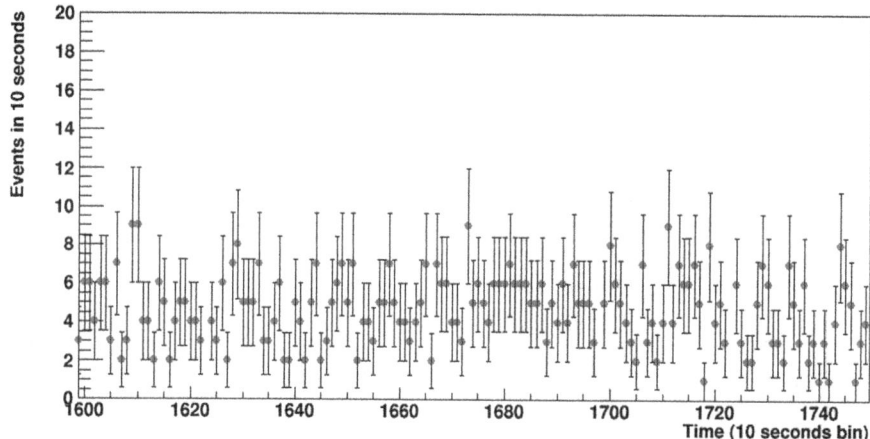

Figura 20.4 Nella stessa sequenza temporale degli eventi rivelati dal contatore è stato introdotto un secondo burst della durata di un minuto, ma di intensità molto minore (circa 1/30 di quello precedente), al tempo 16 900 s. Nessuna evidenza di questo burst appare nei dati, dato che l'eccesso di eventi risulta molto minore del fondo

di tempo caratterizzata da un valore medio delle differenze minore rispetto alla distribuzione degli eventi di fondo. Naturalmente la possibilità di evidenziare questo diverso comportamento della distribuzione è legata, anche in questo caso, al numero di eventi nel burst rispetto al numero medio di eventi di fondo.

Consideriamo il burst introdotto artificialmente intorno al tempo $t = 2\,500$ s nella sequenza di eventi di fondo. Possiamo costruire la distribuzione delle differenze di tempo tra un evento e il successivo solo per gli eventi rivelati intorno al momento del burst, ad esempio da $t = 2\,500$ s a $t = 2\,600$ s. Questa distribuzione, escludendo dal plot alcuni eventi rivelati a tempi maggiori di 3 secondi, è mostrata in Fig. 20.5, ed è caratterizzata complessivamente da un valore medio della differenza tra eventi successivi pari a 0.42 s.

Se invece consideriamo la distribuzione delle differenze di tempo relativa al fondo, escludendo proprio quella parte degli eventi rivelati nell'intervallo (2 500 s, 2 600 s), otteniamo la distribuzione mostrata in Fig. 20.6, caratterizzata da una media pari a 2.26 s.

Se proviamo a costruire l'intera distribuzione delle differenze, includendo tutti gli eventi rivelati nell'intera misura, di durata pari ad alcune ore, non noteremo nulla di diverso dalla distribuzione già mostrata in Fig. 20.6, dato che il numero di eventi nel burst è del tutto trascurabile rispetto al numero di eventi totale.

Se consideriamo invece un intervallo intorno al burst sufficientemente piccolo, tanto da includere un numero di eventi confrontabile con quello del burst, ad esempio l'intervallo (2 300 s, 2 800 s), noteremo la presenza di una distribuzione con due componenti (Fig. 20.7), la prima caratterizzata da una pendenza più ripida (relativa al burst), e la seconda con una pendenza meno ripida, che si estende anche a tempi lunghi (relativa agli eventi di fondo). La media complessiva in questo sottoinsieme

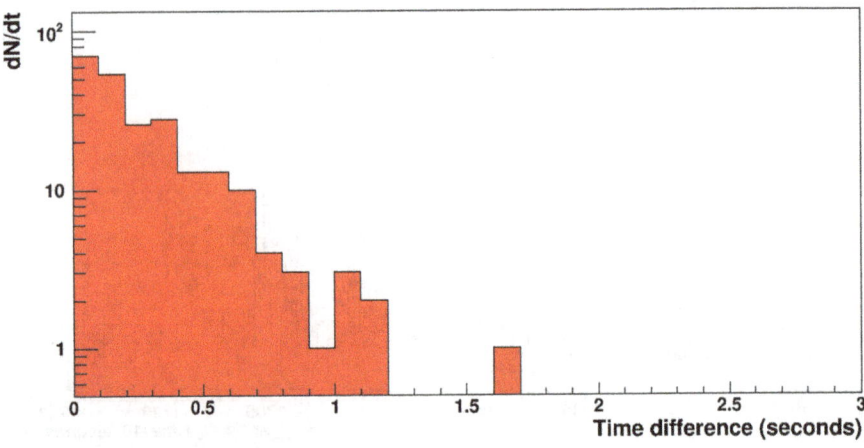

Figura 20.5 Distribuzione delle differenze di tempo per gli eventi rivelati nell'intervallo (2 500 s, 2 600 s), nel quale è stato introdotto un burst di eventi

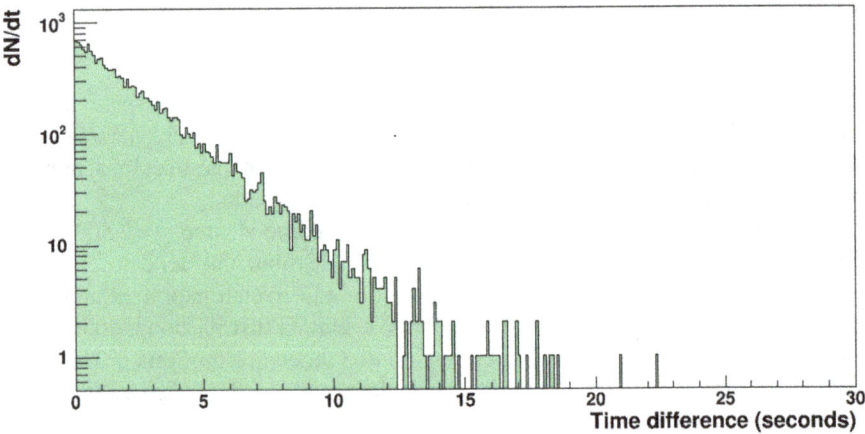

Figura 20.6 Distribuzione delle differenze di tempo per gli eventi di fondo, rivelati al di fuori dell'intervallo (2 500 s, 2 600 s) nel quale era stato introdotto un burst di eventi

di eventi è pari a 1.22, valore intermedio tra quello relativo al burst (0.42) e quello degli eventi di fondo (2.26).

Questa semplice analisi mostra che la distribuzione delle differenze di tempo in certi sottointervalli dell'intero intervallo di misura, confrontata con quella relativa al fondo, potrebbe rivelare in linea di principio la presenza di una ulteriore sorgente di eventi, caratterizzata da un rate molto maggiore (burst). Ovviamente, anche in questo caso la possibilità di evidenziare la presenza di due componenti nella distribuzione dipende dal rapporto tra il numero di eventi di fondo e quello degli eventi addizionali, che in genere non sono noti a priori.

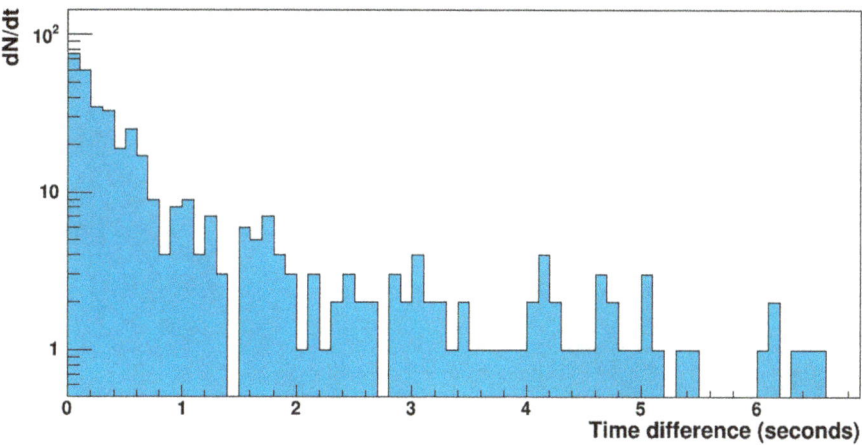

Figura 20.7 Distribuzione delle differenze di tempo per gli eventi rivelati nell'intervallo (2 300 s, 2 800 s), che comprende sia il burst che un certo numero di eventi di fondo

Come si può vedere, in conclusione, anche l'utilizzo di un semplice contatore Geiger permette di condurre analisi delle serie temporali alla ricerca di eventi anomali, o di mettere a punto opportune strategie di analisi di sequenze temporali di eventi nelle quali siano stati introdotti artificialmente degli eventi associati ad una causa diversa rispetto al normale fondo misurato. Ulteriori suggerimenti su strategie di analisi più avanzate sono riportati in [Blanco2008b].

Riferimenti bibliografici

[Blanco2008b] F. Blanco, P. La Rocca, F. Riggi and S. Riggi, *Timing the random and anomalous arrival of particles in a Geiger counter with GPS devices*, European Journal of Physics **29**(2008)355.

Misurare il tempo morto di un contatore Geiger   21

In ciascun esperimento di conteggio effettuato con un rivelatore di particelle, bisogna prevedere la possibilità che due eventi successivi siano talmente vicini in tempo da rendere impossibile la rivelazione del secondo evento, con una conseguente perdita di una frazione degli eventi rivelati. Ogni rivelatore, infatti, necessita di un certo tempo perché sia in grado nuovamente di rivelare l'arrivo di una particella dopo aver già trattato l'arrivo della particella precedente. In qualche caso questo effetto è legato al principio di funzionamento intrinseco del rivelatore, mentre in altri casi può dipendere anche dall'elettronica associata. Questo tempo, durante il quale il sistema di rivelazione è "inattivo" (cioè non in grado di rivelare correttamente l'arrivo di un altro evento) è chiamato "tempo morto" del sistema, e le correzioni necessarie per tener conto di questa perdita di eventi sono generalmente chiamate correzioni per il tempo morto.

L'arrivo di eventi in un rivelatore di particelle è generalmente casuale, se è dovuto a eventi legati alla radiazione cosmica o alle particelle emesse da una sorgente radioattiva. Abbiamo già visto la distribuzione dei tempi di arrivo, in particolare la distribuzione delle differenze di tempo tra eventi successivi. Questa distribuzione giustifica come la probabilità che due eventi arrivino separati da un piccolo intervallo di tempo non è trascurabile, e dunque – se il rate di eventi in arrivo al rivelatore è elevato – la perdita di eventi dovuta al tempo morto può non essere trascurabile. Possiamo comprendere, da un punto di vista qualitativo, che le perdite di eventi per il tempo morto, e le conseguenti correzioni per tener conto di questo effetto saranno più consistenti con l'aumento del rate di eventi in arrivo al contatore.

Generalmente si utilizzano due modelli di comportamento per descrivere il comportamento di un rivelatore e della sua elettronica associata, quello di rivelatore "paralizzabile" e quello di rivelatore "non paralizzabile". Quest'ultimo comportamento implica che il sistema, all'arrivo di un evento, resterà inattivo per un periodo pari al tempo morto, durante il quale eventuali altri eventi in arrivo saranno persi. Alla fine del tempo morto, tuttavia, il sistema sarà in grado nuovamente di rivelare l'arrivo di nuovi eventi. Nel comportamento "paralizzabile" invece, l'eventuale arrivo di un evento durante il tempo morto del sistema "estende" il periodo di inattività del sistema, con conseguente allungamento del tempo morto. Si può ulteriormente

F. Riggi, *Esperimenti didattici e amatoriali con i contatori Geiger*, https://doi.org/10.1007/978-3-031-72012-3_21

Non-paralyzable system

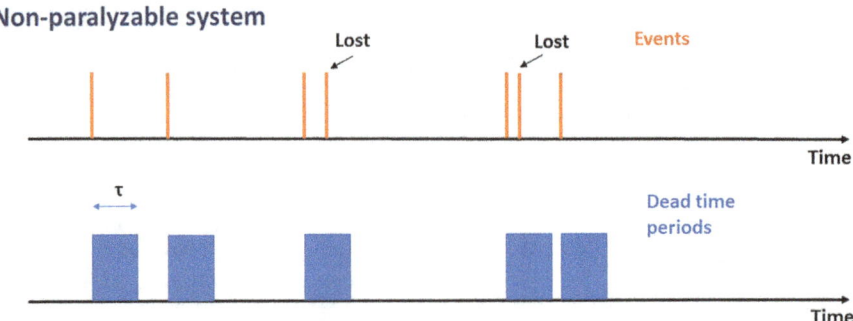

Figura 21.1 In un sistema caratterizzato da comportamento "non-paralizzabile" l'arrivo di ciascun evento introduce un periodo di tempo morto a partire dall'arrivo dell'evento. Se durante uno di questi periodi arriva un ulteriore evento, esso sarà perso, ma non modificherà la durata del tempo morto. In questa sequenza di eventi, 2 eventi sui 7 in arrivo saranno persi

Paralyzable system

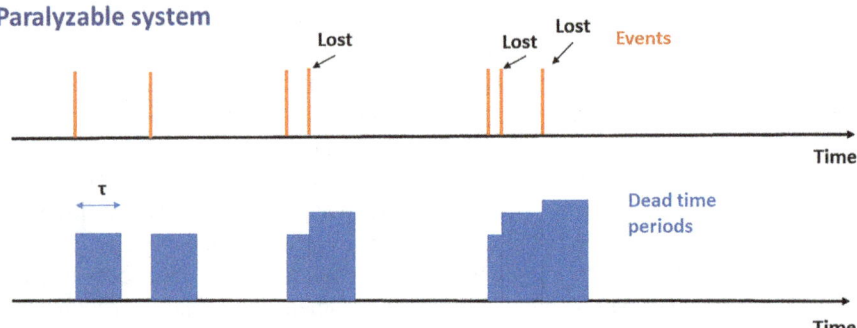

Figura 21.2 In un sistema caratterizzato da comportamento "paralizzabile" l'arrivo di ciascun evento introduce un periodo di tempo morto a partire dall'arrivo dell'evento, come nel caso precedente. Tuttavia, se durante uno di questi periodi arriva un ulteriore evento, esso non solo sarà perso, ma modificherà la durata del tempo morto, estendendo quest'ultimo. In questa sequenza di eventi (la stessa del caso precedente), 3 eventi sui 7 in arrivo saranno persi

comprendere la differenza tra questi due comportamenti in riferimento alle Fig. 21.1 e 21.2.

In un tubo Geiger l'arrivo di un secondo evento durante l'intervallo dovuto alla raccolta delle cariche dell'evento precedente modifica effettivamente la forma dell'impulso di corrente, che risulta una sovrapposizione dei due impulsi, mantenendo un livello superiore a quello di soglia per un tempo più lungo; in questo senso il tubo Geiger, con il suo circuito RC per ricavare l'impulso in uscita, si comporta come un rivelatore paralizzabile, con tempi morti brevi, dell'ordine del microsecondo o inferiori. Tuttavia, nei contatori che utilizzano un tubo Geiger come elemento sensibile, l'impulso è inviato ad un circuito elettronico che produce un segnale logico se l'impulso originale è superiore al valore di soglia. Anche se l'impulso originale si mantiene più a lungo al di sopra della soglia, il segnale logico prodotto non viene modificato in quanto ha inizio in corrispondenza al primo evento e ha una durata molto più lunga. Valori tipici per gli impulsi logici di uscita da questi circuiti elettronici sono intorno a 100 microsecondi o superiori. Nel caso di uno dei contatori Geiger adoperati in questi esperimenti (Pasco SN7928) l'impulso di uscita è un impulso logico di tipo TTL (da 0 a +5 V), con una durata intorno a 120 microsecondi. Da questo punto di vista allora, tenendo conto dell'elettronica per la gestione del segnale, il contatore si comporta come un rivelatore non paralizzabile, anche se con un tempo morto molto più grande.

Per valutare la perdita di eventi dovuta al tempo morto di un rivelatore, consideriamo separatamente i due casi relativi al comportamento del rivelatore. Indichiamo con R_{true} il rate di eventi realmente prodotti nel rivelatore (valutato in un lungo intervallo di tempo, tanto da poter considerare R_{true} come un valore medio sufficientemente preciso) e R_{meas} il rate di eventi misurati (anch'esso stimato come valore medio da un lungo intervallo di tempo), e con τ il tempo morto del sistema.

In un rivelatore dal comportamento non paralizzabile, la frazione complessiva di tempo in cui il rivelatore è inattivo è data da $R_{meas}\tau$. Quindi il rate di eventi persi a causa del tempo morto del sistema, $R_{true} - R_{meas}$ sarà dato da

$$R_{true} - R_{meas} = R_{true} R_{meas} \tau.$$

da cui possiamo ricavare

$$R_{true} = \frac{R_{meas}}{1 - \tau R_{meas}}$$

La relazione precedente fornisce una semplice formula per valutare la correzione da apportare al rate di eventi misurato per ottenere il rate di eventi vero. L'ammontare di questa correzione dipende, come è evidente dalla formula, dal valore del rate misurato e dal tempo morto del sistema. Ad esempio, se il tempo morto del sistema fosse 100 microsecondi, ad un rate misurato di 100 eventi al secondo corrisponderebbe un rate di eventi vero pari a circa 101 eventi/s, dunque una perdita di eventi pari all'1%. La Fig. 21.3 mostra i valori di R_{meas} in funzione di R_{true} per due diversi valori del tempo morto.

L'andamento di queste curve mostra che all'aumentare del rate vero di arrivo degli eventi, il rate di eventi misurato cresce ma raggiunge prima o poi una saturazione. Il valore di saturazione corrisponde all'inverso del tempo morto, $1/\tau$. Ad esempio, per un tempo morto pari a 1 ms, il rate massimo misurabile è di 1 000 eventi/s, anche quando il rate vero aumenta di molto.

Nel caso di un rivelatore dal comportamento paralizzabile, l'analisi del problema è più complessa perché i periodi di inattività del rivelatore non hanno tutti la stessa durata come nel caso precedente. Rimandando ad uno dei testi di carattere generale sui rivelatori di particelle, ad esempio [Knoll2000], possiamo dire che in questo caso la relazione tra rate vero e rate misurato è la seguente:

$$R_{meas} = R_{true} e^{-\tau R_{true}}$$

che risulta di utilizzo meno immediato, in quanto non possiamo analiticamente ottenere un'espressione di R_{true} in funzione del tempo morto e di R_{meas} come nel caso

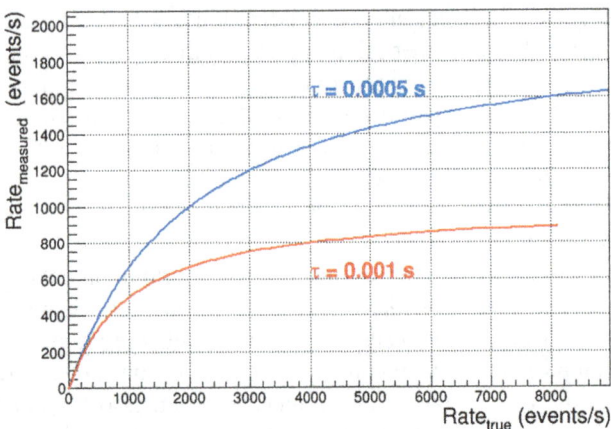

Figura 21.3 Andamento del Rate misurato in funzione del Rate vero di arrivo degli eventi, per un sistema dal comportamento non paralizzabile. Sono considerati due diversi valori del tempo morto del sistema: 1 ms (curva in rosso) e 500 μs (curva in blu)

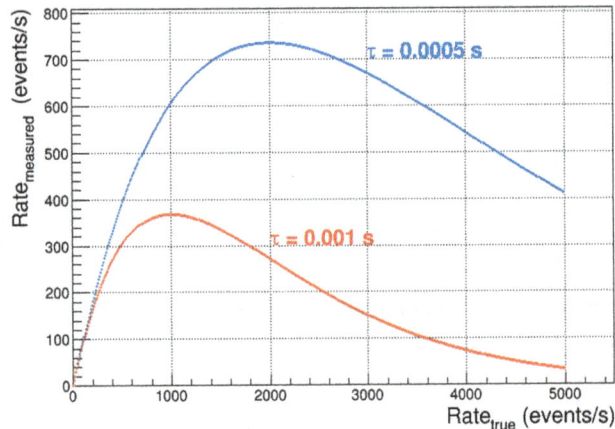

Figura 21.4 Andamento del Rate misurato in funzione del Rate vero di arrivo degli eventi, per un sistema dal comportamento paralizzabile, per due diversi valori del tempo morto del sistema: 1 ms (curva in rosso) e 500 μs (curva in blu)

precedente. È tuttavia possibile utilizzare dei metodi numerici per risolvere l'equazione precedente e trovare il valore di R_{true} con un sufficiente grado di precisione. La Fig. 21.4 mostra l'andamento di R_{meas} in funzione di R_{true} per due diversi valori del tempo morto.

Come si vede in questo caso, all'aumentare del rate vero di arrivo degli eventi, il rate di eventi misurato raggiunge un massimo e successivamente decresce, perché con l'aumento del rate di eventi i periodi di tempo morto si estendono talmente che solo un ridotto numero di eventi può essere misurato. L'andamento di queste curve

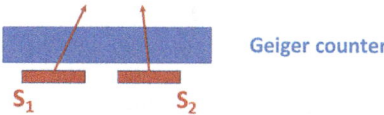

Figura 21.5 Schematizzazione del metodo delle due sorgenti. Si utilizzano due sorgenti, S_1 e S_2, posizionate in posizioni fisse rispetto al contatore, effettuando tre misure distinte del tasso di conteggi rivelati rispettivamente con ciascuna sorgente e con le due sorgenti entrambe in posizione. Il confronto tra i risultati di queste tre misure consente di determinare il valore del tempo morto

è particolarmente critico anche perché ad un dato valore del rate misurato possono corrispondere due valori di rate vero (uno nella parte crescente della curva, l'altro nella parte decrescente). È dunque importante capire in quale zona della curva sta funzionando il sistema, eventualmente aumentando o diminuendo il rate vero di arrivo degli eventi e osservando se il rate misurato cresce o decresce ulteriormente.

Molto frequentemente il rate vero di arrivo degli eventi è sufficiente basso da poter usare delle approssimazioni matematiche valide in entrambi i casi. Se vale la condizione $R_{\text{true}} \ll 1/\tau$ si può far vedere infatti che entrambe le formule precedenti portano alla stessa espressione approssimata

$$R_{\text{meas}} = R_{\text{true}}(1 - R_{\text{true}}\tau)$$

Ad esempio, con un rate di 100 eventi/s e un tempo morto di $100\,\mu s$ (10^{-4} s), per cui R_{true} vale l'1% di $1/\tau$, dunque sufficientemente piccolo, possiamo valutare che il rate misurato sarà all'incirca $0.99\,R_{\text{true}}$, cioè una perdita di eventi pari all'1%.

Le relazioni precedenti implicano la conoscenza del valore del tempo morto del sistema, per effettuare le necessarie correzioni dovute a questo effetto. Talvolta il valore del tempo morto di un sistema di rivelazione è noto dalle caratteristiche del sistema, in altri casi può essere determinato sperimentalmente.

Uno dei metodi più noti per determinare il tempo morto di un sistema di rivelazione è il metodo detto delle "due sorgenti". In questa procedura si tratta di misurare accuratamente, attraverso tre misure distinte, il tasso di conteggio dovuto alle due sorgenti separatamente e quello dovuto all'insieme delle due sorgenti (Fig. 21.5). A causa del tempo morto del sistema, possiamo aspettarci che il tasso di conteggio delle due sorgenti insieme sia leggermente minore di quello pari alla somma dei tassi delle due sorgenti separatamente, e che da questa discrepanza sia possibile determinare il tempo morto.

Se indichiamo con R_1, R_2, R_{12} e R_b rispettivamente i tassi di conteggio veri del rivelatore con la sola sorgente 1, quello con la sola sorgente 2, quello con le due sorgenti contemporaneamente e il tasso di conteggio di fondo (cioè in assenza di sorgenti), possiamo scrivere:

$$R_{12} - R_b = (R_1 - R_b) + (R_2 - R_b)$$

cioè

$$R_{12} + R_b = R_1 + R_2$$

Se adesso indichiamo con $R_{\text{meas}1}$, $R_{\text{meas}2}$, $R_{\text{meas}12}$ i corrispondenti tassi di conteggio effettivamente misurati con la sola sorgente 1, con la sola sorgente 2 e con entrambe le sorgenti, e con $R_{\text{meas}b}$ il rate misurato di fondo, e facciamo riferimento al comportamento di un rivelatore non paralizzabile, possiamo esprimere la relazione precedente come

$$\frac{R_{\text{meas}12}}{1 - \tau R_{\text{meas}12}} + \frac{R_{\text{meas}b}}{1 - \tau R_{\text{meas}b}} = \frac{R_{\text{meas}1}}{1 - \tau R_{\text{meas}1}} + \frac{R_{\text{meas}2}}{1 - \tau R_{\text{meas}2}}$$

da cui è possibile ricavare il valore del tempo morto τ in funzione dei tassi di conteggi misurati nelle 3 condizioni e del tasso di conteggio di fondo. Facendo riferimento al testo di Knoll [Knoll2000] si può scrivere la soluzione dell'equazione precedente come

$$\tau = \frac{A\left(1 - \sqrt{1 - C}\right)}{B}$$

dove le quantità A, B, C sono date rispettivamente da:

$$A = R_{\text{meas}1} R_{\text{meas}2} - R_{\text{meas}b} R_{\text{meas}12}$$
$$B = R_{\text{meas}1} R_{\text{meas}2}(R_{\text{meas}b} + R_{\text{meas}12}) - R_{\text{meas}b} R_{\text{meas}12}(R_{\text{meas}1} + R_{\text{meas}2})$$
$$C = \frac{B(R_{\text{meas}1} + R_{\text{meas}2} - R_{\text{meas}12} - R_{\text{meas}b})}{A^2}$$

Nel caso di un rate di fondo pari esattamente a zero, l'espressione del tempo morto può essere scritta in una forma semplificata come

$$\tau = \frac{R_{\text{meas}1} R_{\text{meas}2} - \sqrt{R_{\text{meas}1} R_{\text{meas}2}(R_{\text{meas}12} - R_{\text{meas}1})(R_{\text{meas}12} - R_{\text{meas}2})}}{R_{\text{meas}1} R_{\text{meas}2} R_{\text{meas}12}}$$

A titolo di esempio, con due sorgenti che dessero un rate di conteggio di 100 eventi/s ciascuna, e un conteggio combinato dalle due sorgenti pari a 180 eventi/s, il tempo morto del sistema si potrebbe stimare in 1.1 ms in assenza di fondo e in 0.65 ms con un fondo pari a 10 eventi/s.

Nell'organizzare delle misure per la determinazione del tempo morto di un rivelatore basato su un contatore Geiger con il metodo delle due sorgenti è necessario tener conto di diversi aspetti critici. Poiché il metodo è fondamentalmente basato sulla valutazione della differenza tra due rate di conteggio molto simili tra loro, è importante che questi rate di conteggio siano determinati con elevata precisione, altrimenti la stima della differenza avrà una incertezza notevole e la differenza stessa sarà compatibile con il valore nullo entro le incertezze sperimentali. Inoltre, i tassi di conteggio non possono essere troppo piccoli, altrimenti la differenza dovuta al tempo morto del sistema sarà irrisoria. Questo implica dunque non solo l'utilizzo di tassi di conteggio elevati, ma anche di intervalli di misura sufficientemente lunghi. Una ulteriore condizione è rappresentata dal tasso di conteggio degli eventi di fondo, che deve essere sufficientemente piccolo rispetto al tasso di conteggio dovuto agli eventi prodotti dalle sorgenti, condizione usualmente verificata se si adoperano delle sorgenti poste vicino al contatore.

Bisogna infine considerare che la posizione delle due sorgenti deve essere fissata con attenzione in modo riproducibile durante le diverse misure, in maniera tale che eventuali differenze nella posizione della sorgente rispetto al contatore non diano luogo ad angoli solidi differenti nelle diverse misure, falsando così il risultato delle misure stesse. In misure di precisione potrebbe essere importante anche simulare la presenza della seconda sorgente (con il suo supporto meccanico ...) anche durante la misura condotta con una sola sorgente, in quanto la presenza della seconda sorgente potrebbe indurre effetti di scattering o di interazione con conseguente variazione del tasso di conteggio.

Tenendo conto del metodo discusso in precedenza, e allo scopo di verificare la fattibilità di esperimenti didattici del genere anche con semplici contatori Geiger, è stata effettuata una prima serie di misure con due sorgenti gamma (^{137}Cs e ^{60}Co) aventi attività leggermente inferiori al μCi (1 μCi = 37 000 Bq, o disintegrazioni al secondo). Sappiamo che l'efficienza intrinseca dei contatori Geiger ai gamma (in questo caso fotoni aventi energie dell'ordine del MeV, più esattamente 0.662 MeV per il ^{137}Cs e 1.17–1.33 MeV per la sorgente di ^{60}Co) è molto ridotta, in quanto la probabilità che i gamma interagiscano con il gas contenuto all'interno del contatore è bassa, come descritto nel Capitolo 15. Tuttavia, i gamma possono interagire con il vetro del tubo Geiger e in generale con il materiale che circonda il tubo, producendo elettroni, prevalentemente per effetto fotoelettrico o per effetto Compton, i quali a loro volta possono essere rivelati dal contatore.

Posizionando le sorgenti in questione in prossimità del tubo Geiger del contatore (in questo caso un modello SN7928 della PASCO), come in Fig. 21.6, sono stati rilevati tassi di conteggio pari a (50.89 ± 0.45) conteggi/s per la sorgente di ^{137}Cs e di (22.66 ± 0.30) conteggi/s per quella di ^{60}Co, laddove il tasso di conteggio di fondo (dovuto a cosmici e radioattività ambientale), era pari a 0.3 conteggi/s. Posizionando entrambe le sorgenti nelle stesse posizioni si è ottenuto un tasso di conteggio pari a (73.33 ± 0.54) conteggi/s. In queste condizioni le misure effettuate con le due sorgenti separatamente danno un tasso di conteggio relativamente basso, dell'ordine delle decine di conteggi/s; dunque, non possiamo attenderci che gli effetti dovuti al tempo morto del sistema siano apprezzabili. Se consideriamo infatti il contributo del fondo, la somma delle due misure ottenute con il ^{137}Cs e con il ^{60}Co è pari a $(50.89 - 0.3) + (22.66 - 0.3) = 72.95$, da confrontare con il valore di $(73.33 - 0.3) = 73.03$ conteggi/s, dunque una differenza di soli 0.08 conteggi/s, affetta da una incertezza elevata. In queste condizioni, dunque, la differenza non è significativa e applicare le formule precedenti per la stima del tempo morto porta a risultati poco realistici (valori di tempo morto che potrebbero essere prossimi a zero o addirittura negativi). Occorre ricordare che nel caso della sorgente di ^{137}Cs anche elettroni sono emessi dalla sorgente, oltre ai gamma, e che una certa frazione di questi elettroni produrrà eventi rivelati dal contatore. Nel contesto di questa misura, tuttavia, questo aspetto non è particolarmente importante in quanto ciò che importa è il rate di eventi misurato dal contatore indipendentemente dalla natura delle radiazioni incidenti.

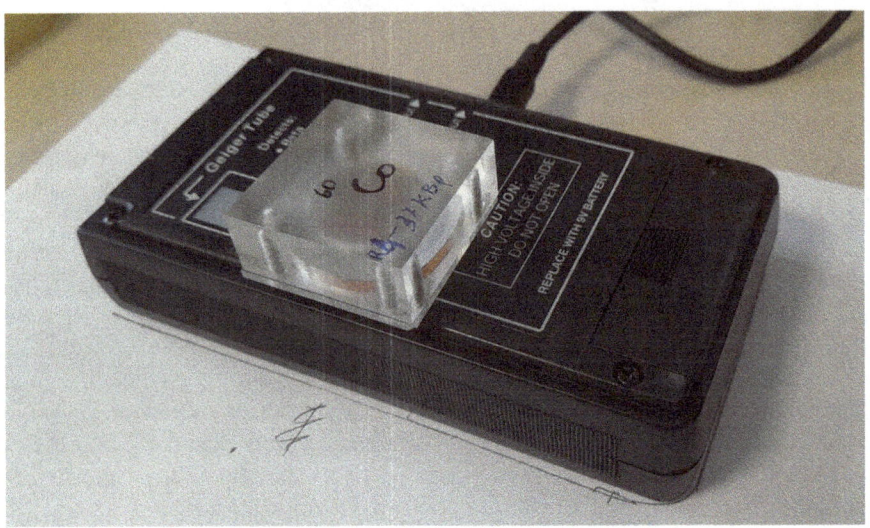

Figura 21.6 Posizionamento di una sorgente di ^{60}Co in prossimità del contatore Geiger, per una misura preliminare di tempo morto con il metodo delle due sorgenti

Per avere un rate di conteggi maggiore è dunque necessario effettuare una misura con sorgenti gamma più intense o con sorgenti beta, per le quali l'efficienza di rivelazione del contatore Geiger è prossima al 100%.

Una seconda serie di misure è stata effettuata quindi utilizzando due sorgenti beta da 0.1 µCi nominali (3 700 Bq) di ^{90}Sr, un isotopo che decade emettendo elettroni con energia massima di circa 2.3 MeV. A causa della diversa data di produzione delle due sorgenti e del tempo trascorso dalla data di produzione, l'effettiva attività delle due sorgenti è differente, e risulta minore di quella nominale, cosa che non è particolarmente rilevante ai fini della presente misura. Le sorgenti sono state posizionate in prossimità del tubo Geiger, come mostrato in Fig. 21.7. Per evitare di spostare ciascuna sorgente dalla sua posizione durante le misure, la strategia migliore è quella di effettuare una prima misura con la sorgente 1 in posizione, successivamente una seconda misura con le due sorgenti 1 e 2 entrambe posizionate, e infine una terza misura rimuovendo la sorgente 1 (senza modificare la posizione della sorgente 2).

Con ciascuna delle due sorgenti situate sopra il tubo Geiger si ottengono rate di conteggi tra i 350 e i 500 conteggi/s (circa 20 000–30 000 conteggi/minuto), dunque enormemente più elevati di quelli ottenuti con la sorgente gamma adoperata in precedenza. Come già ricordato, questo è dovuto all'efficienza di rivelazione molto elevata, prossima al 100%, dei contatori Geiger per elettroni in questo range di energia. In questo caso, il rate dovuto al fondo in ciascuna misura, circa 0.3 eventi/s, è del tutto trascurabile rispetto al rate dovuto alla presenza delle sorgenti.

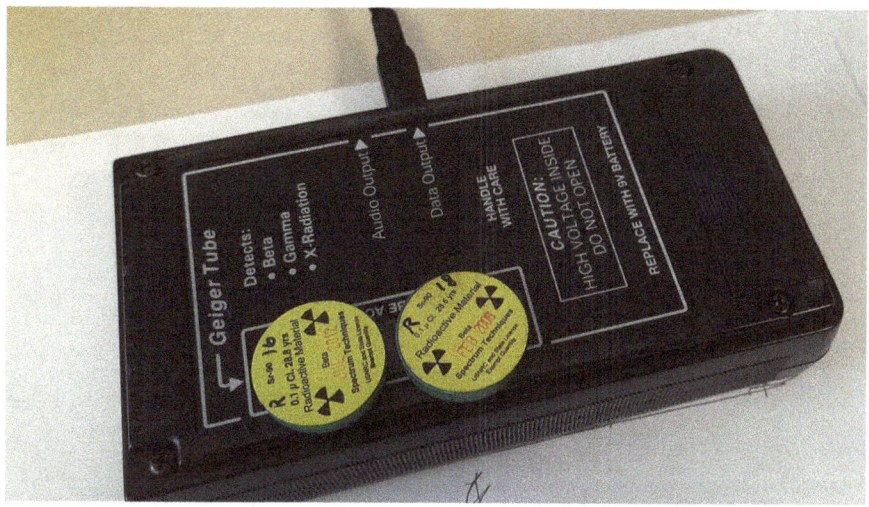

Figura 21.7 Posizionamento delle due sorgenti di ^{90}Sr in prossimità del tubo interno al contatore Geiger, per l'utilizzo del metodo delle due sorgenti

Tabella 21.1 Risultati ottenuti con il metodo delle due sorgenti (in questo caso sorgenti beta di ^{90}Sr) per la stima del tempo morto

Misura	Sorgente	Tempo di misura (s)	Numero di eventi	Rate (eventi/s)
#1	1	600	286 400	447.4 ± 0.8
#2	1 & 2	600	471 000	785.0 ± 1.1
#3	2	600	214 560	357.6 ± 0.8

Adoperando dei tempi di raccolta dati complessivi di 600 secondi per ciascuna delle tre misure, sono stati ottenuti i risultati riportati nella tabella seguente (Tabella 21.1).

La distribuzione delle misure, effettuate in intervalli di tempo di 10 s e per un tempo totale di 600 s per ciascuna delle tre misure è mostrata in Fig. 21.8.

Come si vede da questi risultati, la somma dei rate delle due sorgenti separatamente, pari a $(447.4 + 357.6)$ è pari, tenendo conto dell'incertezza su ciascuna delle due misure, a (805.0 ± 1.1) eventi/s, mentre il rate osservato con le due sorgenti insieme è significativamente minore, (785 ± 1.1) eventi/s.

Le relazioni precedenti consentono di estrarre da questi valori una stima del tempo morto pari a circa 60 µs, dello stesso ordine di grandezza della durata dell'impulso di tensione generato dall'elettronica associata al contatore (circa un centinaio di µs).

Una misura indipendente, effettuata con le stesse sorgenti, per un tempo di raccolta dati pari a 250 secondi per ciascuna delle tre misure, ha dato i seguenti risultati (Tabella 21.2), da cui si può estrarre un valore del tempo morto pari a 71 µs. Incertezze tipiche sulla stima del tempo morto, per misure di questa durata, sono

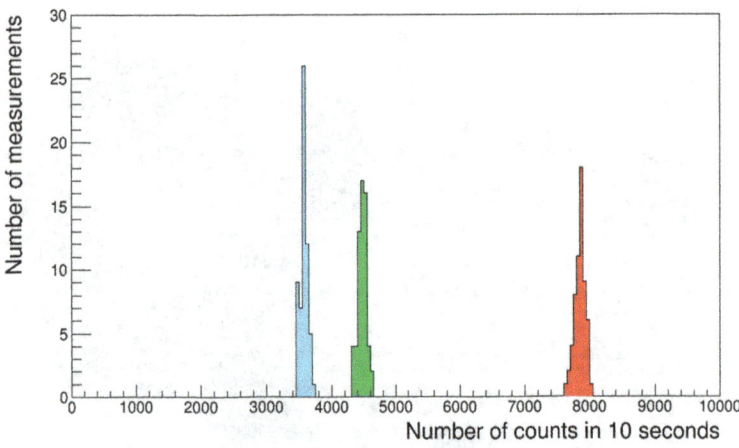

Figura 21.8 Distribuzione delle misure individuali in intervalli di 10 s, ottenute per le tre condizioni di misura e per un tempo totale di 600 s per ciascuna condizione. Istogramma verde: Sorgente 1, Istogramma azzurro: Sorgente 2, Istogramma rosso: Sorgenti 1 & 2 insieme

Tabella 21.2 Risultati di una ulteriore misura con il metodo delle due sorgenti (^{90}Sr) per la stima del tempo morto

Misura	Sorgente	Tempo di misura (s)	Numero di eventi	Rate (eventi/s)
#1	1	250	116 992	468.0 ± 1.4
#2	1 & 2	250	199 435	797.7 ± 1.8
#3	2	250	88 225	352.9 ± 1.2

dell'ordine di 10–20 μs, dunque i valori sono compatibili con quelli dichiarati per questo tipo di contatori.

Ulteriori considerazioni sul problema del tempo morto, in particolare nei rivelatori Geiger sono riportati in recenti articoli [Almutairi2020, Almutairi2021].

Riferimenti bibliografici

[Almutairi2020] B. Almutairi et al., *Experimental evaluation of the dead time phenomenon for GM detector: deadtime dependence on operating voltages*, Scientific Reports **10**(2020)19955.

[Almutairi2021] B. Almutairi et al., *Simultaneous experimental evaluation of pulse shape and dead time phenomenon of GM detectors*, Scientific Reports **11**(2021)3320.

[Knoll2000]   G.F. Knoll, *Radiation Detection and Measurements*, John Wiley and Sons, New York 2000.

Evidenziare la presenza del radon mediante un Geiger

22

Diversi esperimenti didattici hanno mostrato come sia possibile evidenziare la presenza di radon nell'aria caricando elettrostaticamente un palloncino di gomma e lasciandolo per un certo tempo a catturare sulla sua superficie una certa quantità di atomi radioattivi provenienti dal decadimento del radon [Austen1997, Walkiewicz1995, Willey1997]. L'esperimento è stato riprodotto e discusso anche in molti siti educational [HARVARD, IOWA, PHYSICSOPENLAB]. Il decadimento di questi isotopi può essere poi osservato e quantificato mediante un contatore Geiger.

Il radon (^{222}Rn) è un gas nobile proveniente dal decadimento alfa del Radio (^{226}Ra), che a sua volta è uno dei prodotti di decadimento dell'^{238}U, presente in piccole proporzioni nel materiale della crosta terrestre. In quanto allo stato gassoso, il radon può fuoriuscire dal suolo, con un ritmo medio che tuttavia è molto dipendente dalla località e dal tipo di terreno considerato. Altri isotopi del radon possono essere formati non solo a partire dalla catena di decadimento dell'^{238}U, ma anche attraverso quella del Thorio (^{232}Th), che dà luogo all'isotopo ^{220}Rn (usualmente denominato thoron), e attraverso la catena dell'Attinio, a sua volta derivante dall'^{235}U, per poi dar luogo all'isotopo ^{219}Rn (denominato actinon). Tuttavia, il ^{220}Rn ha un tempo di dimezzamento di circa 56 secondi, e il ^{219}Rn di soli 4 secondi; quindi, la probabilità di fuoriuscire all'esterno dal suolo è molto minore rispetto al ^{222}Rn, che invece ha un tempo di dimezzamento di 3.82 giorni. In prima approssimazione si può dunque considerare il solo isotopo ^{222}Rn, derivante dal decadimento del ^{226}Ra, sebbene alcuni autori abbiano potuto identificare anche prodotti legati alla progenie del ^{220}Rn. Le catene di decadimento dell'^{238}U e del ^{232}Th sono riportate nell'ambito di un altro esperimento discusso nel presente testo, mentre la Fig. 22.1 successiva riporta per chiarezza un diagramma che mostra la catena di decadimenti del ^{222}Rn, interessati in questo esperimento.

I prodotti del decadimento del Radon possono attaccarsi alle particelle di aerosol presenti nell'aria (cariche positivamente), che a loro volta possono depositarsi, per attrazione elettrostatica, su un corpo carico negativamente. Un palloncino di gomma, gonfiato, può essere facilmente elettrizzato per strofinio, ad esempio con un tessuto di lana, nel qual caso alcuni elettroni dalla lana vengono trasferiti al pal-

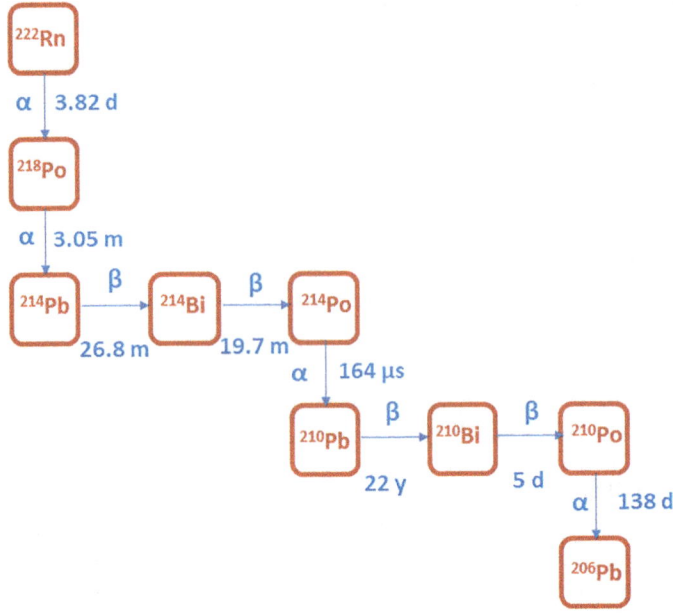

Figura 22.1 Catena di decadimento del ^{222}Rn, che porta all'isotopo stabile ^{206}Pb. Sono indicati i decadimenti principali dei diversi isotopi. I simboli indicano se si tratta di decadimento α oppure β, nonché il tempo di dimezzamento corrispondente

loncino, rendendo il palloncino carico negativamente. Metodi alternativi sono stati utilizzati in passato [McGinley1968], facenti uso di un filtro, esposto ad un flusso di aria per un intervallo di tempo di alcune ore, alla fine del quale il filtro aveva intrappolato un numero sufficiente di atomi radioattivi derivanti dal radon, tanto da poterne misurare il decadimento beta mediante un contatore Geiger e osservarne la variazione nel tempo.

Non affronteremo in questo contesto il problema generale delle implicazioni del radon per la salute dell'uomo e neppure degli accorgimenti per mitigare in qualche modo la presenza del radon nelle abitazioni, presenza che comunque non può essere eliminata del tutto, aspetti per i quali rimandiamo a testi e siti di informazione specifici. Il monitoraggio continuo del radon in un dato ambiente può essere effettuato con appositi strumenti, adesso acquistabili a prezzi ragionevoli e che in genere sono basati sulla rivelazione delle particelle alfa emesse durante la catena di decadimento, anziché degli elettroni, come nel caso dei contatori Geiger. Il livello di radon in un dato ambiente può essere quantificato in termini del numero di decadimenti radioattivi per unità di volume e si esprime abitualmente in Bq/m^3. Considerazioni di vario genere portano a ritenere significativo un livello di radon superiore ai 200–300 Bq/m^3.

Ci occuperemo qui semplicemente di effettuare delle semplici misurazioni con un contatore Geiger per evidenziare la presenza del radon osservando l'eccesso di

Figura 22.2 Il palloncino,
gonfiato, viene lasciato sospeso in aria per un periodo
di 30–60 minuti, ad esempio
tramite un filo, o appoggiato
su un supporto, per essere
successivamente sgonfiato
e posto in prossimità di un
contatore Geiger

conteggi dovuto ai discendenti del radon opportunamente raccolti in un certo intervallo di tempo, rispetto al livello di fondo. Nell'esperimento successivo, che fa uso
della stessa tecnica, potremo inoltre osservare e quantificare la curva di decadimento
complessiva di questi isotopi.

Un modo molto semplice per evidenziare la presenza del radon in un ambiente,
ad esempio all'interno di un'abitazione, consiste proprio nell'utilizzare un palloncino di gomma, del tipo simile a quelli ampiamente utilizzati dai bambini per i loro
giochi, gonfiarlo e caricarlo elettrostaticamente, mediante strofinio con un panno di
lana, o anche sui capelli. Una volta carico, il palloncino viene chiuso, anche con
una clip metallica che renderà facile successivamente aprirlo per lasciar uscire l'a-
ria. Il palloncino gonfio e carico può essere sospeso con un filo tenendolo ad una
certa altezza dal pavimento del locale, possibilmente lontano da altri oggetti, dai
quali potrebbe essere attirato scaricandosi. È stato comunque verificato che anche
ponendo il palloncino carico su un supporto, ad esempio un tavolo o una sedia, i
risultati erano comparabili.

Lasciato il palloncino in queste condizioni per un tempo di 30–60 minuti
(Fig. 22.2), esso viene delicatamente sgonfiato e "compattato" in modo da ridurre il più possibile lo spazio occupato. Si consiglia di usare dei guanti del tipo
"usa e getta" per queste operazioni. Ridotto così il volume occupato dal palloncino,
esso viene posto il più possibile vicino al tubo di un contatore Geiger, che avrà
il compito di misurare il numero di eventi segnalati dal contatore ed evidenziare
l'eventuale eccesso di conteggi dovuto alla presenza del palloncino stesso. Per
questo motivo, è opportuno, durante il periodo in cui il palloncino è gonfio e sta

accumulando il radon sulla sua superficie, effettuare delle misure, il più possibile precise, dunque di lunga durata, del fondo osservato dal contatore, dovuto alla radiazione cosmica e alla radioattività ambientale. Tenendo conto che la maggior parte dei contatori Geiger abitualmente adoperati, in base alle loro dimensioni, hanno un tasso di conteggio di circa 20–30 conteggi al minuto, misure del fondo per un tempo complessivo di 30 minuti darebbero luogo ad un numero di eventi tra 600 e 900, dunque consentirebbero di stimare il rate di fondo con un errore statistico del 3–4%.

Misure del genere possono essere condotte in vari ambienti, per verificare qualitativamente l'eccesso di conteggi non appena il palloncino viene messo a contatto con il contatore Geiger.

A titolo di esempio, una misura del genere è stata effettuata in un'abitazione posta al piano terra di un edificio a 2 piani, in un ambiente che è stato tenuto chiuso durante le ore precedenti tutto il periodo delle misure, in particolare durante la notte, mentre le misure sono state iniziate a partire dalla mattina. Per le misure è stato adoperato un contatore SN7928 della Pasco, collegato ad una scheda Arduino, in modo da acquisire i singoli eventi e il rispettivo tempo di arrivo, sfruttando il clock interno di Arduino. I dati acquisiti sono stati registrati su un file di testo, in modo che una macro ROOT di analisi potesse essere successivamente utilizzata per leggere i singoli eventi ed estrarre il rate, espresso in conteggi/minuto. La misura del fondo, condotta per un periodo di circa 30′, ha dato un valore medio di (24.5 ± 0.9) conteggi/minuto. Dopo aver lasciato il palloncino carico per un tempo di circa 50′, averlo sgonfiato e posto sul contatore Geiger con un leggero peso al di sopra, in modo che restasse fisso nella stessa posizione (Fig. 22.3), si è potuto osservare, qualche minuto dopo, un tasso di conteggio pari a circa (234 ± 3) conteggi/minuto, quindi enormemente più elevato, circa un fattore 10, rispetto a quello di fondo (Tabella 22.1, Riga 1). La misura è stata ripetuta più volte, cambiando il tempo di "esposizione" del palloncino all'aria, e compattando in modi diversi il palloncino, una volta sgonfiato, con risultati confrontabili.

Questa misura si presenta dunque molto facile da effettuare, una volta che si abbia un contatore Geiger a disposizione, anche sensibile soltanto ai beta e gamma e non alle particelle alfa. Vedremo nell'esperimento successivo come sia possibile anche quantificare l'andamento nel tempo dei conteggi osservati dovuti al radon e costruire una vera e propria curva di decadimento.

La possibilità di quantificare il valore iniziale della radioattività dovuta alla presenza del palloncino rende possibile eseguire queste misure in ambienti e luoghi differenti, in particolare per osservare l'influenza dell'ambiente (piano terra o piani più alti in un edificio, all'interno o all'esterno di un edificio, l'effetto della ventilazione dell'aria, ad esempio lasciando o meno le finestre aperte durante le misure …). La Tabella 22.1 mostra a titolo di esempio alcune delle prove effettuate in vari ambienti.

Come si vede da questa tabella, in tutti i casi è stato notato un eccesso rispetto al valore di fondo misurato dal contatore Geiger durante l'intervallo di tempo nel quale il palloncino non era a contatto con il Geiger. Il rate medio in condizioni di fondo è stato stimato su un tempo molto lungo, pari a quello in cui il palloncino era

Figura 22.3 Il palloncino, una volta sgonfiato e compattato, viene posto il più possibile a contatto con il tubo Geiger del contatore

Tabella 22.1 Risultati di alcune misure effettuate con il metodo del palloncino carico per raccogliere i prodotti del radon in vari ambienti

Ambiente nel quale il palloncino ha raccolto gli eventuali prodotti del Radon	Tempo di esposizione del palloncino	Rate medio del fondo (conteggi/minuto)	Rate medio iniziale del palloncino dopo essere stato sgonfiato e posto a contatto con il Geiger (conteggi/minuto)
Stanza a piano terra, lasciata chiusa nelle ore precedenti	50'	(24.5 ± 0.9)	(234 ± 3)
Stessa stanza a piano terra, lasciata ventilare nelle ore precedenti la misura	70'	(24.0 ± 0.6)	(71 ± 2)
All'aperto, in un giardino, sul suolo erboso, ad un'altezza $h = 1.30$ m dal suolo	60'	(25.5 ± 0.5)	(260 ± 6)
All'aperto, su un suolo mattonellato, ad un'altezza $h = 0.5$ m dal suolo	50'	(24.0 ± 0.7)	(225 ± 4)
Soffitta al secondo piano di un edificio, lasciata chiusa per diversi giorni precedenti	60'	(23.9 ± 0.6)	(393 ± 6)

"esposto" ai prodotti del radon (dunque all'incirca un'ora) mentre il rate prodotto dal palloncino posto a contatto con il Geiger è stato misurato, subito dopo aver sgonfiato il palloncino, per un tempo di alcuni minuti, in modo da osservare il rate iniziale del palloncino, che al passare del tempo andrà a diminuire, come vedremo nell'esperimento successivo. A causa del rate di conteggio molto più elevato, l'incertezza statistica associata a questa misura è comunque confrontabile con quella associata alla misura di fondo, effettuata su un tempo molto più lungo.

Nella prima riga della tabella è riportata la misura effettuata in un ambiente di una abitazione a piano terra, lasciata chiusa verso l'esterno nelle ore precedenti. In questo caso è stato osservato un eccesso pari a circa un fattore 10 nel rate di conteggi. Nello stesso ambiente, dopo aver ventilato l'aria presente, è stata effettuata una ulteriore misura, ottenendo stavolta un valore molto minore, corrispondente ad un fattore circa 3 rispetto al fondo (Riga 2 della Tabella). Questo dimostra l'efficacia del ricambio aria negli ambienti chiusi ai fini della presenza del radon.

Delle misure sono state poi effettuate all'aperto, posizionando il palloncino sopra un suolo erboso (Riga 3) o su una parte mattonellata di un giardino (Riga 4), relativa alla stessa abitazione (dunque con lo stesso tipo di sottosuolo). Anche in questi due casi è stato osservato un netto aumento del rate di conteggio dovuto al palloncino, lasciato in posizione per tempi dell'ordine di un'ora.

Una ulteriore misura è stata poi effettuata nella soffitta della stessa abitazione, posta al secondo piano, ma lasciata chiusa per parecchi giorni nel periodo precedente le misure, osservando anche in questo caso un notevole eccesso nel rate di conteggio, oltre un fattore 15 rispetto al fondo, nonostante la dislocazione dell'ambiente ad un'altezza elevata rispetto al suolo. È probabile che in questo caso abbia giocato un ruolo importante il fatto che l'ambiente fosse stato chiuso da molti giorni, il che dimostra che il problema del radon non è trascurabile neppure ai piani alti di un'abitazione.

Ulteriori prove sono state fatte per verificare se il palloncino, una volta gonfiato, anche se non elettrizzato espressamente per strofinio, raccolga egualmente dei prodotti del radon. In effetti una misura del genere, in cui uno dei palloncini utilizzati nei giorni precedenti, dopo essere stato nuovamente gonfiato e lasciato per circa un'ora a riposo, ha mostrato evidenza di un eccesso nel tasso di conteggio, una volta che il palloncino è stato posto a contatto con il tubo del contatore Geiger, passando da un rate di (23.4 ± 0.6) conteggi/minuto ad un rate di (49.2 ± 1.7) conteggi/minuto, dunque all'incirca con un raddoppio del rate. Una ulteriore verifica di questo effetto è stata effettuata adoperando un palloncino mai utilizzato in precedenza e lasciandolo gonfio per un tempo di circa 40 minuti, ed anche in questo caso è stato osservato un leggero effetto, con un rate che è aumentato da (24.3 ± 0.8) conteggi/minuto ad un valore di (34.7 ± 1.6) conteggi/minuto. Sembrerebbe, dunque, che il palloncino, forse per semplice strofinio con l'aria mentre viene gonfiato o mosso, possa acquistare una carica elettrostatica capace di raccogliere i prodotti del radon. Una equivalente superficie di carta da cucina (circa $1\,200\,cm^2$, pari a quella del palloncino, che gonfiato aveva un raggio di circa $10\,cm$) non ha mostrato alcun effetto, dopo che la carta è stata esposta all'aria per circa un'ora e successivamente, appallottolata, posta sul contatore Geiger.

Misurazioni assolute del livello di radon in vari ambienti, effettuate in diversi ambienti e sotto svariate condizioni (ventilazione, pressione, ...), in funzione del tempo, sono riportate in vari siti, ad esempio in [RADONGAS].

Per quanto riguarda il periodo di tempo in cui il palloncino deve essere posizionato per raccogliere i prodotti del radon, sono state fatte delle ulteriori prove, lasciando il palloncino per un tempo molto più breve, circa 10 minuti. Anche in questo caso si è osservata evidenza di un eccesso di conteggi dal palloncino posto sul tubo Geiger, che sono aumentati da un valore di fondo di circa 30 conteggi/minuto ad un valore di circa 60 conteggi/minuto. Ci si attende invece che tempi di raccolta molto maggiori, dell'ordine di parecchie ore, non aumentino sensibilmente il numero di eventi osservati, date le vite medie in gioco degli isotopi raccolti, come vedremo nell'esperimento successivo. In altre parole, dopo parecchie ore gli isotopi raccolti sul palloncino avrebbero il tempo di decadere senza aumentare dunque il numero di conteggi osservati. Tempi dell'ordine di un'ora sono dunque una scelta ragionevole per osservare con chiarezza l'effetto.

Riferimenti bibliografici

[Austen1997]   D. Austen and W. Brouwer, *Radioactive balloons: experiments on radon concentration in schools or homes*, Physics Education **32**(1997)97.

[HARVARD]   Harvard Natural Sciences Lecture Demonstrations, https:// sciencedemonstrations.fas.harvard.edu/presentations/radons-progeny- decay. Verificato il 20 Gennaio 2025

[IOWA]   Instructional Resources and Lecture Demonstrations, Iowa College of Liberal Arts and Sciences, https://instructional-resources.physics.uiowa. edu/demos/7d1025-radioactivity-dust-radon. Verificato il 20 Gennaio 2025

[McGinley1968]   P. Mc Ginley, *Apparatus for teaching physics: Half-life of dust*, The Physics Teacher **6**(1968)323.

[PHYSICSOPENLAB] https://physicsopenlab.org/. Verificato il 20 Gennaio 2025

[RADONGAS]   www.radongas.eu. Verificato il 20 Gennaio 2025

[Walkiewicz1995] T.A. Walkiewicz, *The hot balloon (not air)*, The Physics Teacher **33**(1995)344.

[Willey1997]   T.M. Willey and J.A. Marshall, *Radioactive Balloon Measurements in Utah*, The Physics Teacher **35**(1997)478.

Misurare le curve di decadimento dovute al radon

23

Un utile complemento all'esperimento precedente, effettuabile con la stessa tecnica descritta, facente uso di un palloncino gonfio, caricato elettrostaticamente e lasciato per circa un'ora nell'ambiente scelto, è il monitoraggio in funzione del tempo del numero di decadimenti osservati quando il palloncino si pone in prossimità del contatore Geiger. Per effettuare questa misura, si procede come suggerito nel precedente esperimento, acquisendo dapprima i conteggi corrispondenti al fondo (ad esempio durante l'intervallo di tempo in cui il palloncino è posizionato, carico, per raccogliere i prodotti del radon nella posizione scelta), e, successivamente, senza interrompere l'acquisizione dati, con il palloncino sgonfiato e pressato in modo da posizionarne l'intero volume in prossimità del tubo Geiger. Si potrà osservare, se il livello di radon è sufficientemente elevato nell'ambiente, un aumento notevole del rate di conteggio, che al passare del tempo diminuirà, con un andamento simile ad una curva esponenziale decrescente, fino a raggiungere nuovamente il livello di fondo nell'arco di alcune ore.

La Fig. 23.1 mostra uno di questi andamenti, misurato in un ambiente descritto nell'esperimento precedente (Riga 1 della Tabella 22.1). Per effettuare questa e le successive misure descritte in questo capitolo è stato adoperato un contatore Geiger PASCO SN7928, connesso ad uno degli ingressi digitali di una scheda Arduino Uno, che rilevava ciascun evento marcandolo in tempo in base all'informazione fornita dal clock interno della scheda, tramite la funzione *millis()*. I dati, scritti su un file testo, sono stati successivamente analizzati mediante una macro di ROOT, per raggruppare gli eventi a step di un minuto, ottenendo il numero di conteggi al minuto al passare del tempo. La misura è durata complessivamente circa 5 ore.

Come si vede dalla figura, il rate di conteggio aumenta improvvisamente (all'incirca di un fattore 10 in questa specifica misura) quando il palloncino viene posto sul contatore Geiger, per poi diminuire progressivamente, con un andamento in prima approssimazione simile ad una curva esponenziale decrescente. Per valutare la costante di tempo è preferibile sottrarre il contributo del fondo, stimato nella parte iniziale della misura. Il risultato è mostrato in Fig. 23.2. Stavolta il valor medio dei conteggi (sottratti del fondo) si attesta intorno a 0 nella prima parte della curva, per poi aumentare, con un eccesso fino a quasi 250 conteggi/minuto.

F. Riggi, *Esperimenti didattici e amatoriali con i contatori Geiger*,
https://doi.org/10.1007/978-3-031-72012-3_23

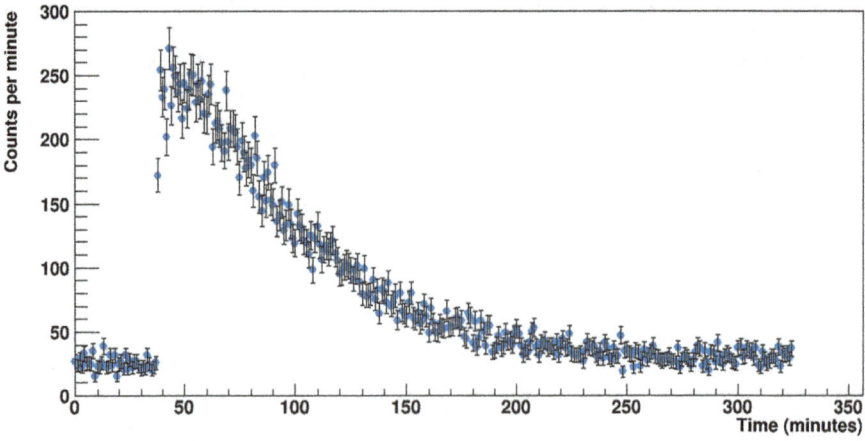

Figura 23.1 Curva di decadimento dei prodotti del radon, raccolti con la tecnica del palloncino carico descritto nel testo e monitorati al passare del tempo in intervalli successivi da 1 minuto

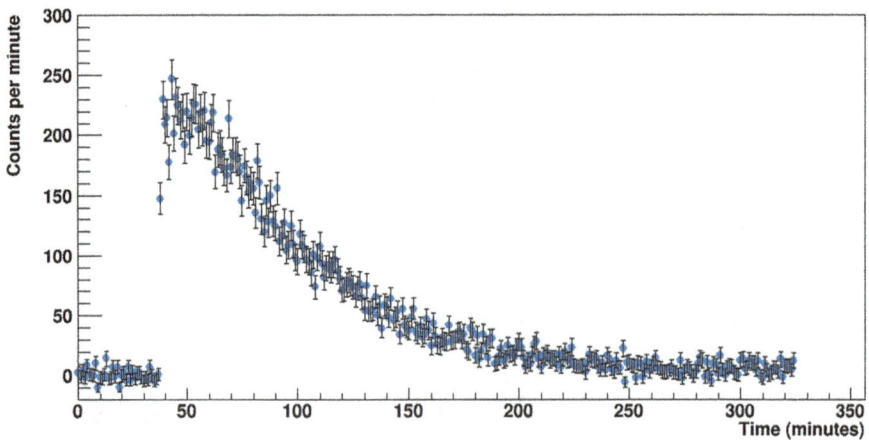

Figura 23.2 Curva di decadimento relativa alla misura precedente, dopo aver sottratto il contributo del fondo, stimato nella parte iniziale della misura

L'andamento della curva osservata è molto simile a quello di una curva esponenziale, tipica dei decadimenti radioattivi:

$$R = R_0 e^{-t/\tau}$$

dove R_0 è il rate osservato inizialmente, R è il rate osservato dopo un tempo t e τ è un tempo caratteristico del decadimento, detto vita media. Dalla equazione precedente risulta chiaro che per un tempo $t = \tau$ il rate si ridurrà dal valore iniziale R_0 ad un valore pari a $1/e$ (circa 0.368) del valore iniziale.

Per valutare la vita media τ, oppure il tempo di dimezzamento $T_{1/2}$ (tempo necessario affinché il numero di conteggi dai prodotti radioattivi si riduca a metà), si

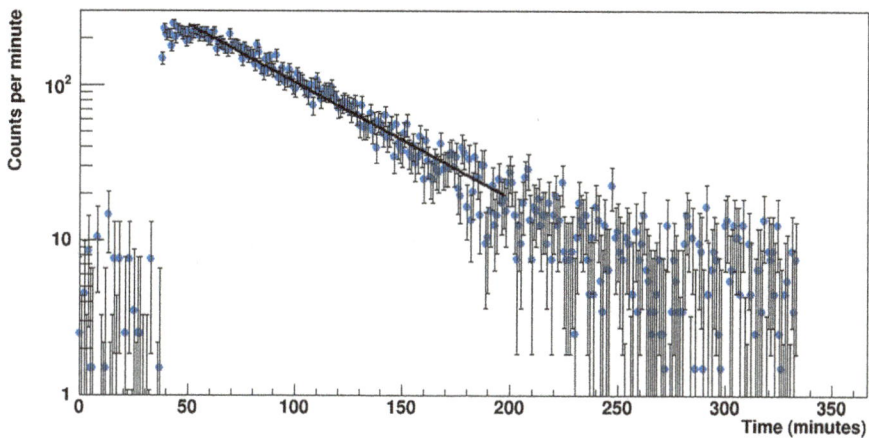

Figura 23.3 Dati della figura precedente, riportati su scala semilogaritmica. La linea continua rappresenta il risultato di un best-fit lineare (nell'intervallo tra 50 e 200 minuti), dal quale può essere estratto un valore della vita media pari a (58 ± 0.7) minuti

possono riportare i dati utilizzando una scala logaritmica per l'asse delle ordinate, nel qual caso l'andamento esponenziale decrescente sarà rappresentato da una retta, il cui coefficiente angolare, stimato tramite una procedura di best-fit, rappresenta proprio l'inverso della vita media τ. La Fig. 23.3 mostra gli stessi dati della figura precedente, riportati su scala semilogaritmica. La linea continua rappresenta il risultato di un fit lineare, nell'intervallo tra 50 e 200 minuti, che dà come risultato un valore di τ pari a (58 ± 0.7) minuti.

Il tempo di dimezzamento $T_{1/2}$ è legato alla vita media dalla relazione

$$T_{1/2} = \tau \ln 2$$

e risulta in questo caso pari a (40.2 ± 0.5) minuti.

In realtà, la vita media estratta da questa curva di decadimento è il risultato della presenza dei diversi isotopi radioattivi della catena, ciascuno con una sua vita media, da pochi minuti ad alcuni giorni, e dunque non corrisponde ad un solo isotopo della catena. Da questo punto di vista l'andamento del rate in funzione del tempo non è rigorosamente rappresentato da una curva esponenziale, la quale risulta tuttavia una buona approssimazione per caratterizzarne il comportamento. Il valore di vita media ottenuto dipende inoltre dall'abbondanza relativa dei vari isotopi raccolti dal palloncino e può dunque variare da una situazione all'altra. Valori tipici osservabili sono dell'ordine di un'ora, con ampie variazioni, così come ottenuto nella misura effettuata in questo caso.

L'osservazione della curva di decadimento dei prodotti del radon è molto interessante, perché costituisce una delle poche occasioni nelle quali è possibile osservare la diminuzione dell'abbondanza di un isotopo radioattivo con tempi di dimezzamento né troppo corti (il che li renderebbe difficili da osservare) né troppo lunghi, tanto da richiedere misure effettuate in un arco di tempo molto esteso. Vite medie

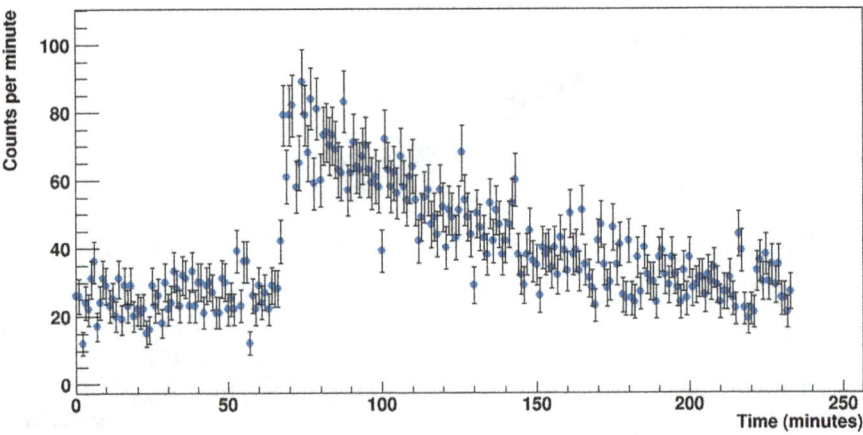

Figura 23.4 Curva di decadimento dei prodotti del radon, osservata dopo aver esposto il palloncino in un ambiente che era stato precedentemente ventilato

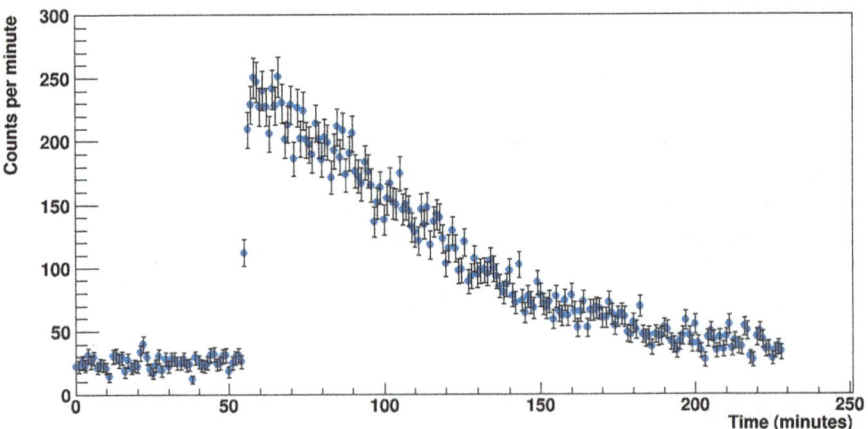

Figura 23.5 Curva di decadimento dei prodotti del radon, osservata dopo aver esposto il palloncino su un prato erboso

dell'ordine di un'ora sono invece facilmente osservabili nell'arco della durata tipica di un esperimento didattico e forniscono una evidenza chiara del fenomeno del decadimento radioattivo. L'ulteriore vantaggio è che la radiazione osservata in questo fenomeno è "naturale" e non richiede l'utilizzo di alcuna sorgente radioattiva. Si tratta dunque di un esperimento che può essere eseguito anche a casa a scopo amatoriale.

Misure della curva di decadimento dei prodotti del radon sono state effettuate nel corso di questi esperimenti in varie condizioni e ambienti, come discusso anche nel capitolo precedente, ottenendo risultati simili per quanto riguarda la forma della curva e il valore di vita media estraibile dalla curva. Le figure seguenti (Fig. 23.4, 23.5,

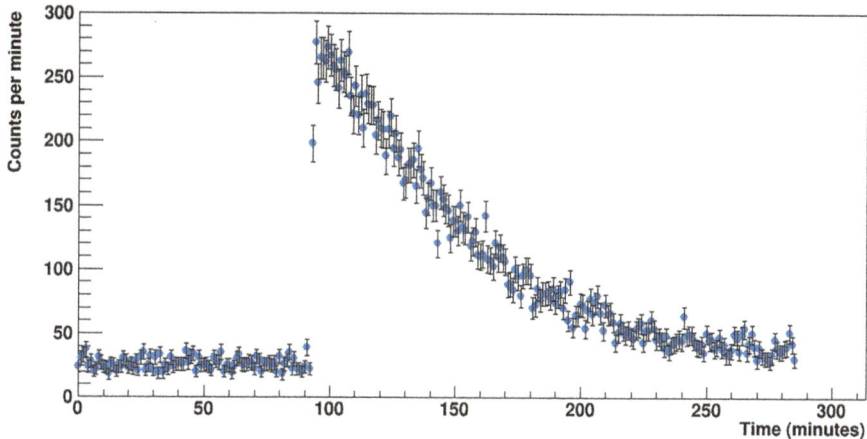

Figura 23.6 Curva di decadimento dei prodotti del radon, osservata dopo aver esposto il palloncino su un pavimento mattonellato in un giardino

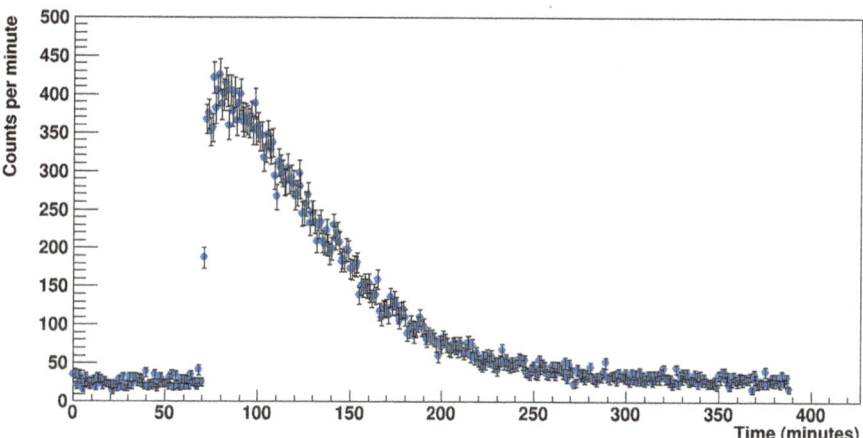

Figura 23.7 Curva di decadimento dei prodotti del radon, osservata dopo aver esposto il palloncino in una soffitta chiusa da diversi giorni

23.6 e 23.7) mostrano a titolo di esempio alcuni dei risultati ottenuti, corrispondenti agli ambienti esplorati nell'attività precedente.

Misure condotte per tempi lunghi (24 h) e con una certa precisione statistica, ad esempio usando due contatori Geiger tra i quali interporre il palloncino sgonfiato, oppure più palloncini da porre sullo stesso contatore, o nel caso comunque di un elevato rate di conteggio osservato, possono mettere in evidenza anche un cambiamento nella pendenza della curva di decadimento, con una prima parte dominata dagli isotopi a vita media più breve (il ^{214}Pb e il ^{214}Bi, con tempi di dimezzamento rispettivamente di 26.8 e 19.7 minuti, derivanti dal ^{222}Rn) e una seconda parte, di intensità molto bassa, caratteristica degli isotopi a vita media più lunga (^{212}Pb e ^{212}Bi, con tempi di dimezzamento di 10.6 ore e 61 minuti, derivanti dal ^{220}Rn).

Misurare la radioattività in tubi a raggi catodici

Anche se ormai i vecchi monitor o TV a raggi catodici sono stati soppiantati da molti anni da devices più moderni (LCD, LED, ...) è possibile ancora trovare qualche vecchio monitor dismesso presso laboratori didattici o presso depositi di materiale di scarto. I monitor a raggi catodici, così come i vecchi apparecchi televisivi, utilizzavano per la formazione delle immagini sullo schermo un fascetto di elettroni, che opportunamente deviato, colpiva i fosfori dello schermo (Fig. 24.1).

La scansione completa dello schermo, immaginata come una matrice di righe successive, veniva effettuata in un tempo molto rapido, determinato dalla frequenza di refresh, tanto da rendere possibile la percezione delle immagini in movimento a causa della persistenza delle immagini sulla retina. L'impulso luminoso emesso dai fosfori presenta una intensità caratteristica, con una rapida salita e una diminuzione di tipo pressoché esponenziale, con costanti di tempo dell'ordine del millisecondo. È possibile, ad esempio, misurare la forma di questi impulsi luminosi mediante un sensore di luce che acquisisca ad alta frequenza di campionamento l'intensità luminosa [LaRocca2010].

Il fascetto di elettroni nei tipici tubi a raggi catodici è accelerato mediante tensioni dell'ordine della decina di kV. Nel caso dei monitor a colori, le tensioni di

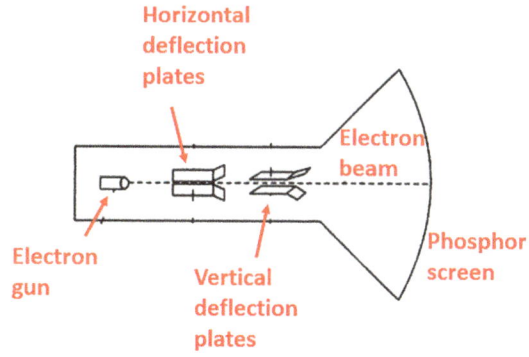

Figura 24.1 Schema di un monitor a raggi catodici. Il fascio di elettroni, opportunamente deflesso dalle placche di deflessione orizzontali e verticali, colpisce i fosfori dello schermo, producendo l'immagine

accelerazione sono ancora maggiori e possono raggiungere anche 30 kV. È dunque possibile che gli elettroni accelerati, nell'interagire con il materiale solido dello schermo a fosfori, emettano raggi X, mediante il meccanismo di radiazione di frenamento (bremmstrahlung). In linea di principio, ci si può chiedere se l'emissione di raggi X prodotti da questi monitor possa essere rivelata anche da un contatore Geiger, il quale, pur avendo un'efficienza molto ridotta per la rivelazione degli X e dei gamma, potrebbe essere in grado di rivelare gli elettroni secondari prodotti a loro volta dagli X nell'involucro del contatore stesso.

Misure di questo genere, condotte ponendo a stretto contatto un contatore Geiger su un monitor a colori da 21″, non hanno tuttavia evidenziato alcun aumento del tasso di conteggio tra monitor spento e monitor acceso. Questo è probabilmente dovuto all'effetto di schermaggio offerto dal vetro del monitor, che in genere contiene un certo quantitativo, anche del 10%, di PbO o di BaO, ossidi di elementi pesanti, proprio per schermare dai raggi X. Controlli di questo tipo, cioè della possibile emissione di raggi X dagli schermi, sono stati condotti nel passato su numerosi modelli di monitor o di apparecchi televisivi a raggi catodici, nell'ambito di indagini legate alla sicurezza delle persone che passano molto tempo davanti ai terminali, o anche per i comuni spettatori TV, e hanno dimostrato che l'effetto di schermaggio dei raggi X prodotto dai vetri normalmente adoperati in questi apparecchi era più che sufficiente ad arrestare il passaggio dei raggi X prodotti [Marok2006]. Misure del genere hanno fatto uso sia di contatori Geiger, posti in prossimità dello schermo, sia di rivelatori a scintillazione. Non è dunque sorprendente che anche nel nostro caso non si osservi alcuna differenza nel rate di conteggio del contatore Geiger sia quando il monitor è acceso che spento.

Nel corso di queste misure, tuttavia, è stato notato che ponendo il contatore in prossimità dello schermo, si può misurare un chiaro aumento del rate di conteggi del contatore Geiger, anche con il monitor spento, rispetto ad una misura effettuata con il contatore posto a distanza (parecchie decine di cm) dallo schermo. Misure preliminari hanno indicato un aumento di circa il 50% rispetto al livello di fondo. Questa evidenza qualitativa ha dato luogo a delle misure più quantitative, condotte con maggiore precisione e in condizioni controllate, per quantificare il contributo dovuto alla presenza del monitor.

Data la struttura del contatore Geiger adoperato, che non ha una specifica finestra di ingresso a basso spessore per la rivelazione delle particelle alfa, è da escludere che questo eccesso di conteggi possa essere dovuto a particelle alfa, in quanto esse sarebbero arrestate già dal sottile spessore del tubo Geiger stesso e dallo spessore della plastica che contiene il tubo e l'elettronica del contatore.

Si tratta dunque di elettroni (raggi beta) o di fotoni (X, gamma). Misure del rate di conteggio effettuate interponendo piccoli spessori di alluminio (1–2 mm, corrispondenti a densità superficiali di 0.27–0.54 g/cm^2) hanno mostrato che l'eccesso viene ridotto a zero, misurando in queste condizioni un rate compatibile con il livello di fondo. È difficile, dunque, che si tratti di gamma, a meno di non ipotizzare energie molto basse di questi fotoni. Il coefficiente di assorbimento dei gamma nell'alluminio è stato discusso nel Capitolo 2, con plot relativi all'alluminio nel range di energia tra 0.1 e 10 MeV.

Come si vede dalle figure riportate nel Capitolo 2, e dai dati reperibili tramite [NIST] ad un'energia dei fotoni pari a 100 keV corrisponde un coefficiente di assorbimento di circa 0.17 cm^2/g. Possiamo assumere un andamento esponenziale del numero di fotoni con lo spessore x, del tipo $I = I_0 e^{-\mu x}$, dove μ è il coefficiente di assorbimento, e I, I_0 rappresentano rispettivamente il numero di fotoni per unità di tempo capaci di attraversare lo spessore x e il numero iniziale di fotoni per unità di tempo. Se dunque $\mu = 0.17$ cm^2/g, dopo uno spessore di 0.27 g/cm^2 (1 mm) di alluminio, potremmo aspettarci che una frazione pari al 95% dei fotoni iniziali sia ancora capace di attraversare questo strato di alluminio. Anche se l'energia dei fotoni fosse molto minore, ad esempio 30 keV, in corrispondenza alla quale il coefficiente di assorbimento è pari a 1.13 cm^2/g, la frazione di fotoni capaci di attraversare 1 mm sarebbe ancora il 74%. Perché si abbia una riduzione molto consistente del numero di fotoni interponendo uno spessore di 1 mm di alluminio bisognerebbe ipotizzare, dunque, energie massime dei fotoni di qualche decina di keV.

Elettroni con energie dell'ordine delle centinaia di keV o del MeV, quali quelli emessi nei fenomeni di decadimento radioattivo beta, vengono invece tipicamente fermati da spessori di alluminio dell'ordine del mm. Per valutare in modo quantita-

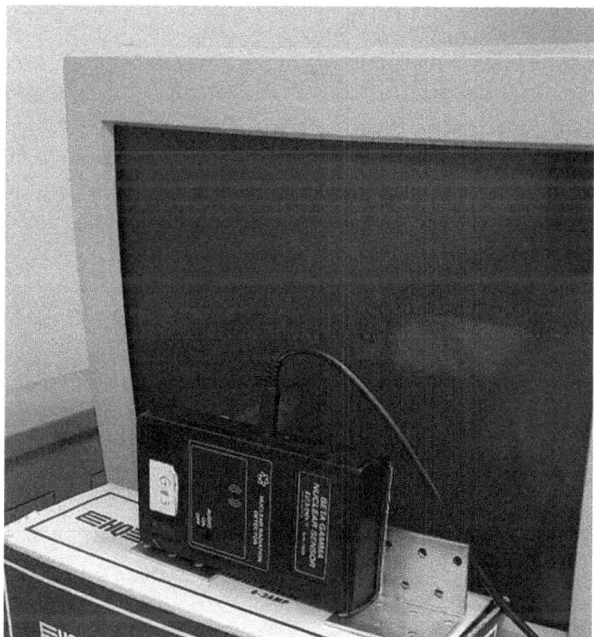

Figura 24.2 Posizionamento di un contatore Geiger (Mod. SN7928 della Pasco) di fronte ad un monitor CRT (spento) per misure della radioattività prodotta dallo schermo

Tabella 24.1 Risultati delle misure condotte con il contatore Geiger posizionato di fronte allo schermo del monitor a raggi catodici, con diversi spessori di alluminio interposti, in modo da osservare l'effetto dell'assorbimento della radiazione emessa dallo schermo

Condizioni di misura	Tempo di misura (s)	Numero di eventi	Rate medio (eventi/s)	Rate medio corretto per il fondo (eventi/s)
Nessuno schermo	5 550	2 775	0.50 ± 0.007	0.17
0.17 mm	2 450	1 078	0.44 ± 0.013	0.11
0.34 mm	6 150	2 398	0.40 ± 0.005	0.07
0.51 mm	54 800	21 372	0.39 ± 0.003	0.06
Fondo	365 090	120 480	0.330 ± 0.001	n. a.

tivo la capacità di penetrazione delle radiazioni osservate in prossimità del monitor, sono state eseguite delle misure posizionando il contatore a pochi mm dallo schermo, in condizioni geometriche fissate, come mostrato in Fig. 24.2, adoperando diversi spessori di alluminio, compresi tra 0 e 0.5 mm, interposti tra lo schermo e il contatore Geiger. Per realizzare questi spessori sottili è stata utilizzata la normale carta alluminio da cucina piegata più volte (spessore del singolo foglio pari a circa 10 micron).

In Tabella 24.1 sono riportati i valori delle misure effettuate al variare dello spessore, indicando il tempo di misura adoperato, il numero di eventi rivelati e il rate medio (eventi/s) estratto da ciascuna misura. Come si vede, per raggiungere una significatività statistica sufficiente a distinguere il risultato delle diverse misure sono stati adoperati tempi di misura relativamente lunghi, in modo da avere un numero di eventi pari ad alcune migliaia in ciascuna misura, e quindi un errore statistico di qualche percento.

Una ulteriore misura di fondo, condotta per tempi lunghi dopo aver spostato il monitor, ma lasciando il contatore Geiger nella stessa posizione utilizzata durante le altre misure, è stata utilizzata per sottrarre questo contributo dai valori misurati con la presenza del monitor.

I risultati ottenuti sono mostrati in Fig. 24.3 usando una scala logaritmica per le ordinate, in modo da evidenziare più facilmente l'andamento esponenziale dei dati in funzione dello spessore. Un fit dei dati, rappresentato dalla linea continua in figura, ha dato un valore del coefficiente di assorbimento pari a $(2.13 \pm 0.12)\,mm^{-1}$, equivalente a $7.9\,cm^2/g$.

I valori del coefficiente di assorbimento per elettroni di varie energie in alluminio e in altri materiali sono stati misurati in diversi lavori, ad esempio in [Ram1982]. L'andamento del coefficiente di assorbimento segue all'incirca un andamento esponenziale con l'energia, e valori intorno a $8\,cm^2/g$ corrispondono ad energie degli elettroni di circa $2\,MeV$, compatibili con tipici fenomeni di radioattività beta da nuclei.

Da quali isotopi radioattivi presenti nello schermo dei monitor può derivare l'emissione beta ipotizzata per spiegare l'eccesso di conteggi rispetto al fondo osservata nel contatore Geiger?

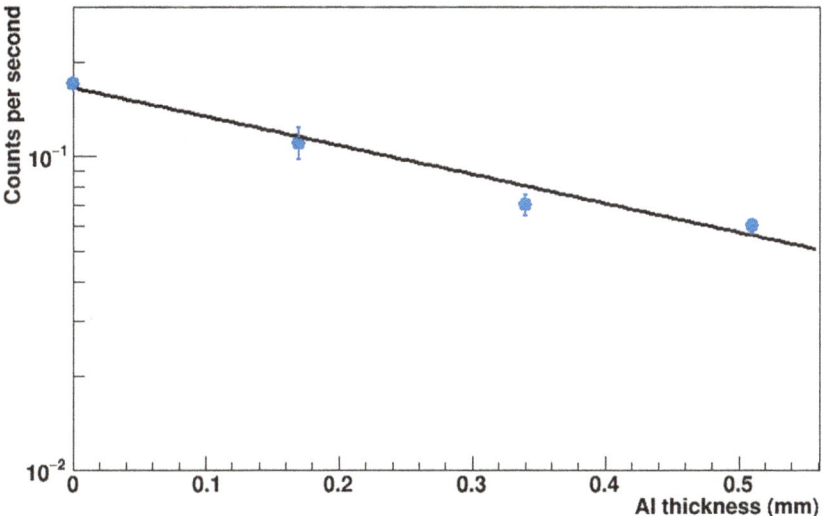

Figura 24.3 Rate di conteggio del contatore Geiger, posizionato di fronte ad un monitor a raggi catodici, per vari valori dello spessore di alluminio interposto, dopo aver sottratto il contributo dovuto al fondo

Evidenze di radioattività presente nello schermo di monitor a raggi catodici sono state ottenute in passato in seguito a diverse campagne di monitoraggio nell'ambito della sicurezza dei lavoratori, ad esempio in [Kirner2004]. Secondo alcune di queste campagne di misura, un tipico monitor può produrre circa 1 Bq (eventi di disintegrazione al secondo), originati dalla presenza di ^{210}Pb. Secondo altri autori, tuttavia, la maggiore fonte di radioattività sarebbe dovuta alla presenza di uranio e di torio come contaminanti nel silicato di zirconio presente come additivo nella fabbricazione dei vetri per i monitor.

Considerando che circa 54 g di silicato di zirconio sono utilizzati in ciascun monitor, e che la presenza di ^{232}Th e di ^{238}U nel silicato di zirconio dà luogo rispettivamente a 0.6 e 3.0 Bq per grammo, ci si può aspettare un numero di disintegrazioni al secondo pari a 32 Bq e a 162 Bq prodotte dal ^{232}Th e dall'^{238}U rispettivamente, dunque molto maggiori rispetto a quelle dovute alla presenza di ^{210}Pb. Misure condotte su diversi modelli di monitor a colori da 14″ a 21″ [Kirner2004] hanno mostrato valori ancora più elevati di quelli stimati. I risultati dipendono tuttavia dal tipo di probe adoperata e dalla sua superficie, e sono in ogni caso da ricondurre a radioattività di tipo beta o gamma, dato che il contributo delle alfa può essere facilmente eliminato.

Le due Tabelle 24.2 e 24.3 mostrano le catene di decadimento dei due isotopi in questione:

Tabella 24.2 Catena di decadimento dell'isotopo ^{232}Th

Nuclide	Modo di decadimento	Tempo di dimezzamento	Energia (MeV)
^{232}Th	α	1.4 10^{10} anni	4.081
^{228}Ra	β^-	5.75 anni	0.046
^{228}Ac	β^-	6.15 ore	2.134
^{228}Th	α	1.91 anni	5.520
^{224}Ra	α	3.63 giorni	5.789
^{220}Rn	α	55.6 secondi	6.405
^{216}Po	α	0.145 secondi	6.906
^{212}Pb	β^-	10.64 ore	0.569
^{212}Bi	β^- (64%), α (36%)	60.55 minuti	β^- 2.252, α 6.207
^{212}Po	α	299 ns	8.954
^{208}Tl	β^-	3.05 minuti	4.999
^{208}Pb	Stabile		

Tabella 24.3 Catena di decadimento dell'isotopo ^{238}U

Nuclide	Modo di decadimento	Tempo di dimezzamento	Energia (MeV)
^{238}U	α	4.5 10^9 anni	4.270
^{234}Th	β^-	24.1 giorni	0.273
$^{234\,m}$Pa	β^- (99.84%), IT (0.16%)	1.16 minuti	2.268, 0.074
^{234}Pa	β^-	6.70 ore	2.194
^{234}U	α	2.5 10^5 anni	4.860
^{230}Th	α	7.5 10^4 anni	4.770
^{226}Rn	α	1600 anni	4.871
^{222}Rn	α	3.82 giorni	5.590
^{218}Po	α (99.9%), β^- (0.02%)	3.098 minuti	6.115/0.260
^{218}At	α (99.98%), β^- (0.1%)	1.5 secondi	6.874/2.881
^{218}Rn	α	35 ms	7.263
^{214}Pb	β^-	26.8 minuti	1.019
^{214}Bi	α (0.02%), β^- (99.98%)	19.9 minuti	5.621/3.270
^{214}Po	α	164 μs	7.833
^{210}Tl	β^-	1.3 minuti	5.482
^{210}Pb	β^-	22.2 anni	0.063
^{210}Bi	β^-	5.012 giorni	1.161
^{210}Po	α	138.3 giorni	5.407
^{206}Hg	β^-	8.32 minuti	1.308
^{206}Tl	β^-	4.20 minuti	1.532
^{206}Pb	Stabile		

Riferimenti bibliografici

[Kirner2004]   N.P. Kirner et al., *Radioactivity in cathode ray tubes*, Health Physics **86**(2004)S20 and references therein.

[LaRocca2010] P. La Rocca and F. Riggi, *Sensor testing illuminates CRT refresh rate*, Physics Education **45**(2010)133

[Marok2006]   M.F. Marok and Q.Kh. Al Dulamey, *X ray hazard from colour television sets and video display terminals*, Rafidain Journal of Science **17**(2006)1.

[NIST]   National Institute of Standards and Technology, www.nist.gov. Verificato il 20 Gennaio 2025

[Ram1982]   N. Ram et al., *Mass absorption coefficients and range of beta particles in Be, Al, Cu, Ag and Pb*, Pramana **18**(1982)121.

Rivelare la debole radioattività di oggetti in ceramica

Alcuni oggetti in ceramica, specie se realizzati molti decenni addietro, presentano un certo grado di radioattività. Questo è dovuto soprattutto ad alcuni smalti utilizzati per la finitura delle superfici degli oggetti, che contenevano ossido di uranio. Questo effetto è stato notato particolarmente per piatti e suppellettili *Fiestaware*, che fino ad una certa data, intorno al 1943, contenevano una percentuale non trascurabile di uranio naturale, in particolare negli smalti di colore rosso, successivamente di uranio impoverito, fino agli anni '70, e infine eliminato nei prodotti più recenti [ORAU]. Poiché la vita media dell'^{238}U è molto lunga (4.5 miliardi di anni) fondamentalmente la quantità di uranio presente non diminuisce in tempi compatibili con la durata dell'oggetto. Oggetti realizzati in quegli anni possono presentare dunque un grado di radioattività elevato, e ne è stato sconsigliato l'uso per il cibo. Se si avessero a disposizione oggetti vintage risalenti a quell'epoca si può facilmente misurare la radioattività presente in esemplari del genere, utilizzando un contatore Geiger, come dimostrano molti video amatoriali presenti in rete, ad esempio [VIDEO1].

Poiché oggetti in ceramica, terracotta o porcellana contengono una certa distribuzione della composizione isotopica del suolo da cui proviene il materiale grezzo, è possibile che un certo grado di radioattività, anche se molto debole, sia associato anche a oggetti realizzati in tempi molto recenti, senza alcun utilizzo di smalti contenenti ossido di uranio. Studi di questo genere sono stati condotti su una varietà notevole di materiali del genere, tipicamente utilizzando la rivelazione delle particelle alfa prodotte nel decadimento o tecniche di spettroscopia gamma [Hobbs2000].

Per verificare la possibilità di evidenziare deboli livelli di radioattività in oggetti di questo tipo con un semplice contatore Geiger, sensibile particolarmente alla radiazione beta (e, anche se con efficienza ridotta, a quella gamma), sono state effettuate alcune misure su una ciotola in ceramica da forno e su una pirofila in ceramica bianca. Si vede subito, che a differenza degli oggetti *Fiestaware*, in cui è possibile notare un enorme eccesso di eventi rispetto al fondo, anche migliaia di conteggi al minuto, in questo caso nessuna evidenza apparente si presenta a prima vista. Per avere una risposta più significativa è dunque necessario condurre delle misure per tempi lunghi.

F. Riggi, *Esperimenti didattici e amatoriali con i contatori Geiger*, https://doi.org/10.1007/978-3-031-72012-3_25

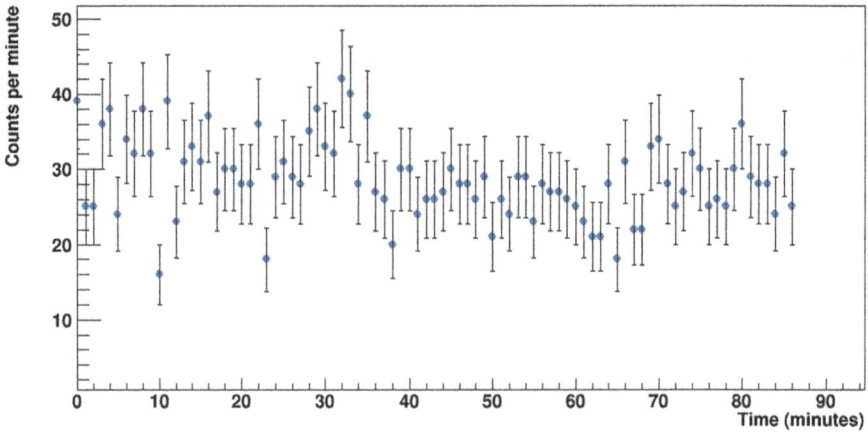

Figura 25.1 Rate di conteggio di un contatore Geiger, posizionato all'interno di una ciotola in ceramica da forno, fino al tempo $t = 40'$. Dopo questo momento la ciotola è stata allontanata dal contatore, osservando un rate di conteggio lievemente minore

In una prima misura, un contatore Geiger è stato posto all'interno della ciotola, semplicemente appoggiata su un tavolo, acquisendo il numero di eventi al minuto rivelati dal contatore. Dopo un tempo di $40'$ la ciotola è stata allontanata dal contatore, che ha continuato ad acquisire eventi per un tempo paragonabile (circa $45'$). Il risultato è mostrato in Fig. 25.1. Si nota un leggero eccesso di eventi nella prima metà del plot, con una media che può essere stimata in (29.5 ± 0.9) conteggi/minuto, mentre con l'oggetto lontano dal contatore si misura un fondo pari a (26.3 ± 0.7) conteggi/minuto.

In questo caso l'eccesso di conteggi osservato nella prima parte della misura è appena percettibile, anche se al di fuori dell'incertezza statistica, mostrando una differenza di (3.2 ± 1.1) conteggi/minuto rispetto al valore di fondo.

Una seconda misura è stata condotta su una pirofila in ceramica bianca (Fig. 25.2), nelle stesse condizioni della misura precedente, cioè posizionando il contatore Geiger all'interno dell'oggetto (dal tempo $t = 0$ al tempo $t = 3\,400''$ ($57'$)), e successivamente continuando la misura con l'oggetto allontanato dal contatore.

Il risultato è mostrato in Fig. 25.3, e anche in questo caso si può notare visivamente un eccesso di conteggi nella prima parte della misura, con una media pari a (30.2 ± 0.7) conteggi/minuto, contro i (23.7 ± 0.6) conteggi/minuto della seconda parte, una differenza pari in questo caso a (6.5 ± 0.9) conteggi/minuto. Possiamo dire che in questo caso l'eccesso osservato rappresenta quasi un 30% di incremento rispetto al fondo.

Si tratta in ogni caso di misure che tipicamente trarrebbero beneficio da una riduzione del fondo, in modo da mettere meglio in evidenza il basso livello di radioattività associato all'oggetto. Una prova del genere è stata condotta, ripetendo la prima di queste misure all'interno di un blocco di mattoni di piombo che offrissero una certa riduzione (all'incirca il 30%) rispetto al flusso dei cosmici e alla

Figura 25.2 Un contatore Geiger posizionato all'interno di una pirofila bianca per valutare l'eventuale eccesso di conteggi rispetto al fondo

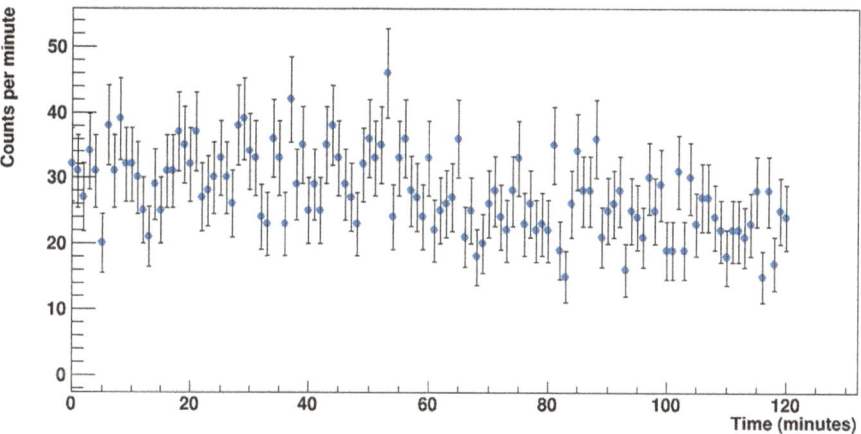

Figura 25.3 Rate di conteggio di un contatore Geiger, posizionato all'interno di una pirofila bianca, fino al tempo $t = 57'$. Dopo questo momento l'oggetto è stato allontanato dal contatore, osservando un rate di conteggio minore

radioattività ambientale. Il contatore Geiger, infatti, posto fuori dallo schermaggio di piombo aveva un rate di conteggio di circa 0.30 conteggi/s, mentre posto sotto il piombo riduceva il suo conteggio a 0.22 conteggi/s. Posizionando tuttavia anche l'oggetto in prossimità del contatore, entrambi sotto il piombo, si è visto risalire il conteggio nuovamente a circa 0.3 conteggi/s, a causa della debole radioattività dell'oggetto. La Fig. 25.4 mostra il setup adoperato, mentre la Fig. 25.5 mostra il risultato completo della misura, in cui la prima parte, da $t = 0$ a $t = 60'$, è stata condotta con il solo contatore Geiger posto sotto lo schermo di piombo, mentre la seconda parte della misura, da $t = 60'$ in poi, con la presenza della ciotola a contatto con il Geiger.

Figura 25.4 La ciotola utilizzata nella prima di queste
misure è stata posizionata
all'interno di un blocco di
mattoni di piombo per ridurre
il fondo ambientale e dovuto
ai raggi cosmici e poter osservare meglio il debole eccesso
di eventi

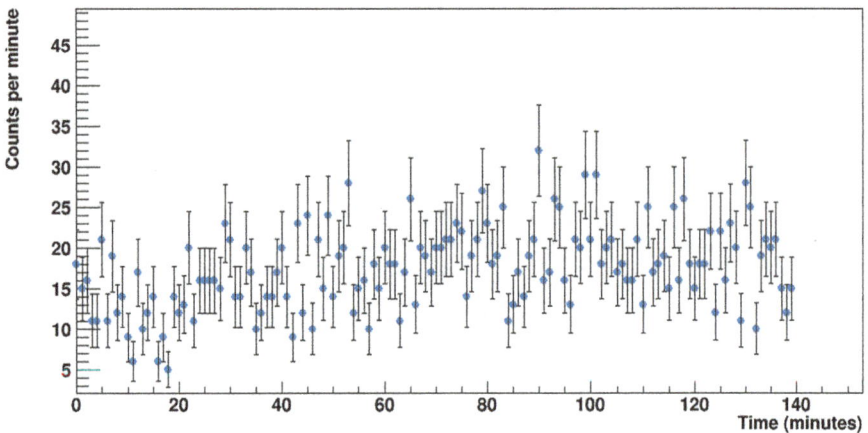

Figura 25.5 Rate di conteggio di un contatore Geiger sotto uno schermaggio di piombo. Dal
tempo $t = 60'$ l'oggetto in ceramica è stato posto anch'esso sotto il piombo, in prossimità del
contatore

In questo caso il valor medio dei conteggi nella prima parte della misura (da
$t = 0$ a $t = 60'$) risulta essere di (13.3 ± 0.5) conteggi/minuto, mentre si misura un
numero di eventi pari a (18.4 ± 0.5) eventi/minuto nella seconda parte del plot, con

un eccesso di circa (5 ± 0.7) conteggi/minuto, stavolta un eccesso di quasi il 40% rispetto al fondo.

Anche se gli effetti osservati sono piccoli, si conferma come una riduzione del fondo adeguata sia sempre più importante man mano che il segnale da osservare sia debole, cioè corrisponda ad una piccola frazione del fondo naturale.

Misure di questo genere possono essere condotte su una varietà di oggetti di utilizzo casalingo, non solo su oggetti in ceramica, come vedremo nell'attività successiva, specie se si è in grado di provvedere ad un certo schermaggio delle radiazioni ambientali provenienti dagli altri materiali e dall'edificio stesso nonché dalle radiazioni di origine cosmica. In assenza di mattoni di piombo, anche mattoni di utilizzo nell'edilizia, sebbene non privi anch'essi di un piccolo contributo radioattivo, possono essere usati per fornire un certo grado di schermaggio.

Riferimenti bibliografici

[Hobbs2000] T.G. Hobbs, *Radioactivity measurements on glazed ceramic surfaces*, Journal of Research of the National Institute of Standards and Technology **105**(2000)275.

[ORAU]   Oak Ridge Associated Universities, https://www.orau.org. Verificato il 20 Gennaio 2025

[VIDEO1]   https://www.youtube.com/watch?v=wluxzlMkoyw. Verificato il 20 Gennaio 2025

Rivelare bassi livelli di radioattività in altri materiali

Le misure discusse nell'esperimento precedente sono rappresentative di una classe numerosa di misure che in linea di principio possono essere effettuate con un contatore Geiger per mettere in evidenza la debole radioattività di oggetti che possono contenere, in misura maggiore o minore, una piccola frazione di isotopi radioattivi. Possibili suggerimenti circa misure del genere riguardano, tra gli altri, l'utilizzo delle piastrelle in ceramica utilizzate in edilizia, la pietra pomice, certi tipi di minerali (in particolare quelli che possono contenere uranio), le pagliette metalliche usate per pulire le pentole, gli elettrodi per saldatura antecedenti una certa data (in quanto contenevano una certa percentuale di torio), gli obiettivi di alcune macchine fotografiche, nonché la stessa pioggia.

Gli obiettivi delle macchine fotografiche prodotti nei decenni scorsi, tra gli anni '40 e gli anni 70, contenevano ad esempio una certa quantità di ossido di torio come componente del vetro utilizzato nelle lenti, a causa delle buone proprietà ottiche. Molti obiettivi del genere sono stati testati individualmente in passato per un'analisi delle loro eventuali tracce di radioattività [CAM]. A titolo di prova, abbiamo testato un obiettivo Minolta grandangolare risalente agli anni '80, posizionando l'obiettivo in prossimità del contatore, ottenendo i risultati mostrati in Fig. 26.1. Nessun eccesso rispetto al valore di fondo è stato osservato in questa misura, dato che il valore medio estratto dalla prima parte della misura (da $t = 0$ a $t = 50'$), pari a (23.5 ± 0.7) conteggi/minuto e quello estratto dalla seconda parte della misura (da $t = 50'$ alla fine), pari a (25.0 ± 0.4) conteggi/minuto, sono confrontabili entro i limiti dell'incertezza statistica.

Un risultato negativo analogo è stato ottenuto provando a misurare l'eventuale eccesso di conteggi dovuti alla presenza di un certo quantitativo di pagliette metalliche, del tipo di quelle adoperate in cucina per pulire le pentole (Fig. 26.2), che in alcuni siti sono indicati come oggetti potenzialmente in grado di esibire un eccesso di radioattività rispetto al fondo. Anche in questo caso una misura, condotta per un tempo non molto lungo (circa un'ora in totale), con e senza la presenza di questo materiale in prossimità del contatore Geiger, ha dato valori confrontabili: (23.7 ± 0.8) contro (25.8 ± 0.8) conteggi/minuto. Eventuali misure ulteriori do-

F. Riggi, *Esperimenti didattici e amatoriali con i contatori Geiger*, https://doi.org/10.1007/978-3-031-72012-3_26

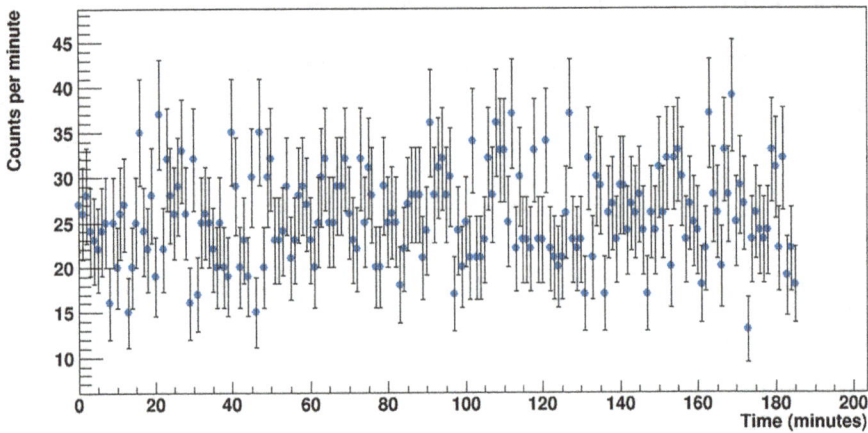

Figura 26.1 Rate di conteggio ottenuto con un obiettivo da fotocamera posto in prossimità del Geiger (da $t=0$ a $t=50'$) e successivamente senza l'oggetto in questione (da $t=50'$ alla fine della misura). Nessun eccesso di conteggi è stato osservato nella prima parte della misura

vrebbero essere condotte con tempi di misura significativamente più lunghi, almeno diverse ore, per stabilire l'eventuale esistenza di piccoli effetti.

Un altro materiale di facile reperimento casalingo è la pietra pomice, del quale è stato utilizzato un piccolo esemplare (Fig. 26.3), trovato su una spiaggia, per una misura analoga, della durata complessiva di poco più di due ore. Durante i primi 50' il campione è stato a contatto con il Geiger, mentre da quel momento fino alla fine della misura è stato allontanato per valutare il fondo.

La Fig. 26.4 mostra stavolta in modo evidente un piccolo eccesso di eventi durante i primi 50 minuti della misura, con un valore medio di (33.5 ± 0.8) conteggi/minuto contro i (25.9 ± 0.5) conteggi/minuto ottenuti in assenza del campione, una differenza pari a (7.6 ± 0.9) conteggi/minuto, cioè dell'ordine del 30% rispetto al fondo. La causa della radioattività di campioni del genere è dovuta principalmente alla presenza di ^{40}K e di elementi radioattivi più pesanti, come ^{232}Th, ^{226}Ra e ^{238}U, come messo in evidenza anche da studi condotti con spettrometri gamma [Alshahrani2021, Turhan2007].

Le misure riportate in questa sezione, come detto, sono rappresentative di una ampia classe di esperimenti che possono essere condotti su oggetti e materiali di uso comune, tenendo conto che in generale la percentuale di isotopi radioattivi presenti è molto bassa e dunque difficile da evidenziare rispetto al fondo. Tutte queste misure necessitano pertanto di essere condotte per tempi di misura molto lunghi (ore o giorni) in condizioni controllate e stabili, e, se possibile, sotto un adeguato schermaggio che possa ridurre il fondo dovuto ai raggi cosmici e alla radioattività ambientale. Materiali e oggetti che sono stati testati da altri autori [Cough1995, Kritzberger2017, Lapp2010], e talvolta riportati anche in siti divulgativi [PHYSICSOPENLAB], includono materiali da costruzione, come ad esempio granito o piastrelle in ceramica, vari tipi di rocce, vetri particolari contenenti uranio,

Figura 26.2 Pagliette metalliche, usate comunemente in cucina, sono state testate per tempi dell'ordine di un'ora senza trovare alcun eccesso di conteggi rispetto al fondo

Figura 26.3 Un campione di pietra pomice posto in prossimità del tubo Geiger ha dato un leggero eccesso di conteggi rispetto al fondo

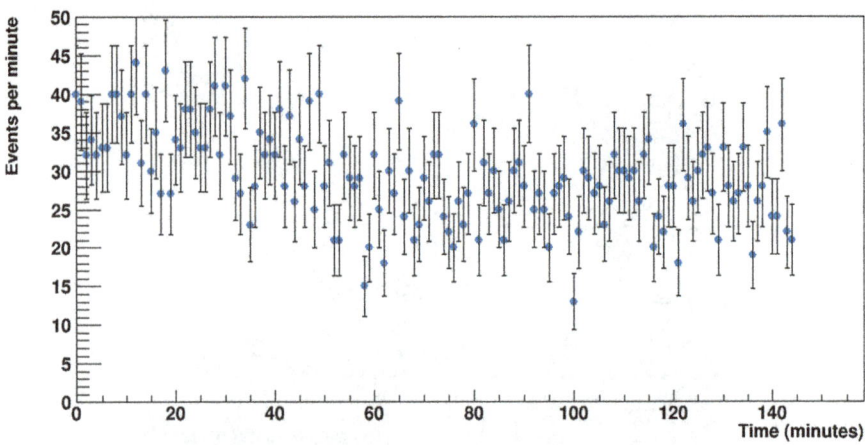

Figura 26.4 Risultati relativi alla misura condotta con un campione di pietra pomice, posto in prossimità del contatore Geiger durante i primi 50 minuti della misura e successivamente allontanato

fertilizzanti, vecchi rivelatori di fumo contenenti una pastiglia di ^{241}Am, reticelle per lampade a gas da campeggio, antichi orologi con lancette contenenti Tritio, ...

Riferimenti bibliografici

[Alshahrani2021]   B.E. Alshahrani, *Natural radioactivity level in pumice rock in Saudi Arabia and effect on human health*, International Journal of Environmental Analytical Chemistry **103**(2021)3410.

[CAM]   https://camerapedia.fandom.com/wiki/Radioactive_lenses. Verificato il 21 Gennaio 2025

[Cough1995]   J.C. Cough and K.L. Vaughn, *Radioactive consumer products in the classroom*, The Physics Teacher **33**(1995)18.

[Kritzberger2017]   E.E. Kritzberger and L. Navarrete, *Survey of radioactive items in the home*, Journal of Nuclear Medicine Technology **45**(2017)253.

[Lapp2010]   D.R. Lapp, *Obtaining and investigating unconventional sources of radioactivity*, The Physics Teacher **48**(2010)90.

[PHYSICSOPENLAB] https://physicsopenlab.org/. Verificato il 21 Gennaio 2025

[Turhan2007]   S. Turhan et al., *Natural radioactivity measurements in pumice samples used raw materials in Turkey*, Applied Radiation and Isotopes **65**(2007)350.

Complementari alle attività descritte nei precedenti esperimenti sono anche quelle mirate ad evidenziare un eventuale piccolo eccesso di conteggi in misure condotte sul cibo o sui prodotti alimentari in genere. I prodotti alimentari possono presentare infatti una piccola dose di radioattività a causa della naturale presenza, in misura maggiore o minore, del potassio, che tra i suoi isotopi contiene anche il ^{40}K. Quest'ultimo è un isotopo radioattivo, presente con una percentuale dello 0.012% nel potassio naturale. Ha una vita media molto lunga (1.25 miliardi di anni) e decade nell'89.28% dei casi per emissione beta in ^{40}Ca, con un'energia massima degli elettroni di 1.31 MeV, e nel 10.72% dei casi per cattura elettronica con successiva emissione gamma in ^{40}Ar, con un'energia dei gamma di 1.460 MeV.

Il potassio è presente in tutti gli organismi viventi. Una persona di 70 kg, ad esempio, contiene in media circa 140 g di potassio naturale (0.2% della massa), e dunque circa 1.7 g di ^{40}K. Si può dire che in media un organismo contiene 200 mg di potassio (naturale) per ogni 100 g di massa corporea, valore che potremo confrontare con quello esistente in particolari prodotti naturali. Una selezione di alcuni di questi prodotti è mostrata in Tabella 27.1. Come si vede, alcuni prodotti sono particolarmente ricchi di potassio (e dunque anche dell'isotopo ^{40}K), mentre altri ne contengono veramente poco.

L'attività del ^{40}K è stata misurata in diversi esperimenti, ad esempio in [Samat1997], ed è pari a circa 30 Bq per grammo di potassio naturale.

Le banane sono state spesso indicate come particolarmente ricche di potassio, e dunque anche della presenza dell'isotopo radioattivo ^{40}K, tanto che sono spesso presentate come una possibile sorgente di radiazioni, a tal punto da coniare il termine BED (Banana Equivalent Dose), una unità di misura informale, spesso utilizzata per presentare al pubblico il concetto che anche il cibo che ingeriamo presenta una piccola (e non pericolosa) dose di radiazioni. L'equivalente di una banana (massa stimata 150 g) corrisponde circa a 0.1 microSievert, da rapportare alla dose media assorbita giornalmente da un individuo (circa 6 microSievert), che equivarrebbe in questo contesto a ingerire 60 banane!

La Tabella 27.1 mostra, comunque, che esistono dei cibi che sono percentualmente molto più ricchi di potassio di quanto non lo siano le banane, anche se la

Tabella 27.1 Quantitativo di potassio (in mg) contenuto in 100 g di prodotto, nel caso di alcuni alimenti rappresentativi di varie tipologie di cibo

Prodotto	Quantità approssimativa di potassio (in mg) per 100 g di prodotto
Pane	100–200
Fagioli crudi	1 500
Lenticchie crude	1 000
Spinaci crudi	500
Patate crude	300
Nocciole secche	500
Banane	350
Latte e formaggi	100–200
Burro	15
Caffè tostato	2 000

quantità assunta di questi prodotti è per sua natura piccola. In altri termini, potrebbe anche accadere di mangiare 2–3 banane in un giorno (circa 500 g di prodotto), ma difficilmente si consumano in un giorno 500 g di fagioli, di lenticchie o di caffè, che contengono una quantità anche superiore di potassio.

Altra cosa è, tuttavia, la possibilità di mettere in evidenza la debole radioattività emessa da questi cibi mediante un contatore Geiger. Nel corso di questa attività sono state fatte numerose prove, su diversi prodotti e con due tipologie di contatori differenti.

A titolo di esempio, si può valutare in base ai dati precedenti, che un kg di banane dovrebbe produrre circa 100 disintegrazioni al secondo. Di queste, tuttavia, il 90% sono disintegrazioni che producono elettroni, mentre solo il 10% produce gamma, e sappiamo che l'efficienza di rivelazione dei contatori Geiger per i gamma è molto ridotta, dell'ordine del 10% o poco più. Se si rivelano dunque solo i gamma, possiamo attenderci un numero di conteggi molto ridotto, inferiore a 1 Bq (dato che comunque l'accettanza geometrica del contatore Geiger rispetto a questa fonte di radiazione non sarà mai il 100%). Maggiori probabilità di successo potrebbero aversi se si è in grado di rivelare anche gli elettroni emessi per decadimento beta, in base al tipo di contatore adoperato.

Un primo esperimento con un certo numero di banane (per l'esattezza 4) è stato condotto ponendo i frutti in prossimità di un contatore Geiger SN7928, che a causa della protezione in plastica dell'involucro nonché delle pareti del tubo stesso assorbe una frazione consistente di elettroni. La misura del rate di conteggio con le banane poste vicino al contatore ha dato in un intervallo di tempo di circa 50' un valore di (24.4 ± 0.7) conteggi/minuto, mentre in assenza delle banane, prolungando la misura per oltre 3 ore, si è ottenuto un valore di (24.5 ± 0.3) conteggi/minuto, dunque senza apprezzare alcuna variazione nel rate di conteggio.

Una ulteriore misura, con lo stesso contatore Geiger, è stata effettuata utilizzando un certo quantitativo di noci intere (Fig. 27.1), circa 2 kg, anch'esse poste intorno al contatore. In questo caso, adoperando tempi di misura simili (poco più di un'ora)

Figura 27.1 Un contatore Geiger è stato posto all'interno di una confezione contenente un certo quantitativo di noci intere, per verificare un eventuale eccesso di conteggi dovuti al potassio contenuto nelle noci. Nessun effetto è stato osservato in queste condizioni

si è ottenuto un valore di (24.8 ± 0.5) conteggi/minuto contro un valore di fondo di (24.0 ± 0.7) conteggi/minuto, anche stavolta senza notare alcuna differenza significativa rispetto al fondo, date le incertezze associate alle due misure.

Queste misure preliminari dimostrano che in ogni caso un eventuale eccesso nei conteggi è di difficile rivelazione dato che il contributo prodotto dalla eventuale radioattività di piccoli campioni di questi prodotti è molto inferiore a quello derivante dal fondo. La possibilità di rivelare bassi livelli di radioattività nei prodotti alimentari richiede dunque delle condizioni migliori di misura o dei campioni più consistenti. Utilizzare maggiori quantitativi di prodotti è comunque difficile da realizzare, dato che in ogni caso i prodotti devono essere disposti intorno al contatore e la quantità di materiale posta più lontano contribuisce poco alla misura perché il suo contributo diminuisce all'incirca con l'inverso del quadrato della distanza.

Come riportato nella Tabella 27.1, il caffè tostato sembra essere un prodotto che contiene un'elevata quantità di potassio naturale, circa 2 g per ogni 100 g di prodotto. Sembra ragionevole allora tentare una misura su questo prodotto nelle stesse condizioni delle misure precedenti. Anche in questo caso è stato adoperato un Geiger SN7928, disponendo alcune confezioni di caffè tostato, per un totale pari a 1 kg, intorno al contatore. La Fig. 27.2 mostra il risultato della misura, che mostra il numero di conteggi al minuto lungo un arco di tempo di circa 250 minuti. Le confezioni di caffè sono state disposte in prossimità del contatore dall'inizio della misura fino ad un tempo $t = 53'$ e successivamente allontanate. Il valore medio ottenuto in presenza del caffè è stato di (25.8 ± 0.6) conteggi/minuto, mentre nella seconda parte della misura si è ottenuto un valore di (24.1 ± 0.4), con un eccesso pari (1.7 ± 0.7) conteggi/minuto, al limite della significatività.

Per valutare se l'utilizzo di un contatore con uno schermaggio ridotto intorno al tubo Geiger potesse migliorare la situazione, la misura è stata ripetuta utilizzando un

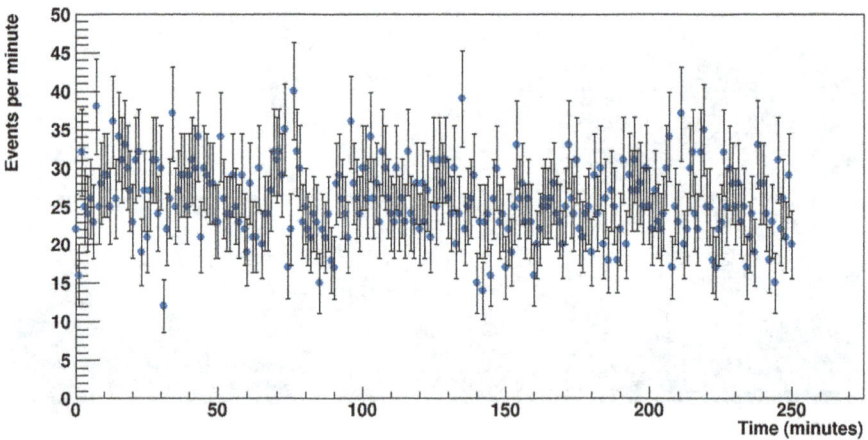

Figura 27.2 Misura effettuata utilizzando delle confezioni di caffè tostato (1 kg di prodotto in tutto) poste in prossimità di un Geiger SN7928. Nella prima parte della misura (dall'inizio a $t = 73'$) si osserva un leggerissimo eccesso di conteggi rispetto al fondo misurato da $t = 73'$ alla fine

contatore DIY (descritto nel Capitolo 5), in cui solo il vetro del tubo fa da schermo agli elettroni, senza ulteriore materiale intorno ad esso.

I risultati della misura condotta in queste condizioni sono mostrati in Fig. 27.3. Il caffè è stato posto intorno al contatore fino al tempo $t = 80'$ e successivamente allontanato. Sebbene non sia evidente in modo chiaro dal plot, il valor medio dei conteggi ottenuto in queste condizioni nelle due parti della misura ha dato un valore di (28.2 ± 0.6) conteggi/minuto in presenza del caffè contro (23.3 ± 0.7) in condizioni di fondo, stavolta con un eccesso di (4.9 ± 0.9), che risulta significativo, una differenza pari a circa 5 deviazioni standard. Percentualmente questo eccesso di conteggi risulta di circa il 20% rispetto al fondo, dunque non del tutto trascurabile.

Il confronto tra le due misure mostra, come previsto, che l'utilizzo di un contatore con ridotto effetto di schermaggio intorno alla parte sensibile del contatore migliora le condizioni di misura consentendo di evidenziare maggiormente l'aumento nel tasso di conteggio misurato. Ulteriori miglioramenti di questi risultati sono attesi se si conducessero le misure sotto un opportuno schermaggio complessivo di tutto il setup sperimentale (contatore + campione da misurare), in modo da ridurre il fondo esterno, così come è stato fatto in altri esperimenti. Questi accorgimenti sono ancora più importanti se si volesse misurare il contributo di cibi con una percentuale ancora minore di potassio, così come elencati nella Tabella precedente.

Uno dei campioni naturali più utilizzati per dimostrare la radioattività dovuta a questo isotopo del potassio è probabilmente il sale iposodico, che contiene una percentuale elevata di potassio, pari a circa il 30%. Nel nostro caso abbiamo adoperato due confezioni di Novosal da 300 g ciascuna, che contengono il 28.5% di potassio naturale, e dunque 10.3 mg di ^{40}K per confezione. L'attività prevista di questo isotopo dovrebbe essere di 30 Bq/g $\times$ 300 g = 9 000 Bq per ciascuna confezione, di cui un 10%, cioè 900 Bq, relativa a decadimenti gamma.

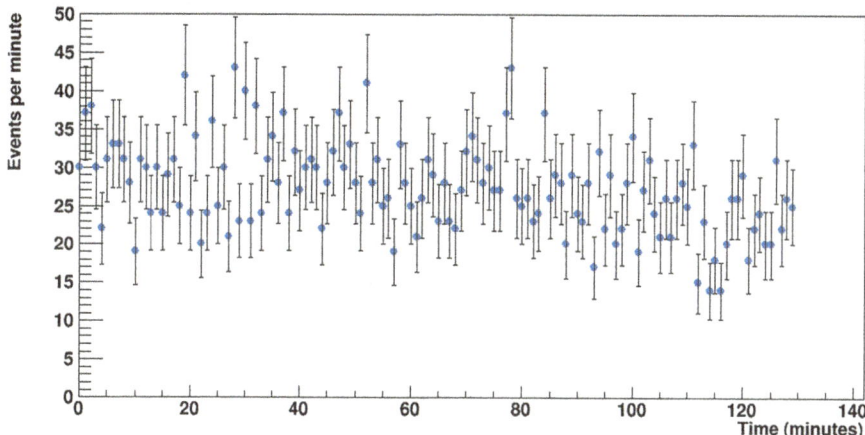

Figura 27.3 La stessa misura precedente è stata ripetuta con un contatore Geiger DIY che offre un minor effetto di schermaggio agli elettroni. Da $t = 0$ a $t = 80'$ il caffè circondava il contatore, mentre la seconda parte della misura corrisponde al fondo

Figura 27.4 Due flaconi di Novosal, un sale iposodico con alto contenuto (28.5%) di potassio, sono stati posti in prossimità di due contatori Geiger, per misurare l'eccesso di radioattività rispetto al fondo

Adoperando due contatori Geiger del tipo SN7928 sono state effettuate due misure, una con due confezioni di Novosal da 300 g posizionate vicino ai contatori, come in Fig. 27.4, e l'altra in assenza di questo prodotto, per una misura di fondo. La Fig. 27.5 mostra il rate misurato, in conteggi/minuto, in funzione del tempo, in presenza del campione di Novosal (simboli rossi) e in assenza del campione (simboli blu).

Il risultato ottenuto ha dato un rate di conteggio complessivo dei due contatori pari a (0.879 ± 0.011) conteggi/minuto nel caso del fondo e di (1.377 ± 0.019)

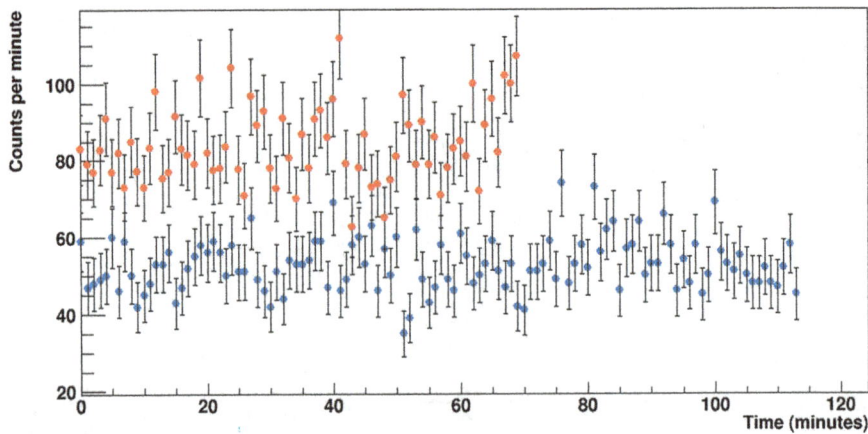

Figura 27.5 Rate di conteggio complessivo dei due contatori Geiger in funzione del tempo, in presenza (simboli rossi) e in assenza del campione di Novosal, un sale iposodico ad alto contenuto di potassio (simboli blu)

conteggi/minuto in presenza del campione, un eccesso di oltre il 50% rispetto al fondo.

La stessa misura è stata eseguita anche con un singolo contatore Geiger del tipo DIY, ottenendo un rate di conteggio pari a (0.384 ± 0.009) conteggi/minuto nel caso del fondo e di (0.608 ± 0.007) conteggi/minuto in presenza del campione, anche in questo caso con un eccesso significativo, confrontabile con l'altra misura.

Misure di spettrometria gamma condotte su questi stessi campioni con l'ausilio di uno scintillatore a NaI accoppiato ad un fotomoltiplicatore hanno permesso di evidenziare la presenza del picco gamma ad un'energia di 1.460 MeV dovuto al ^{40}K, mostrando chiaramente l'aumento della resa di questo picco rispetto al valore misurato senza il campione.

Riferimenti bibliografici

[Samat1997] S.B. Samat et al., *The ^{40}K activity of one gram of Potassium*, Physics in Medicine and Biology **42**(1997)407

Evidenziare la radioattività del corpo umano 28

Il corpo di un organismo vivente, ad esempio quello di una persona, è anch'esso radioattivo? La risposta è affermativa, anche il nostro corpo possiede al suo interno una certa quantità di isotopi radioattivi, che scambiamo continuamente con l'esterno, per il solo fatto che mangiamo, beviamo, respiriamo sostanze con una piccola percentuale di isotopi radioattivi, tra cui ad esempio il potassio e il carbonio, eliminandole al contempo tramite i rifiuti organici. Abbiamo già visto nel capitolo precedente come molti cibi contengono potassio, un isotopo del quale, il ^{40}K, è radioattivo con emissione beta e gamma. Come abbiamo discusso nell'attività precedente, un corpo umano del peso di 70 kg contiene in media circa 140 g di potassio naturale, e dunque una certa proporzione anche di ^{40}K. Possiamo aspettarci quindi che anche dal nostro corpo, così come dai cibi, vengano emesse radiazioni beta e gamma dovute a questo isotopo. Gli elettroni emessi per decadimento beta sono tuttavia per la quasi totalità assorbiti dai tessuti stessi del corpo, mentre i gamma possono fuoriuscire all'esterno, pur essendo anch'essi in parte assorbiti all'interno del corpo, in misura maggiore o minore a seconda della particolare zona del corpo da cui sono stati emessi e del percorso che devono compiere prima di emergere dalla superficie corporea.

Altri isotopi radioattivi presenti nel nostro corpo, come il ^{14}C o una piccola frazione di elementi pesanti, come ^{238}U, ^{232}Th, ^{210}Po, ^{210}Pb, non danno contributi apprezzabili alla radioattività emessa dal corpo verso l'esterno. Nel caso del ^{14}C, pur essendo elevata la quantità di questo isotopo presente in un organismo vivente, corrispondente a circa 3 000 disintegrazioni/secondo per un individuo da 70 kg di massa corporea, questo decadimento produce elettroni, che non fuoriescono sostanzialmente dalla superficie corporea. La percentuale di isotopi di elementi pesanti infine è talmente bassa che si può stimare in poche decine di Bq l'attività complessiva del corpo umano dovuta a questi elementi.

L'attività dell'isotopo ^{40}K è stata misurata in diversi esperimenti [Samat1997], come già ricordato nel capitolo precedente, e può essere stimata in circa 30 disintegrazioni al secondo (Bq) per ogni grammo di potassio naturale. Per un individuo di 70 kg, assumendo una quantità di potassio pari a 140 g, ci si può aspettare dunque un'attività di circa 4 200 Bq. Di queste però solo il 10% circa producono radia-

F. Riggi, *Esperimenti didattici e amatoriali con i contatori Geiger*,
https://doi.org/10.1007/978-3-031-72012-3_28

zioni gamma, capaci di sfuggire, almeno in parte, dal nostro corpo. Questi raggi gamma (circa 400 al secondo), di energia pari a 1 460 keV, verranno emessi dall'interno del nostro corpo in tutte le direzioni, e una frazione non trascurabile sarà assorbita all'interno dello stesso corpo. Il coefficiente di assorbimento del tessuto adiposo per i gamma di questa energia è dell'ordine di 0.1 cm^2/g, e assumendo che gli spessori di tessuto attraversati dai gamma prima di arrivare alla superficie del corpo vadano da pochi cm anche a 10–20 cm, si può stimare che anche il 50% o più dei gamma potrebbero essere assorbiti già all'interno del corpo stesso. Possiamo dunque attenderci circa 200 gamma al secondo, o anche meno, emessi in tutte le direzioni, in modo isotropo. Mentre la radiazione emessa dall'intero corpo può essere abitualmente monitorata mediante rivelatori del tipo "total body", cioè capaci di circondare completamente il corpo e dunque rivelare le radiazioni emesse in ogni direzione, la possibilità di rivelare queste radiazioni con un semplice contatore Geiger deve tener conto innanzitutto dell'accettanza geometrica molto ridotta sotto cui il rivelatore vede l'intero corpo. A titolo di esempio, un contatore con area sensibile di 10 cm^2, posto ad una distanza di 10 cm da una eventuale sorgente puntiforme, avrebbe un'accettanza di 0.008, inferiore all'1%. Valutare l'accettanza geometrica nel caso di una sorgente distribuita su tutto l'intero volume del corpo umano, di forma irregolare, non è facile e richiederebbe tecniche numeriche di simulazione; possiamo tuttavia renderci conto che essa è comunque molto piccola.

Un altro importante fattore di cui tener conto in misure del genere è l'efficienza, anch'essa ridotta, circa il 10%, per la rivelazione di quei gamma che arrivassero comunque al contatore.

È chiaro, pertanto, che per questa misura il contatore Geiger deve essere posto il più possibile vicino al corpo, meglio se posizionato nella zona centrale (torace) dove è concentrata la maggior parte della massa, e con il corpo eventualmente rannicchiato, in modo da diminuire la distanza media tra ogni singola parte del corpo e il contatore stesso, e la misura deve essere condotta per tempi lunghi, in modo da mettere in evidenza un piccolo eccesso rispetto al fondo abitualmente misurato.

Misure del genere, condotte sia con un singolo contatore Geiger che con più contatori disposti vicino ad una persona, della durata di 1–2 ore, non hanno tuttavia evidenziato alcun aumento dei conteggi rispetto al caso in cui la persona era lontana dai rivelatori. Rimane aperta almeno a nostra conoscenza la possibilità di rivelare con uno o più semplici contatori Geiger la radioattività gamma emessa da un corpo umano.

In altre situazioni, tuttavia, è facile rivelare la radioattività emessa da un corpo umano. Questo è il caso in cui un paziente sia stato sottoposto ad una scintigrafia, che impiega il ^{99m}Tc, un isomero metastabile del tecnezio-99, come isotopo radioattivo, il quale emette gamma con un'energia di 140 keV ed è caratterizzato da un tempo di dimezzamento di circa 6 ore. A causa della quantità elevata di questo isotopo impiegata per la scintigrafia, il paziente rimane altamente radioattivo per 1–2 giorni, tanto da suggerire di non rimanere vicino ad altre persone, specie bambini o donne in gravidanza, durante questo periodo. Misure con un contatore Geiger in queste condizioni sono capaci di rivelare facilmente l'enorme aumento nel rate di conteggio rispetto alle condizioni standard di fondo.

Riferimenti bibliografici

[Samat1997] S.B. Samat et al., *The ^{40}K activity of one gram of Potassium*, Physics in Medicine and Biology **42**(1997)407.

Misurare livelli di fondo in prossimità dei muri

29

I muri di un edificio possono costituire una ulteriore piccola fonte di radiazioni aggiuntive, in base alla presenza di una certa piccola percentuale di isotopi radioattivi nei materiali da costruzione. Nella crosta terrestre, così come in generale nei materiali utilizzati abitualmente in edilizia (mattoni, pietre, cemento, sabbia, ...), sono presenti delle piccole percentuali di elementi, in particolare l'uranio, il torio e il potassio, che hanno tra i loro isotopi anche alcuni soggetti a decadimento radioattivo.

La Tabella 29.1 mostra a titolo di esempio i valori tipici di decadimenti attesi per ogni kg di materiale nel caso di alcuni di questi elementi.

Come si vede, il contributo prevalente è dovuto al ^{40}K, anche perché la percentuale di potassio naturale esistente in questi materiali è certamente molto maggiore di quella relativa all'uranio o al torio. A sua volta, il contributo della radioattività dovuta ai materiali da costruzione è una percentuale non trascurabile della dose di fondo complessiva assorbita in media dalle persone, insieme a quella derivante più specificamente dal radon, di cui abbiamo già discusso, e di quella dovuta ai raggi cosmici.

Nel caso del ^{40}K, presente nel potassio naturale con una percentuale dello 0.012%, la radioattività si manifesta con l'emissione di elettroni per decadimento beta nell'89.3% dei casi (con energia massima pari a 1.31 MeV) e di radiazioni gamma di energia 1.460 MeV nel 10.7% dei casi. In linea di principio possiamo, dunque, rivelare sia gli elettroni che i gamma con un contatore Geiger. Bisogna tuttavia tener conto che, per la quasi totalità, gli elettroni, aventi energia compresa tra 0 e l'energia massima di 1.3 MeV, saranno assorbiti dallo stesso materiale

Tabella 29.1 Valori tipici del numero di decadimenti, espressi in Bq/kg di materiale, prodotti dai principali isotopi radioattivi presenti in alcuni materiali da costruzione

Materiale	^{238}U	^{232}Th	^{40}K
Cemento	40	30	400
Mattoni	50	50	670
Pietre da costruzione	60	60	640

F. Riggi, *Esperimenti didattici e amatoriali con i contatori Geiger*,
https://doi.org/10.1007/978-3-031-72012-3_29

di costruzione, ad eccezione di quelli emessi proprio da uno strato superficiale, dell'ordine del mm, dunque in quantità trascurabile rispetto a quelli emessi dal volume complessivo. Possiamo assumere pertanto che soltanto l'emissione gamma contribuisca agli eventi rivelati dal Geiger. Sappiamo inoltre che l'efficienza di rivelazione dei gamma da parte di un contatore Geiger è molto bassa, come abbiamo visto in uno degli esperimenti precedenti. Questo significa che complessivamente solo una piccola frazione dei prodotti di decadimento emessi dal ^{40}K contenuto nei materiali da costruzione – e in generale da tutti i composti che contengono potassio – potrà effettivamente essere rivelato dal Geiger.

Possiamo esplorare la possibilità di rivelare un debole eccesso nei conteggi misurati da un contatore Geiger in prossimità di uno dei muri dell'edificio, confrontando questo valore con quanto si può ottenere ad una distanza maggiore dal muro, oppure interponendo tra il contatore e il muro un certo spessore di materiale assorbitore.

A questo scopo sono state effettuate diverse misure, con contatori Geiger differenti e diversi materiali di schermaggio tra i rivelatori e il muro, ponendo i rivelatori in prossimità (5–10 cm) di un muro in pietra, ad un'altezza di circa 1 m da terra.

Una prima coppia di misure è stata realizzata utilizzando due contatori Geiger DIY sovrapposti verticalmente ad una distanza di 37 mm l'uno dall'altro, effettuando una presa dati di circa 3 h senza alcun materiale di schermaggio interposto tra i contatori e il muro. In queste condizioni si è ottenuto un rate complessivo (somma dei rate dei due contatori) pari a (0.802 ± 0.009) eventi/s. Interponendo tra i contatori e il muro una lastra di acciaio di circa 2 mm di spessore, si è misurato nel corso di una misura di analoga durata un rate pari a (0.768 ± 0.009) eventi/s, con una riduzione di circa il 4%. La differenza tra i due rate misurati è leggermente al di sopra della soglia di significatività, con una differenza osservata pari a 2.6 deviazioni standard.

Poiché la maggior parte degli elettroni emessi dal ^{40}K sono in ogni caso assorbiti dai materiali e dallo stesso tubo Geiger, possiamo attenderci che l'effetto di questa lastra di acciaio da 2 mm abbia poca influenza ulteriore sul numero di elettroni rivelati, mentre il suo effetto sulle radiazioni gamma può essere quantificato in base al coefficiente di assorbimento di questo materiale per gamma di questa energia. Nel caso dell'acciaio il coefficiente di assorbimento per gamma di energia 1.5 MeV è circa 4.8×10^{-2} cm^2/g. Uno spessore di 2 mm produrrebbe dunque un'attenuazione pari al 7%, compatibile con quanto osservato. Non si può confrontare infatti direttamente questa riduzione nel rate di conteggi osservati con quanto previsto dall'assorbimento dei gamma, perché le radiazioni cosmiche in ogni caso continuano ad arrivare al contatore sia in presenza che in assenza dello schermo interposto, ed esse rappresentano il contributo più consistente al rate di conteggi misurato. L'esperimento dimostra però da un punto di vista qualitativo che una certa riduzione del flusso osservato, quando si interpone un assorbitore, può essere interpretata in base all'assorbimento di radiazioni emesse dal materiale costituente il muro.

Nella misura sopra descritta lo schermo di acciaio copriva una superficie maggiore rispetto all'area sensibile dei tubi Geiger, come mostrato in Fig. 29.1. Mentre le particelle emesse dalle zone del muro più vicine al contatore sono schermate dall'assorbitore (traiettoria a), il contributo dovuto ai gamma può provenire anche da

Figura 29.1 Un contatore Geiger posizionato in prossimità di un muro può evidenziare un piccolo eccesso di conteggi dovuto agli isotopi radioattivi presenti nei materiali da costruzione, in particolare il ^{40}K. Un eventuale assorbitore anche di pochi mm arresta del tutto gli elettroni e riduce leggermente la radiazione gamma

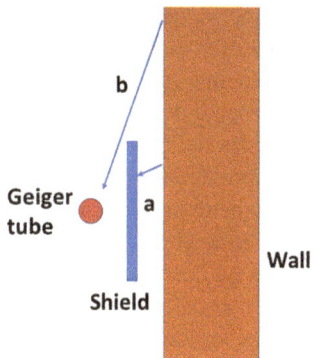

regioni del muro distanti dal contatore (traiettoria b), dunque non si può escludere del tutto che queste regioni, anche se lontane, possano contribuire.

Una ulteriore misura con 4 contatori Geiger SN7928 sovrapposti verticalmente, con e senza schermo (sempre da 2 mm di acciaio), ma di durata minore, circa un'ora per ciascuna delle due configurazioni (con e senza materiale di schermaggio interposto) ha dato rispettivamente dei valori di rate misurati di (1.62 ± 0.02) eventi/s (con lo schermo interposto) contro (1.65 ± 0.02) eventi/s (senza schermo interposto), misure stavolta compatibili entro i limiti di incertezza derivanti dal minor tempo di misura. Spostando l'insieme dei rivelatori di circa 40 cm dal muro, sempre alla stessa altezza dal suolo e in assenza di schermaggio, si è misurato un rate pari a (1.65 ± 0.02) eventi/s, confrontabile con quello ottenuto in assenza di schermo ma in prossimità del muro. Questo sembrerebbe indicare che il rate osservato anche ad una certa distanza dal muro risente di un piccolo eccesso nei conteggi dovuto a radiazioni provenienti dal muro, di dimensioni praticamente infinite rispetto alle dimensioni dei contatori. Tali considerazioni avrebbero tuttavia bisogno di misure ad elevata statistica per essere confermate.

Infine, una nuova coppia di misure, adoperando ancora 4 contatori Geiger SN7928 disposti come prima, sovrapposti verticalmente, è stata effettuata adoperando o meno uno schermo costituito da lastrine di ottone per uno spessore complessivo di 20 mm, per il quale ci si attende un effetto di assorbimento decisamente maggiore rispetto a quello atteso con 2 mm di acciaio.

Tenendo conto di una composizione media dell'ottone come costituito per il 66% di rame e per il 34% di zinco, e considerando una media pesata dei coefficienti di assorbimento per i gamma di questi due elementi, si ottiene infatti un coefficiente di 4.8×10^{-2} cm^2/g, con un fattore di assorbimento dei gamma (da 1.5 MeV) pari al 57%.

Le due misure sono state condotte per un tempo di circa 7 h in assenza di schermo e di circa 3 h con il materiale interposto. In queste condizioni è stato possibile estrarre dai dati un rate pari a (1.665 ± 0.008) eventi/s in assenza di schermo e di (1.498 ± 0.012) eventi/s in presenza dello schermo, con una riduzione del rate di circa il 10% e una significatività di oltre 10 deviazioni standard. In questo setup, le dimensioni degli assorbitori in ottone erano appena maggiori delle dimensioni del tubo Geiger, dunque il contributo dalle zone del muro non schermate è più consistente. Al di là dell'aspetto quantitativo, che, come detto prima, è fortemente influenzato dal rate di conteggi dovuto ai cosmici, contributo che non si attenua in presenza dello schermo posto verticalmente (cioè parallelo al muro), il maggiore spessore di assorbitore interposto stavolta tra contatore Geiger e muro dimostra in modo netto la riduzione dovuta alla presenza dell'assorbitore davanti al muro.

Alcune considerazioni possono essere fatte considerando gli eventi di coincidenza tra i contatori sovrapposti verticalmente, che definiscono meglio il passaggio delle particelle di origine cosmica. L'uso di configurazioni telescopiche di più rivelatori e le tecniche di coincidenza saranno oggetto di numerosi esperimenti descritti nel seguito. Per il momento possiamo dire che usando questa configurazione di 4 contatori sovrapposti verticalmente possiamo anche confrontare i rate di coincidenze doppie ottenuti nei due casi, che risultano compatibili entro le incertezze sperimentali, (0.0176 ± 0.0008) coincidenze/s in assenza di assorbitore contro (0.0192 ± 0.001) coincidenze/s con lo spessore da 20 mm di ottone interposto tra i contatori e il muro.

Mentre le coincidenze doppie sono essenzialmente dovute a particelle della radiazione cosmica che attraversano due contatori provenendo dall'alto, e non sono quindi affette dalla presenza dello schermo laterale interposto tra il muro e i contatori, la netta differenza osservata in questo caso tra la resa osservata con e senza l'assorbitore di ottone mostra che c'è effettivamente un surplus di conteggi, circa il 10% quando i contatori sono posti in prossimità di un muro, essenzialmente a causa degli isotopi radioattivi presenti nei materiali di costruzione, in particolare il ^{40}K.

Misure del genere potrebbero essere condotte all'interno di edifici in condizioni più controllate, ad esempio tenendo conto della struttura dei muri e dei solai, o effettuando misure a varie distanze dai muri. Occorre tener conto, tuttavia, che a causa del contributo dovuto alla radiazione cosmica, che può variare in relazione alla presenza dei muri e dei solai in cemento, l'interpretazione quantitativa di misure del genere non è immediata.

Misurare il rate di conteggio in piani differenti di un edificio

In linea di principio, la misura del fondo di radiazioni mediante un contatore Geiger posizionato all'interno di un edificio di grandi dimensioni, specie se a più piani, può rivelare delle differenze tra una posizione e all'altra, dovute a differenti effetti di schermaggio delle radiazioni cosmiche da parte dei solai e delle pareti sia interne che esterne, oppure ad un differente contributo della radioattività ambientale dovuta al suolo o ai materiali di costruzione di cui l'edificio stesso è costituito.

Negli ultimi anni, specie in relazione a problematiche legate alla dosimetria delle radiazioni, sono stati effettuati diversi studi per misurare la dose prevista all'interno di edifici complessi, per valutare i possibili effetti di schermaggio e per modellizzare mediante simulazioni i risultati ottenuti.

La dose di radiazione assorbita dagli individui all'interno di un edificio è un aspetto importante delle problematiche di radiodosimetria, dato che nella società odierna una grande frazione del tempo viene trascorso all'interno di edifici (abitazioni, uffici, fabbriche, ...). La dose di radiazione assorbita all'interno di un edificio è costituita essenzialmente da due componenti. La prima, di origine terrestre, dovuta al radon, è fortemente dipendente dalle caratteristiche del suolo in cui l'edificio sorge, dalla sua struttura dettagliata (fondamenta, connessione tra il suolo solido e gli ambienti dell'edificio, ...) e soprattutto dalle abitudini delle persone che in esso vivono, ad esempio dal ricambio d'aria negli ambienti. Per tale motivo tale componente della dose è difficilmente modellizzabile, anche se può essere valutata sperimentalmente da misure ad hoc in ciascun caso specifico. La seconda componente, dovuta essenzialmente alla radiazione cosmica di origine extraterrestre, essendo sufficientemente costante nel tempo e descrivibile in termini di un modello semplificato, può dar luogo a calcoli accurati della dose prevista, tenendo conto della struttura dell'edificio e delle possibili interazioni delle particelle in questi materiali. Modellizzazioni di questo genere sono state riportate già in passato [Fujtaka1984].

Misure dettagliate del fondo di radiazioni gamma e di radiazioni cosmiche all'interno di grandi edifici sono state riportate da diversi autori, ad esempio [Miller1984, Nagaoka1987, Wei2018], con diversi apparati di rivelazione (scintillatori NaI, camere a ionizzazione, spettrometri al Germanio, ...). In uno di questi studi, ad

F. Riggi, *Esperimenti didattici e amatoriali con i contatori Geiger*, https://doi.org/10.1007/978-3-031-72012-3_30

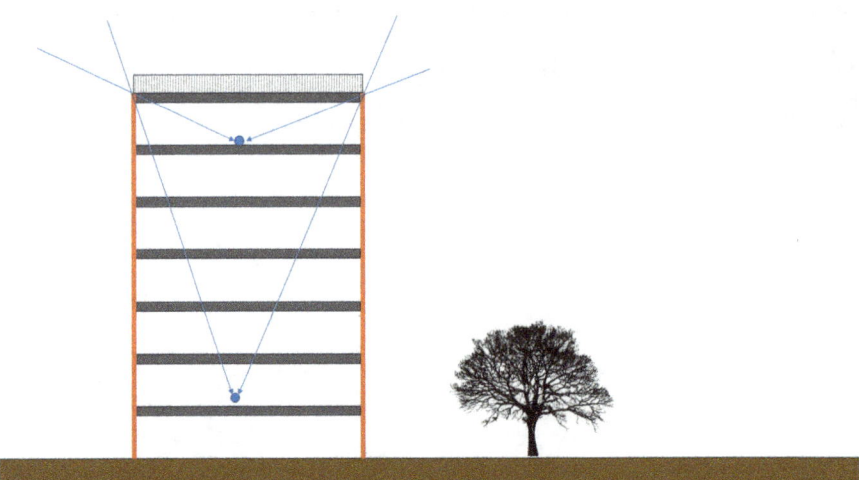

Figura 30.1 Schematizzazione di un edificio a più piani fuori dal suolo (in questo caso 6 piani oltre al piano terra), con un rivelatore dislocabile nei diversi piani lungo la stessa linea verticale. Le frecce indicano le traiettorie limite delle particelle che attraversano il tetto dell'edificio per un rivelatore posto al primo e all'ultimo piano

esempio, condotto all'interno di un edificio di 12 piani [Nagaoka1987] i risultati hanno mostrato che la dose dovuta alla radiazione cosmica subisce un brusco cambiamento nel passare dall'ultimo piano dell'edificio ai piani inferiori, con un cambiamento minore man mano che si scende ai piani più bassi. Le differenze nelle dosi misurate in prossimità delle finestre dell'edificio e al centro della stanza sono più marcate nei piani bassi che non nei piani alti. Per quanto riguarda invece la dose dovuta alla radiazione gamma originata dai materiali di costruzione dell'edificio, nessuna variazione regolare con l'altezza del piano è stata osservata.

In uno studio recente [Wei2018], condotto nei vari piani di un edificio di 5 piani mediante l'uso di un piccolo telescopio di scintillatori plastici per misurare i muoni e di un rivelatore cilindrico di Bonner per la misura dei neutroni, si è osservata una riduzione all'incirca del 15% nell'intensità dei muoni tra il tetto dell'edificio e l'ambiente del primo piano, mentre la corrispondente riduzione nel flusso dei neutroni è stata molto più consistente, dell'ordine del 60%.

Questi lavori sono rappresentativi di una larga serie di investigazioni esistenti in letteratura e mostrano l'interesse verso l'ottenimento di misure dettagliate della dose attesa all'interno di edifici di varia natura, nonché la modellizzazione teorica di questa dose. Sebbene tali misure siano state fatte con apparati più sofisticati, misure didattiche e amatoriali della dose di radiazione all'interno di un edificio a più piani, anche condotte con un semplice contatore Geiger, possono rappresentare una attività interessante. Vogliamo discutere qui alcuni aspetti di una possibile misura da condurre in queste condizioni, facendo riferimento ad un edificio a più piani, realizzato con solai in cemento armato e pareti divisorie ed esterne in mattoni, schematizzato come in Fig. 30.1.

Immaginiamo ad esempio che l'edificio abbia sezione orizzontale quadrata, di dimensioni $10 \times 10\,\mathrm{m}^2$ e sezione verticale come rappresentato in Fig. 30.1, cioè con 6 piani oltre al piano terra, tutti di altezza 3 m. Ogni piano è separato dal successivo da un solaio in cemento armato, dello spessore di 30 cm, mentre le pareti esterne sono realizzate in mattoni. Si trascura per semplicità lo spessore delle pareti divisorie interne.

Se poniamo un rivelatore sensibile alle particelle provenienti da ogni direzione, ad esempio un contatore Geiger, sul pavimento dell'ultimo piano (Piano 6) dell'edificio, come schematizzato nella figura, al centro della sezione orizzontale, esso potrà essere raggiunto da particelle che hanno attraversato il tetto dell'edificio (assunto come un solaio simile a quelli che separano i diversi piani), ma anche da particelle con direzioni più inclinate, che hanno attraversato solo le pareti laterali. Limitandoci a considerare il problema in 2D, cioè lungo la sezione verticale, le particelle che attraversano il tetto prima di arrivare al rivelatore avranno angoli zenitali rispetto alla verticale compresi tra 0 e circa 60°, mentre quelle che giungono sul rivelatore attraversando solo le pareti laterali dell'edificio avranno orientazione compresa tra 60° e 90°.

In queste condizioni possiamo immaginare che le particelle meno penetranti, la componente soft (elettroni/gamma), sarà in buona parte assorbita dallo spessore del solaio del tetto (almeno quelle con angolo zenitale compreso tra 0 e 60°, che rappresentano una frazione consistente di tutte le particelle in arrivo). Se assumiamo infatti una distribuzione angolare del tipo $dN/d\Omega \sim \cos^2 \vartheta$, e integriamo questa distribuzione tra i limiti 0–60° e 0–90°, la frazione di particelle comprese tra 0 e 60° sarà di circa l'87%. Per ogni data geometria dell'edificio si può stabilire poi in ciascun piano quale sarà la frazione di particelle che attraverseranno i solai al di sopra del rivelatore e cercare di stimare l'assorbimento dei muoni. Nel caso considerato, ad esempio, la Tabella 30.1 riporta il massimo valore dell'angolo zenitale delle particelle che arrivano sul rivelatore dopo aver attraversato i diversi layer di cemento dei solai (colonna 2), la corrispondente frazione di particelle (in colonna 3) e il flusso residuo di muoni, valutato nell'ipotesi semplificatrice che l'assorbimento lungo le pareti laterali sia trascurabile e che l'attenuazione dei muoni in ogni solaio sia del 3%, come stimato in [Wei2018].

Come si vede dalla Tabella, contrariamente a quanto ci si potrebbe aspettare, il flusso dei muoni ai diversi piani non varia di molto sotto queste ipotesi, in quanto la semplice attenuazione dovuta all'attraversamento dei solai in cemento armato (che di per sé porterebbe ad un flusso residuo pari a $(0.97)^6 = 0.83$, con una riduzione del 17% al piano più basso) coinvolge una frazione di muoni sempre più piccola man mano che si va verso i piani più bassi, in quanto la maggior parte dei muoni in arrivo sul rivelatore omnidirezionale proviene da direzioni laterali, che sono poco affette dall'assorbimento.

Tutte queste considerazioni, tuttavia, vanno riviste e valutate in relazione alla particolare geometria dell'edificio. In edifici aventi una superficie particolarmente estesa l'effetto dei solai in cemento è maggiore ai fini dell'assorbimento dei muoni, rispetto a edifici alti ma di piccola superficie. Da questo punto di vista un grattacielo di altezza molto elevata potrebbe avere un flusso dei muoni omnidirezionale

Tabella 30.1 Una stima grossolana del flusso residuo di muoni nei diversi piani di un edificio, assumendo che l'assorbimento avvenga solo nel passaggio attraverso i solai orizzontali e trascurando quello dovuto alle pareti laterali

Piano	Angolo zenitale massimo delle particelle che attraversano i solai in cemento (gradi)	Frazione di particelle che attraversano i solai in cemento	Flusso residuo dei muoni (%)
Piano terra	13.4	0.08	98.5
Piano 1	15.5	0.10	98.3
Piano 2	18.4	0.14	98.0
Piano 3	22.6	0.21	97.6
Piano 4	29.1	0.33	97.1
Piano 5	39.8	0.55	96.7
Piano 6	59.0	0.87	97.4

all'incirca costante in tutti piani, perché la quasi totalità dei muoni arrivano senza aver attraversato alcun solaio orizzontale, ma solo le pareti o le vetrate laterali, che hanno poco effetto ai fini dell'assorbimento. L'analisi fin qui discussa è qualitativa in molti suoi aspetti, ma può rappresentare un punto di partenza per un'analisi più dettagliata del problema.

Una misura del flusso osservato nelle varie zone o nei vari piani di un edificio, anche con un singolo contatore Geiger, può dunque mettere in evidenza queste caratteristiche e fornire un'interessante attività per discutere delle proprietà della radiazione cosmica e delle possibili interazioni di queste particelle con i materiali.

Peraltro, l'impiego di telescopi di contatori, che selezionano un intervallo di possibili direzioni di provenienza delle particelle rivelate, può aiutare ad osservare meglio le differenze nella resa tra il piazzare il telescopio all'ultimo piano di un edificio o al piano terra.

Riferimenti bibliografici

[Fujitaka1984]   K. Fujitaka and S. Abe, *Modelling of cosmic ray muon exposure rate in building's interior*, Radioisotopes **33**(1984)343.

[Miller1984]   K.M. Miller and H.L. Beck, *Indoor gamma and cosmic ray exposure rate measurements using a Ge spectrometer and a pressurized ionization chamber*, Radiation Protection Dosimetry **7**(1984)185.

[Nagaoka1987]   T. Nagaoka, *Distribution of gamma and cosmic ray exposure rates in a 12-storied concrete building*, Radiation Protection Dosimetry **18**(1987)221.

[Wei2018]   Wei Lin Chen et al., *Studies of cosmic ray muons and neutrons in a five story concrete building*, Radiation Protection Dosimetry **179**(2018)233

Misurare il flusso di raggi cosmici a differenti altitudini

Fin dall'inizio delle prime misure relative alla radiazione cosmica, gli sperimentatori hanno utilizzato diversi tipi di rivelatori, dagli elettroscopi ai contatori Geiger, agli scintillatori, e alle emulsioni nucleari per valutare come il flusso dei raggi cosmici variasse con l'altitudine rispetto al livello del mare. L'evidenza che l'intensità di questa radiazione aumentava con l'altitudine, fin dalle prime misure effettuate da Theodor Wulf (1868–1946) nel 1910 sulla Torre Eiffel, successivamente da Victor Hess (1883–1964) e da Werner Kolhöster (1887–1946) nel 1912–1913, mediante voli in pallone, fu proprio uno degli argomenti centrali per stabilire l'origine extraterrestre della radiazione cosmica [Riggi2023]. Da quell'epoca, una miriade di misure del flusso dei raggi cosmici a diverse altezze è stata condotta, sia mediante rivelatori portati in montagna – anche se posti vicino al suolo – sia con rivelatori installati a bordo di palloni aerostatici o di aerei.

Theodor Wulf aveva effettuato delle prime misure della ionizzazione dell'aria, mediante elettroscopi, alla sommità della Torre Eiffel (circa 300 m di altezza). Wulf si rendeva conto, infatti, che bisognava distinguere tra ciò che avveniva in alta montagna, ma a breve distanza dal suolo, e ciò che avveniva invece allontanandosi dal suolo terrestre, dunque riducendo il contributo della radioattività delle rocce terrestri. La Torre Eiffel offriva a quel tempo una soluzione semplice, almeno fino a qualche centinaio di metri, per ridurre il contributo della radioattività terrestre (gamma) e le misure ottenute a questa altezza mostrarono non un aumento della ionizzazione (come talvolta erroneamente si riporta) ma piuttosto una lieve diminuzione, da un valore medio di circa 17.9 ioni/(s cm^3) al livello del suolo ad un valore di 15.7 ioni/(s cm^3) a 300 m di altezza. La diminuzione, tuttavia, era molto minore di quanto fosse prevedibile sulla base dell'assorbimento dei gamma nell'aria [Riggi2023]. Questo dimostrava che c'era una sorgente ulteriore di ionizzazione. Che questa radiazione provenisse dall'alto e aumentasse di molto al crescere dell'altitudine venne poi dimostrato definitivamente e quantificato dagli esperimenti a bordo di pallone aerostatico compiuti dapprima da Victor Hess fino alla quota di 5 000 m e successivamente da Kolhöster fino a 9 000 m.

Esperimenti volti alla misura del flusso della radiazione cosmica a diverse altitudini sono stati replicati negli ultimi anni con intenti didattici e amatoriali, fornendo

F. Riggi, *Esperimenti didattici e amatoriali con i contatori Geiger*,
https://doi.org/10.1007/978-3-031-72012-3_31

delle ottime opportunità, anche per gli studenti e per gli appassionati, di rendersi conto in modo diretto di una delle proprietà più importanti di questa radiazione. Esperimenti del genere, così come è avvenuto storicamente, possono essere condotti in prossimità del suolo, portando degli apparati di rivelazione dalla quota corrispondente al livello del mare fino ad una quota raggiungibile in montagna, oppure allontanandosi dal suolo terrestre, installando dei rivelatori a bordo di palloni sonda o di aerei. In questo capitolo discuteremo delle misure del primo tipo, mentre discuteremo le seconde nel capitolo successivo.

Misure didattiche del flusso dei raggi cosmici con l'altitudine possono essere condotte anche con semplici ed economici contatori Geiger, sebbene l'utilizzo di telescopi costituiti da scintillatori di maggiori dimensioni dia certamente la possibilità di acquisire un maggior numero di eventi e dunque di ottenere misure statisticamente significative in tempi ridotti. Una misura del genere può essere organizzata a diverse altitudini se nella zona è presente una montagna di altezza sufficiente (almeno dell'ordine di 1 000–2 000 m), che possa essere raggiunta senza troppe difficoltà. È necessario, tuttavia, usare alcuni accorgimenti, specie se si adoperano singoli contatori Geiger per effettuare misure di questo tipo.

Nel caso di singoli contatori Geiger, infatti, il rate di conteggio misurato può essere notevolmente influenzato anche dalla radioattività ambientale e potrebbe essere utile un opportuno schermaggio del contatore per eliminare in parte il contributo del fondo naturale dovuto alla radioattività delle rocce. Lo schermo può essere costituito da semplici lastre metalliche di spessore dell'ordine del cm, poste al di sotto del contatore; in alcuni casi è stato notato che lo stesso spessore di una neve abbondante poteva essere sufficiente a schermare parzialmente dal fondo di radioattività prodotto dalle rocce [Jones1993]. Misure condotte in coincidenza, utilizzando configurazioni telescopiche di contatori (come saranno descritte in capitoli successivi), in parte risolvono questo problema, richiedendo, tuttavia, misure molto più lunghe per ottenere risultati significativi.

La misura più semplice della dipendenza del flusso dei cosmici dall'altitudine può essere condotta dunque mediante uno o più contatori Geiger che misurino il rate di conteggio singolo. Una di queste misure didattiche è stata effettuata ad esempio alcuni anni addietro con un gruppo di studenti liceali, mediante un set di sei contatori Geiger Pasco SN7928 [Blanco2009]. Effettuando alcune tappe tra una quota prossima al livello del mare (circa 200 m s.l.m.) e una zona (a quota 2 900 m s.l.m.) in prossimità della cima dell'Etna, il vulcano attivo più alto in Europa, è stato misurato il rate di conteggio durante ogni tappa, ottenendo i seguenti risultati, mostrati in Fig. 31.1.

Misure simili sono state condotte in varie condizioni e con varie tipologie di rivelatori nell'ambito di progetti didattici legati alla fisica dei raggi cosmici in varie parti del mondo. Nell'ambito delle attività didattiche e scientifiche del Progetto EEE, ad esempio, una misura effettuata con una serie di 30 piccoli telescopi di scintillatori è stata effettuata alcuni anni addietro [Abbrescia2018], anche se ad altitudini relativamente limitate.

Più recentemente, ulteriori misure con un set di 4 contatori SN7928, disposti in configurazione telescopica verticale, in modo da poter misurare sia gli eventi singoli

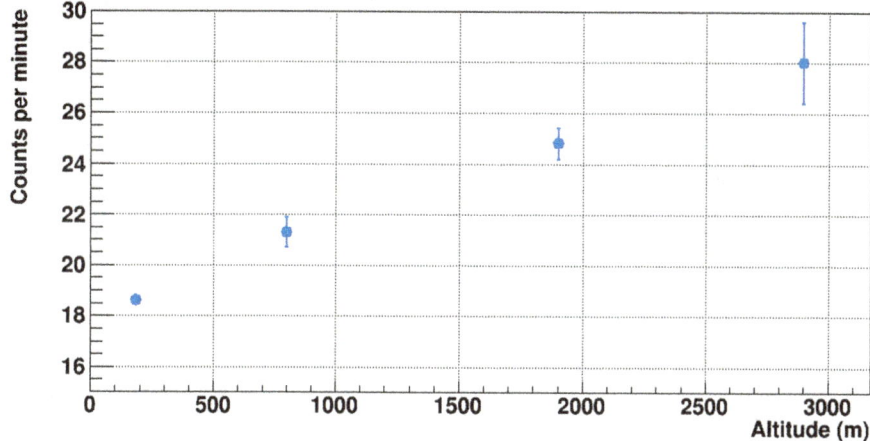

Figura 31.1 Rate di conteggio medio ottenuto complessivamente da sei diversi contatori Geiger portati a quote differenti, durante un'escursione scolastica sul Monte Etna, fino ad una altitudine di 2 900 m s.l.m

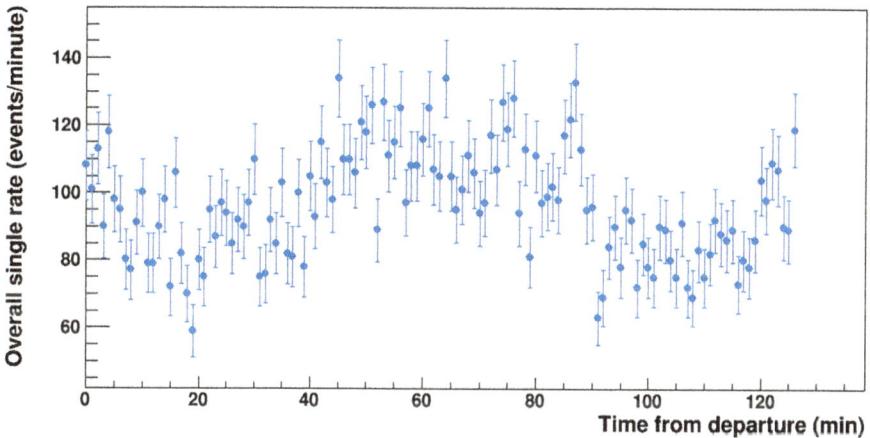

Figura 31.2 Rate complessivo in singolo dei quattro contatori Geiger, misurato a step di un minuto, durante uno spostamento in auto dalla quota 800 m s.l.m. alla quota 1 900 m s.l.m. e rientro alla quota di partenza

che gli eventi di coincidenza tra i diversi rivelatori, sono state condotte dall'autore, installando i rivelatori su un'auto in movimento tra una quota corrispondente al livello del mare e quota 1 900 m s.l.m., sempre sul Monte Etna.

La Fig. 31.2 mostra l'andamento del rate osservato, a step di un minuto, dalla quota 800 m alla quota 1 900 m, con una sosta (all'incirca dal tempo $t = 45'$ al tempo $t = 90'$) e ritorno alla quota di partenza.

In questo set di dati si osserva un leggero aumento, pari a circa il 20%, tra la quota iniziale di 800 m e quella più elevata. Valori ancora più bassi, dell'ordine di

Figura 31.3 Profilo temporale dell'altitudine sul livello del mare in funzione del tempo, durante uno spostamento in auto dalla quota 800 m alla quota 1 900, con una breve sosta alla quota più elevata. Dati ottenuti su uno smartphone mediante l'app PhyPhox

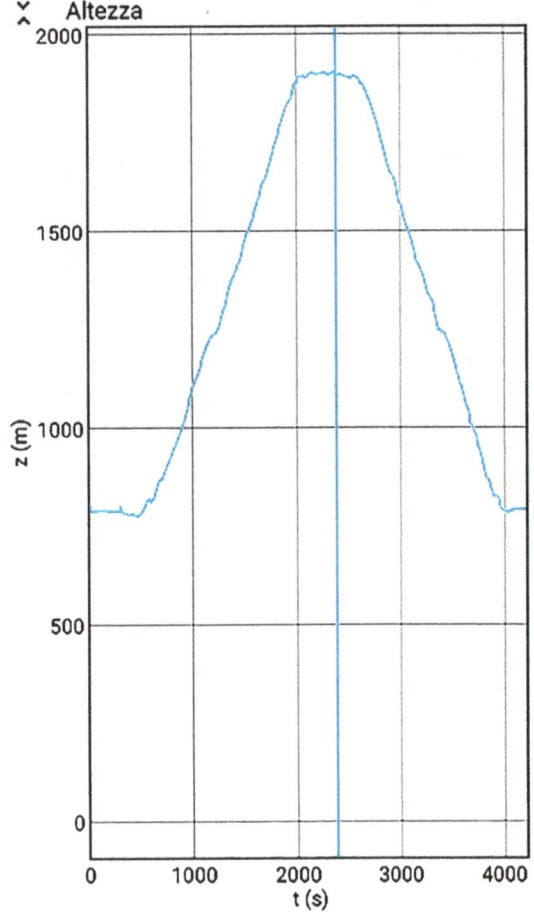

60–70 eventi/minuto complessivamente dai quattro contatori, erano stati ottenuti ad una quota prossima al livello del mare, in accordo con i dati riportati nella Fig. 31.1.

Nell'organizzare misure del genere, dato che l'altitudine in funzione del tempo non segue necessariamente un andamento lineare, in dipendenza del particolare percorso automobilistico seguito, può essere utile far uso di qualche strumento che ci dia informazioni sul profilo dell'altitudine in funzione del tempo. In uno di questi spostamenti, ad esempio, è stato fatto uso dell'App PhyPhox (Physical Phone Experiments [PHYPHOX]) installata su uno smartphone con Android, che può fornire l'altezza, la latitudine e la longitudine in funzione del tempo, come mostra la Fig. 31.3.

In queste misure, dato che veniva adoperato un set di 4 contatori Geiger posti verticalmente l'uno sull'altro in configurazione telescopica, è stato possibile anche rivelare eventi di coincidenza tra i diversi contatori sovrapposti (secondo la tecnica che sarà discussa più in dettaglio in alcune delle attività successive) e dunque confrontare anche il rate di coincidenze osservato alle varie altitudini. Considerando soltanto gli eventi di molteplicità superiore a 2 (eventi di coincidenza tripla o quadrupla) si è misurato un tasso di eventi medio pari a (0.24 ± 0.05) al minuto durante il percorso di andata e ritorno da quota 800 a quota 1 900, contro un tasso di (0.53 ± 0.11) al minuto durante la sosta a quota 1 900. Sebbene con elevati errori statistici derivanti dal limitato tempo di misura, questo risultato mostra che l'aumento negli eventi di coincidenza è molto maggiore, circa il 50%, rispetto all'aumento nel rate di eventi singoli. Quest'ultimo, infatti, è maggiormente influenzato anche dal contributo della radioattività ambientale ed è molto sensibile alle condizioni di schermaggio intorno al rivelatore.

La dipendenza del flusso dei cosmici dall'altitudine rispetto al livello del mare, o potremmo dire meglio, dalla profondità atmosferica, cioè dalla distanza percorsa dalle particelle verso il basso rispetto alla "sommità" dell'atmosfera terrestre in cui gli sciami atmosferici estesi sono creati, è un aspetto complesso della propagazione di questi sciami e dei diversi processi che avvengono durante lo sviluppo dello sciame (perdita di energia, produzione di nuove particelle, decadimenti). Ogni componente dello sciame (elettroni/positroni, gamma, muoni, neutroni, ...) ha una diversa dipendenza dalla profondità atmosferica, il cui studio è stato e continua ad essere oggetto di indagine anche da parte di esperimenti professionali dedicati, vedi ad esempio [Riggi2023] o [Grieder2001] per una rassegna dei risultati disponibili in letteratura.

Lo studio didattico o amatoriale di questo effetto dell'altitudine sul flusso delle varie componenti della radiazione cosmica secondaria offre una grande varietà di attività possibili, in dipendenza delle condizioni di osservazione, profili altimetrici, schermaggio dei rivelatori, ... e dunque consente l'esecuzione di una molteplicità di esperimenti anche con piccoli contatori Geiger facilmente trasportabili. Vedremo nel capitolo seguente la possibilità di sfruttare piccoli contatori Geiger anche in misure a quote più elevate di quelle raggiungibili con una escursione in montagna.

Riferimenti bibliografici

[Blanco2009]   F. Blanco, P. La Rocca and F. Riggi, *Cosmic rays with portable Geiger counters: from sea level to airplane cruise altitudes*, European Journal of Physics **30**(2009)685.

[Abbrescia2018] M. Abbrescia et al. (The EEE Collaboration), *How does cosmic ray flux vary with altitude? Let's ask it to EEE projects students*, Giornale di Fisica **59**(2018)229.

[Grieder2001]   P.K.F. Grieder, *Cosmic rays at Earth*, Elsevier, 2001.

[Jones1993]   B. Jones, *Cosmic ray studies on skis and on campus*, The Physics Teacher **31**(1993)458.

[PHYPHOX]   https://phyphox.org/. Verificato il 21 Gennaio 2025

[Riggi2023]   F. Riggi, *Messengers from the Cosmos. An Introduction to the Physics of Cosmic Rays in Its Historical Development*, Springer 2023.

Rivelare la radiazione cosmica mediante palloni aerostatici e aerei

32

Come detto nel capitolo precedente, i voli in pallone di Hess e Kolhöster nel 1912–1914 segnarono in modo definitivo l'origine extraterrestre della radiazione cosmica. Voli in pallone per misurare la ionizzazione dell'aria erano stati effettuati in realtà anche in precedenza, ad esempio da parte dei fisici tedeschi Franz Linke (1878–1944) nel 1902–1903, fino ad una quota di 5 500 m, Karl Bergwitz (1875–1958) nel 1910, fino a 1 300 m, Hermann Ebert (1861–1913) nel 1900–1901, fino a 3 700 m, e da Albert Gockel (1860–1927) tra il 1909 e il 1911, fino ad un'altitudine di 4 500 m. Il risultato delle misure condotte in queste spedizioni era in molti casi qualitativamente in accordo con l'ipotesi che il flusso aumentasse con l'altitudine, ma una interpretazione chiara venne data solo da Hess e successivamente da Kolhöster [Riggi2023].

I rivelatori adoperati in queste misure, elettroscopi capaci di misurare la ionizzazione dell'aria, portati a bordo di questi palloni fino alle quote di 5 300 e di 9 300 m rispettivamente, mostrarono un netto aumento della ionizzazione dell'aria rispetto al livello del suolo. La Fig. 32.1 mostra, ad esempio, i valori della ionizzazione in eccesso rispetto a quella misurata a livello del mare, ottenuti in uno dei voli organizzato da Kolhöster fino ad una quota di circa 9 000 m.

Come si vede dalla figura, dopo una lieve diminuzione fino ad una quota di circa 1 000 m, la ionizzazione aumenta rapidamente con l'altitudine raggiungendo valori molto elevati alla sommità dell'atmosfera. Tenendo conto che il valore di ionizzazione misurato a livello del suolo era inferiore a 20 ioni/(cm^3 s), i valori osservati alla più alta quota erano almeno un fattore 4 maggiori.

Negli anni successivi, soprattutto negli Stati Uniti, ad opera del gruppo di Robert Millikan (1868–1953), vennero condotte le prime misure ad altitudini ancora più elevate, mediante strumentazione automatizzata installata a bordo di palloni [Millikan1926], anche oltre i 15 km di altezza. A quelle quote sarebbe stato impossibile utilizzare un equipaggio umano senza un adeguato sistema di pressurizzazione, cosa che venne tentata poi con i voli di Piccard negli anni successivi. Il valore della ionizzazione misurata durante questi voli in pallone senza equipaggio era registrato e fotografato in intervalli di tempo successivi. Il recupero del pallone a terra consentiva poi di ottenere i risultati misurati durante il volo. Queste misure, insieme a

F. Riggi, *Esperimenti didattici e amatoriali con i contatori Geiger*,
https://doi.org/10.1007/978-3-031-72012-3_32

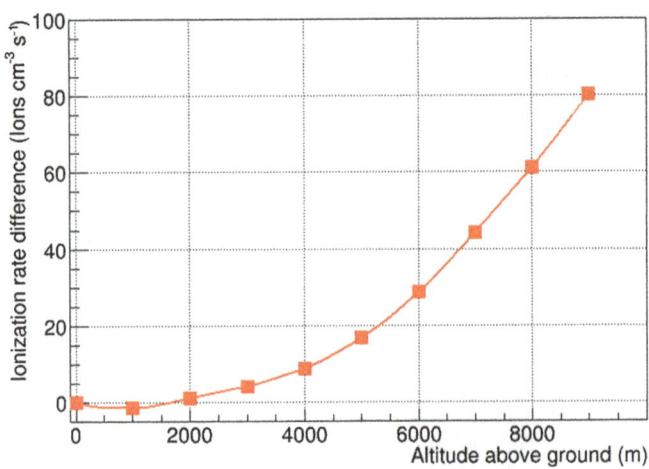

Figura 32.1 Valori della ionizzazione dell'aria (eccesso rispetto a quella misurata a livello del mare), espressa in numero di ioni al secondo per cm^3, misurati durante uno dei voli in pallone dal fisico tedesco Kolhöster nel 1913 [Riggi2023]

quelle ottenute dallo stesso gruppo anche in alta montagna e sotto una certa profondità nei laghi, consentirono di confermare ulteriormente la natura della radiazione cosmica. Numerose misure con vari tipi di rivelatori sono state poi effettuate nei decenni successivi anche a bordo di aerei, fino alle quote di crociera di circa 10 km.

È da ricordare che anche contatori Geiger vennero adoperati successivamente in misure condotte a grandi altitudini. In una di queste misure, di interesse storico notevole, riportata da Van Allen e Taten nel 1948 [VanAllen1948] vennero adoperati alcuni contatori Geiger, portati a bordo di uno dei famosi missili V2, originariamente sviluppati in Germania durante il secondo conflitto mondiale.

Misure dell'intensità della radiazione cosmica a diverse altitudini sono state condotte a scopo didattico e amatoriale, in tempi recenti, installando a bordo di piccoli palloni aerostatici set di rivelatori che potessero acquisire i dati durante la fase ascensionale e trasferirli una volta recuperato il pallone, o li trasmettessero direttamente via radio durante la misura stessa. Ad esempio, specie in occasione del centenario della scoperta della radiazione cosmica da parte di Victor Hess, nel 2012, vari team di studenti e insegnanti hanno organizzato dei lanci di palloni con appa recchiature adatte alla rivelazione di raggi cosmici. In alcuni di questi esperimenti [Bancroft2013, Beck-Winchatz2014], ad esempio, sono stati anche utilizzati singoli contatori Geiger, misurando il rate di conteggio fino ad un'altitudine di 30 km.

L'utilizzo di piccoli contatori Geiger a bordo di aerei commerciali di linea non dovrebbe creare in genere particolari problemi per quanto concerne interferenze elettroniche a meno che non si faccia uso di segnali radio per l'acquisizione dei dati. Non sempre, tuttavia, il personale di bordo è in grado di distinguere le particolari specifiche dell'elettronica utilizzata e in alcuni casi potrebbe vietare l'uso di questi dispositivi. Misure didattiche o amatoriali di questo genere sono state riportate in

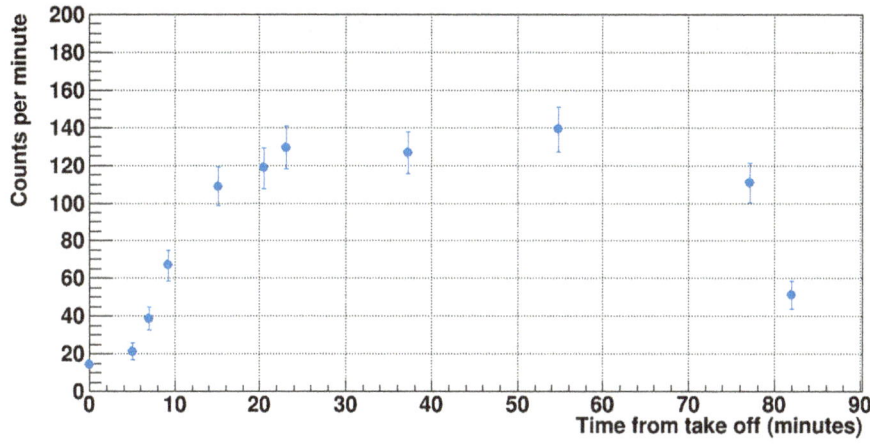

Figura 32.2 Rate di conteggio di un contatore Geiger durante un volo nazionale in Italia della durata di circa 90 minuti [Blanco2009]

passato da vari siti, anche con video che mostrano l'aumento del rate di conteggio o della corrispondente dose dalla fase di decollo alla quota di crociera [VIDEO1_PL, VIDEO2_PL, VIDEO3_PL].

Il rate di conteggi osservato ad alta quota può eccedere quello misurato al livello del suolo anche di un fattore 30. I valori, tuttavia, dipendono dall'altitudine di crociera e dalla particolare rotta seguita dall'aereo. Ad esempio, nelle regioni polari, la dose è significativamente maggiore rispetto alle rotte nelle regioni equatoriali, a causa del campo magnetico terrestre. I livelli di radiazione maggiori alle alte quote raramente costituiscono un problema per i normali viaggiatori, la cui permanenza annua a bordo di aerei di linea è in genere limitata. Piloti e personale di bordo sono tuttavia soggetti a controlli periodici a causa delle lunghe permanenze annue alle quote di crociera dei velivoli. Oggi sappiamo che la radiazione cosmica nello spazio, al di fuori dell'atmosfera terrestre che assorbe una grande frazione delle radiazioni prodotte, è uno dei fattori limitanti nella progettazione di lunghi viaggi spaziali.

A titolo di esempio, la Fig. 32.2 mostra il rate di conteggio di un singolo contatore Geiger portato a bordo di un volo nazionale della durata di circa 1.5 h [Blanco2009]. Durante il volo non era nota ai passeggeri l'altitudine ad ogni istante (profilo di volo), per cui i dati sono stati riportati in funzione del tempo trascorso dal decollo. Come si vede, l'aumento dal valore iniziale di circa 15 conteggi/minuto ai valori più elevati avviene in un tempo di circa 20 minuti, corrispondente al tempo usualmente richiesto per raggiungere la quota di crociera, che in questo volo era di circa 9 000 m. L'andamento riportato in figura può essere considerato come un esempio qualitativo di una misura effettuabile con un singolo contatore Geiger, valutando manualmente (in modo alquanto impreciso) il rate di conteggio, che in questa misura risulta certamente sottostimato. Misure più precise richiederebbero un sistema di raccolta dati adeguato, e possibilmente l'utilizzo di più contatori per ottenere un errore statistico minore. È da considerare che la variazione di altitudine durante la fase di ascesa e di discesa di un aereo di linea è notevole, di circa 500 m al minuto. Nell'arco dello stesso minuto di misura l'altitudine non è da considerarsi rigorosamente costante, cosa che può essere parzialmente corretta da un'analisi dei dati.

La dipendenza dall'altitudine del flusso di raggi cosmici a queste quote così elevate dipende infine da vari fattori, ed è differente per le diverse componenti della radiazione cosmica secondaria (muoni ed elettroni, ad esempio), a causa della posizione in cui la particella primaria subisce la sua prima interazione nell'atmosfera e dei differenti processi (perdita di energia, interazioni, decadimenti) che subiscono le diverse componenti dello sciame [Blanco2009].

Riferimenti bibliografici

[Bancroft2013]   S. Bancroft et al., *An investigation into the nature of high altitude cosmic radiation in the stratosphere*, Physics Education **49**(2014)164.

[Beck-Winchatz2014] B. Beck-Winchatz and J. Bramble, *High-altitude ballooning student research with yeast and plant seeds*, Gravitational and Space Research **2**(2014)117.

[Blanco2009]   F. Blanco, P. La Rocca and F. Riggi, *Cosmic rays with portable Geiger counters: from sea level to airplane cruise altitudes*, European Journal of Physics **30**(2009)685.

[Durrani2012]   M. Durrani, *Students take cosmic-ray balloon challenge*, Physics World (2012)

[Millikan1926]   R.A. Millikan and S. Bowen, *High frequency of cosmic origin.I. Sounding balloon observations at extreme altitudes*, Physical Review **27**(1926)353.

[Riggi2023]   F. Riggi, *Messengers from the Cosmos. An Introduction to the Physics of Cosmic Rays in Its Historical Development*, Springer 2023.

[VanAllen1948]   J.A. Van Allen and H.E. Tatel, *The cosmic ray counting rate of a single Geiger counter from ground level to 161 km altitude*, Physical Review **73**(1948)245.

[VIDEO1_PL]   https://www.youtube.com/watch?v=njKl-WmbcEg. Verificato il 21 Gennaio 2025

[VIDEO2_PL]   https://www.youtube.com/watch?v=TUSz4p2fjxA. Verificato il 21 Gennaio 2025

[VIDEO3_PL]   https://www.youtube.com/watch?v=K_XBw5PG93U. Verificato il 21 Gennaio 2025

Stimare il contributo del suolo al tasso di conteggio di un contatore Geiger

Come già visto in diversi esperimenti discussi in precedenza, il rate di conteggio di un contatore Geiger in condizioni di background è influenzato sia dalle radiazioni di origine cosmica che dalla radioattività ambientale, dovuta ai materiali che circondano il contatore (rocce, materiali da costruzione degli edifici, gli stessi organismi viventi) nonché ai prodotti derivanti dal decadimento del radon. Abbiamo investigato alcune di queste sorgenti di radiazione separatamente. Non è facile, tuttavia, discriminare con certezza e quantificare il contributo di ogni singola sorgente di radiazione utilizzando un singolo contatore Geiger, dato che essi non sono capaci di misurare l'energia depositata o identificare la particella ionizzante, e risultano sensibili alle radiazioni provenienti da ogni direzione.

È possibile, tuttavia, come abbiamo già visto per altre sorgenti di radiazione, trovare delle condizioni opportune per valutare, almeno qualitativamente, l'effetto delle diverse cause di ionizzazione, cercando di minimizzare alcune di queste cause con opportuni sistemi di schermaggio, o viceversa, massimizzare il contributo di altre fonti. Se ad esempio vogliamo valutare meglio il contributo dovuto a particelle altamente energetiche della radiazione cosmica (i muoni), misure di coincidenza tra più rivelatori sovrapposti, come vedremo in seguito, costituiscono una buona strategia per ridurre al minimo il contributo della radioattività ambientale, che difficilmente può produrre un segnale simultaneo in più rivelatori. Viceversa, un opportuno schermaggio dei rivelatori dalla componente più energetica dovuta ai muoni provenienti dall'alto può mettere in evidenza maggiormente il contributo dovuto a fonti di radiazione locali. Abbiamo già visto l'utilizzo di questa strategia in alcune misure relative alla radioattività presente in alcuni oggetti di uso comune o nel cibo stesso.

La Fig. 33.1 mostra una possibile disposizione di contatori con diverse strategie di schermaggio, che consentono, entro certi limiti, di separare i diversi contributi alla dose misurata da un contatore. Lo schermo, rappresentato in grigio, dovrebbe essere costituito da piombo con alcuni cm di spessore. Configurazioni ideali di questo genere non sono semplici da realizzare, ma è possibile immaginare dei setup sperimentali che riproducano almeno in parte situazioni di questo tipo.

F. Riggi, *Esperimenti didattici e amatoriali con i contatori Geiger*, https://doi.org/10.1007/978-3-031-72012-3_33

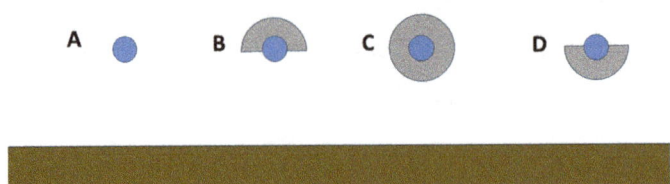

Figura 33.1 Disposizione di contatori con diverse strategie di schermaggio, per cercare di separare, almeno in parte, i diversi contributi alla dose misurata dal contatore. **A**: Contatore sensibile a tutte le sorgenti di radiazione. **B**: Contatore sensibile in prevalenza alla radioattività del suolo e alla componente penetrante della radiazione cosmica. **C**: Contatore sensibile in prevalenza alla componente penetrante della radiazione cosmica. **D**: Contatore sensibile in prevalenza alla radioattività dell'aria e alle componenti sia soft che penetranti della radiazione cosmica

La misura dei livelli di radiazione ambientale nel suolo e nell'aria è divenuta sempre più importante in questi ultimi decenni, anche a causa della produzione da parte dell'uomo di isotopi radioattivi e della possibile dispersione di questo materiale nell'ambiente.

La radioattività naturale del suolo (terreno, rocce, ...) è dovuta alla presenza di diversi isotopi radioattivi presenti negli elementi che costituiscono questo materiale, essenzialmente alle catene di decadimento del ^{226}Ra e del ^{232}Th, nonché all'isotopo radioattivo ^{40}K. Entrambe le catene di decadimento contengono dei gas radioattivi (il radon, ^{222}Rn e il thoron, ^{220}Rn) che possono diffondere dal suolo nell'aria. La presenza di questi ultimi viene influenzata anche dalle condizioni ambientali, come la pioggia, la neve, la pressione atmosferica e in generale le condizioni ambientali.

In questa attività abbiamo cercato di valutare il contributo dovuto alla radioattività prodotta dal suolo esistente al di sotto dei rivelatori, schermando in modo semplice dal basso con delle lastre metalliche un set di 4 contatori posizionati in configurazione telescopica (Fig. 33.2).

I contatori erano posizionati ad una distanza relativa di 3 cm, a qualche cm dal suolo. Sono state effettuate due misure, l'una con la presenza dello schermo metallico (costituito da 4 mm di alluminio e 4 mm di acciaio, di dimensioni circa 25 cm × 50 cm), l'altra in assenza dello schermo, confrontando i rate di conteggio singoli dei 4 contatori e il rate di coincidenze tra i diversi contatori. Date le dimensioni dello schermo e la disposizione dei contatori, lo schermo agisce solo parzialmente sui gamma provenienti dal suolo, sia perché lo spessore attraversato è appena di pochi mm sia perché l'effetto di schermaggio è differente per i diversi contatori. Nel caso dell'alluminio, ad esempio, il coefficiente di assorbimento per gamma di energia dell'ordine del MeV è di circa 0.05 cm^2/g (vedi ad esempio l'attività descritta nel Capitolo 10), per cui interporre solo 4 mm di alluminio porterebbe ad una riduzione del flusso dell'ordine del 5%.

Il risultato delle misure ha dato un rate di conteggio singolo complessivo dei 4 contatori pari a (1.68 ± 0.03) eventi/s in assenza del materiale assorbitore e di

Figura 33.2 Disposizione di 4 contatori Geiger montati in configurazione telescopica, parzialmente schermati dal basso con delle piccole lastre metalliche (non in scala)

(1.53 ± 0.03) eventi/s con gli strati di materiale assorbitore, una riduzione significativa di circa il 10%. Il rate di coincidenze doppie tra i contatori è risultato invece di (0.035 ± 0.004) eventi/s senza assorbitore e di (0.038 ± 0.005) eventi/s con l'assorbitore, due valori confrontabili entro il margine di incertezza elevato della misura. Dato che i rate di conteggio dei singoli contatori erano misurati in modo indipendente, si è potuto verificare che nel caso del contatore posto più in basso, il rate di conteggio si è ridotto di circa il 20%, mentre per il contatore più in alto (e dunque meno schermato dal suolo) la riduzione è stata di circa l'8%.

Misure di questo genere possono essere organizzate con tempi di misura più lunghi e con setup più completi, adoperando lastre di materiale assorbitore di dimensioni e di spessore maggiori, o, se disponibili, di materiali più densi, in modo da osservare riduzioni più consistenti e valutare in modo quantitativo l'effetto di assorbimento delle radiazioni provenienti dal suolo.

In particolare, se si vuole ridurre in modo significativo il contributo proveniente dalla radioattività gamma associata al suolo, in misure condotte in prossimità di esso, occorre adoperare materiali schermanti posti al di sotto del contatore, ad esempio lastre di metallo dello spessore di alcuni centimetri.

Evidenziare fenomeni di backscattering degli elettroni

L'interazione degli elettroni con la materia, a differenza di quella delle particelle cariche più pesanti, come i protoni o le particelle alfa, è caratterizzata, oltre che dalla perdita di energia per collisione, anche da fenomeni specifici, come l'emissione di radiazione di frenamento (bremmstrahlung), soprattutto ad elevate energie, e dai fenomeni di backscattering, specie a bassa energia. Entrambi questi fenomeni, che in linea di principio possono verificarsi anche nel caso delle particelle pesanti, sono particolarmente rilevanti nel caso degli elettroni, a causa della loro massa, molto minore di quella dei protoni. La perdita di energia per emissione di radiazione di frenamento assume un'importanza notevole solo per energie molto elevate degli elettroni, ed è dunque trascurabile per gli elettroni emessi dalle tipiche sorgenti radioattive (energie al massimo di qualche MeV). Al contrario, il fenomeno del backscattering è particolarmente rilevante per gli elettroni di bassa energia.

Questo fenomeno è il risultato del più generale processo di scattering multiplo a cui è soggetta una particella carica a causa dell'interazione Coulombiana. Si distingue in genere il caso dello scattering singolo (per il quale la distribuzione angolare è descritta dalla sezione d'urto di Rutherford) da quello dello scattering multiplo, in cui durante il percorso avviene un grande numero di deflessioni (almeno dell'ordine di alcune decine), tanto da poter applicare metodi statistici per descriverne il comportamento. Il "plural scattering", infine, cioè la situazione nella quale il numero di deflessioni è ancora piccolo, dell'ordine di alcune unità, o della decina, è molto complesso da studiare.

A causa del fenomeno dello scattering multiplo, il range degli elettroni nella materia, cioè la massima distanza che essi possono percorrere prima di arrestarsi, è una quantità soggetta a forti fluttuazioni statistiche, e può essere molto differente dal valore calcolabile secondo una integrazione dell'inverso della perdita di energia specifica dE/dx.

Un'approssimazione della distribuzione angolare attesa nel caso di scattering multiplo è quella Gaussiana, con una coda a grandi angoli che si discosta tuttavia da un andamento puramente Gaussiano. Una trattazione più dettagliata del fenomeno dello scattering multiplo è riportata in molti testi generali sull'interazione

F. Riggi, *Esperimenti didattici e amatoriali con i contatori Geiger*, https://doi.org/10.1007/978-3-031-72012-3_34

Figura 34.1 Illustrazione del
fenomeno del backscattering
di elettroni di bassa energia

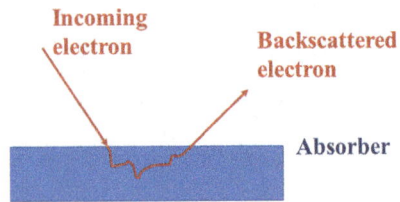

della radiazione con la materia, ad esempio [Grupen2008, Knoll2000, Leo1987, Leroy2004].

Poiché gli elettroni hanno una massa molto piccola in confronto a quella dei protoni o dei nuclei, essi sono soggetti ad essere deflessi anche ad angoli molto grandi. L'effetto combinato di più deflessioni a grandi angoli può addirittura portare a deflessioni complessive, rispetto alla direzione di moto originaria, così grandi da essere maggiori di 90°, e dunque ad una direzione di moto finale nel semispazio da cui l'elettrone originariamente proveniva. Se ad esempio un elettrone di bassa energia penetra in un materiale denso, esiste una probabilità non trascurabile che esso venga deflesso in modo tale da fuoriuscire "all'indietro" dal materiale (Fig. 34.1).

È questo il fenomeno del backscattering. L'effetto è maggiore per elettroni di bassa energia e per materiali ad elevato numero atomico. La direzione di uscita dipenderà inoltre dall'angolo di incidenza, per cui elettroni che incidono obliquamente su un materiale avranno una probabilità maggiore che essi possano uscire dal materiale dopo aver percorso un certo cammino all'interno ed essere stati soggetti a molte deflessioni.

Il rapporto tra il numero di elettroni diffusi all'indietro e il numero degli elettroni incidenti è denominato coefficiente di backscattering o albedo (analogamente a quanto avviene per la luce riflessa dalla superficie di un pianeta). Questi coefficienti possono anche essere molto elevati per elettroni di bassa energia e su materiali pesanti. A titolo di esempio, per elettroni da 1 MeV che incidono perpendicolarmente alla superficie su un blocco di alluminio, il coefficiente è circa l'8%, mentre questo valore aumenta a oltre il 20% nel caso del rame, e a quasi il 50% nel caso di materiali ad elevato numero atomico, come l'oro. Questi coefficienti sono inoltre ancora maggiori per elettroni aventi energie di qualche centinaio di keV. Misure dettagliate dei coefficienti di backscattering su vari materiali, in funzione dell'energia degli elettroni, sono state riportate da numerosi autori e confrontate con equazioni semiempiriche per riprodurre il loro valore al variare dell'energia degli elettroni e del numero atomico del materiale [Tabata1971].

Allo scopo di osservare questo effetto e misurare, almeno da un punto di vista qualitativo, la differenza tra materiali differenti, si può utilizzare un setup sperimentale come quello mostrato in Fig. 34.2, che utilizza un contatore Geiger, una sorgente di ^{90}Sr di bassa attività (nel nostro caso leggermente minore di 0.1 μCi), una lastrina di metallo di spessore sufficiente per schermare il contatore dagli elettroni provenienti direttamente dalla sorgente e dei blocchi di diverso materiale, utilizzati come campioni nei quali avviene il fenomeno del backscattering (absorber

Figura 34.2 Setup sperimentale utilizzato per osservare il fenomeno del backscattering di elettroni da differenti materiali

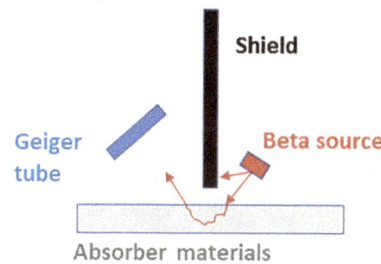

o materiale diffusore). Il setup utilizzato fa uso di un contatore Geiger SN7928 della Pasco, con il tubo disposto orizzontalmente, come in figura, per aumentare l'angolo solido entro cui rivelare gli elettroni diffusi, dato che in ogni caso la direzione di moto iniziale degli elettroni non è definita con esattezza.

L'insieme degli oggetti rappresentati in figura è dislocato su un piano di appoggio (un tavolo in legno), il quale in realtà fornisce un ulteriore fonte di possibile backscattering dal basso (Fig. 34.3).

Si può tener conto di questo effettuando una prima misura senza alcun materiale diffusore posto di fronte alla sorgente e al contatore, ma in presenza dello schermo, e valutando, nelle misure successive eseguite con differenti materiali, l'eccesso di conteggi osservati nel Geiger.

La misura preliminare di fondo, eseguita senza la sorgente per un tempo molto lungo, tale da rendere l'errore statistico molto basso, mostra un rate pari a 0.34 eventi/s. Quando si dispone la sorgente di ^{90}Sr, il rate di conteggio aumenta da 0.34 a 0.43, anche se lo schermo interposto tra sorgente e contatore Geiger non consente il passaggio diretto degli elettroni dalla sorgente verso il contatore. Questo aumento del rate è dovuto con buona probabilità all'effetto di scattering prodotto dal supporto stesso (tavolo in legno, spessore del piano di appoggio pari a 3 cm), che fa sì che

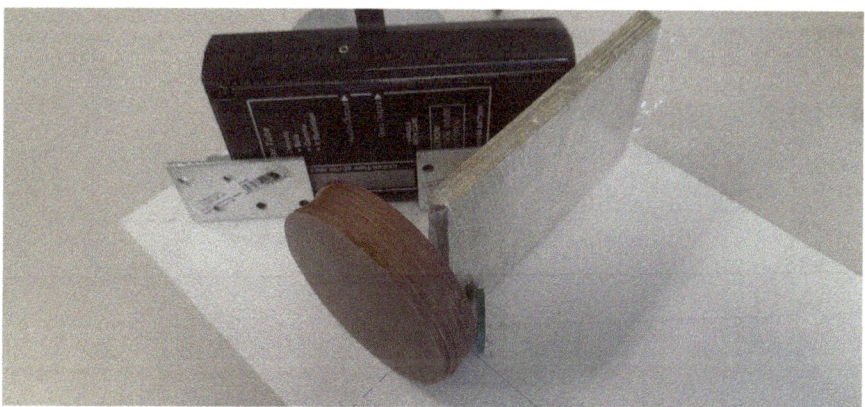

Figura 34.3 Foto del setup sperimentale utilizzato

Tabella 34.1 Rate di conteggio osservati con un contatore Geiger secondo la geometria descritta in figura B29.2, per varie condizioni di misura

Condizioni di misura e materiale diffusore	Numero atomico medio	Rate osservato nel Geiger (eventi/s)	Rate corretto (eventi/s)
Fondo (senza sorgente)		0.34 ± 0.001	
Sorgente e schermo in posizione, senza materiale diffusore		0.43 ± 0.01	
Plexiglas	3.6	0.54 ± 0.01	0.11 ± 0.002
Legno	6.6	0.57 ± 0.005	0.14 ± 0.002
Alluminio	13	0.66 ± 0.01	0.23 ± 0.003
Ottone	29.3	1.20 ± 0.03	0.77 ± 0.02
Piombo	82	1.90 ± 0.04	1.47 ± 0.03

una certa frazione degli elettroni possano passare al di sotto della lastra di schermaggio e riemergere dall'altro lato, essendo poi rivelati dal contatore. Rispetto a questo valore, considerato come livello base, bisogna considerare l'effetto ulteriore prodotto dal materiale diffusore.

La Tabella 34.1 mostra il risultato delle diverse misure effettuate.

Nella tabella è stato anche indicato un valore approssimativo del numero atomico del materiale utilizzato per le diverse misure. Mentre nel caso di materiali puri, come alluminio e piombo, il numero atomico è ben definito, per gli altri materiali la composizione chimica non è esattamente definita e il valore riportato è una stima approssimata di questa quantità.

Dai rate direttamente misurati è stato detratto il valore di 0.43, osservato con la sorgente in posizione ma senza alcun assorbitore, ottenendo i valori riportati nell'ultima colonna. Come si vede, esiste un trend crescente con il numero atomico

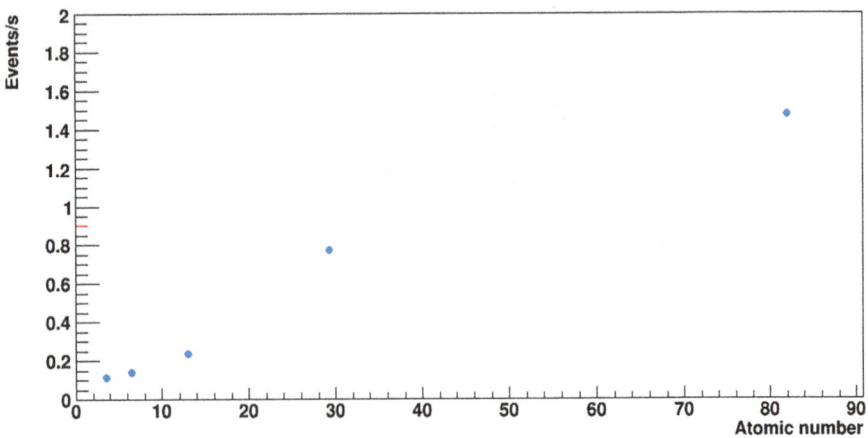

Figura 34.4 Valori del rate di conteggio del contatore Geiger, sottratti del fondo, in funzione del numero atomico dei diversi materiali adoperati nel corso delle misure

Figura 34.5 Possibile setup sperimentale alternativo, per lo studio del fenomeno di backscattering su una lastra di materiale solido

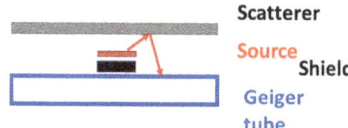

Tabella 34.2 Risultati ottenuti con il setup descritto in Fig. 34.5

Condizioni di misura e materiale diffusore	Numero atomico medio	Rate corretto (eventi/s)
Fondo (senza sorgente)		0.34 ± 0.001
Alluminio	13	0.54 ± 0.02
Ottone	29.3	1.16 ± 0.04
Piombo	82	4.7 ± 0.3

del materiale. Nel caso del piombo si osserva un effetto oltre 10 volte maggiore di quello osservato con i materiali leggeri. I dati ottenuti sono riportati in Fig. 34.4.

Un altro possibile setup sperimentale utilizzabile per investigare l'effetto del backscattering degli elettroni da parte di un materiale solido è mostrato in Fig. 34.5. In questo caso non si hanno in linea di principio effetti di scattering se non quelli sulla lastra di materiale posta al di sopra della sorgente. Nelle misure è stato dunque sottratto solamente il contributo dovuto al fondo ambientale (raggi cosmici, radioattività ambientale).

Alcune misure sono state effettuate anche con un setup di questo tipo, ottenendo i risultati mostrati in Tabella 34.2. Anche in questo caso si può notare un elevato aumento della resa di backscattering al crescere del numero atomico del materiale.

Riferimenti bibliografici

[Grupen2008] C. Grupen and B. Shwartz, *Particle Detectors*, Cambridge University Press, 2008.

[Knoll2000] G.F. Knoll, *Radiation Detection and Measurements*, John Wiley and Sons, New York 2000.

[Leo1987] W.R. Leo, *Techniques for Nuclear and Particle Physics Experiments*, Springer-Verlag, Berlin-Heidelberg-New York, 1987.

[Leroy2004] C. Leroy and P.G. Rancoita, *Principles of Radiation Interaction in Matter and Detection*, World Scientific Publishing Company, 2004.

[Tabata1971] T. Tabata et al., *An empirical equation for the backscattering coefficient of electrons*, Nuclear Instruments and Methods **94**(1971)509.

Misurare il tasso di conteggio di contatori Geiger in ambienti sotterranei

35

La possibilità di effettuare delle misure con uno o più contatori Geiger nel sottosuolo, sotto un certo spessore di materiale solido offerto dalla roccia terrestre costituisce una ulteriore possibilità, per quanto non di facile realizzazione, di esperimenti didattici da condurre con questi rivelatori.

Le particelle che costituiscono la radiazione cosmica secondaria possono interagire con il materiale di cui il suolo è costituito, mediante gli stessi meccanismi attraverso i quali esse interagiscono nell'atmosfera terrestre, come la perdita di energia, i processi di scattering e il decadimento. A causa della maggiore densità del materiale solido, alcune di queste particelle, come gli elettroni e gli eventuali adroni presenti a livello del suolo, saranno facilmente assorbiti anche da spessori non troppo elevati di materiale, mentre le componenti più penetranti, come i muoni o i neutrini, saranno capaci di penetrare anche in profondità.

I muoni in particolare costituiscono la componente realisticamente osservabile anche nel sottosuolo. Il loro flusso si riduce progressivamente con la profondità. Misure del flusso dei muoni nel sottosuolo sono state effettuate fin dai primordi della storia della fisica dei raggi cosmici [Riggi2023], quando ancora la natura della radiazione cosmica era da chiarire, e il contributo relativo della radioattività dovuta alle rocce non era facilmente distinguibile da quello dovuto alla radiazione di origine extraterrestre. Dalla fine degli anni '30 molte misure del flusso dei muoni nel sottosuolo vennero condotte adoperando siti di osservazione localizzati in miniere a varie profondità, adoperando rivelatori di vario genere, tra cui anche contatori Geiger operati in coincidenza. Esempi di misure storiche di questo tipo sono riportate, tra gli altri, da Barnóthy e Forró [Barnóthy1939] da Clay [Clay1939], Wilson e Highes [Wilson1943], Nishina [Nishina1941] e Miyazaki [Miyazaki1949]. Oggi, misure di precisione del flusso dei muoni underground sono state effettuate fino a grandi profondità (diversi km di roccia nel sottosuolo, sotto l'acqua del mare o nei ghiacci).

Nelle misure di Barrett [Barrett1952] ad una profondità di 1 574 m.w.e. (*metre water equivalent*, metri equivalenti di acqua, una misura comune dello spessore di materiale attraversato) il flusso misurato era all'incirca un fattore 1 000 minore di quello misurato in superficie. Misure a profondità ancora maggiori, come ad esempio nei grandi laboratori di fisica sotterranei, evidenziano una ulteriore riduzione di tre ordini di grandezza nel passare da una profondità di 1 500 m.w.e. ad una profondità di 8 500 m.w.e. È evidente, dunque, l'estrema difficoltà di condurre misure del flusso dei cosmici a grande profondità in luoghi sotterranei, a meno di non avere rivelatori di enormi dimensioni e tempi di misura estremamente lunghi.

Oltre che nel sottosuolo, misure del flusso dei muoni sotto una certa profondità di acqua o, più recentemente, sotto i ghiacci, sono state anch'esse condotte da esperimenti dedicati. È da ricordare che le prime misure sotto una certa profondità di acqua vennero condotte dal fisico italiano Pacini, proprio per studiare la natura della radiazione cosmica [DeAngelis2010, Riggi2023]. Successivamente, dagli anni '60, misure sott'acqua in ambiente marino e lacustre sono state condotte fino a grande profondità, circa 5 000 m. Il comportamento del flusso con la profondità segue andamenti simili a quelli ottenuti nel caso di attraversamento di materiale solido.

A profondità molto elevate l'andamento dell'intensità in funzione della profondità può essere rappresentato da una semplice relazione esponenziale, del tipo

$$I(X) = Ae^{-X/\Lambda}$$

dove i due parametri A e Λ sono ricavati dai dati, e in genere variano a seconda del range di profondità esplorate.

Misure del flusso dei muoni a profondità non troppo elevate possono essere condotte anche con apparati relativamente semplici, dato che il flusso è ancora misurabile in tempi ragionevoli anche con apparati di piccole dimensioni. A titolo di esempio, il flusso e l'intensità verticale sono stati misurati in dettaglio in un laboratorio sotterraneo ad una profondità di 25 m.w.e. [Dragic2008], utilizzando degli scintillatori, evidenziando una riduzione dell'intensità verticale di circa un fattore 3.

Misure didattiche del flusso dei muoni possono in linea di principio essere condotte anche mediante l'utilizzo di semplici contatori Geiger, nel caso si riescano a trovare delle opportune locazioni dove effettuare, possibilmente con una certa durata, misure del rate di conteggio, per confrontarle con quanto misurato all'esterno, a livello del suolo.

Locazioni di questo genere potrebbero essere ad esempio caverne naturali che si estendano sotto la roccia in modo da avere degli spessori non trascurabili al di sopra del rivelatore, o addirittura siti minerari nei quali è possibile raggiungere anche profondità molto elevate.

Situazioni molto più semplici potrebbero essere offerte dalle stazioni della metropolitana, oppure da tunnel stradali o ferroviari in disuso, accontentandosi di una profondità molto ridotta rispetto al livello del suolo, e dunque con più difficoltà a mettere in evidenza una riduzione del flusso osservato.

Misure di questo genere sono state condotte nel passato, con apparati di vario genere. In un articolo del 1936 [Follett1936] ad esempio, contatori Geiger di varie dimensioni vennero adoperati in coincidenza dislocandoli in un tunnel della metropolitana londinese, situato ad una profondità di circa 30 m sotto il livello del suolo, in particolare per la misura della distribuzione angolare dei cosmici.

Figura 35.1 Una stazione della metropolitana cittadina, posta ad una profondità di circa 12 m sotto il livello del suolo, è stata utilizzata come sito per una breve misura del flusso di raggi cosmici underground

In tempi recenti, misure del flusso dei cosmici in funzione della direzione di provenienza sono state condotte in tunnel o in caverne per effettuare una "radiografia" della struttura soprastante, mettendo in relazione l'assorbimento dei muoni con lo spessore di roccia attraversato, ed eventualmente con la sua densità, se lo spessore è noto, argomento di cui discuteremo più avanti.

Per valutare la fattibilità preliminare di una misura del genere, un contatore Geiger DIY, collegato ad una scheda Arduino Uno, il tutto alimentato da un notebook tramite la sua porta USB, è stato portato semplicemente all'interno di un normale zaino in una stazione della metro (Fig. 35.1) mentre acquisiva dati in modo continuo. La misura, iniziata all'aperto a livello del suolo, per una durata di circa 20 minuti, è continuata per ulteriori 20 minuti aspettando all'interno della stazione, e successivamente nuovamente all'esterno per poco più di 10 minuti. Il rate di conteggio, integrato su intervalli di tempo successivi da un minuto, è riportato in Fig. 35.2.

Dalla figura è evidente, anche se con incertezze statistiche elevate sul singolo valore di conteggi misurato in ciascun minuto, che c'è una certa differenza, tra il 10 e il 20%, tra il rate medio misurato nell'intervallo $t = 20$–$40'$, che è risultato pari a (16.9 ± 0.9) conteggi/minuto e quello misurato all'esterno della stazione, a

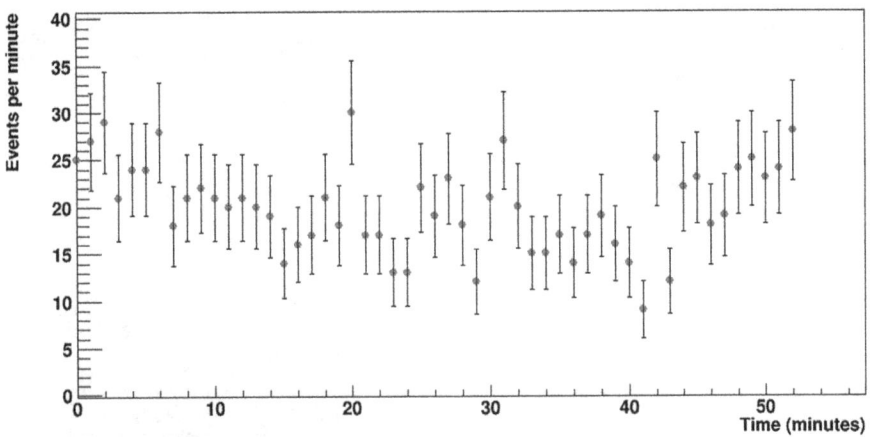

Figura 35.2 Il rate di conteggio del contatore Geiger in funzione del tempo. Dal tempo $t = 20'$ al tempo $t = 40'$ il contatore si trovava all'interno della stazione della metro, ad una profondità di circa 12 m sotto il suolo

livello del suolo, nell'intervallo $t = 0$–$20'$, pari a (20.8 ± 1) conteggi/minuto, oppure nell'intervallo $t = 40$–$52'$, pari a (18.9 ± 1) conteggi/minuto.

Assumendo come rate misurato all'esterno il valore medio tra la parte iniziale e quella finale della misura, pari a (19.8 ± 0.7) conteggi/minuto, e confrontandolo con quello misurato nel sottosuolo, (16.9 ± 0.9) conteggi/minuto, si può stimare una riduzione pari a circa il 15%. Tenendo conto dell'incertezza statistica su questi valori, la discrepanza tra valore misurato all'esterno e valore misurato nel sottosuolo risulta leggermente superiore a 2 deviazioni standard, dunque al limite della significatività. È da considerare, infatti, che le misure in questione sono state condotte per tempi molto limitati, e dunque soffrono di incertezze statistiche elevate.

In mancanza di planimetrie dettagliate del luogo, la differenza di quota tra il livello del suolo all'esterno e l'interno della stazione è stata stimata semplicemente dalle dimensioni della scala che conduce all'interno della stazione e dall'altezza della galleria rispetto al livello dei binari. Tenendo conto che il livello dei binari, nella stazione in questione era situato a 12 m di profondità e che l'altezza della galleria è stata stimata in circa 5 m, si può stimare uno spessore di roccia pari a 7 m sopra il rivelatore.

La misura effettuata con un solo rivelatore, oltre che dalla bassa statistica, può essere influenzata anche dal contributo della radioattività ambientale dovuta alla presenza delle rocce, contributo che anche nel sottosuolo permane. Del resto, la sovrapposizione tra questi due contributi, quello dovuto alla radioattività delle rocce e quello dovuto alla radiazione cosmica, è stata alla base proprio delle prime misure legate alla scoperta dell'esistenza di una radiazione di origine extraterrestre. Per distinguere in qualche modo tra i due contributi è opportuno fare uso della tecnica di coincidenza tra più rivelatori, di cui discuteremo più avanti, osservando quelle particelle capaci di attraversare due o più contatori. Questi eventi, infatti, sono in

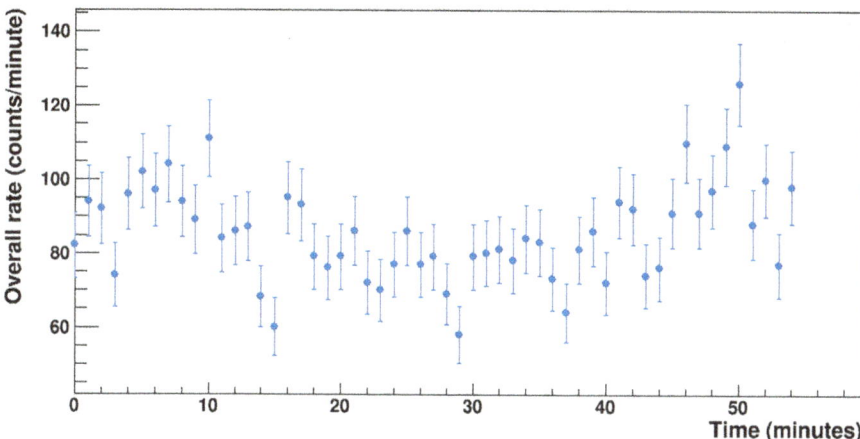

Figura 35.3 Rate complessivo misurato dai 4 contatori Geiger (conteggi/minuto) in funzione del tempo. Dal tempo $t = 16'$ al tempo $t = 46'$ i contatori erano dislocati all'interno della stazione della metro, nel sottosuolo

buona misura riconducibili all'arrivo di radiazioni provenienti dall'esterno, anziché al contributo della radioattività delle rocce, che difficilmente possono dar luogo a coincidenze tra più rivelatori.

Una ulteriore misura è stata condotta dunque nello stesso sito, adoperando stavolta 4 contatori Geiger dello stesso tipo, disposti verticalmente l'uno sull'altro in configurazione telescopica, ad una distanza relativa di 30 mm, in modo da poter misurare non solamente i conteggi singoli di ciascun rivelatore (il che comunque aumenta la statistica a disposizione) ma anche le eventuali coincidenze tra rivelatori distinti, in particolare le coincidenze doppie tra rivelatori vicini.

Anche questa misura ha avuto una breve durata, circa 30 minuti all'interno della stazione (da $t = 16'$ a $t = 46'$) e un periodo di tempo leggermente inferiore, 24 minuti, esternamente alla stazione, a livello del suolo stradale. Sono stati analizzati i risultati relativi non solo al rate singolo dei rivelatori (o alla loro somma) ma anche la distribuzione degli eventi di coincidenza, confrontando quanto si ottiene a livello del suolo e sotto un certo spessore di roccia solida, anche se di pochi metri come in questo caso.

Il rate di conteggi singoli complessivo è mostrato in funzione del tempo nella Fig. 35.3. Il rate complessivo dei 4 contatori, misurato all'esterno della stazione ha dato un valore di (90.3 ± 1.9) conteggi/minuto, mentre il rate misurato nel sottosuolo, all'interno della stazione, ha dato un risultato di (78.6 ± 1.2) conteggi/minuto, con una riduzione pari al 13% e corrispondente a oltre 5 deviazioni standard, dunque certamente significativa. Questa riduzione è in linea con quella osservata nella precedente misura, effettuata con un solo contatore.

Per quanto riguarda invece gli eventi di coincidenza tra due o più rivelatori, il rate misurato è stato di (1.25 ± 0.23) coincidenze/minuto all'esterno, e di (0.73 ± 0.16) coincidenze/minuto nel sottosuolo, con una riduzione stavolta di oltre il 40%, anche

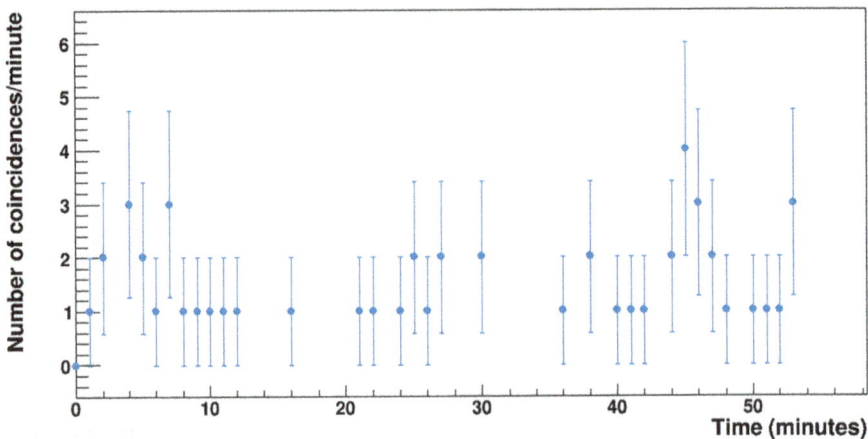

Figura 35.4 Numero delle coincidenze osservate al minuto, in funzione del tempo. Dal tempo $t = 16'$ al tempo $t = 46'$ il rivelatore si trovava all'interno della stazione della metro, ad una certa profondità nel sottosuolo

se la differenza è affetta da incertezze statistiche elevate dovute al limitato tempo di misura. La riduzione degli eventi di coincidenza rispetto a quanto osservato all'esterno può essere evidenziata dalla Fig. 35.4, che mostra il numero di eventi di coincidenza per minuto al passare del tempo, tenendo presente che la misura all'interno della stazione, dunque ad una certa profondità rispetto al suolo stradale, è stata condotta dal tempo $t = 16'$ al tempo $t = 46'$.

È interessante didatticamente confrontare anche alcuni aspetti relativi agli eventi di coincidenza per comprendere la differenza tra quanto osservato al livello del suolo e nel sottosuolo.

La distribuzione di molteplicità (numero di contatori interessati in ogni evento) misurata all'esterno della stazione, è mostrata in Fig. 35.5. Il valore preponderante in questa distribuzione è quello relativo alla molteplicità 1 (un solo contatore in ciascun evento), in quanto essa è dominata dagli eventi singoli, che rappresentano la stragrande maggioranza degli eventi osservati.

Possiamo però stimare da questa distribuzione la proporzione tra gli eventi singoli, che rappresentano il contributo sia della radioattività ambientale che della componente penetrante della radiazione cosmica, e gli eventi di coincidenza, generati essenzialmente dalla radiazione cosmica. In questa distribuzione, ad esempio, il rapporto tra gli eventi di coincidenza e quelli singoli risulta dell'1.4%.

Nel sottosuolo è stata invece ottenuta la distribuzione di molteplicità mostrata in Fig. 35.6, che mostra una netta riduzione percentuale del contributo degli eventi di coincidenza rispetto ai conteggi singoli. Pur essendo sempre preponderante il contributo degli eventi singoli, il rapporto coincidenze/singole si è ridotto allo 0.9% nel sottosuolo. Anche queste misure avrebbero bisogno di essere condotte con tempi di misura nettamente maggiori, in modo da aumentare il numero di eventi osservato e ridurre l'incertezza statistica.

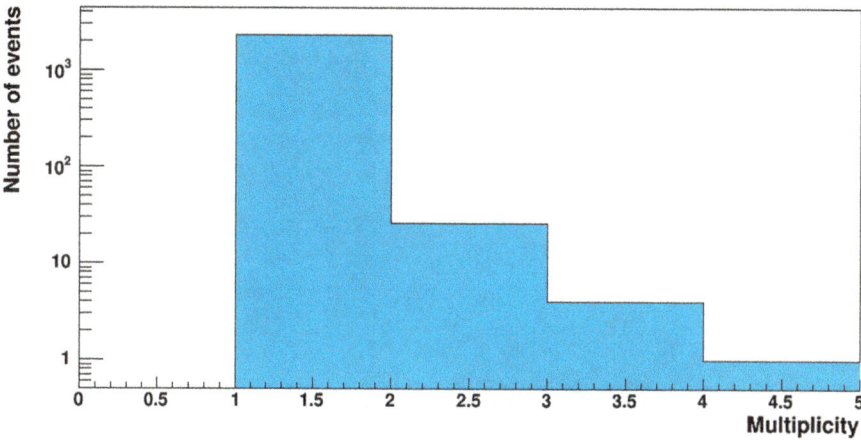

Figura 35.5 Distribuzione di molteplicità degli eventi osservati a livello del suolo, fuori dalla stazione della metro

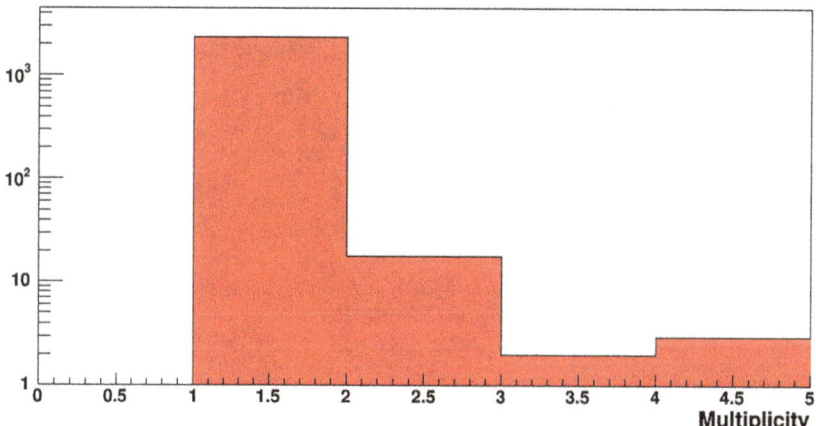

Figura 35.6 Distribuzione di molteplicità degli eventi osservati nel sottosuolo, all'interno della stazione della metro

Nella progettazione e interpretazione di misure del flusso dei cosmici in locazioni sotterranee, bisogna considerare l'effetto di assorbimento, oltre che della componente soft, che in genere viene arrestata da spessori relativamente limitati di roccia, qualche metro, anche della componente hard, i muoni, i quali riescono a penetrare più in profondità, in base alla loro energia.

La relazione tra l'energia dei muoni e il loro range, valutato in una roccia dalla composizione tipica, è mostrata in Fig. 35.7. Ad esempio, muoni di energia pari a 1 GeV hanno un range di circa 550 g/cm^2, e assumendo una densità media della roccia pari a 2.65 g/cm^3, questo range corrisponde a poco più di 2 m di roccia, mentre per i muoni da 4 GeV il range è di circa 8 m. Possiamo dunque stimare che

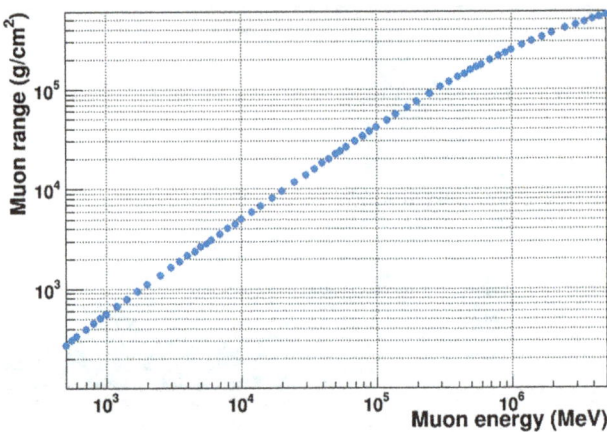

Figura 35.7 Relazione range-energia per muoni che attraversano una roccia dalla composizione standard (densità 2.65 g/cm^3), in funzione dell'energia dei muoni, da 500 MeV in su

uno spessore di roccia pari a 7 m elimini i muoni di energia inferiore ad alcuni GeV, oltre che la componente soft.

Riferimenti bibliografici

[Barnóthy1939]   J. Barnóthy and M. Forró, *Cosmic ray particles at great depth*, Phys. Rev. **55**(1939)870.

[Barrett1952]   P.H. Barrett et al., *Interpretation of cosmic ray measurements far underground*, Review of Modern Physics **24**(1952)133.

[Clay1939]   J. Clay, *The absolute value of cosmic-ray ionization at sea level in different gases*, Review of Modern Physics **11**(1939)128.

[DeAngelis2010]   A. De Angelis, *Domenico Pacini, uncredited pioneer of the discovery of cosmic rays*, La Rivista del Nuovo Cimento **33**(2010)713.

[Dragic2008]   A. Dragic et al., *Measurement of cosmic ray flux in the Belgrade ground level and underground laboratories*, Nuclear Instruments and Methods **A591**(2008)470.

[Follett1936]   D.H. Follett and J.D. Crawshaw, *Cosmic Ray Measurements under Thirty Metres of Clay*, Proceedings of the Royal Society of London, Series A, Mathematical and Physical Sciences **155**(1936)546.

[Miyazaki1949]   Y. Miyazaki, *Cosmic rays at a great depth*, Physical Review **76**(1949)1733.

[Nishina1941]   Y. Nishina et al., *Cosmic rays at a depth equivalent to 1400 meters of water*, Physical Review **59**(1941)401.

[Riggi2023]   F. Riggi, *Messengers from the Cosmos. An Introduction to the Physics of Cosmic Rays in Its Historical Development*, Springer 2023.

[Wilson1943]   V.C. Wilson and D.J. Hughes, *Cloud chamber and counter studies of cosmic rays underground*, Physical Review **63**(1943)161.

Studiare l'assorbimento degli elettroni da un materiale

36

La trasmissione di elettroni attraverso differenti materiali e il loro range sono stati studiati ampiamente in passato, in funzione dell'energia delle particelle e del numero atomico del materiale, determinando anche delle relazioni semi-empiriche per parametrizzare il loro comportamento in ogni materiale, in un ampio intervallo di energia, da poche decine di keV alle decine di MeV [Tabata1971]. Poiché gli elettroni emessi da sorgenti radioattive per decadimento beta sono caratterizzati da uno spettro continuo in energia, che si estende da zero fino ad una energia massima (end-point dello spettro), le proprietà di trasmissione sono più complesse da analizzare rispetto al caso di elettroni monoenergetici, in quanto derivano dalla sovrapposizione delle infinite componenti energetiche dello spettro. Anche in questo caso, tuttavia, sono state derivate delle relazioni semi-empiriche che legano il coefficiente di assorbimento in un materiale alla massima energia degli elettroni [Ram1982].

La misura del coefficiente di assorbimento di elettroni in un dato materiale è in ogni caso un esperimento didattico classico, che può essere condotto anche con mezzi relativamente semplici, utilizzando un contatore Geiger e una serie di assorbitori di spessore noto. Sebbene la forma dettagliata della curva di assorbimento (percentuale di elettroni che attraversano un dato spessore, in funzione dello spessore) è in generale complessa, in quanto deriva dall'interplay tra la distribuzione in energia degli elettroni e i diversi meccanismi di interazione che possono avvenire nel materiale (perdita di energia, straggling, backscattering), in prima approssimazione essa può essere parametrizzata come una semplice curva esponenziale decrescente, del tipo:

$$I = I_0 e^{-\mu x}$$

dove I_0 e I rappresentano il rate di eventi misurati dal contatore in assenza di assorbitore e con un assorbitore di spessore x rispettivamente, e μ è il coefficiente di assorbimento (lineare), caratteristico del materiale, che ha le dimensioni dell'inverso di una lunghezza. Se lo spessore è misurato in mm, le dimensioni del coefficiente di assorbimento saranno espresse in mm^{-1}. Un coefficiente di assorbimento di $0.5\,mm^{-1}$ indicherà ad esempio che con 2 mm di spessore il rate di eventi

Tabella 36.1 Coefficienti di assorbimento per elettroni emessi da vari isotopi radioattivi beta, con differenti energie di end-point, su alluminio, rame e piombo. I coefficienti sono espressi in cm^2/g [Ram1982]

Isotopo	Energia massima (MeV)	Alluminio	Rame	Piombo
^{204}Tl	0.76	24.2	26.2	35.4
^{90}Y	2.27	5.0	5.9	8.3
^{42}K	3.6	3.2	3.6	4.8

si ridurrà ad 1/e del valore misurato in assenza di materiale, quindi che il 36.8% all'incirca di elettroni riusciranno ad attraversare lo spessore di 2 mm, mentre il 63.2% sarà assorbito. Poiché il coefficiente di assorbimento lineare dipende fortemente dal materiale utilizzato, in particolare dalla sua densità, si fa uso comunemente anche del coefficiente di assorbimento di massa, dato dal rapporto μ/ρ tra il coefficiente di assorbimento lineare e la densità del materiale, usualmente espresso in cm^2/g. In questo caso si ottiene un valore del coefficiente di assorbimento che in prima approssimazione è simile per i diversi materiali.

La Tabella 36.1 mostra come esempio alcuni coefficienti di assorbimento per elettroni emessi da vari isotopi radioattivi beta, aventi energie di end-point differenti [Ram1982]. I valori dei coefficienti, per tre diversi materiali, sono espressi in cm^2/g e come si vede non presentano valori enormemente diversi, come sarebbe il caso se invece venissero espressi in unità di spessore lineare. A titolo di esempio, il coefficiente di assorbimento relativo agli elettroni emessi dall'^{90}Y, espresso in unità lineari, avrebbe un valore di 13.5 cm^{-1} per l'Alluminio e di 94.1 cm^{-1} per il Piombo.

Dal punto di vista sperimentale, una misura del coefficiente di assorbimento può essere effettuata utilizzando un setup come quello schematizzato in Fig. 36.1. Una sorgente emettitrice beta, anche di bassa attività, è posta di fronte ad un contatore Geiger, eventualmente con un collimatore, e una serie di lamine sottili di vari spessori viene utilizzata come assorbitore, interponendole tra sorgente e rivelatore. Misure del rate di conteggio del Geiger per vari spessori consentono di costruire la curva di assorbimento, dalla quale è possibile ricavare una stima del coefficiente di assorbimento utilizzando una relazione esponenziale per descrivere in prima approssimazione l'andamento dei dati.

Nel nostro caso è stata utilizzata una sorgente di ^{90}Sr/^{90}Y con un'attività al momento della misura pari a 0.08 μCi e un contatore Geiger del tipo DIY, posto a qualche cm di distanza dalla sorgente, schermata da una lastra di metallo con un collimatore da 1 cm di diametro, come in Fig. 36.2. Vari spessori di alluminio sono stati interposti tra il collimatore e il tubo Geiger, misurando il rate di conteggio del Geiger per tempi dell'ordine di alcune centinaia di secondi in ogni misura.

I risultati di questa misura sono riportati in Fig. 36.3, che mostra su scala semilogaritmica il rate di conteggio (eventi/s) misurato dal Geiger in funzione dello spessore di alluminio interposto. L'utilizzo di una scala semilog, in cui si riporta il logaritmo del numero di conteggi sull'asse verticale, consente di visualizzare in mo-

Figura 36.1 Schema del setup sperimentale per la misura del coefficiente di assorbimento degli elettroni. Lo schermo con il collimatore definisce la zona centrale del tubo Geiger, in modo che elettroni con traiettorie molto inclinate non arrivino al contatore

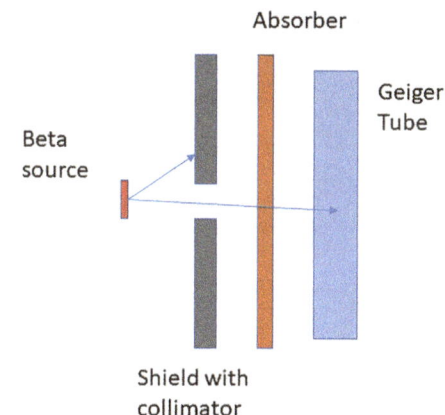

Figura 36.2 Foto del setup sperimentale. Gli elettroni emessi da una sorgente di $^{90}Sr/^{90}Y$ sono collimati attraverso uno schermo di alluminio con un foro di diametro 1 cm e arrivano sul contatore Geiger posto sulla destra. Tra il collimatore e il contatore possono essere interposti fogli sottili di alluminio, per valutare il coefficiente di assorbimento

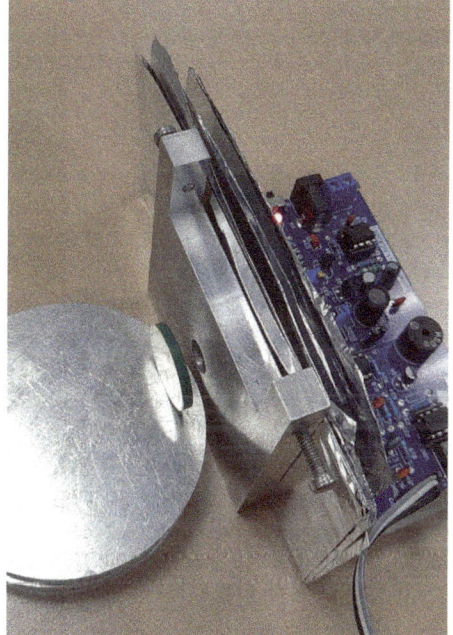

do immediato se l'andamento dei dati segue una relazione lineare, corrispondente ad un andamento esponenziale tra rate di conteggio e spessore.

I dati in Fig. 36.3, sebbene ottenuti con un setup molto semplificato, e senza particolari accorgimenti meccanici per allineare i componenti, mostrano in effetti che la retta di best-fit lineare, rappresentata da una linea rossa in figura, riproduce ragionevolmente bene i dati. Il coefficiente angolare della retta di best-fit fornisce un valore del coefficiente di assorbimento pari a $(1.75 \pm 0.02)\,\mathrm{mm}^{-1}$, equivalente a $(6.48 \pm 0.07)\,\mathrm{cm}^2/\mathrm{g}$, in linea con i valori riportati nella Tabella 36.1.

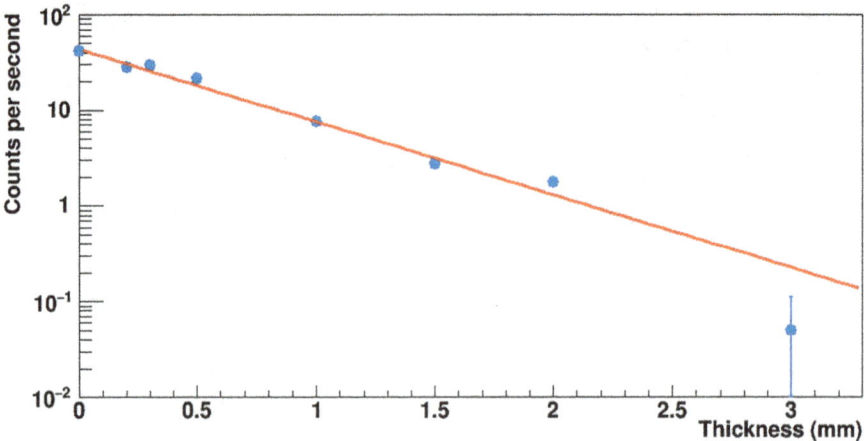

Figura 36.3 Rate misurato dal contatore in funzione dello spessore di alluminio interposto tra sorgente e rivelatore. La linea rossa mostra un fit esponenziale dei dati, la cui pendenza è collegata al coefficiente di assorbimento

Da un lato, misure più precise possono essere realizzate adoperando dei setup realizzati con maggiore precisione meccanica, e adoperando un maggior numero di assorbitori in modo da ottenere un andamento più definito della curva di assorbimento, che consenta di osservare anche eventuali deviazioni dal puro andamento esponenziale. Misure del genere sono state ad esempio riportate in [LaRocca2009], adoperando non solo l'alluminio ma anche altri materiali di uso comune. Nello stesso lavoro è stata inoltre effettuata una simulazione dettagliata mediante il package GEANT, che consente di trattare i diversi processi fisici a cui gli elettroni sono soggetti nell'interazione con il materiale, in modo da riprodurre più in dettaglio l'andamento dei dati osservati. Il risultato qui riportato è stato ottenuto in condizioni semplificate, proprio per mostrare che anche senza particolari accorgimenti di precisione e con un setup a basso costo, si può ottenere una stima ragionevole del coefficiente di assorbimento degli elettroni e in generale delle proprietà di trasmissione degli elettroni nei materiali.

Riferimenti bibliografici

[LaRocca2009] P. La Rocca and F. Riggi, *Absorption of beta particles in different materials: an undergraduate experiment*, European Journal of Physics **30**(2009)1417.

[Ram1982]   N. Ram et al., *Mass absorption coefficients and range of beta particles in Be, Al, Cu, Ag and Pb*, Pramana **18**(1982)121.

[Tabata1971]   T. Tabata et al., *An empirical equation for the backscattering coefficient of electrons*, Nuclear Instruments and Methods **94**(1971)509.

Osservare la deflessione magnetica degli elettroni

37

I primi esperimenti con raggi catodici alla fine del 1800, che portarono all'evidenza dell'esistenza degli elettroni, mostrarono come queste particelle cariche potevano essere deviate dalla presenza di un campo magnetico. Elettroni di bassa energia (dai keV al MeV), ad esempio, possono essere deflessi in modo consistente dall'azione di un campo magnetico creato da magneti permanenti, se di intensità sufficiente. Questo è il caso, ad esempio, di magneti al neodimio, denominati anche magneti al neodimio-ferro-boro (NdFeB), che presentano un campo magnetico molto più elevato rispetto a magneti convenzionali. Per osservare qualitativamente l'effetto del campo magnetico sugli elettroni emessi da una sorgente di ^{90}Sr (attività nominale dell'ordine del μCi), che emette elettroni di energia compresa tra 0 e circa 2.3 MeV, è stato utilizzato un contatore Geiger PASCO SN7928, posizionando la sorgente in modo tale che gli elettroni emessi non potessero raggiungere la parte sensibile del tubo Geiger, come schematizzato in Fig. 37.1. In queste condizioni si è verificato che il rate di conteggio del contatore Geiger fosse praticamente eguale a quello di fondo, in quanto il supporto stesso della sorgente era in grado di assorbire gli elettroni emessi in direzione del contatore.

Senza modificare la posizione della sorgente e del rivelatore, è stato poi piazzato un magnete al neodimio che produce un campo magnetico elevato, intorno a 0.3 Tesla, come mostrato in Fig. 37.2. In queste condizioni il rate misurato dal contatore è aumentato enormemente, a causa di una certa frazione degli elettroni provenienti dalla sorgente e deflessi verso il contatore. È stato inoltre verificato che invertendo il senso del campo magnetico (capovolgendo in questo caso il magnete) il rate misurato dal contatore non veniva alterato rispetto al valore di fondo, in quanto gli elettroni stavolta erano deflessi in direzione opposta. Misure del genere hanno un valore dimostrativo, in quanto evidenziano in modo diretto, pur senza una visualizzazione delle traiettorie (tipica di esperimenti più complessi) il fenomeno della deflessione di particelle cariche leggere.

Sono state effettuate anche misure del rate di conteggio di fondo di un contatore Geiger (dovuto in buona parte ai cosmici e alla radioattività ambientale), con il tubo posizionato orizzontalmente, ponendo un magnete convenzionale piatto in prossimità del tubo, sia in posizione parallela all'asse del tubo che perpendicolarmente,

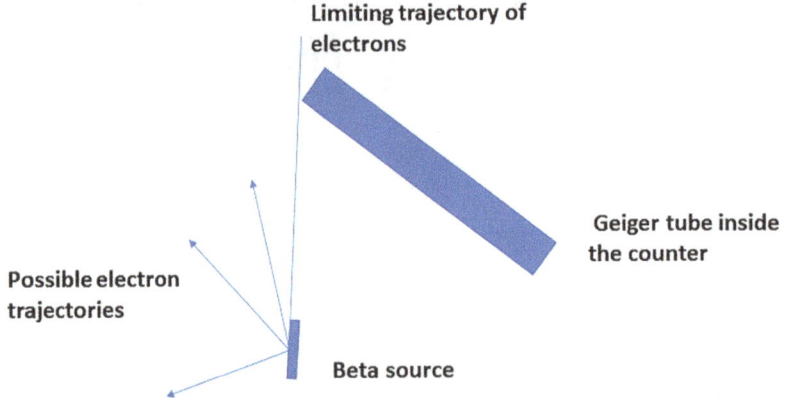

Figura 37.1 Disposizione geometrica di una sorgente di elettroni e di un contatore Geiger, per osservare l'effetto di un campo magnetico prodotto da un magnete di alta intensità sulle particelle emesse dalla sorgente

Figura 37.2 Una sorgente di ^{90}Sr emette elettroni che in condizioni normali non possono raggiungere la parte sensibile del tubo Geiger di un contatore. Ponendo un magnete con elevato campo magnetico in prossimità della sorgente, una frazione consistente degli elettroni emessi sono invece deflessi, raggiungendo il contatore, e aumentando in modo significativo il suo rate di conteggio

ottenendo i risultati mostrati in Tabella 37.1. Ciascuna misura ha avuto una durata dell'ordine di un'ora. Nessuna variazione significativa, entro i limiti dell'incertezza statistica, è stata osservata, compatibilmente con quanto ci si aspetta per la rivelazione di particelle di alta energia della radiazione cosmica (muoni ed elettroni) o per eventuali gamma di origine ambientale.

Un'altra coppia di misure, condotte in altro luogo, della durata complessiva di circa 4 h, con un contatore DIY, in modo da posizionare il magnete praticamente

Tabella 37.1 Rate di conteggio di un contatore Geiger, con il tubo posizionato orizzontalmente, in assenza e in presenza di un magnete permanente localizzato in prossimità del tubo, in due direzioni ortogonali

Condizioni di misura	Rate misurato (eventi/s)
Contatore Geiger counter in condizioni standard	0.432 ± 0.015
Magnete posizionato sul tubo, lungo la direzione X	0.425 ± 0.009
Magnete posizionato sul tubo, lungo la direzione Y	0.435 ± 0.009

a contatto con l'estremità di un tubo Geiger, del tipo J305, ha dato un risultato di (0.387 ± 0.008) eventi/s in assenza del magnete e di (0.382 ± 0.007) eventi/s in presenza del magnete, dunque ancora una volta valori confrontabili.

Misure di precisione più elevata, da ottenere con tempi di misura di diverse ore, con magneti permanenti in grado di produrre un campo magnetico elevato, e utilizzando diverse orientazioni del campo magnetico rispetto all'asse del tubo Geiger, potrebbero tuttavia aiutare ad evidenziare piccole differenze nel rate di conteggio osservato, e costituire dunque altrettante attività didattiche di interesse.

Bisogna considerare che l'effetto di un campo magnetico sulla risposta di un contatore Geiger può essere duplice: da un lato, l'eventuale presenza di un campo magnetico in prossimità del tubo può deflettere particelle cariche di bassa energia, modificando così la frazione di particelle capaci di arrivare sul contatore ed interagire con esso. Un secondo effetto riguarda gli elettroni creati per ionizzazione all'interno del gas contenuto nel tubo, che potrebbero subire l'effetto del campo magnetico nel propagarsi all'interno del tubo e dare luogo a collisioni secondarie in prossimità del filo. Tener conto di questi aspetti non è facile da un punto di vista analitico, e nei rivelatori a gas più complessi si adoperano speciali programmi di calcolo, come ad esempio GARFIELD [Veenhof1984] o MAGBOLTZ [Veenhof1995] per valutare le possibili traiettorie di tutte le particelle cariche all'interno del volume sensibile del rivelatore.

Ricordiamo ancora che anche il campo magnetico terrestre, per quanto di debole intensità, ha un effetto sulla propagazione delle particelle cariche nell'atmosfera, e che questi effetti possono dare luogo ad asimmetrie nel flusso delle particelle a seconda della loro direzione di provenienza. Uno di questi fenomeni, legato alla misura della radiazione cosmica, è comunemente chiamato effetto Est-Ovest. Vedremo più diffusamente questo fenomeno, anche in relazione a possibili misure da condurre mediante contatori Geiger, in uno dei prossimi capitoli.

Riferimenti bibliografici

[Veenhof1984] R. Veenhof, *Garfield, simulation of gaseous detectors*, User Guide, CERN W5050 (1984), Web site: https://garfield.web.cern.ch/garfield/. Verificato il 21 Gennaio 2025

[Veenhof1995] R. Veenhof, *Magboltz, transport of electrons in gas mixtures*, programma accessibile all'indirizzo https://magboltz.web.cern.ch/magboltz/. Verificato il 21 Gennaio 2025

Misurare lo spettro energetico degli elettroni con un Geiger e un magnete 38

Il decadimento beta di un nucleo radioattivo dà luogo, come è noto, ad uno spettro in energia continuo, dato che si tratta di un decadimento a tre corpi, che avviene con conservazione dell'energia e dell'impulso. Nello stato finale del processo di decadimento β^- di un nucleo (A, Z) abbiamo infatti il nucleo residuo $(A, Z+1)$, l'elettrone e l'antineutrino elettronico:

$$(A, Z) \rightarrow (A, Z + 1) + e^- + \overline{\nu}$$

L'energia complessiva a disposizione, determinata dal bilancio delle masse nello stato iniziale e finale, sarà distribuita tra i tre prodotti nello stato finale, che potranno assumere dunque valori differenti di energia, da zero fino ad un massimo (end-point) corrispondente all'energia complessivamente disponibile. La forma dello spettro energetico degli elettroni emessi è stata valutata nell'ambito della teoria di Fermi del decadimento beta, presentando un massimo ad energie intermedie tra 0 e l'end point. A titolo di esempio, la Fig. 38.1 mostra lo spettro energetico degli elettroni emessi in seguito dal decadimento beta del ^{209}Bi, con un end-point di 1.162 MeV.

L'energia di end-point è caratteristica di ogni isotopo. La Tabella 38.1 mostra i valori per alcuni nuclei radioattivi beta. Nel caso del nucleo ^{90}Sr, una tipica sorgente beta adoperata più volte nel corso di questi esperimenti, si ha un doppio decadimento. Lo ^{90}Sr decade per emissione beta in ^{90}Y, con una vita media di 27.7 anni e un end-point di 0.546 MeV. Il nucleo residuo ^{90}Y è a sua volta soggetto a decadimento beta in ^{90}Zr, con una vita media molto più breve, di 64 h circa, e un end-point di 2.279 MeV. In questo caso la forma dello spettro è più complessa, in quanto deriva dalla sovrapposizione dei due spettri energetici, ed è calcolabile anch'essa mediante la teoria di Fermi. La Fig. 38.2 mostra la forma dello spettro energetico nel caso di questo doppio decadimento.

Come si vede da questa figura, esiste una componente di bassa energia, tipica del primo decadimento, e una componente che si estende fino a quasi 2.3 MeV, che deriva dal decadimento successivo dell'^{90}Y.

Come misurare lo spettro in energia degli elettroni emessi per decadimento beta, aventi energie tipiche dell'ordine di qualche MeV? Come sappiamo, i contatori

F. Riggi, *Esperimenti didattici e amatoriali con i contatori Geiger*,
https://doi.org/10.1007/978-3-031-72012-3_38

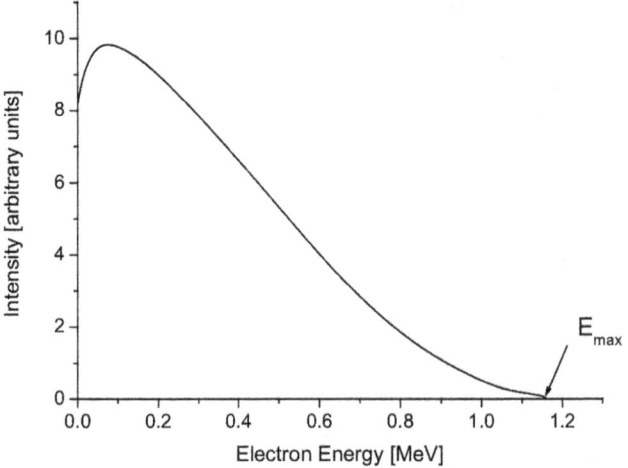

Figura 38.1 Spettro energetico degli elettroni emessi nel decadimento beta del ^{209}Bi. L'end-point dello spettro corrisponde in questo caso ad un'energia di 1.162 MeV. Fonte: Wikimedia Commons

Tabella 38.1 Valori di end-point per alcuni nuclei emettitori beta	Nucleo	Energia di end-point (MeV)
	^{3}H	0.0186
	^{14}C	0.156
	^{20}F	5.391
	^{90}Sr/^{90}Y	0.546/2.279
	^{210}Bi	1.162

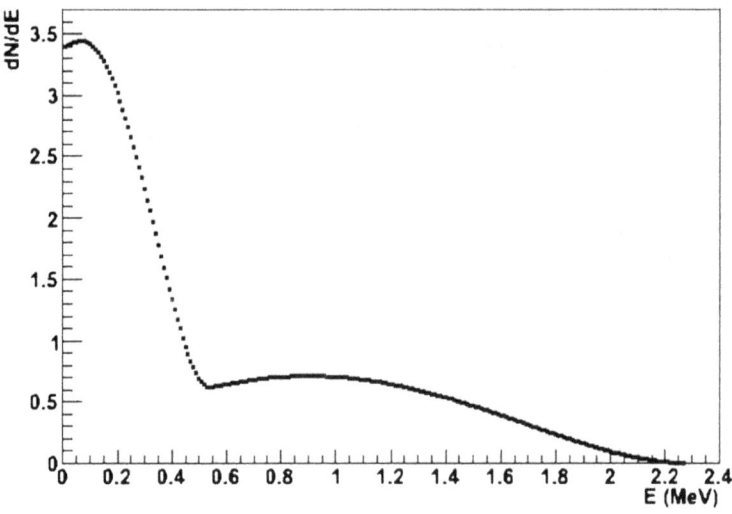

Figura 38.2 Spettro energetico degli elettroni emessi da una sorgente di ^{90}Sr/^{90}Y. Sono visibili le due componenti, quella a più bassa energia, associata al decadimento dello ^{90}Sr, e quella con maggiore energia, che deriva dal decadimento dell'^{90}Y

Geiger non sono in grado di darci informazioni sull'energia delle particelle ionizzanti che li attraversano. La determinazione dello spettro in energia degli elettroni emessi per decadimento beta non è in ogni caso di facile realizzazione anche con altre tipologie di rivelatori, per diversi motivi.

Se si adoperasse un rivelatore a semiconduttore (silicio), lo spessore necessario per arrestare elettroni con energia dell'ordine di 1–2 MeV è di alcuni mm. Rivelatori al silicio a barriera superficiale di spessore 1 000–2 000 micron sono disponibili sul mercato, ma sono in genere molto costosi. Misure di questo tipo sono state fatte in passato, particolarmente nell'ambito del problema della massa del neutrino. Uno dei problemi è dato dal fenomeno del backscattering dagli strati superficiali nel caso di elettroni di bassa energia. Rivelatori basati su scintillatori sono anch'essi in grado di rivelare gli elettroni, tuttavia, poiché gli scintillatori standard accoppiati a fotomoltiplicatori sono incapsulati generalmente con uno schermo metallico, la maggior parte degli elettroni di bassa energia viene arrestata, e la perdita di energia degli elettroni più energetici è comunque elevata, non permettendo una misura accurata della loro energia. La risoluzione energetica, inoltre, per questi scintillatori non è particolarmente buona.

Misure di precisione, cioè ad alta risoluzione, dello spettro energetico degli elettroni possono essere realizzate mediante spettrometri magnetici, sfruttando la deflessione delle particelle cariche in un campo magnetico, in base alla loro energia. Misure di questo tipo possono anche essere condotte sfruttando apparati didattici che utilizzano un magnete permanente al neodimio, capace di produrre un campo magnetico elevato, e un contatore Geiger per rivelare semplicemente l'arrivo delle particelle. L'angolo di deflessione degli elettroni (Fig. 38.3) può essere messo in relazione con la loro energia, permettendo di misurare in più step (uno per ciascun valore dell'angolo e dunque dell'energia degli elettroni) il numero di elettroni rivelati dal contatore.

Se indichiamo con B l'intensità del campo magnetico all'interno del magnete permanente, di raggio R, e ipotizziamo che la velocità degli elettroni sia perpendicolare alla direzione del campo magnetico, la traiettoria degli elettroni sarà un arco di circonferenza di raggio r_e, dato da

$$r_e = \frac{p}{eB}$$

dove p è l'impulso degli elettroni, e la loro carica elettrica. Se ϑ è l'angolo di deflessione degli elettroni (angolo tra la direzione iniziale, prima di entrare nel campo magnetico e quella finale, all'uscita del magnete), il raggio di curvatura degli elettroni è anche eguale a $R/\tan(\vartheta/2)$, per cui potremo scrivere

$$p = \frac{eBR}{\tan\left(\frac{\vartheta}{2}\right)}$$

e l'energia cinetica degli elettroni sarà data da

$$E = \sqrt{(pc)^2 + (m_e c^2)^2} - m_e c^2$$

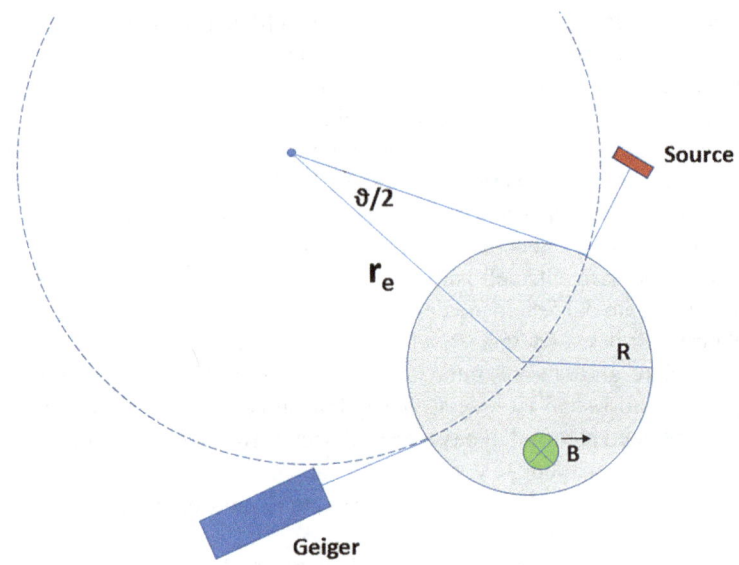

Figura 38.3 Geometria utilizzata per studiare la deflessione degli elettroni emessi da una sorgente mediante un campo magnetico. Gli elettroni deflessi in base alla loro energia cinetica sono rivelati all'uscita da un contatore Geiger

Dalle relazioni precedenti si può ricavare l'energia cinetica in funzione dell'angolo di deflessione ϑ, se conosciamo il valore del campo magnetico B:

$$E = m_e c^2 \left(\sqrt{1 + \left(\frac{eBR}{m_e c \tan\left(\frac{\vartheta}{2}\right)} \right)^2} - 1 \right)$$

In Fig. 38.4 è riportato un grafico ottenuto in base alle relazioni precedenti, assumendo un magnete di raggio $R = 1.5$ cm, con una intensità del campo magnetico pari a 0.3 Tesla. Come si vede dal plot, elettroni di energia pari all'end point dello spettro energetico della sorgente di ^{90}Sr/^{90}Y saranno deflessi di un angolo pari a circa 50 gradi, mentre gli elettroni di energia minore saranno deflessi di un angolo maggiore.

La Fig. 38.5 mostra una foto di uno degli apparati della Frederiksen utilizzato in questa attività [Frederiksen]. Una versione più recente di questo apparato didattico è stata resa disponibile dalla stessa ditta in anni più recenti. Il campo magnetico nominale creato dal magnete permanente al neodimio per il setup utilizzato è di 0.31 Tesla. Una misura del valore esatto è stata fatta nel nostro caso adoperando una piccola sonda della Pasco [PASCO] per la misura dell'intensità del campo magnetico. Mentre la posizione del contatore Geiger è fissata, la sorgente, montata all'estremità di un collimatore, può essere ruotata, in modo da variare l'angolo tra la direzione iniziale degli elettroni che entrano nel campo magnetico e l'asse del contatore Geiger. Nel nostro caso, dato che l'attività della sorgente adoperata non

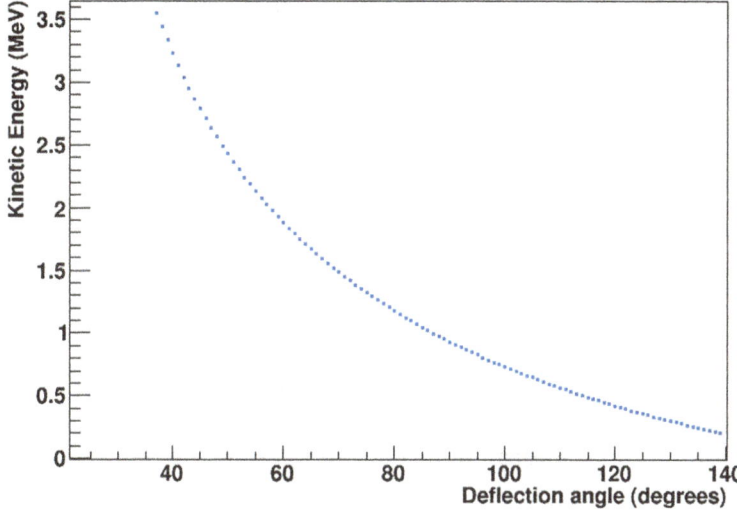

Figura 38.4 Grafico della relazione tra l'angolo di deflessione degli elettroni e la loro energia cinetica, assumendo un campo magnetico B pari a 0.3 Tesla e un raggio del magnete pari a 1.5 cm

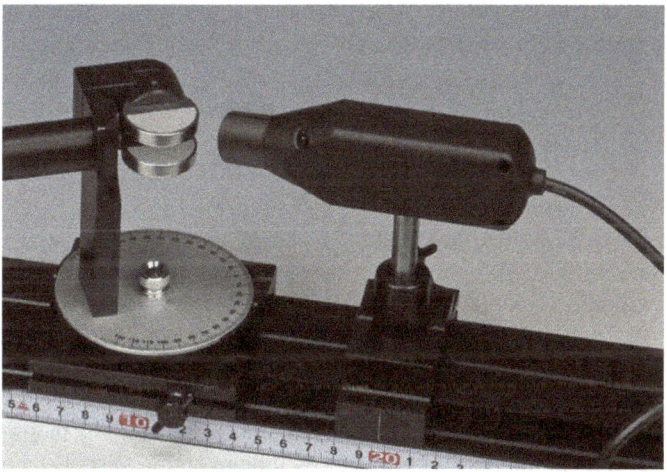

Figura 38.5 Setup sperimentale della ditta Frederiksen [Frederiksen] utilizzato nel corso di questa attività. Il contatore Geiger sulla destra è montato in una posizione fissa, mentre la sorgente può essere montata all'estremità sinistra del collimatore. Gli elettroni emessi dalla sorgente vengono deflessi all'interno del magnete e l'angolo tra la traiettoria iniziale e l'asse del contatore Geiger può essere misurata mediante un goniometro

era molto elevata, l'apparato è stato circondato da ogni lato e al di sopra da alcuni mattoni di piombo dello spessore di 5 cm per ridurre leggermente il fondo ambientale e quello dovuto ai raggi cosmici. Un adeguato collimatore è stato disposto in prossimità della sorgente, per evitare che elettroni possano raggiungere direttamente il contatore.

Occorre tener conto del fatto che a causa degli ingombri meccanici, specie se sorgente e contatore Geiger sono disposti non lontano dal magnete, alcuni intervalli angolari non saranno esplorabili; in particolare la parte a bassa energia dello spettro, corrispondente a grandi angoli di deflessione sarà difficilmente misurabile, a meno di non allontanare di molto la sorgente, con conseguente riduzione del rate di conteggio.

Con questo apparato è stata realizzata una serie di misure a diversi angoli (da 55° a 140°), a step di 5°, in modo da esplorare la regione energetica corrispondente in particolare allo spettro del decadimento dell'^{90}Y, utilizzando una sorgente di attività nominale 1 μCi. Per ciascuna misura è stato ricavato il rate corretto, sottraendo il fondo misurato in assenza di sorgente. Per ricavare tuttavia lo spettro energetico degli elettroni, dN/dE, occorre tener presente che la relazione tra energia e angolo di deflessione non è una relazione lineare, come peraltro abbiamo visto in precedenza. Considerando che

$$\frac{dN}{dE} = \frac{dN}{d\vartheta}\frac{d\vartheta}{dE}$$

dobbiamo correggere il valore misurato $dN/d\vartheta$ moltiplicandolo per la quantità $d\vartheta/dE$ (o dividendo per $dE/d\vartheta$), che possiamo ricavare dalla relazione vista in precedenza tra E e ϑ. Si può mostrare che vale la seguente relazione

$$\frac{dE}{d\vartheta} = \frac{1}{2}m_ec^2 \frac{(eBR)^2}{(m_ec)^2 \sin^2\frac{\vartheta}{2} \sqrt{\frac{(eBR)^2}{(m_ec)^2} + \tan^2\frac{\vartheta}{2}}}$$

il cui andamento è riportato in Fig. 38.6. Come si vede dal plot, specie per angoli di deflessione più piccoli, questo rapporto varia più rapidamente, modificando la forma dello spettro.

La Fig. 38.7 mostra lo spettro energetico misurato in questo esperimento, relativo alla sorgente di ^{90}Sr/^{90}Y, dopo aver corretto i rate ottenuti a step angolari costanti per il rapporto $dE/d\vartheta$, valutato per ciascun angolo in base alla relazione precedente.

Per confronto con lo spettro valutato teoricamente in base alla teoria di Fermi, vediamo che la parte sperimentalmente accessibile in questa misura è quella da circa 0.5 MeV in su, corrispondente al decadimento dell'^{90}Y, mentre la parte di bassa energia richiederebbe di effettuare misure per angoli di deflessione ancora maggiori, posizionando la sorgente e il collimatore a distanze più grandi dal magnete, con conseguente riduzione dei rate di conteggio. L'ultima parte dello spettro è affetta dalla imperfetta correzione per il fondo. La stima dell'end point in questo genere di misure si può fare più agevolmente ricavando dallo spettro energetico il cosiddetto "Kurie-plot", che consente una linearizzazione dello spettro:

$$K(E) = \sqrt{\frac{dN/dE}{(E + m_ec^2)\sqrt{E^2 + 2Em_ec^2}}}$$

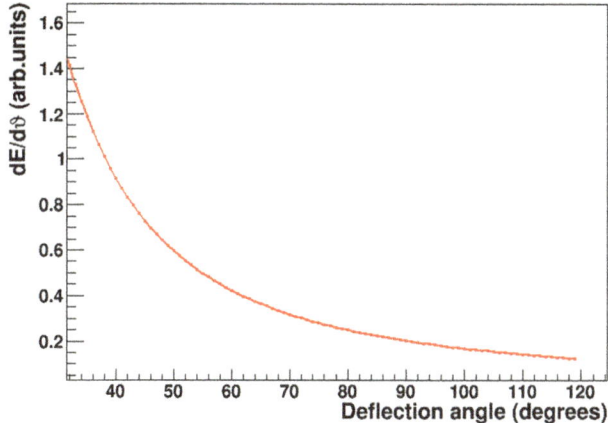

Figura 38.6   Andamento del fattore correttivo $dE/d\vartheta$, utilizzato per correggere le misure ottenute, tenendo conto della relazione non lineare tra energia e angolo di deflessione

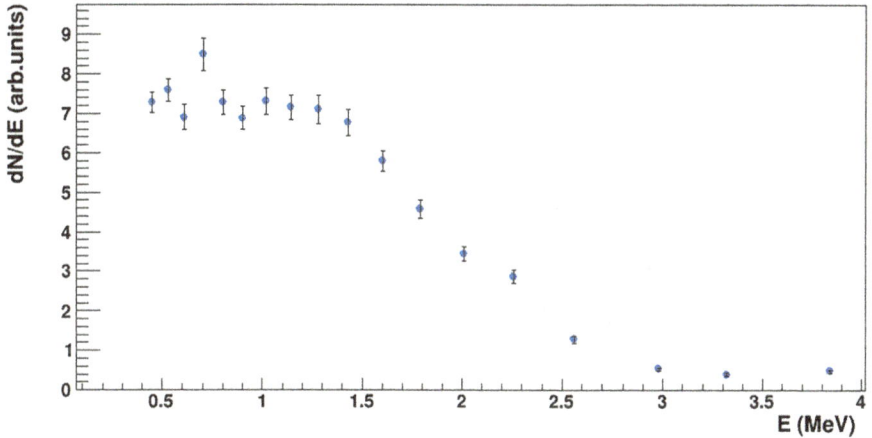

Figura 38.7   Spettro energetico degli elettroni emessi da una sorgente di ^{90}Sr/^{90}Y, ottenuto mediante deflessione magnetica degli elettroni

La Fig. 38.8 mostra il Kurie-plot ricavato dai dati misurati, insieme ad una retta di best-fit utilizzata nella prima parte dello spettro. L'intercetta di tale retta con l'asse orizzontale dà il valore dell'end point, compatibile, entro le incertezze relativamente elevate, con il valore atteso di circa 2.3 MeV.

Possiamo osservare infine che in questa misura, già di per sé non di facile realizzazione e interpretazione, ulteriori effetti potrebbero essere tenuti in conto per valutare l'incertezza dovuta alla geometria di rivelazione utilizzata. Dato che la sorgente adoperata ha un'attività limitata, sono state adoperate distanze relativamente brevi tra sorgente e magnete, così come tra magnete e contatore Geiger. La distanza tra sorgente e magnete introduce uno spread nelle possibili traiettorie iniziali degli

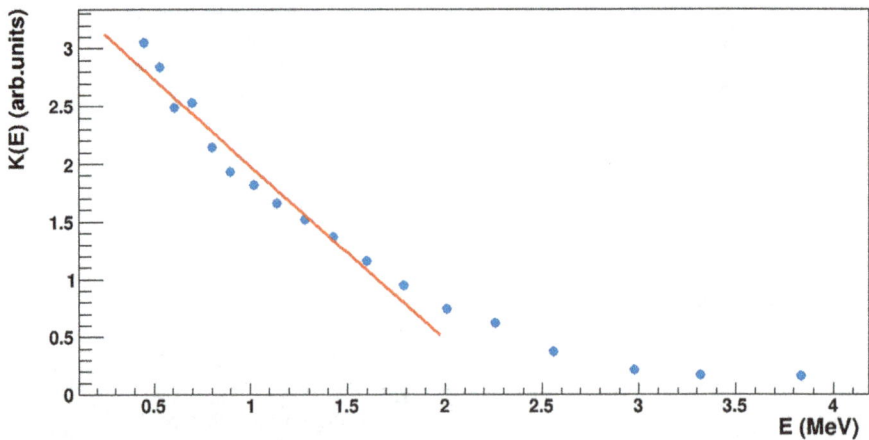

Figura 38.8 Kurie plot estratto dai dati ottenuti nel presente esperimento. La linea continua rappresenta un best-fit lineare del plot, condotto nella prima zona del grafico, che consente di stimare l'end point dello spettro

elettroni che entrano nella regione del campo magnetico; a sua volta la distanza tra il contatore Geiger e il magnete fa sì che il contatore possa rivelare elettroni provenienti da diverse traiettorie. Complessivamente c'è dunque una distribuzione degli angoli di deflessione intorno ad un valore medio, che si ripercuote in una distribuzione delle energie misurate. La correzione di questi effetti ulteriori può anche essere di non facile soluzione e richiedere metodi di simulazione che tengano conto del trasporto in 3D delle particelle cariche in un campo magnetico, ma questi esulano dallo scopo di questo testo.

Riferimenti bibliografici

[Frederiksen] Frederiksen Web site, https://catalogues.frederiksen.eu/uk/experiments/. Verificato il 21 Gennaio 2025
[PASCO]   www.pasco.com. Verificato il 21 Gennaio 2025

Studiare la correlazione tra pressione atmosferica e flusso dei raggi cosmici

39

In generale il flusso dei raggi cosmici osservato sulla Terra è soggetto ad una serie di variazioni temporali dovute a differenti cause, alcune legate all'ambiente terrestre, ad esempio le condizioni dell'atmosfera o del campo magnetico, altre legate a fenomeni solari, sia di tipo periodico che aperiodico (catastrofico). Lo studio delle variazioni nel flusso dei raggi cosmici rappresenta dunque uno strumento di primaria importanza per la comprensione di questi fenomeni ed è stato oggetto di indagini approfondite [Dorman1974]. Per tale studio il monitoraggio continuo del flusso attraverso opportuni sistemi di rivelazione in condizioni stabili e controllate, può fornire una base di dati per investigarne il comportamento temporale. Un tipico esempio è rappresentato dalle numerose stazioni di monitoraggio del flusso dei neutroni cosmici, che ormai da molti decenni misurano il flusso di questa componente, rendendo spesso disponibili agli studiosi i dati raccolti nel corso del tempo. Un esempio recente di un portale per accedere alle stazioni esistenti nel mondo è quello del Neutron Monitor Database [NMDB].

In questo Capitolo ci occuperemo della possibilità di studiare le variazioni dovute alle condizioni dell'atmosfera terrestre, in particolare all'influenza della pressione atmosferica, mentre in capitoli successivi esamineremo la questione della ricerca di periodicità nel flusso della radiazione cosmica o l'effetto di variazioni improvvise dovute a eventi catastrofici nel Sole.

Le variazioni dovute a cambiamenti nella distribuzione della massa atmosferica sono chiamate effetti meteorologici. Lo studio di questi effetti è importante in sé per la comprensione dei meccanismi di interazione delle particelle della radiazione cosmica con i nuclei dell'atmosfera, ma anche per correggere i dati misurati prima di studiare altre possibili cause di variazione o di periodicità che non siano legate a questi effetti meteo. Queste variazioni meteorologiche presentano a loro volta fenomeni di periodicità, ad esempio il ciclo stagionale, diurno o semidiurno, ma anche fenomeni aperiodici, legati alle condizioni meteo complessive locali.

Le due principali variazioni atmosferiche sono l'effetto di temperatura e l'effetto barometrico. Il primo è più difficile da studiare, perché dipende dall'intero profilo della temperatura lungo gli strati dell'atmosfera, che modifica la densità dell'aria e quindi i fenomeni di interazione e decadimento delle particelle della radiazione cosmica secondaria.

L'effetto barometrico è in genere più semplice da interpretare perché fa riferimento ad un unico parametro, la pressione atmosferica locale. Esso è una diretta conseguenza dell'assorbimento delle particelle, in particolare dei muoni, nell'atmosfera. Più alta è la pressione, maggiore sarà l'assorbimento e dunque minore il flusso misurato. L'anticorrelazione tra l'intensità I e la pressione p, per una data componente della radiazione cosmica secondaria, può essere espressa dalla relazione

$$dI/I = -\mu \cdot dp_0$$

dove dI/I è la variazione percentuale attesa in conseguenza di una variazione dp_0 della pressione. Il coefficiente μ è un coefficiente di assorbimento, il cui valore è caratteristico della particolare componente considerata (e in qualche modo anche della sua energia, dato che i processi di interazione dipendono anche dall'energia delle particelle). Se μ si considera costante, la relazione tra intensità e pressione può essere scritta come

$$I = I_0 \cdot \exp[-\mu \cdot (p - p_0)]$$

dove I_0 è l'intensità alla pressione p_0. Nell'ipotesi che $(p - p_0)$ e $(I - I_0)$ siano quantità piccole, si può utilizzare un'espressione approssimata al primo ordine

$$\Delta I = -\beta \cdot (p - p_0)$$

dove β è il cosiddetto coefficiente barometrico, che esprime la variazione percentuale dell'intensità per una variazione unitaria della pressione.

Il coefficiente barometrico non è unico o assoluto, ma dipende da diversi fattori, innanzitutto dalla particolare componente secondaria considerata. Ad esempio, per la componente ionizzante della radiazione cosmica secondaria esso è dell'ordine di 0.1–0.2%/mbar mentre per i neutroni assume un valore molto maggiore, dell'ordine di 0.7%/mbar. Variazioni del coefficiente barometrico sono poi attese alle diverse latitudini geomagnetiche, in quanto l'energia media delle particelle della radiazione è differente alle diverse latitudini, nonché ad altitudini differenti. Infine, l'ammontare di materiale di schermaggio intorno al rivelatore può anch'esso modificare il valore del coefficiente barometrico, dato che influenza la distribuzione in energia delle particelle che arrivano effettivamente sul rivelatore, e la proporzione tra la componente soft e quella hard della radiazione cosmica secondaria. Possiamo dire in conclusione che il valore di tale coefficiente dipende dalla particolare composizione e distribuzione in energia delle particelle che arrivano sul rivelatore nonché dalla specifica struttura del rivelatore. Esso andrebbe determinato, dunque, per ogni particolare configurazione sperimentale dell'apparato di rivelazione.

Da quanto detto sopra, risulta chiaro che per determinare il coefficiente barometrico di un setup di rivelazione occorre una serie di misure continue della pressione atmosferica e del corrispondente tasso di conteggio del rivelatore, condotte per tempi lunghi e in condizioni il più possibile costanti, cioè libere da altre possibili fonti di variazione del flusso misurato. Queste variazioni potrebbero essere dovute o a cause fisiche reali, come ad esempio variazioni stagionali o dovute a improvvisi eventi solari, oppure a variazioni nella risposta del rivelatore.

In linea di principio, anche con un semplice contatore Geiger è possibile determinare il coefficiente barometrico dell'apparato. Il funzionamento di un contatore Geiger è in genere molto stabile e non bisogna preoccuparsi di variazioni riguardanti la risposta del rivelatore. Tuttavia, il tasso di conteggio di un piccolo contatore Geiger è molto basso, come abbiamo visto negli esperimenti precedenti, dell'ordine di 20–25 conteggi/minuto. Questo comporta che per osservare variazioni significative dovute a variazioni della pressione atmosferica occorrono misure molto lunghe.

Proviamo a fare delle stime numeriche per comprendere meglio questo aspetto. Se il coefficiente barometrico atteso fosse dello 0.1% per ogni mbar di variazione della pressione, anche una variazione consistente di 10 mbar della pressione atmosferica locale produrrebbe solo l'1% di variazione nel flusso misurato. Per osservare una variazione dell'1% nei conteggi, dovremmo avere un numero di conteggi N tale che l'errore statistico, dato da $\sqrt{N}$, secondo la distribuzione di Poisson, sia sensibilmente minore dell'1%. Considerando che un errore statistico dell'1% si ottiene con un numero di conteggi dell'ordine di 10 000, dovremmo avere in ogni misura associata al valore della pressione un numero di conteggi sensibilmente maggiore di 10 000. Se il tasso di conteggio di un singolo contatore Geiger è di circa 0.3 eventi/s, anche per raggiungere 10 000 conteggi occorre in media un tempo di circa 9 ore, un intervallo di tempo molto lungo, durante il quale la pressione potrebbe anche variare di parecchio se le condizioni meteo non sono stabili. Una strategia adottabile nel caso di un singolo contatore Geiger è dunque quella di avere dei tempi di misura molto lunghi (settimane o mesi), quindi un numero di misure estremamente elevato pur con incertezze statistiche grandi sulle singole misure. L'altra possibilità è quella di adoperare più contatori Geiger in parallelo, se disponibili, per aumentare il numero di conteggi osservati e ridurre i tempi di misura.

Possiamo discutere qui alcuni esempi relativi alle due possibili strategie.

In una misura effettuata molti anni addietro [Famoso2005] un singolo contatore Geiger, posizionato all'ultimo piano di un edificio a più piani è stato usato, mediante un sistema di acquisizione, per registrare il numero di conteggi osservati, in intervalli di 30′, insieme alla pressione atmosferica, misurata da un sensore di pressione atmosferica. Le misure, seppur con qualche breve interruzione, hanno avuto una durata complessiva di oltre 3 mesi. Il numero di conteggi acquisito in media in ciascun intervallo di 30′ era intorno a 550, il che corrisponde ad un errore statistico piuttosto elevato, dell'ordine del 4%. Il numero di misure effettuate in un periodo di oltre 3 mesi era tuttavia molto elevato, circa 4 500, con un numero complessivo di eventi acquisito di circa 2.5×10^6. La struttura dei dati registrati consentiva in ogni caso di raggrupparli successivamente a intervalli di tempo più lunghi dei 30′ originalmente utilizzati, ad esempio per valutare medie giornaliere o altro.

La Fig. 39.1 mostra l'andamento della pressione atmosferica nel corso dell'intero periodo di misura.

Nella figura precedente sono visibili sia variazioni periodiche della pressione che variazioni più consistenti, dovute alle condizioni meteo complessive, che pos-

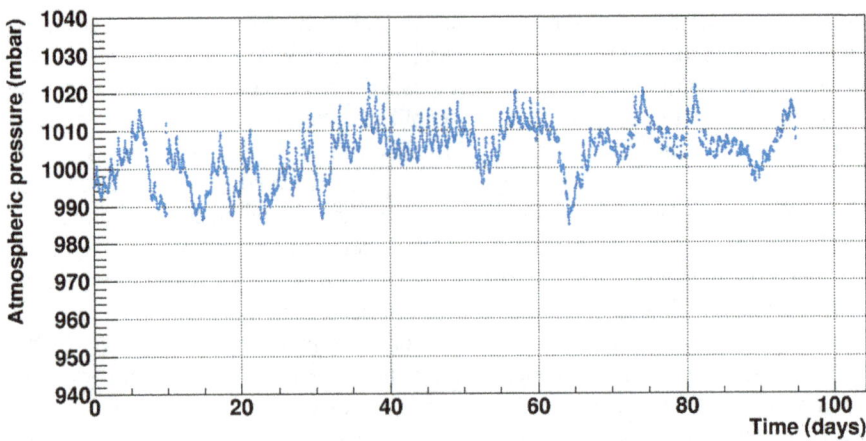

Figura 39.1 Andamento in funzione del tempo della pressione atmosferica rilevata nella località di osservazione, per un periodo complessivo di circa 3 mesi

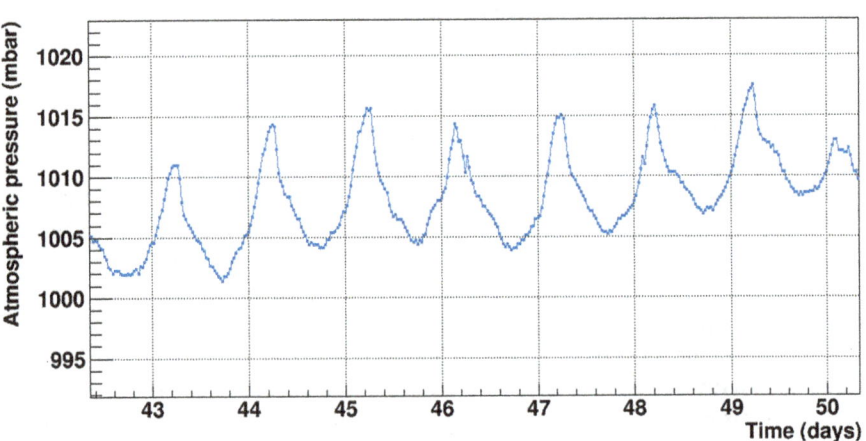

Figura 39.2 Porzione espansa della figura precedente, mostrante le tipiche variazioni periodiche giornaliere della pressione atmosferica

sono raggiungere anche 20 mbar di ampiezza. In Fig. 39.2 è mostrata una regione espansa della figura precedente, che mostra le variazioni giornaliere, di ampiezza circa 10 mbar, dovute tipicamente al ciclo giorno/notte. In qualche caso è possibile vedere anche delle variazioni con periodo 12 h, dovute sempre alle condizioni dell'atmosfera.

La Fig. 39.3 mostra invece un'altra regione, con la presenza di una consistente variazione della pressione dovuta ad un cambiamento delle condizioni meteo nella regione. In questo caso l'ampiezza della variazione, avvenuta nell'arco di due giorni, è intorno a 25 mbar; dopo questa diminuzione, si osserva un ritorno lento ai valori precedenti nell'arco dei giorni successivi.

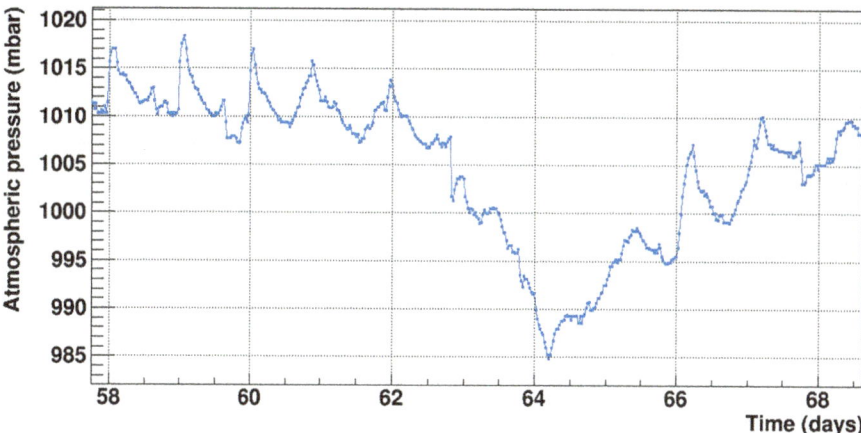

Figura 39.3 Un'altra porzione espansa della Fig. 39.1, mostrante una variazione aperiodica, più consistente, della pressione atmosferica, dovuta alle condizioni meteo complessivo dell'area geografica interessata

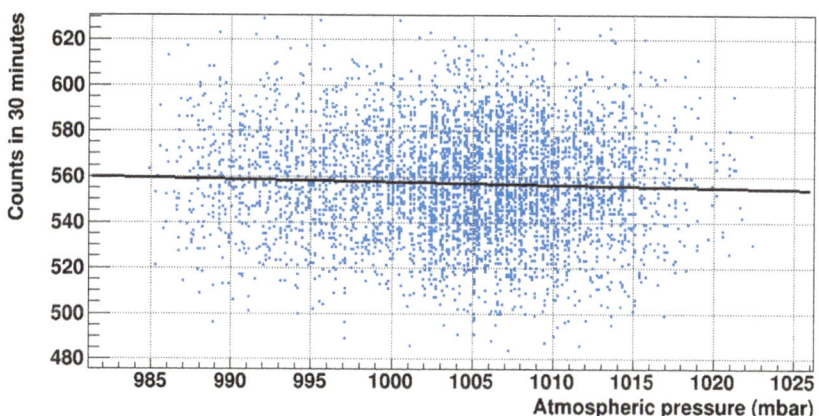

Figura 39.4 Scatter plot delle variabili pressione atmosferica e numero di conteggi in un intervallo fissato di tempo (30′), mostrante una leggera anticorrelazione, quantificata dalla retta di best-fit, rappresentata da una linea continua

Le variazioni di grande ampiezza possono anche mascherare del tutto, o quanto meno distorcere, le variazioni di minore ampiezza legate al ciclo giornaliero, come si vede nella figura precedente, tra i giorni 63 e 66.

Se consideriamo la correlazione tra conteggi osservati e pressione atmosferica per l'intera serie di dati, otteniamo il plot mostrato in Fig. 39.4. La linea continua mostra il risultato di un fit lineare, da cui può essere estratto il valore del coefficiente barometrico, in questo caso molto piccolo, pari a $\beta = (0.023 \pm 0.009)\%$/mbar.

Un'analisi più completa di queste misure è riportata in [Famoso2005]. A titolo di esempio, si può verificare che il valore del coefficiente barometrico risulta abbastanza differente se si considera solo la prima parte di questa serie temporale, in particolare i primi 30 giorni, dai quali si può estrarre un valore $\beta = (0.049 \pm 0.010)\%$/mbar. Questo è dovuto al fatto che la serie di valori del flusso misurato non è stazionaria, ma mostra un leggero aumento nel tempo, causato da variazioni a lungo termine dell'intensità della radiazione cosmica, dato che l'intervallo di misura è piuttosto lungo. Tutto questo mostra che l'analisi dell'effetto barometrico è un'analisi delicata e complessa da effettuare: da un lato il periodo di misura deve essere molto lungo, in modo da avere molte osservazioni indipendenti, dall'altro lato bisogna evitare che variazioni dovute a cause diverse dalla pressione atmosferica influenzino le misure. In questo caso un'analisi più accurata è stata condotta considerando periodi consecutivi di 10 giorni ciascuno, estraendo da ciascun set di dati il corrispondente coefficiente barometrico e alla fine valutando la media pesata da tutti i periodi. Il risultato, con questa procedura, è stato in questo caso un coefficiente $\beta = (0.051 \pm 0.015)\%$/mbar. Questo valore è ragionevolmente in accordo con quanto può essere stimato considerando il particolare setup utilizzato, il fatto che il rivelatore è posizionato sotto un solaio in cemento armato, con traiettorie delle particelle che in media attraversano uno spessore pari a circa 40 cm lineari (densità superficiali dell'ordine di $100\,g/cm^2$), dunque capaci di arrestare in buona parte la componente soft della radiazione.

Una seconda misura è stata effettuata utilizzando 6 contatori Geiger dello stesso tipo, insieme al sensore di pressione barometrica, in modo da sommare i conteggi rivelati da ciascun contatore. In quel caso la combinazione logica (OR) dei segnali prodotti da ciascun contatore è stata realizzata via hardware (come discusso meglio in un esperimento successivo), registrando su file il numero di conteggi acquisiti e il valore della pressione a intervalli successivi di $30'$, per una successiva analisi dei risultati.

Le misure sono state condotte in 3 set di alcuni giorni ciascuno, a step di 30 minuti, come nel caso precedente. Il rate di conteggio complessivo medio durante l'intera misura è stato di 1.94 eventi/s, con un numero complessivo di eventi di circa 2×10^6. Uno di questi set, della durata di soli 3 giorni, durante i quali la pressione atmosferica era variata in modo consistente, ha dato i risultati mostrati in Fig. 39.5, nella quale si nota una chiara anticorrelazione tra l'andamento della pressione (in alto) e quello dei conteggi (in basso).

Lo scatter plot delle due variabili è mostrato, per lo stesso set di dati, in Fig. 39.6, con la linea continua che mostra il risultato di un fit lineare. Da questo è stato possibile estrarre un valore del coefficiente barometrico pari a $\beta = (0.081 \pm 0.015)\%$/mbar.

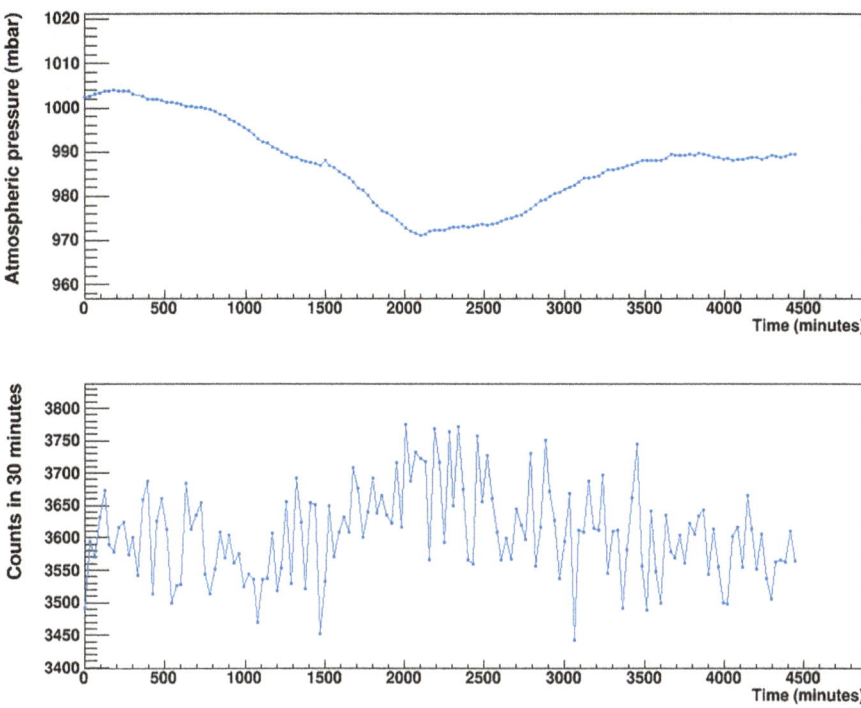

Figura 39.5   Andamento temporale della pressione atmosferica (in alto) e del numero di conteggi complessivo ottenuto da un set di 6 contatori Geiger in intervalli di 30′ (in basso)

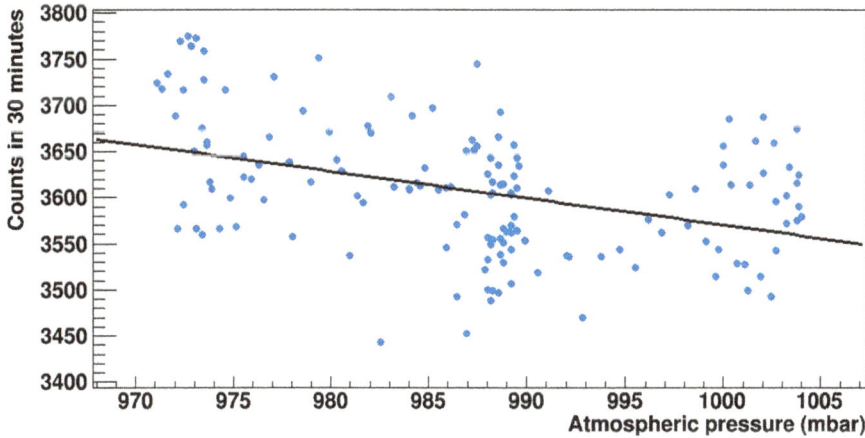

Figura 39.6   Scatter plot della pressione atmosferica e dei conteggi misurati in intervalli successivi di 30′, ottenuti complessivamente da 6 contatori Geiger

Riferimenti bibliografici

[Dorman1974] L.I. Dorman, *Cosmic Rays. Variations and space explorations* (North-Holland, Amsterdam, 1974).

[Famoso2005] B. Famoso, P. La Rocca and F. Riggi, *An educational study of the cosmic ray barometric effect with a Geiger counter*, Physics Education **40**(2005)461.

[NMDB]   https://www.nmdb.eu/. Verificato il 21 Gennaio 2025

Evidenziare la variazione diurna del flusso di raggi cosmici

40

Variazioni dell'intensità della radiazione cosmica durante l'arco della giornata di 24 h sono state ampiamente investigate nel passato, a partire dalla fine degli anni '20 del secolo scorso [Dorman1974, Sandstrom1965]. È comunemente accettato che in media l'intensità misurata a livello del mare sia più elevata durante il giorno che durante la notte, con variazioni dell'ordine dello 0.2% per i singoli rivelatori di particelle ionizzanti, e maggiore per i telescopi o per i rivelatori di neutroni. L'ampiezza e la fase di queste variazioni giornaliere non sono tuttavia costanti nel corso del tempo e possono essere soggette a loro volta a fluttuazioni sia periodiche che aperiodiche. Misure dettagliate finalizzate a determinare le caratteristiche di queste variazioni sono state condotte negli anni '40 e '50, anche in località sotterranee [Barrett1954, Firor1954, Kane1955, Sherman1953, Thompson1938, Thompson1939, Wollan1939].

Questi studi permisero di stabilire che tali variazioni giornaliere consistono di diverse componenti, non solo legate ai fenomeni solari, ma anche all'interazione tra il Sole e il campo magnetico intorno alla Terra, escludendo che esse fossero il risultato di effetti atmosferici residui. L'effetto osservato risultò maggiore per la componente nucleonica e minore per quella mesonica. L'ampiezza e la fase di queste variazioni dipendono tuttavia da molti fattori, e in particolare dalla particolare latitudine geomagnetica e dall'altitudine. Investigazioni effettuate con telescopi sensibili alla direzione di provenienza delle particelle dimostrarono inoltre che queste variazioni sono differenti perfino per le varie direzioni di arrivo, con massimi e minimi differenti nel tempo per le diverse orientazioni.

Misure della intensità delle diverse componenti sono state effettuate in passato con varie tipologie di rivelatori, in alcuni casi anche mediante telescopi di contatori Geiger, utilizzando set di dati ottenuti in lunghi periodi di misura. Dato l'ammontare di queste variazioni giornaliere, infatti, sono necessarie misure di precisione, ad alta statistica e condotte per periodi lunghi, per mettere in evidenza questo effetto e studiarne le caratteristiche.

Nonostante misure di precisione siano state già condotte da lungo tempo, il problema è ancora di interesse per studi locali, nei quali le peculiarità del luogo di osservazione (latitudine geomagnetica, altitudine) e dell'apparato di rivelazione

F. Riggi, *Esperimenti didattici e amatoriali con i contatori Geiger*,
https://doi.org/10.1007/978-3-031-72012-3_40

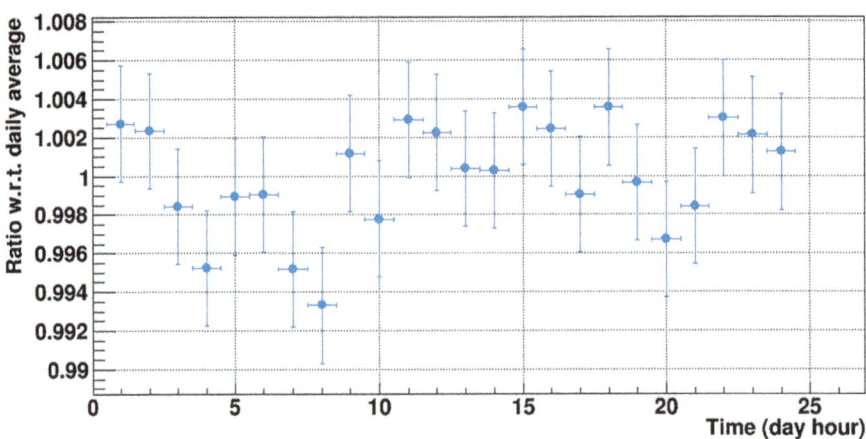

Figura 40.1 Rapporto del rate di conteggio misurato ad intervalli di un'ora rispetto al rate medio giornaliero, mediato su tutto il periodo di misura, di poco superiore a 3 mesi

possono produrre risultati originali, specie da un punto di vista didattico e amatoriale. In questo senso, si può valutare la possibilità di condurre studi di questo genere anche con singoli contatori Geiger, pur tenendo in mente che usualmente gli apparati di misura utilizzati in questi studi hanno aree sensibili enormemente maggiori o configurazioni telescopiche che consentono la determinazione della posizione.

A titolo di esempio riportiamo nel seguito i risultati di un'analisi condotta in passato su un set di dati misurati con un singolo contatore Geiger di piccole dimensioni per un lungo arco di tempo (circa 3 mesi, in modo continuativo, durante il quale non sono state osservate variazioni significative del flusso di raggi cosmici dovuto a eventi di tipo solare, come brillamenti solari o variazioni Forbush) [LaRocca2004]. Prima di procedere ad un'analisi delle variazioni temporali nel corso della giornata, i dati sono stati corretti per l'effetto barometrico, come descritto nel capitolo precedente, applicando un coefficiente barometrico di 0.051%/mbar.

In una prima analisi, il rate misurato in successivi intervalli di un'ora è stato rapportato al rate medio giornaliero, in modo da ridurre l'effetto di possibili variazioni a lungo periodo, valutando successivamente la media su tutto l'arco del periodo di misura, pari a 93 giorni. Il risultato è mostrato in Fig. 40.1. Come si vede, gli scostamenti di ciascun punto dal valore unitario sono molto piccoli, dell'ordine di 0.2–0.4%, e nonostante un margine di incertezza statistica notevole, lasciano intravedere un piccolo effetto di non uniformità nell'arco della giornata, con un flusso leggermente minore durante le ore notturne e all'inizio della mattina e leggermente superiore nel pomeriggio/sera.

Un'altra strategia di analisi ha fatto uso di una media mobile, valutando il rapporto tra il flusso medio osservato in ciascun intervallo di tempo (della durata di 2 h) rispetto al flusso medio osservato durante le rimanenti 22 h. Questo metodo esclude dalla media l'intervallo di volta in volta considerato e tende quindi ad esaltare le piccole variazioni in eccesso o in difetto. Utilizzando questa tecnica per lo stesso

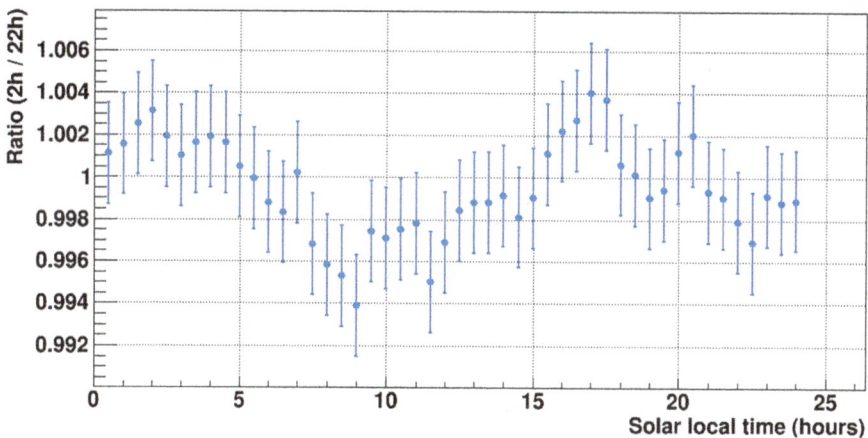

Figura 40.2 Rapporto tra il flusso medio misurato in ciascun intervallo di 2 h rispetto a quello medio misurato durante le rimanenti 22 h di ciascuna giornata

set di dati, sono stati ottenuti i risultati mostrati nella Fig. 40.2. Come si vede dalla figura, stavolta è più evidente la variazione del flusso medio osservato nell'arco delle 24 h, con dei massimi e dei minimi più delineati. I dati possono essere analizzati variando a piacere la durata dei due intervalli da confrontare, ad esempio 4 h contro le 20 ore rimanenti, o 1 h contro 23 h, e così via, a seconda della statistica complessivamente a disposizione nella misura.

L'interpretazione dettagliata dei risultati ottenuti non è facile, in quanto molti fattori, già descritti, concorrono a determinare piccole variazioni quali quelle qui discusse, inferiori allo 0,5%.

Risultati ottenuti da vari autori in località differenti e con apparati di rivelazione differenti hanno mostrato in ogni caso ampie variazioni nella localizzazione del massimo e del minimo giornalieri [Sandstrom1965], anche utilizzando le differenze tra le intensità misurate alternativamente da Ovest e da Est oppure da Nord e da Sud, in modo da eliminare in buona parte gli effetti residui dovuti alle variazioni di pressione atmosferica.

Sebbene queste variazioni non siano rappresentabili con una semplice funzione armonica, esse possono essere in ogni caso descritte mediante un'analisi armonica con le varie componenti. Limitandoci alla prima armonica (periodicità 24 h), l'andamento temporale potrà essere rappresentato come

$$f(t) = A_0 + R\sin(\omega t + \varphi) = A_0 + a\sin(\omega t) + b\cos(\omega t)$$

essendo $a = R\cos(\varphi)$, $b = R\sin(\varphi)$, da cui

$$R = \sqrt{a^2 + b^2} \quad \varphi = \tan^{-1}(b/a)$$

Costruendo un immaginario quadrante orario (Harmonic Dial), suddiviso in 24 h, come in Fig. 40.3, un punto in questo quadrante potrà rappresentare l'ampiezza

Figura 40.3 Harmonic dial, con la rappresentazione di un vettore **A**, il cui modulo rappresenta l'ampiezza della variazione giornaliera, e la cui orientazione fornisce l'orario del massimo osservato

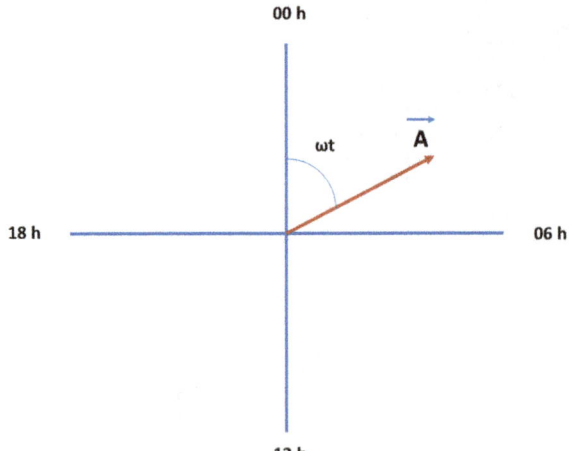

del massimo e la sua localizzazione oraria, mediante un vettore di modulo pari all'ampiezza percentuale e orientazione data dall'orario corrispondente al massimo. Questo potrà essere fatto per ogni singolo giorno, ottenendo una nuvola di punti, come in Fig. 40.4, oppure ottenendo dall'intera serie di dati giornalieri un unico valore medio dell'orientazione vettoriale.

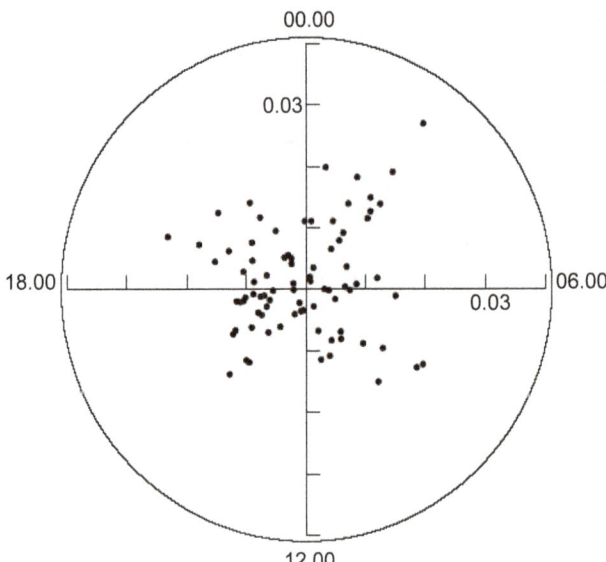

Figura 40.4 *Harmonic dial* relativo ad una serie di dati giornalieri, misurati con un singolo contatore Geiger lungo un periodo di tempo di circa 3 mesi. Ogni punto rappresenta l'estremità di un vettore il cui modulo e orientazione sono legati all'ampiezza e all'orario del massimo giornaliero osservato

Come si vede da questa figura, le caratteristiche del massimo (ampiezza e orario) hanno forti fluttuazioni statistiche da un giorno all'altro, e solo una media su un intervallo di tempo molto lungo può dare informazioni più significative. Attività di monitoraggio del flusso dei cosmici, anche con un singolo contatore Geiger, se estese a periodi di misura molto lunghi, possono costituire delle utili esercitazioni didattiche o di tipo amatoriale, consentendo allo stesso tempo di familiarizzarsi con alcune tecniche statistiche e di elaborazione dei dati, in particolare quelle riguardanti l'utilizzo delle serie temporali.

Riferimenti bibliografici

[Barrett1954]   P. Barrett et al., *Diurnal variation of the intensity of cosmic rays far underground*, Physical Review **95**(1954)1571.

[Dorman1974]   L.I. Dorman, *Cosmic Rays. Variations and space explorations*, North-Holland, Amsterdam, 1974.

[Firor1954]   J.W. Firor et al., *Cosmic radiation intensity-time variations and their origin.V. The daily variation of intensity*, Physical Review **94**(1954)1031.

[Kane1955]   R.P. Kane, *Recurrence phenomenon in the 24-hour variation of cosmic ray intensity*, Physical Review **98**(1955)130.

[LaRocca2004]   P. La Rocca and F. Riggi, *Are small single Geiger counters able to show up cosmic daily variation effects? A case study for educational investigations*, Report INFN/AE-04/14 (2004).

[Sandstrom1965]   A.E. Sandström, *Cosmic Ray Physics*, North-Holland, Amsterdam, 1965.

[Sherman1953]   N. Sherman, *Diurnal variation in the intensity of cosmic rays underground*, Physical Review **89**(1953)25.

[Thompson1938]   J.L. Thompson, *Solar Diurnal Variation of Cosmic-Ray Intensity as a Function of Latitude*, Physical Review **54**(1938)53.

[Thompson1939]   J.L. Thompson, *A critical analysis for sidereal time variations of cosmic rays on the Pacific*, Physical Review **55**(1939)11.

[Wollan1939]   E.O. Wollan, *Present status of solar and sidereal time variation of cosmic rays*, Review of Modern Physics **11**(1939)160.

Rivelare le diminuzioni Forbush mediante contatori Geiger

In aggiunta alle variazioni periodiche dell'intensità della radiazione cosmica, dovute ai cicli solari, esistono anche variazioni aperiodiche, di breve durata, dovute generalmente a fenomeni transienti di origine solare. Tra queste, le variazioni Forbush, dal nome del loro scopritore, lo statunitense Scott Ellsworth Forbush (1904–1984), sono delle improvvise variazioni nel flusso dei raggi cosmici, caratterizzate da una rapida (nell'arco di poche ore) diminuzione dell'intensità, seguite generalmente da una lenta fase di recovery (alcuni giorni). Sin dalla loro scoperta [Forbush1937, Forbush1938], si ritiene generalmente che esse siano associate a variazioni del campo magnetico interplanetario causate a loro volta da brillamenti solari. Dalla data della loro scoperta, sono stati osservati centinaia di eventi del genere, nella maggior parte mediante strumentazione installata a terra, ma in qualche caso anche a bordo di satelliti.

La possibilità di osservare tali variazioni richiede delle stazioni di monitoraggio continuo, e in condizioni stabili, del flusso della radiazione cosmica secondaria, in quanto il fenomeno non è prevedibile e possono anche passare settimane o mesi tra uno di questi eventi e il successivo.

Le stazioni di monitoraggio del flusso dei raggi cosmici sono basate generalmente su rivelatori di neutroni, in quanto la maggior parte delle variazioni di intensità sono associate a particelle di bassa energia, mentre i muoni di elevata energia sono meno sensibili a tali fenomeni. Un elenco delle stazioni di monitoraggio esistenti è riportato ad esempio nel sito del Neutron Monitor Data Base [NMDB].

La Fig. 41.1 mostra a titolo di esempio l'effetto di una di queste variazioni Forbush, osservata dalla stazione di monitoraggio dei neutroni di Oulu (Finland) nel Novembre del 2004. La figura mostra l'andamento dell'intensità (conteggi per ora) in funzione del tempo, durante un intervallo di circa 4 giorni. Come si vede, all'inizio di questo periodo si osserva una brusca diminuzione dell'intensità (percentualmente circa il 5–6%), seguita da una lenta ripresa e un ritorno al valore medio precedente dopo circa 4 giorni.

Eventi di questo genere coinvolgono l'intero pianeta e possono dunque essere osservati contemporaneamente da diverse stazioni, localizzate in regioni differenti, anche se con caratteristiche leggermente diverse – ad esempio l'ampiezza della

F. Riggi, *Esperimenti didattici e amatoriali con i contatori Geiger*,
https://doi.org/10.1007/978-3-031-72012-3_41

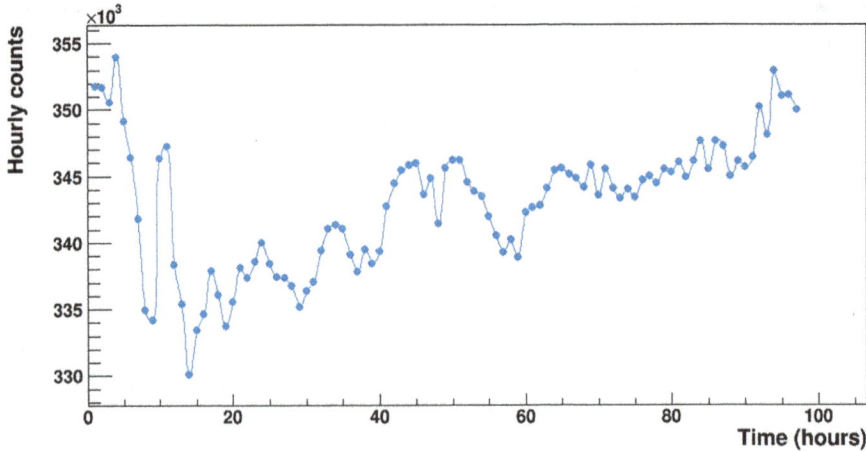

Figura 41.1 Andamento temporale dell'intensità della componente neutronica, osservata dalla stazione di monitoraggio dei neutroni di Oulu (Finland) durante il mese di Novembre 2004

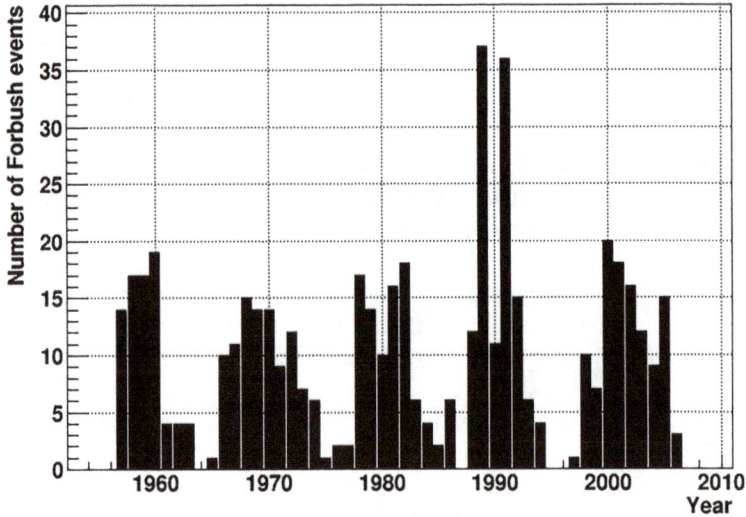

Figura 41.2 Numero di variazioni Forbush (di ampiezza superiore al 3%) osservate negli ultimi decenni. Dati estratti da [Belov2009]

diminuzione – a seconda della località. L'intensità massima di queste variazioni, almeno nella componente neutronica, può assumere valori anche del 5% o maggiore. Il numero di queste variazioni Forbush nel corso degli anni è rappresentato in Fig. 41.2, e mostra dei periodi in cui la frequenza di tali fenomeni si riduce pressoché a zero, mentre in altri periodi possiamo avere anche decine di eventi nell'arco di un anno, in relazione al ciclo undecennale del Sole.

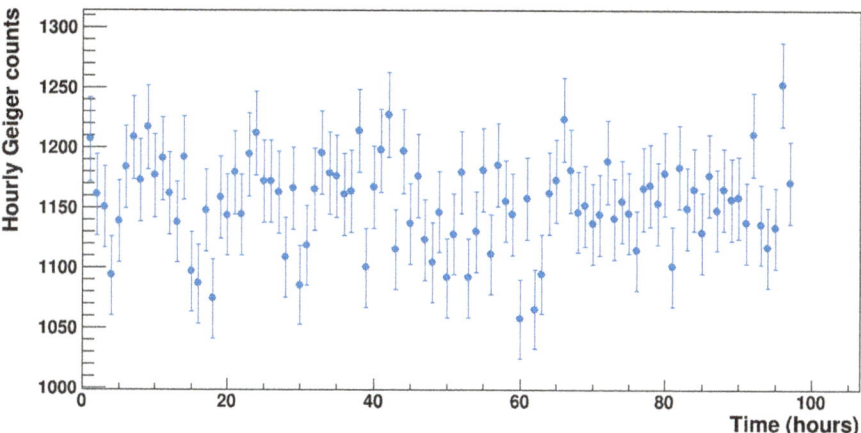

Figura 41.3 Rate di conteggio (eventi per ora) misurati da un contatore Geiger di piccole dimensioni in corrispondenza allo stesso periodo (Novembre 2004) relativo alla Fig. 41.1

Essendo l'ammontare delle variazioni Forbush tipicamente di qualche percento, occorre una elevata statistica per mettere in evidenza un fenomeno che nella sua fase iniziale si svolge nell'arco di alcune ore. Ad esempio, se volessimo avere una rappresentazione dell'intensità in funzione del tempo a intervalli di un'ora con errore massimo dell'1%, dovremmo avere rivelatori capaci di osservare almeno 10^4 eventi/ora, dunque con area sensibile elevata. Questo è il caso di scintillatori, anche di piccole dimensioni, dato che il flusso dei cosmici omnidirezionale a livello del mare è dell'ordine di 150 muoni/(m^2 s), e pertanto con uno scintillatore di dimensioni $20 \times 20 \, cm^2$ si misurerebbero oltre 20 000 eventi/h. Rivelatori di area sensibilmente minore, come singoli contatori Geiger di piccole dimensioni, hanno tipicamente rate di conteggio dell'ordine di 10^3 eventi/h, tra l'altro non dovuti interamente ai cosmici, e quindi un elevato errore statistico sulla singola misura oraria. Difficilmente, dunque, è possibile mettere in evidenza variazioni Forbush utilizzando un singolo contatore. La Fig. 41.3 mostra ad esempio l'andamento dei conteggi ottenuti da uno di questi contatori durante lo stesso periodo relativo ai dati riportati in Fig. 41.1 [LaRocca2005]. Nessuna chiara variazione è visibile da questo plot, dato che gli errori statistici sui singoli valori sono troppo elevati per mettere in evidenza una variazione di qualche percento. Tuttavia, il plot di correlazione tra le due variabili, mostrato in Fig. 41.4, mostra, tramite il fit rappresentato dalla linea solida rossa, una leggera evidenza di correlazione positiva tra i valori.

Misure di questo genere potrebbero essere tuttavia effettuate avendo a disposizione un certo numero di contatori individuali che acquisiscano dati in parallelo, connessi ad uno stesso sistema (configurazione OR) in una data località, o da più contatori, anche localizzati a distanza, con il proprio sistema di raccolta dati purché i dati siano etichettati in tempo nei diversi sistemi. Data la scala temporale di questi fenomeni non è necessario, tuttavia, fare uso di sistemi di sincronizzazione veri

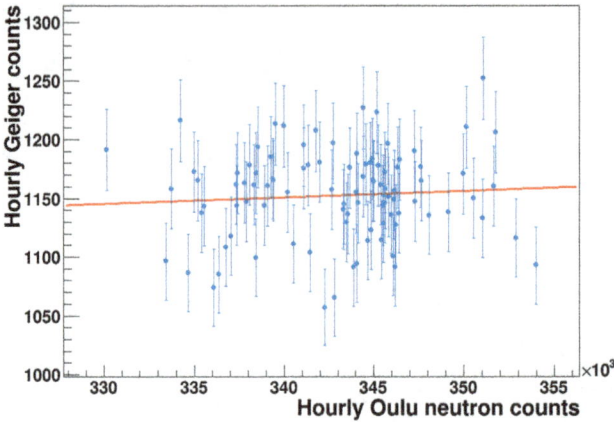

Figura 41.4 Plot di correlazione tra i rate misurati dalla stazione di monitoraggio dei neutroni di Oulu e quello misurato da un singolo contatore Geiger di piccole dimensioni durante lo stesso intervallo di circa 4 giorni nel Novembre del 2004. La linea continua mostra il risultato di un fit lineare, mostrando evidenza di una leggera correlazione tra i dati

e propri, essendo sufficiente anche una precisione dell'ordine del minuto sull'ora locale.

Riferimenti bibliografici

[Belov2009]   A.V. Belov, *Forbush effects and their connection with solar, interplanetary and geomagnetic phenomena*, Proc. IAU Symp. **257**(2008)439.

[Forbush1937] S.E. Forbush, *On the effects in cosmic-ray intensity observed during the recent magnetic storm*, Phys. Rev. **51**(1937)1108.

[Forbush1938] S.E. Forbush, *On world-wide changes in cosmic-ray intensity*, Physical Review **54**(1938)975.

[NMDB]   https://www.nmdb.eu/station/. Verificato il 21 Gennaio 2025

[LaRocca2005] P. La Rocca and F. Riggi, *Analysis of neutron and muon counting during a Forbush decrease*, Report INFN/AE-05/02 (2005).

42

Combinare le informazioni da contatori differenti mediante un OR logico

L'informazione proveniente da rivelatori indipendenti può essere combinata in diversi modi a seconda del tipo di esperimento da condurre. In questo e nel capitolo successivo vedremo la modalità più semplice per utilizzare più rivelatori indipendenti, cioè quella di utilizzarli come se fossero un unico rivelatore di area maggiore, dunque sommando i conteggi provenienti da ciascuno di essi. Da un punto di vista logico, questo corrisponde ad un'operazione del tipo OR, cioè ad una somma logica. Ipotizzando due rivelatori eguali, che operino in modo indipendente, e considerando i segnali emessi da ciascuno di essi, potremo avere una successione complessiva di segnali, alcuni dei quali provengono dal rivelatore 1, altri dal rivelatore 2, come schematizzato in Fig. 42.1.

La successione di segnali potrebbe essere utilizzata per valutare quanti eventi complessivamente sono stati rivelati dai due rivelatori, ottenendo in linea di principio un numero di eventi pari alla somma degli eventi che ciascun rivelatore rivelerebbe da solo, almeno se il ritmo di arrivo di questi eventi non è tale da introdurre sensibili correzioni per il tempo morto del sistema di conteggio. La rappresentazione grafica di un circuito elettronico capace di combinare i segnali provenienti da entrambi (circuito OR) è quella visibile in Fig. 42.2.

La tabella di verità di questo circuito, in cui alla presenza di un segnale è associato il valore logico 1 e all'assenza di segnale il valore logico 0, è rappresentata nella Tabella 42.1. L'operazione OR inclusiva prevede che l'output sia pari a 1 se entrambi i segnali sono presenti ai due ingressi. Vedremo che l'accadere simulta-

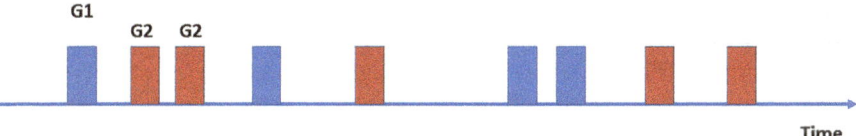

Figura 42.1 Successione temporale di segnali provenienti da due rivelatori indipendenti G1 e G2 (indicati rispettivamente con i simboli blu e rosso)

Figura 42.2 Rappresentazione schematica di un circuito logico del tipo OR

OR Gate

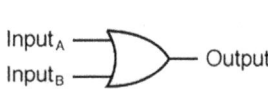

Input$_A$ ⎯⎯
Input$_B$ ⎯⎯ ⟩⎯ Output

Tabella 42.1 Tabella di verità corrispondente al circuito OR (inclusivo)

A	B	Output
0	0	0
1	0	1
0	1	1
1	1	1

neo di due segnali può dar luogo a quella che è denominata una coincidenza e sarà trattato a parte nei capitoli successivi.

Da un punto di vista dell'hardware, se i segnali provenienti dai due rivelatori fossero del tipo TTL, si possono adoperare circuiti integrati TTL della famiglia 74xx o integrati CMOS della famiglia 4 000 per realizzare in pratica diversi circuiti logici, tra cui anche le operazioni di OR. L'output del circuito OR sarà infine inviato ad un contatore di impulsi o ad un sistema di acquisizione per contare il numero di eventi rivelati.

Spesso si utilizzano combinazioni di più porte logiche e i teoremi fondamentali dell'algebra booleana per realizzare specifiche funzioni logiche. Ad esempio, l'OR di più segnali può essere realizzato sfruttando un circuito costituito da una porta NOR a più ingressi (come l'integrato SN7423N), seguito da una porta NAND (integrato SN74F00N). Rimandiamo a testi generali di elettronica per la comprensione delle porte logiche o ai datasheet di questi circuiti integrati per i dettagli sul loro utilizzo.

Un altro modo di implementare un'operazione di OR logico per gestire l'arrivo di segnali da rivelatori indipendenti è attraverso un opportuno sistema di acquisizione dei segnali, ad esempio basato su una semplice scheda Arduino, ai cui ingressi digitali sono inviati i segnali provenienti dai due rivelatori. Il codice che gira sulla scheda Arduino può prevedere nella modalità più semplice la lettura ciclica dei due ingressi corrispondenti ai due rivelatori, e la memorizzazione dell'evento sia quando il segnale è presente al primo ingresso che quando esso proviene dal secondo ingresso. L'utilità di un sistema del genere, rispetto all'OR realizzato via hardware, è che si può mantenere memoria di quale ingresso sia stato effettivamente interessato in quell'evento, in modo da poter contare non solo globalmente il numero di segnali ma anche, separatamente, il numero di eventi associati a ciascuno dei due rivelatori. La Fig. 42.3 mostra il collegamento base dei due rivelatori ad una scheda Arduino, ipotizzando che essi siano collegati agli ingressi digitali 2 e 3.

Se il codice in esecuzione su Arduino prevede la scrittura su un file degli eventi in arrivo a ciascuno dei due ingressi mediante un flag (1 se a quell'ingresso era presente un segnale, 0 altrimenti), la sequenza degli eventi potrà essere qualcosa

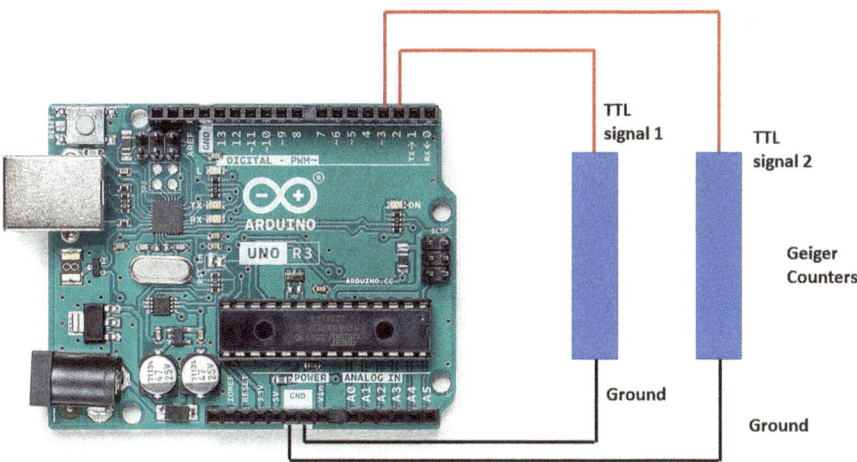

Figura 42.3 Collegamento di due contatori Geiger agli ingressi digitali di una scheda Arduino Uno

del genere:

$$
\begin{array}{cc}
1 & 0 \\
1 & 0' \\
0 & 1 \\
1 & 0 \\
0 & 1 \\
& \cdots
\end{array}
$$

dove ogni linea indica un evento, costituito da due flag. Come si vede dalla sequenza, in alcuni eventi è stato interessato il primo rivelatore (mentre all'altro ingresso non era presente nulla), in altri casi si è verificato l'opposto.

Rileggendo successivamente questi eventi si potranno individuare separatamente quanti eventi provenivano da ciascuno dei due rivelatori. Naturalmente le considerazioni fatte finora possono essere generalizzate facilmente al caso di un certo numero n di rivelatori.

Se all'informazione su quale rivelatore sia stato interessato in ciascun evento si aggiunge anche il tempo di arrivo dell'evento, i dati potranno essere analizzati per conteggiare il numero di eventi per unità di tempo in arrivo su ciascun canale, ad esempio il numero di conteggi al minuto che produce ogni rivelatore, e riportare questa quantità in funzione del tempo, anche per misure molto lunghe.

Un esempio del genere è mostrato in Fig. 42.4, che riporta il rate di conteggio di 4 contatori Geiger, tutti collegati ad altrettanti ingressi digitali di una scheda Arduino, espresso in conteggi/minuto, lungo un arco di tempo di circa 3 h.

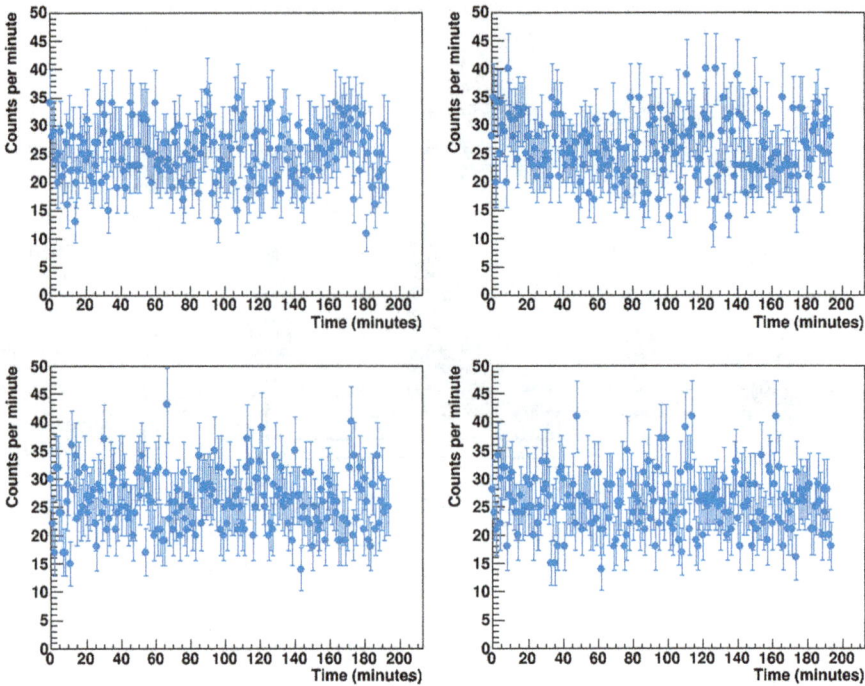

Figura 42.4 Rate di conteggio, espresso in conteggi/minuto, di 4 rivelatori Geiger indipendenti, i cui segnali sono stati acquisiti collegando i Geiger ad altrettanti ingressi digitali di una scheda Arduino

Configurazioni del genere sono utili, ad esempio, quando si vogliano acquisire informazioni da più rivelatori indipendenti, sia per aumentare il numero di eventi rivelati rispetto a quelli prodotti da un solo rivelatore, sia nel caso in cui si vogliano correlare tra di essi gli eventi prodotti dai diversi rivelatori, come vedremo nella prossima attività.

Confrontare le misure ottenute da contatori Geiger indipendenti

43

L'utilizzo di più contatori Geiger disposti a piccola distanza relativa e operanti nelle stesse condizioni può essere sfruttato per confrontare la risposta dei diversi rivelatori e studiare l'eventuale correlazione nel flusso misurato da ciascuno. Una misura del genere può essere condotta acquisendo evento per evento i segnali forniti da un certo numero di contatori – almeno due – e analizzando successivamente i dati. Se i contatori sono della stessa tipologia, ci attendiamo generalmente che diano un numero di conteggi per unità di tempo confrontabile nei diversi contatori, e che in prima approssimazione il numero di conteggi di ciascuno sia indipendente da quello degli altri contatori, entro i limiti delle fluttuazioni statistiche. È tuttavia vero che per misure molto lunghe si può notare un certo grado di correlazione tra i flussi misurati dai singoli contatori, in quanto il flusso di per sé potrebbe variare nel tempo, ad esempio nell'arco di una giornata o per effetto della pressione atmosferica.

Una misura di questo genere è stata condotta con 4 contatori Geiger identici (Pasco SN7928), disposti vicini tra loro e operanti nelle stesse condizioni. La misura è stata condotta per un tempo di poco più di 3 giorni, durante i quali sono stati acquisiti 4.84×10^5 eventi.

Integrando il numero di conteggi in intervalli successivi di un'ora, è stata studiata la correlazione tra il numero di eventi misurati dal contatore 1 e quello misurato dal contatore 2, come mostra la Fig. 43.1.

Si nota in questo caso una leggera correlazione positiva tra i conteggi nei due contatori, con un coefficiente angolare della retta di best-fit pari a 0.22 ± 0.12.

Per quanto concerne eventuali differenze nel valor medio dei conteggi misurati da ciascun contatore, queste possono essere dovute a piccole differenze nell'efficienza di rivelazione di ciascun contatore, se non ci aspettiamo che l'esatta dislocazione dei contatori possa introdurre qualche effetto sensibile. È da ricordare tuttavia che talvolta anche una piccola differenza tra le posizioni di due rivelatori vicini può introdurre delle differenze, ad esempio dovute ad uno schermaggio dai cosmici lievemente differente (a causa delle pareti, dei muri ...) oppure alla maggiore o minore vicinanza ad eventuali materiali con presenza di isotopi radioattivi.

Possiamo controllare le differenze nella resa dei diversi contatori costruendo ad esempio gli spettri delle differenze di resa in fissati intervalli di tempo. Vediamo

F. Riggi, *Esperimenti didattici e amatoriali con i contatori Geiger*,
https://doi.org/10.1007/978-3-031-72012-3_43

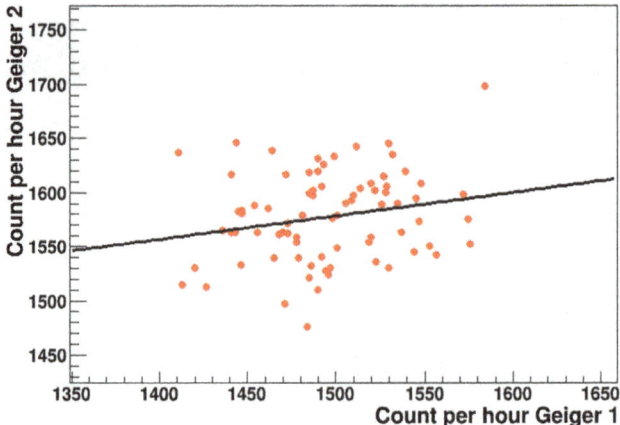

Figura 43.1 Plot di correlazione tra i conteggi misurati dai contatori 1 e 2, usando intervalli successivi di un'ora. La linea continua mostra il risultato di un fit lineare, con un coefficiente angolare della retta pari a 0.22 ± 0.12

a titolo di esempio in Fig. 43.2 la distribuzione delle differenze di conteggi in un intervallo di 10 minuti tra i contatori 1 e 2. Il centroide della distribuzione presenta un valore di (13.7 ± 1.0), dunque in questo caso c'è effettivamente una differenza significativa, al di là delle incertezze statistiche, tra il valor medio dei conteggi nel contatore 1 e il corrispondente valore per il contatore 2. Tale differenza ammonta a circa il 5% dato che il valor medio dei conteggi per ciascun contatore è intorno a 250 in 10 minuti.

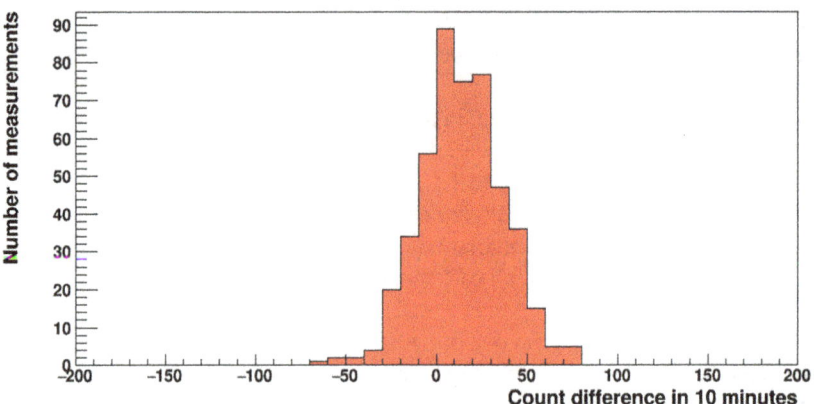

Figura 43.2 Distribuzione delle differenze tra i conteggi misurati nei contatori 1 e 2 in intervalli di tempo successivi da 10 minuti. La differenza media, di (13.7 ± 1) conteggi in 10 minuti corrisponde a circa il 5%

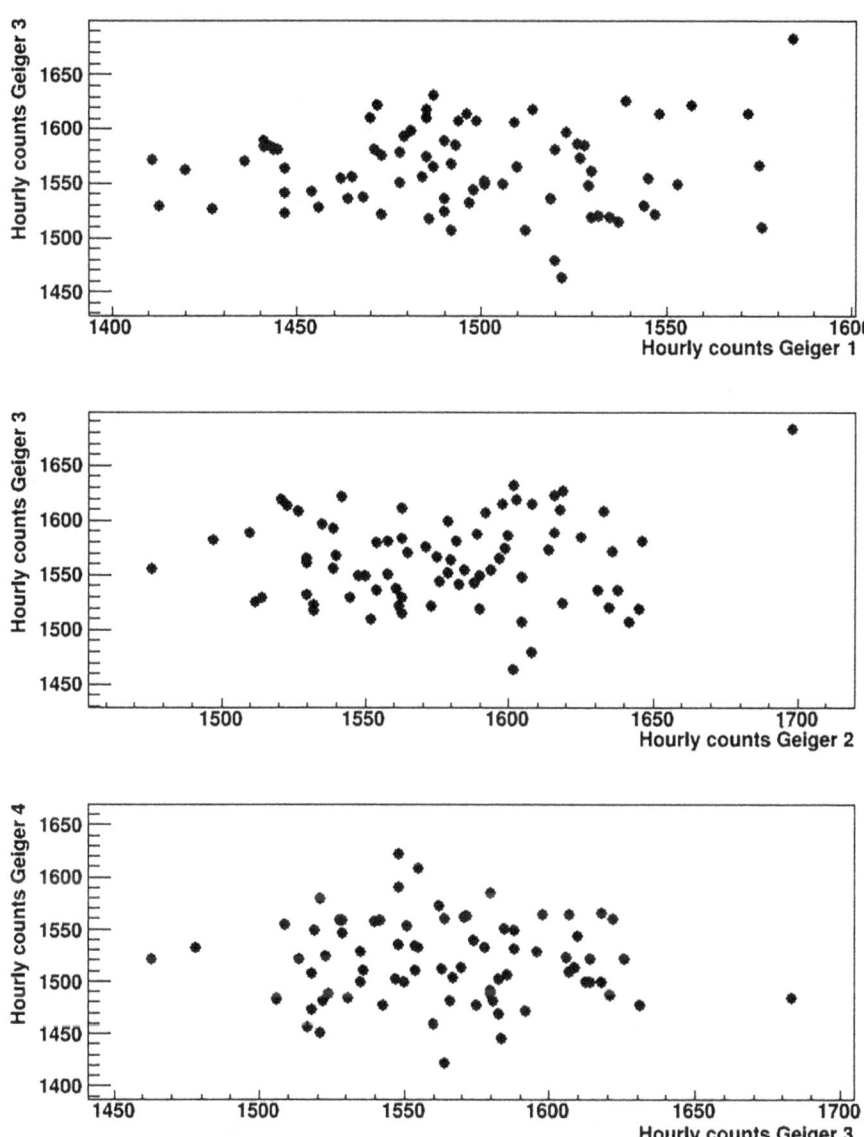

Figura 43.3 Plot di correlazione tra le coppie di contatori G1-G3 (in alto), G2-G3 (plot intermedio), G3-G4 (in basso). Per questi plot, i dati sono compatibili con l'ipotesi di non correlazione

La correlazione tra i conteggi nel contatore 1 e quelli nei contatori 3 e 4 presenta tuttavia un grado di correlazione minore (Fig. 43.3), compatibile con l'ipotesi di eventi non correlati. Misure di durata più lunga, parecchi giorni o settimane, specie in periodi in cui la pressione atmosferica è variata di parecchio, potrebbero mettere in evidenza un maggiore grado di correlazione tra contatori diversi. Vale la pena ricordare comunque che le correlazioni di cui parliamo in questo contesto non implicano alcun rapporto di causa ed effetto tra i diversi contatori: l'eventuale correlazione è dovuta semplicemente al fatto che il flusso misurato da ciascun contatore potrebbe essere correlato ad un'altra grandezza fisica, ad esempio la pressione atmosferica, dal che ne deriva una correlazione statistica tra flussi misurati in contatori indipendenti.

Grafici di questo tipo possono essere estratti per le diverse coppie di contatori G_i-G_j (Fig. 43.3), per verificare la differenza di resa tra contatori diversi nello stesso periodo di misura. Questa informazione potrebbe essere usata, se necessario, nel confrontare misure eseguite con i diversi contatori, in modo da normalizzare le rispettive rese.

Il confronto tra misure effettuate nello stesso periodo di misura rende le misure libere dall'influenza di eventuali fattori esterni, come la pressione atmosferica, ma l'interpretazione di queste differenze può comunque essere legata, come detto in precedenza, sia alla diversa efficienza del contatore che all'influenza dell'esatta localizzazione del contatore. Quest'ultima causa può essere investigata tuttavia scambiando la posizione dei contatori e verificando se le differenze permangono o sono anch'esse invertite in seguito allo scambio.

In generale lo studio della correlazione tra contatori indipendenti può dare utili informazioni e consentire diverse attività didattiche. Se gli eventi misurati dai diversi contatori sono realmente indipendenti non si osserverà alcuna correlazione significativa; possiamo però avere il caso in cui pur essendo i singoli eventi indipendenti, il rate di conteggio medio dei diversi contatori è dovuto ad una causa comune, la cui variazione nel tempo può dar luogo ad una variazione correlata in più contatori. Questo potrebbe essere il caso delle variazioni nel flusso della radiazione cosmica (che sono tuttavia molto piccole nel corso del tempo) oppure delle variazioni più consistenti dovute ad una sorgente di radiazioni posta in prossimità dei contatori, come una sorgente radioattiva. In quest'ultimo caso, allontanando o avvicinando la sorgente ai contatori, si potranno osservare variazioni correlate nel rate di conteggio nei diversi contatori. Riferendoci agli esperimenti già descritti per la rilevazione dei prodotti del radon mediante la tecnica del palloncino carico elettrostaticamente, e adoperando stavolta due contatori posti in prossimità del palloncino, una volta che esso sia stato sgonfiato, potremo osservare una forte correlazione, quando il rate di eventi misurato da ciascun contatore è elevato, in quanto determinato dalla radioattività del palloncino, mentre la correlazione sarà via via minore al passare del tempo, man mano che l'attività del palloncino diminuisce e i contatori rivelano solo la radioattività ambientale e la radiazione cosmica.

Una misura di questo tipo è stata effettuata adoperando due contatori DIY, ponendo il palloncino sgonfio tra i due, come in Fig. 43.4, al tempo $t = 2\,000$ s, e acquisendo i dati di entrambi i contatori (in OR) dal tempo $t = 0$ al tempo $t = 60\,000$ s.

Il rate di conteggio dei due contatori in funzione del tempo è mostrato in Fig. 43.5. Come già visto negli esperimenti relativi alla misura dei prodotti del radon, entrambi i contatori mostrano un marcato aumento dei conteggi in corrispondenza al tempo in cui il palloncino sgonfiato è stato posto accanto ad essi.

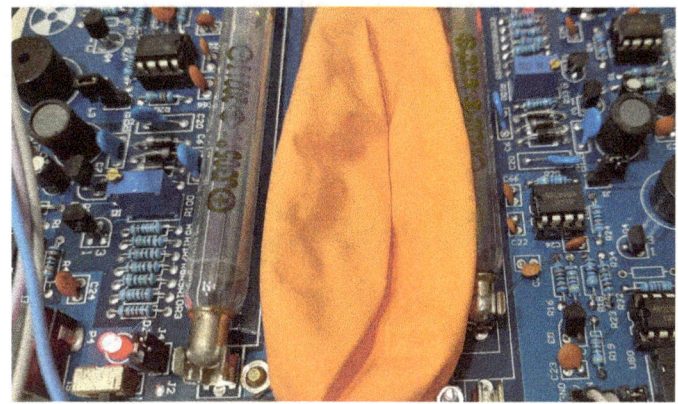

Figura 43.4 Un palloncino, precedentemente gonfiato e caricato elettrostaticamente, viene posto in prossimità di due contatori Geiger per una misura dell'attività dei prodotti di decadimento del radon

L'aumento non è identico per i due, a causa del posizionamento esatto del palloncino: mentre in un caso si passa da circa 20 conteggi/minuto a 100 conteggi/minuto, per l'altro contatore il rate arriva a circa 60 conteggi/minuto. Entrambi i rate diminuiscono poi nel tempo, come abbiamo già visto negli esperimenti precedenti, fino a ritornare ad un livello simile a quello del fondo dopo circa 5 ore (300 minuti).

Se adesso rappresentiamo graficamente la correlazione tra il numero di conteggi/minuto nel primo e nel secondo rivelatore, possiamo ottenere un plot come quello riportato in Fig. 43.6. In questo plot vediamo una zona, corrispondente ai rate di conteggio più elevati, da circa 40 conteggi/minuto in poi, in cui i dati mostrano una correlazione lineare, risultante dal fatto che entrambi i rate sono fortemente dipendenti dall'attività del palloncino, e che corrispondono all'intervallo di tempo tra circa 40 e 200 minuti nella Fig. 43.5, intervallo in cui il rate era superiore a quello di fondo. Man mano che trascorre il tempo e l'attività del palloncino diminuisce, i due contatori misurano essenzialmente il fondo dovuto a radioattività ambientale e cosmici, e progressivamente la correlazione tra le due quantità diminuisce. La zona a bassi valori di rate mostra infatti una dispersione notevole dei punti, tipica di grandezze non correlate.

Un altro possibile esempio di misura di correlazione è quella che si può condurre con più contatori indipendenti, dislocati a grande distanza l'uno dall'altro, ad esempio in posti diversi della stessa città, o in località differenti, se si dispone di altrettanti sistemi di acquisizione continua dei dati. In questo caso possibili correlazioni nel rate di conteggio medio di contatori distanti potrebbero essere dovute a variazioni consistenti della pressione atmosferica in quella zona o a fenomeni solari di grande intensità.

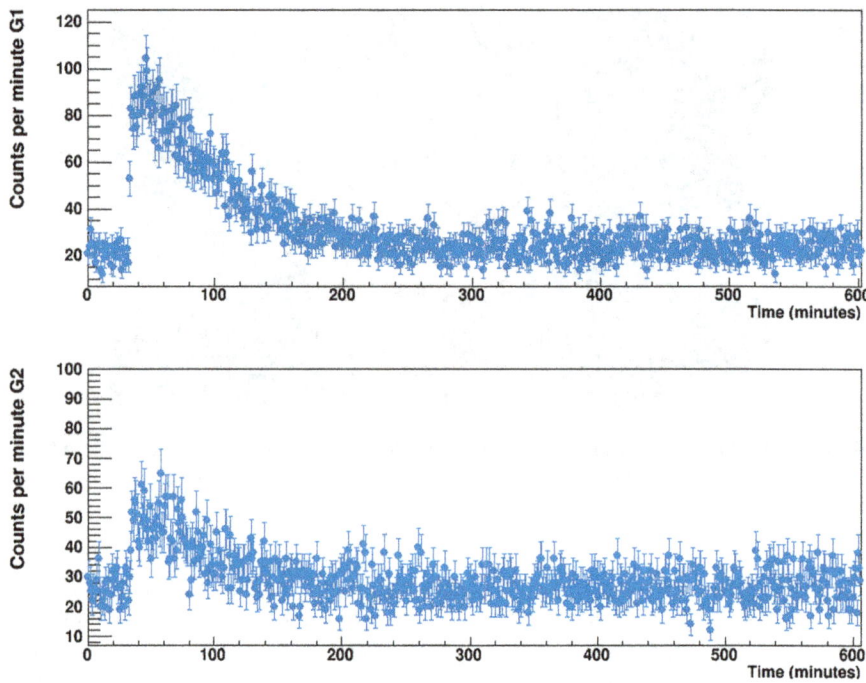

Figura 43.5 Rate di conteggio (conteggi/minuto) dei due contatori Geiger in funzione del tempo. Il palloncino radioattivo è stato posto in prossimità dei contatori al tempo $t = 2\,000$ s

Figura 43.6 Scatter plot dei rate di conteggio dei due contatori Geiger. La zona in cui è evidente una correlazione positiva tra i due rate è quella a rate elevati, derivante dall'attività del palloncino radioattivo

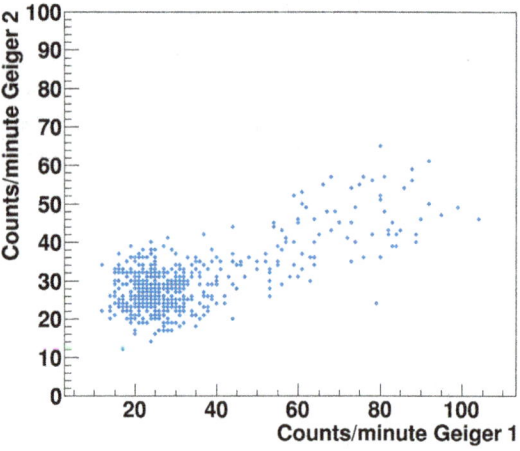

Misure di coincidenza (AND) con i Geiger 44

Nelle attività precedenti abbiamo visto in che modo combinare l'informazione proveniente da due rivelatori indipendenti per ottenerne la somma logica (operazione di OR), nella quale l'informazione può provenire dall'uno o dall'altro rivelatore indifferentemente. Questa operazione può essere condotta in modalità hardware, tramite un opportuno circuito elettronico, oppure in modalità software, se possiamo leggere i segnali logici dai due rivelatori ed effettuare delle operazioni (ad esempio la registrazione dell'evento) sia che il segnale provenga dal primo che dal secondo rivelatore.

Un'altra modalità di combinare l'informazione proveniente da due rivelatori corrisponde alla coincidenza tra i due segnali, cioè ad una situazione nella quale l'evento rivelato dal primo rivelatore e quello rivelato dal secondo siano simultanei o accadano comunque entro un piccolo intervallo di tempo (finestra di coincidenza). In riferimento alla Fig. 44.1 possiamo vedere una sequenza di eventi in due contatori distinti: la maggior parte di essi sono non correlati; in un caso, tuttavia, i due segnali risultano in sovrapposizione temporale, cioè accadono entro un intervallo di tempo inferiore alla durata stessa del segnale. Si parla allora di eventi di coincidenza.

L'introduzione della tecnica di coincidenza tra due rivelatori consente di effettuare esperimenti qualitativamente e quantitativamente nuovi, perché fornisce la possibilità di osservare nuovi fenomeni o quantificare alcuni dei fenomeni conosciuti. Questa tecnica aprì infatti la strada per osservare il passaggio simultaneo di una particella (o di due particelle indipendenti) in due rivelatori ed è usata oggi ampiamente nella maggior parte degli esperimenti di fisica moderna, dall'astronomia alla fisica nucleare e particellare, alla fisica dello stato solido.

L'invenzione di questa tecnica risale al 1924, quando il fisico Bothe, nel contesto dello studio dell'effetto Compton, sviluppò un sistema per valutare se l'elettrone e il fotone diffuso, rivelati in due rivelatori differenti, erano il risultato di un singolo processo fisico (con conseguente conservazione di energia e impulso nel singolo evento) anziché il risultato di una correlazione statistica mediata su molti eventi. La tecnica sperimentale per osservare eventuali eventi di coincidenza era all'inizio molto primitiva. Lo stesso Bothe, nel descrivere i primi accorgimenti sperimentali

F. Riggi, *Esperimenti didattici e amatoriali con i contatori Geiger*,
https://doi.org/10.1007/978-3-031-72012-3_44

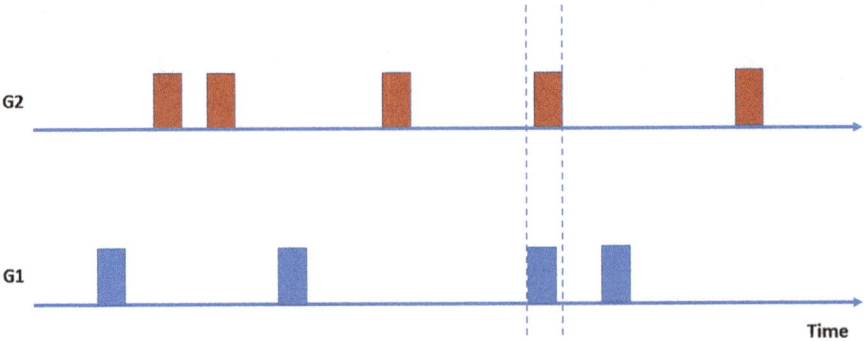

Figura 44.1 Sequenza temporale di eventi rivelati da due rivelatori indipendenti. Nella quasi totalità dei casi questi eventi non sono correlati. In un caso, tuttavia, due eventi accadono in parziale sovrapposizione, nell'intervallo di tempo indicato dalle linee tratteggiate. Si tratta di un evento di coincidenza

per realizzare una coincidenza tra due rivelatori, presenta un sistema basato su degli aghi scriventi su rotoli di carta (uno per ciascun rivelatore), che venivano fotografati. L'osservazione a posteriori dei segnali lasciati nei due rotoli consentiva di stabilire se due segnali erano stati simultanei, entro un certo intervallo di tempo, dell'ordine di 10^{-4} secondi. La tecnica venne perfezionata negli anni seguenti, con la diffusione dei primi contatori Geiger e dei relativi circuiti elettronici, che producevano a loro volta un segnale quando i segnali provenienti dai due contatori avvenivano entro un breve intervallo di tempo (tempo di risoluzione del circuito). Nel 1929 questa tecnica venne applicata da Bothe e Kolhorster nel contesto della fisica dei raggi cosmici, realizzando i primi telescopi costituiti da contatori Geiger operanti in coincidenza. Ulteriori miglioramenti della tecnica elettronica per effettuare coincidenze tra più rivelatori vennero introdotte dal fisico italiano Bruno Rossi negli anni seguenti, tanto che il circuito di coincidenza che segue il suo schema è utilizzato ancora oggi [Riggi2023].

Alcune attività ed esperimenti visti in precedenza hanno fatto già uso di questa tecnica e vedremo in alcuni degli esperimenti successivi diversi esempi di utilizzo di un telescopio di contatori Geiger per realizzare delle misure di coincidenza relative alla radiazione cosmica. In questa sezione vogliamo discutere introduttivamente le caratteristiche generali di una misura di coincidenza tra due o più rivelatori.

Dal punto di vista logico, la coincidenza equivale ad un'operazione di AND, la cui tabella di verità è riportata in Tabella 44.1 nel caso di due ingressi denominati A e B.

Tabella 44.1 Tabella di verità corrispondente al circuito AND

A	B	Output
0	0	0
1	0	0
0	1	0
1	1	1

Figura 44.2 Rappresentazione schematica di una porta
logica AND

L'uscita è pari a 1 se e solo se entrambi i segnali A e B sono pari a 1. Se
consideriamo contatori Geiger che producono dei segnali positivi di tipo TTL, un
circuito elettronico (porta logica AND) capace di combinare i segnali provenienti
da entrambi può essere schematizzato come in Fig. 44.2.

Se i segnali prodotti dai rivelatori hanno una durata sufficientemente lunga, ad
esempio utilizzando contatori Geiger con formazione dei segnali dell'ordine del
centinaio di microsecondi, il circuito di coincidenza può utilizzare una semplice
porta logica TTL (ad esempio un CMOS 4081 AND gate), disponibile come circuito
integrato. Soluzioni del genere sono state adoperate anche in esperimenti didattici,
con realizzazioni alla portata di studenti liceali [Blanco2006].

Possiamo tuttavia effettuare una coincidenza tra segnali prodotti da contatori
Geiger anche via software, in modo analogo a quanto discusso a proposito dei
circuiti OR, leggendo ciclicamente mediante una scheda Arduino i segnali da altrettanti ingressi digitali e adoperando delle istruzioni "*if*" per selezionare solo quegli
eventi in cui due o più ingressi siano attivi durante un certo intervallo di tempo.
Lo schema di collegamento può fare uso della stessa configurazione riportata nella Fig. 42.3 a proposito della logica OR, adoperando stavolta un set di istruzioni
differente che implementi la tabella di verità del circuito AND.

In una misura di coincidenza è sempre estremamente importante valutare la probabilità di osservare coincidenze casuali o spurie, che possono verificarsi anche
senza alcuna correlazione fisica tra gli eventi misurati nei diversi rivelatori. Tali coincidenze spurie hanno origine nella stessa distribuzione casuale che governa
l'accadere degli eventi in ciascun rivelatore e possono essere valutate se conosciamo il rate degli eventi in ciascun rivelatore e la durata della finestra temporale entro
cui stabilire se gli eventi sono da considerare simultanei, cioè in coincidenza.

Consideriamo ad esempio due rivelatori, caratterizzati da un rate di eventi singoli R_1, R_2, e stabiliamo la durata Δt dell'intervallo temporale entro cui gli eventi
devono accadere per essere considerati simultanei. Il rate R_s di eventi casualmente
coincidenti sarà dato da

$$R_s = 2R_1R_2\Delta t$$

Per fare una stima numerica, immaginiamo ad esempio due contatori Geiger, ciascuno dei quali ha un rate di conteggio 0.3 eventi/s (come accade tipicamente nelle
misure di fondo), e consideriamo una durata temporale di 100 μs affinché gli impulsi
dei due contatori siano considerati in sovrapposizione e dunque coincidenti; il rate
atteso di coincidenze spurie sarà pari a $2 \times 0.3 \times 0.3 \times 10^{-4}$ eventi/s, cioè 1.8×10^{-5}
eventi/s, pari a circa 1.5 coincidenze spurie al giorno. Naturalmente in questo caso
il rate atteso di coincidenze spurie è molto basso, ma va sempre confrontato con il
valore atteso delle coincidenze vere a cui siamo interessati. Se in questa particolare
misura che coinvolge due contatori Geiger stessimo misurando eventi di coinciden-

za che accadono in media ogni minuto, potremmo dire che il rate di coincidenze spurie è in questo caso trascurabile, circa 1 su 1 000. Se però effettuiamo delle misure il cui rate atteso è di un evento ogni 3 ore, il rate di coincidenze spurie sarà quasi il 20% delle coincidenze vere, dunque non più trascurabile. In ogni caso il rate di coincidenze spurie R_s va valutato e sottratto dal rate effettivamente osservato $R_{observed}$, per poter valutare il rate di coincidenze vere R_{true}:

$$R_{true} = R_{observed} - R_s$$

Vedremo negli esperimenti successivi diversi casi concreti di valutazione di questi effetti in misure di coincidenza.

La relazione che ci consente di valutare il rate di coincidenze spurie tra due contatori può essere generalizzata al caso di più contatori (3 o più). Se abbiamo tre contatori con rate di conteggio R_1, R_2 e R_3 rispettivamente, e utilizziamo una finestra temporale Δt ci aspettiamo un rate di coincidenza dato da

$$R_s = 3R_1 R_2 R_3 (\Delta t)^2$$

Il rate di coincidenze triple spurie è in genere molto minore di quello delle coincidenze spurie tra due contatori, come è ragionevole attendersi, dato che la probabilità che un evento si verifichi casualmente in tre distinti rivelatori nello stesso intervallo di tempo è minore rispetto alla probabilità che si verifichi in soli due di essi. Questa proprietà viene usata quando l'ammontare delle coincidenze spurie è ancora troppo elevato in un esperimento che coinvolge due rivelatori. L'aggiunta di un ulteriore rivelatore, purché il rate delle coincidenze triple vere non si riduca troppo rispetto a quello delle coincidenze doppie vere, è in genere una buona scelta per minimizzare il contributo delle coincidenze casuali.

Proviamo a fare una stima numerica relativa a questo problema. Se immaginiamo di avere un rate di coincidenze doppie vere pari a 1 evento ogni 3 ore e l'aggiunta di un terzo rivelatore porta ad un rate atteso di 1 evento ogni 6 ore (cioè la metà), con gli stessi parametri utilizzati nel primo esempio (rate di conteggio singoli 0.3 eventi/s e finestra di coincidenza di 100 μs), otterremmo un rate di coincidenze doppie spurie pari a 1.8×10^{-5} eventi/s (come già valutato in precedenza), ma di 8×10^{-10} eventi/s nel caso delle coincidenze triple spurie. Il rate di coincidenze spurie si è abbattuto in questo caso di un fattore $1.8 \times 10^{-5}/(8 \times 10^{-10}) = 22\,500$ a fronte di una riduzione del 50% nel numero delle coincidenze vere attese.

Per quanto riguarda la durata della finestra di coincidenza, che a sua volta determina il rate di coincidenze spurie attese, se la coincidenza tra i due segnali viene effettuata via hardware, usando una porta logica AND, essa è determinata dalla durata dei due segnali, che devono essere in overlap perché l'uscita sia al livello logico "1". Se invece la coincidenza tra i due segnali viene effettuata via software, leggendo il livello logico di ognuno dei segnali e valutando se è avvenuta una transizione, la finestra di coincidenza sarà determinata, oltre che dalla durata dei segnali, dal tempo necessario per leggere l'uno dopo l'altro i diversi ingressi.

Ad esempio, utilizzando le istruzioni standard di lettura digitale del sistema Arduino (digitalRead), il tempo richiesto per leggere un canale digitale è di circa 4 microsecondi. Supponendo di leggere il segnale proveniente da uno degli ingressi, la lettura del canale successivo avverrà 4 microsecondi dopo; se a quell'istante il segnale successivo non è ancora presente, perché ha inizio ad un tempo successivo, i due segnali non saranno visti in coincidenza. La finestra di coincidenza avrà dunque una durata comparabile con questo tempo di lettura. È da dire che esistono anche delle librerie per la lettura veloce degli ingressi digitali di Arduino, che impiegano tempi ulteriormente ridotti, inferiori al microsecondo per ogni canale. Se i canali da leggere sono un certo numero N, e si vuole valutare la finestra di coincidenza complessiva, occorre considerare l'intervallo di tempo tra la lettura del primo e dell'ultimo canale, che sarà dell'ordine di N volte il tempo necessario per la lettura del singolo canale.

Nell'esperimento successivo cercheremo di misurare sperimentalmente la finestra di coincidenza tra due segnali inviati ad altrettanti ingressi di Arduino proprio dalla misura delle coincidenze spurie osservate.

Riferimenti bibliografici

[Blanco2006] F. Blanco et al, *Geiger counters offer powerful way to teach detection methods*, Physics Education **41**(2006)204.

[Riggi2023] F. Riggi, *Messengers from the Cosmos. An Introduction to the Physics of Cosmic Rays in Its Historical Development*, Springer 2023.

Valutare la finestra di coincidenza temporale tra due contatori

Come discusso anche nella sezione precedente, quando si effettua una misura di coincidenza tra due rivelatori, è importante la conoscenza della finestra temporale di coincidenza, cioè dell'intervallo entro cui i segnali provenienti dai due rivelatori saranno considerati come "coincidenti". Se la coincidenza viene effettuata via hardware, cioè sfruttando un circuito del tipo AND a cui sono inviati due segnali logici aventi eguale durata, la finestra di coincidenza Δt sarà proprio data dal comune valore della durata di questi segnali. Se i due segnali hanno durata differente, a governare la coincidenza tra i due segnali sarà quello di durata minore. La conoscenza di questo intervallo temporale è importante soprattutto ai fini della stima delle coincidenze spurie attese in ogni misura.

In molti degli esperimenti discussi in questo testo abbiamo fatto uso di contatori Geiger in grado di fornire un segnale di uscita del tipo TTL (una transizione dal valore 0 al valore +5V, o eventualmente l'opposto, una transizione da +5V a 0), la cui durata è dell'ordine di 100–200 microsecondi. Se inviassimo questi segnali ad un circuito AND, realizzato con una opportuna porta logica, come esemplificato nella sezione precedente, questa durata darebbe proprio la finestra di coincidenza tra i due segnali. Se però i segnali vengono letti mediante una scheda Arduino, o sistemi equivalenti, e procediamo a stabilire la coincidenza dei due segnali con una opportuna istruzione software, la finestra di coincidenza è legata alla modalità di lettura dei segnali. Leggendo ciclicamente i due ingressi digitali a cui i segnali provenienti dai contatori Geiger sono inviati, abbiamo modo di "fotografare" in sequenza lo stato dei due ingressi durante il tempo necessario per effettuare la lettura di entrambi i canali. Ci attendiamo perciò che la finestra di coincidenza sia circa eguale al tempo necessario per leggere i due canali. Il tempo di lettura di un canale digitale in Arduino è di circa 4 microsecondi, anche se può essere ridotto a meno di 1 microsecondo adoperando delle speciali librerie per la lettura veloce (DigitalReadFast), semplici da usare, o a valori ancora minori con speciali istruzioni per la manipolazione delle porte seriali, di uso meno immediato.

Possiamo dal punto di vista sperimentale realizzare una misura per stimare la durata di questa finestra di coincidenza sfruttando la relazione adoperata per il calcolo delle coincidenze spurie, stavolta misurando i rate singoli dei due rivelatori R_1, R_2

F. Riggi, *Esperimenti didattici e amatoriali con i contatori Geiger*, https://doi.org/10.1007/978-3-031-72012-3_45

Figura 45.1 Setup utilizzato per la stima della finestra di coincidenza temporale tra due contatori Geiger letti mediante Arduino

e il rate R_s di coincidenze osservato, in un processo nel quale ci aspettiamo soltanto coincidenze spurie:

$$\Delta t = \frac{R_s}{2R_1R_2}$$

Per fare questo sono state adoperate due sorgenti radioattive di ^{90}Sr da 0.1 µCi nominali (ma in realtà con un'attività minore a causa del tempo trascorso dall'acquisto delle sorgenti), poste ciascuna in prossimità di un contatore, con un blocco di piombo per separare i due contatori, in modo che gli elettroni emessi da ciascuna sorgente non possano raggiungere l'altro contatore, come in Fig. 45.1. Se la distanza tra sorgente e rivelatore è di alcuni centimetri, i rate di conteggio singolo di ciascun contatore saranno dell'ordine di 10–100 eventi al secondo. Queste sono delle condizioni ottimali per effettuare questa misura: valori di rate singoli molto minori darebbero rate di coincidenze spurie talmente bassi da essere confrontabili con possibili coincidenze fisiche reali dovute ad esempio a particelle correlate originate dai cosmici, mentre valori molto più elevati di rate singoli potrebbero falsare la stima a causa del tempo morto del sistema, che produce una perdita di eventi.

Una prima misura (Tabella 45.1) ha dato i valori $R_1 = 77.9$ eventi/s, $R_2 = 67.9$ eventi/s, mentre il rate di coincidenze osservate è stato di $R_s = 0.048$ eventi/s. Da questi valori, la formula precedente consente di estrarre un valore di Δt pari a (4.5 ± 0.8) microsecondi, compatibile con il tempo di lettura atteso per ciascun canale. È stata effettuata anche una seconda misura, diminuendo la distanza sorgente-rivelatore, in modo da avere un rate di eventi singoli più elevato (riga 2 della tabella), ottenendo in questo caso una stima pari a (6.6 ± 1.1) microsecondi, confrontabile con il valore precedente.

Considerando la relazione tra i rate singoli e il rate atteso di coincidenze spurie, possiamo rappresentare graficamente, come in Fig. 45.2, il rate di coincidenze os-

Tabella 45.1 Risultati delle misure effettuate, con due diverse distanze sorgente – rivelatore. L'ultima colonna riporta il valore stimato della finestra di coincidenza

Rate R_1 (eventi/s)	Rate R_2 (eventi/s)	Rate R_s (eventi/s)	Durata Δt stimata (microsecondi)
77.9 ± 1.4	67.9 ± 1.2	0.048 ± 0.008	4.5 ± 0.8
131.4 ± 1.9	138.0 ± 2.2	0.24 ± 0.04	6.6 ± 1.1

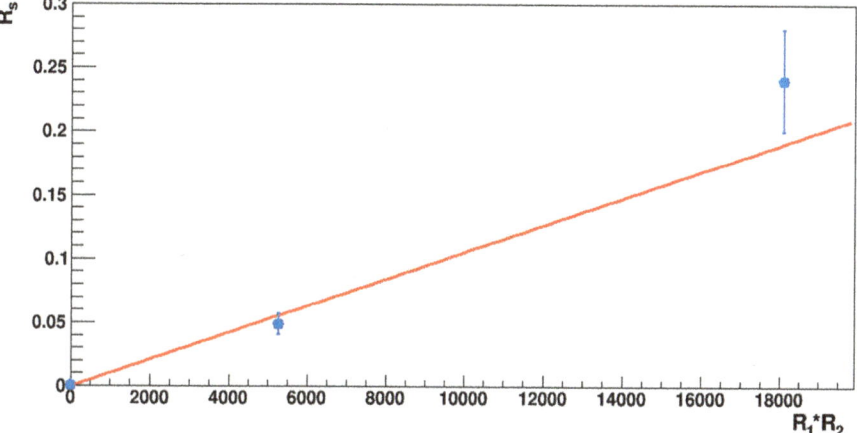

Figura 45.2 I valori del rate di coincidenze spurie misurate, riportati in funzione del prodotto $R_1 R_2$ tra i due rate singoli, consentono attraverso una procedura di best-fit con una retta che passi per l'origine degli assi, di determinare la stima di Δt, pari in questo caso a $(5.3 \pm 0.06)\,\mu$s

servate in funzione del prodotto $R_1 R_2$, usando non solo i due valori riportati nella tabella, ma anche la coppia (0,0) poiché quando il rate dei singoli contatori è nullo, ci aspettiamo che anche le coincidenze spurie siano nulle.

Possiamo poi effettuare un best-fit lineare dei dati per ottenere il valore di Δt dalla pendenza della retta. La procedura in questo caso dà un valore di Δt pari a $(5.3 \pm 0.06)\,\mu$s.

È da notare che il rate di spurie misurate in queste condizioni è sensibilmente maggiore del rate di possibili coincidenze fisiche dovute a correlazioni originate dai raggi cosmici, stimate, in base ad altri esperimenti, dell'ordine di un evento per ora, cioè 0.0003 eventi/s.

Rivelare coincidenze gamma-gamma dal decadimento del ^{60}Co

Alcuni isotopi radioattivi sono capaci di emettere due gamma correlati, che possono essere rivelati simultaneamente da due rivelatori operanti in coincidenza. Uno di questi isotopi è il ^{60}Co, frequentemente adoperato come sorgente gamma da 1.17 e 1.33 MeV. Tali radiazioni gamma sono il risultato di un processo di decadimento beta del ^{60}Co, con una vita media di 5.27 anni, che nel 99.88% dei casi porta ad uno stato eccitato del ^{60}Ni, che decade emettendo un primo gamma da 1.17 MeV e popolando uno stato eccitato che decade anch'esso per emissione gamma in tempi estremamente rapidi (10^{-12} s). A tutti gli effetti, dunque, i due gamma sono emessi in modo pressoché simultaneo date le risoluzioni temporali dei tipici apparati di rivelazione.

La teoria prevede che i due gamma emessi consecutivamente in base a questo processo siano correlati in direzione, secondo una forma che dipende dal momento angolare dei gamma emessi in queste transizioni. Nel caso del ^{60}Co l'andamento della funzione di correlazione $W(\theta)$, che esprime la probabilità di osservare i due gamma ad un angolo relativo θ, è dato dalla relazione seguente, ed è mostrato in Fig. 46.1.

$$W(\theta) = 1 + \frac{1}{8}\cos^2\theta + \frac{1}{24}\cos^4\theta$$

Un altro possibile isotopo radioattivo capace di produrre, sebbene con un meccanismo differente, due gamma correlati, è il ^{22}Na. Nel caso dell'isotopo ^{22}Na, si ha un decadimento β^+, cioè per emissione di positroni, nel 90.2% dei casi, verso uno stato eccitato del ^{22}Ne, che decade per emissione gamma da 1.275 MeV. Tuttavia, i positroni emessi nel primo step del decadimento possono essere rallentati e catturati da elettroni all'interno della sorgente, su una scala dei tempi dell'ordine di 10^{-12} s, formando uno stato legato elettrone-positrone, detto "positronium", che principalmente decade, con vita media di 10^{-9} s, emettendo due gamma da 0.511 MeV, che in questo caso sono correlati essenzialmente a 180° l'uno rispetto all'altro.

Diverse misure della correlazione angolare tra i due gamma emessi dal ^{60}Co sono state realizzate fin dagli anni '50, e recentemente anche a scopo didattico [Amato2022], dando risultati in accordo con la relazione precedente. Misure di questo genere hanno utilizzato scintillatori, ad esempio a NaI(*Tl*), come rivelatori

F. Riggi, *Esperimenti didattici e amatoriali con i contatori Geiger*,
https://doi.org/10.1007/978-3-031-72012-3_46

Figura 46.1 Andamento
della funzione $W(\theta)$, che
esprime la correlazione angolare tra i due gamma emessi
dal ^{60}Co

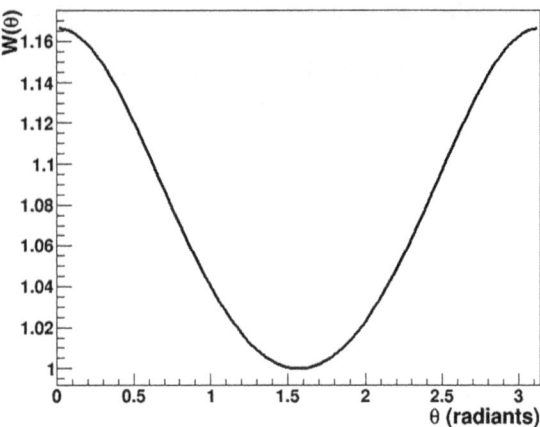

per i gamma, date le loro buone prestazioni e alta efficienza di rivelazione. Misure della correlazione gamma-gamma dal ^{22}Na sono state anch'esse effettuate a scopo didattico, ad esempio adoperando scintillatori al BaF$_2$ [LaRocca2016]. Un appara-to didattico per mettere in evidenza l'esistenza di correlazioni gamma-gamma dal ^{60}Co mediante contatori Geiger è disponibile, ad esempio, nel catalogo della ditta Frederiksen [FREDERIKSEN].

Per verificare la possibilità di misurare, tramite contatori Geiger di piccole di-mensioni e sorgenti di bassa intensità, coincidenze dovute alla rivelazione dei due gamma correlati provenienti dal decadimento del ^{60}Co o del ^{22}Na, sono state effet-tuate diverse misure adoperando dei contatori Geiger DIY, facenti uso di tubi Geiger J305.

E' stata adoperata una sorgente di ^{60}Co da 1 µCi (nominale, in realtà molto mi-nore, dell'ordine di 0.1 µCi a causa dell'età della sorgente), posta tra due contatori Geiger identici (Fig. 46.2), collegati ad una scheda Arduino per acquisire gli eventi e rivelare sia gli eventi singoli dovuti a ciascuno dei due contatori che gli eventi di coincidenza. I dati sono stati registrati, evento per evento, su un file per la successiva analisi, adoperando una struttura dati del tipo:

$$\textit{mult} \quad G1 \quad G2 \quad \textit{time}$$

dove *mult* rappresenta la molteplicità dell'evento (1 o 2), a seconda che si tratti di un evento singolo o di un evento di coincidenza, $G1$ e $G2$ sono due flag binari (0 o 1) che stabiliscono quale dei due contatori è interessato in quell'evento, e *time* è il tempo di arrivo dell'evento, con una risoluzione di 1 ms, estratto dal clock interno di Arduino.

La distanza tra gli assi dei due tubi Geiger era pari a 2.5 cm. In queste condi-zioni, in una misura della durata di 20 minuti, sono stati misurati i seguenti rate: $R_1 = (995 \pm 7)$ conteggi/minuto, $R_2 = (1\,430 \pm 8)$ conteggi/minuto, come mostrato in Fig. 46.3.

Figura 46.2 Una sorgente di ^{60}Co, posizionata tra due tubi Geiger, per rivelare eventuali eventi di coincidenza tra i due gamma emessi dal Cobalto

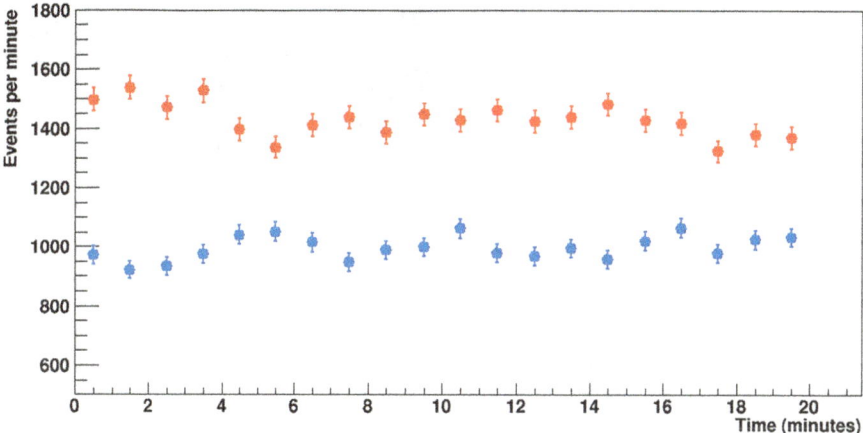

Figura 46.3 Rate singoli dei due contatori Geiger, con una sorgente di ^{60}Co posizionata tra i due

Il numero di coincidenze osservate per unità di tempo è stato pari a $R_{12} =$ (0.75 ± 0.19) al minuto. Una equivalente misura condotta senza sorgente non ha prodotto alcun evento di coincidenza su una durata comparabile di tempo, segno del fatto che le coincidenze sono realmente dovute in questa misura alla presenza della sorgente.

Coincidenze anche in assenza della sorgente possono essere in effetti attese, anche se con rate molto ridotti, a causa di particelle della radiazione cosmica che attraversano i contatori lungo la direzione orizzontale, oppure a causa di due particelle correlate, sempre di origine cosmica, provenienti da qualunque direzione. La probabilità di rivelare eventi del genere è tuttavia molto bassa rispetto alle coincidenze prodotte dalla sorgente posta in prossimità dei contatori.

Nella misura appena descritta gli eventi di coincidenza sono dovuti a due gamma che si propagano nei due semispazi. Questo è possibile data la forma della correlazione angolare descritta sopra. Una ulteriore misura è stata condotta posizionando

Figura 46.4 Disposizione della sorgente dietro uno dei contatori Geiger

la stessa sorgente non tra i due contatori Geiger ma dietro uno di essi, in modo che gli eventuali eventi di coincidenza fossero dovuti principalmente a gamma che viaggiano nello stesso semispazio, come in Fig. 46.4.

In queste condizioni, in una misura della durata di circa 16 minuti, sono stati misurati i seguenti rate: $R_1 = (1\,696 \pm 10)$ conteggi/minuto, $R_2 = (356 \pm 5)$ conteggi/minuto, come mostrato in Fig. 46.5.

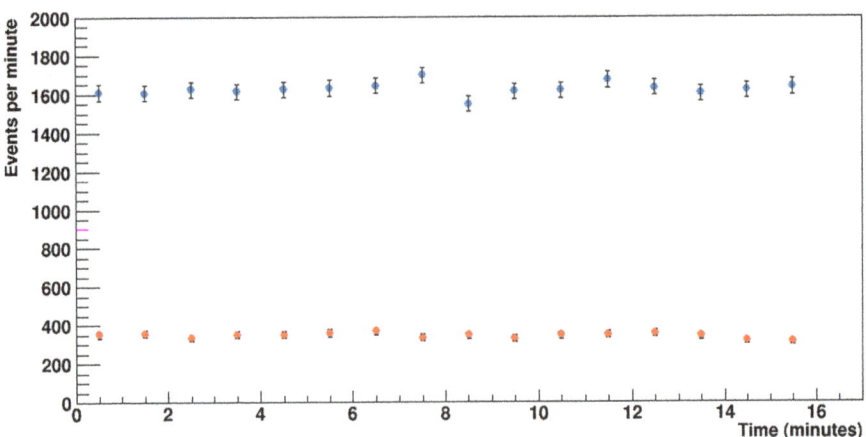

Figura 46.5 Rate singoli dei due contatori Geiger, con la sorgente di ^{60}Co posizionata come in Fig. 46.4

I due rate singoli sono abbastanza diversi tra loro, un rapporto di quasi un fattore 5, a causa della diversa distanza e dunque del differente angolo solido sotto cui la sorgente vede ciascuno dei due tubi Geiger. Anche in questo caso però si osservano coincidenze tra i due rivelatori, con un rate di (0.56 ± 0.19) coincidenze/minuto, confrontabile con quanto ottenuto nella misura precedente nonostante la diversa geometria di rivelazione.

I rate misurati per i singoli contatori consentono anche una stima delle coincidenze spurie, tenendo conto del sistema di lettura basato su Arduino (lettura standard degli ingressi digitali), che valuta via software l'esistenza di un evento che coinvolge entrambi i canali di lettura. In queste condizioni, il rate di spurie aspettato nella prima misura è di circa 0.19/minuto, mentre nella seconda di 0.08/minuto, dunque i rate di coincidenza corretti sono rispettivamente di $(0.75 - 0.19) = 0.56$/minuto nella prima misura e di $(0.56 - 0.08) = 0.48$/minuto nella seconda.

Le misure effettuate dimostrano che sebbene con rate di conteggio relativamente bassi, è possibile osservare eventi di coincidenza dovuti alla correlazione tra i due gamma emessi dalla sorgente di Cobalto. Nella configurazione geometrica della prima misura, con la sorgente posta tra i due contatori Geiger, misure della durata di alcune ore potrebbero consentire una stima del rate di coincidenza con incertezze inferiori al 10%.

Se volessimo avere una stima, anche se molto approssimata, del numero di coincidenze attese, in base alla disposizione geometrica e alla misura dei rate singoli nei contatori, possiamo considerare ad esempio, riferendoci alla prima misura, che la sorgente, ipotizzata come puntiforme, si trova ad una distanza di circa 1.8 cm dall'asse del contatore G1 (quello più distante), e ad una distanza di circa 0.7 cm dall'asse dell'altro contatore. Ora, in corrispondenza ad ogni gamma rivelato dal contatore G1, esiste un altro gamma che può andare in qualunque direzione dello spazio, con una distribuzione quasi isotropa (in realtà la distribuzione non è isotropa, ed è governata proprio dalla funzione di correlazione descritta in precedenza, ma c'è solo una differenza del 15% tra i massimi e i minimi di questa funzione, quindi possiamo considerare in prima approssimazione una distribuzione isotropa).

Qual è la probabilità che il secondo gamma vada entro il volume sensibile del secondo contatore? Essa è data dall'angolo solido sotteso da questo contatore rispetto alla sorgente, e potrebbe essere stimata con precisione mediante un calcolo di simulazione, cioè simulando un certo numero di direzioni casuali nello spazio, con distribuzione isotropa, che rappresentano le direzioni dei gamma, e valutando quanti di questi gamma intercettano il volume sensibile del rivelatore, con il suo asse posto ad una distanza di 0.7 cm dalla sorgente. Per una stima approssimata di questa probabilità, possiamo semplicemente considerare che in base all'attività stimata della sorgente di ^{60}Co (circa 0.12 μCi) e al numero di eventi al minuto misurati da ciascuno dei contatori, 995 e 1 430 al minuto rispettivamente, e tenendo conto di un'efficienza di circa il 10%, l'accettanza geometrica di ciascuno dei due contatori è 1.9×10^{-2} e 2.7×10^{-2}. Quindi, in corrispondenza dei 995 gamma/minuto che colpiscono il contatore G1, possiamo considerare che una frazione del 2.7% dei gamma correlati, cioè all'incirca 27 gamma/minuto, possano attraversare il secondo Geiger. Di essi però, solo una frazione pari al 10% circa potrà effettivamente interagire, data l'efficienza di rivelazione dei gamma, discussa in uno degli esperimenti precedenti; quindi, possiamo aspettarci solo alcuni eventi/minuto di coincidenza. Il valore osservato, dell'ordine di 1 evento/minuto, non è molto distante da questa stima approssimata, e può essere considerato ragionevole date le numerose assunzioni semplificate che sono state fatte in questa stima. Fattori che possono alterare queste stime sono dovute alla forma della correlazione angolare, non esattamente isotropa, al fatto che la sorgente emette anche degli elettroni, alle possibili interazioni dei gamma con il materiale circostante la sorgente e i rivelatori.

Possibili modifiche di questo esperimento potrebbero far uso di sottili lamine metalliche per assorbire gli elettroni emessi dalla sorgente lasciando passare la maggior parte dei gamma (sebbene una piccola frazione di gamma possa a sua volta interagire con la lamina producendo elettroni). L'uso di una sorgente di ^{22}Na, che produce due gamma correlati in direzione opposta, permette ulteriori attività da condurre con questo setup, ad esempio per verificare che anche con un piccolo disallineamento dei due contatori rispetto alla comune direzione di emissione dei gamma, si ha una riduzione notevole del tasso di coincidenze osservate.

Riferimenti bibliografici

[Amato2022]   E.C. Amato et al., *Measurements of the angular correlation between the two gamma rays emitted in the radioactive decay of a ^{60}Co source with two NaI(Tl) scintillators*, European Journal of Physics **43**(2022)055802.

[FREDERIKSEN] https://catalogues.frederiksen.eu/uk/experiments/. Verificato il 21 Gennaio 2025

[LaRocca2016]   P. La Rocca and F. Riggi, *Energetic photons through water: An undergraduate experiment with correlated gamma rays from ^{22}Na*, European Journal of Physics **37**(2016)045804.

Utilizzare un telescopio con due contatori Geiger

47

Due rivelatori piazzati ad una certa distanza, ad esempio verticalmente l'uno sull'altro, e operanti in coincidenza, definiscono quella che comunemente si chiama una configurazione telescopica. In analogia con la definizione di telescopio ottico, anche un telescopio basato su due rivelatori di particelle costituisce un setup in grado di misurare la direzione di provenienza delle particelle che li attraversano entrambi. Nel caso dei telescopi ottici le particelle sono i fotoni della radiazione luminosa che il telescopio rivela in base alla loro direzione di provenienza. Allo stesso modo, un telescopio per raggi cosmici ricostruisce la direzione di provenienza delle particelle rivelate, in quanto l'angolo sotteso dai due rivelatori operanti in coincidenza seleziona una certa porzione dell'intero angolo solido.

Se i due rivelatori fossero sensibili alla posizione del punto di impatto della particella, il telescopio avrebbe capacità di tracciamento e potrebbe ricostruire in ogni evento una diversa direzione della traccia. Se però i rivelatori non danno alcuna informazione sulla posizione, come è il caso dei contatori Geiger, potremo solo valutare la direzione media di tutte le particelle che li hanno attraversati. Ovviamente è importante, in base alle dimensioni, alla forma, e alla distanza relativa fra i due rivelatori, valutare l'angolo solido sotteso dal telescopio, l'intervallo angolare entro cui il telescopio è sensibile e la direzione media di provenienza.

La forma geometrica dei rivelatori, nel caso di contatori Geiger, è approssimabile a quella di un cilindro. In riferimento alla Fig. 47.1 possiamo vedere che in base alle loro dimensioni e alla distanza relativa, l'apertura angolare del telescopio può essere differente.

Per valutare la direzione media delle particelle che attraversano entrambi i contatori, si può fare ricorso a tecniche di simulazione numerica, considerando due punti scelti a caso nel volume di ciascun cilindro e valutando l'angolo polare e azimutale della traccia che unisce i due punti. Ripetendo la procedura per un grande numero di eventi, possiamo estrarre la distribuzione statistica di questi angoli, valutarne il valore medio e la dispersione. Considerando ad esempio dei tubi Geiger da 7 cm di lunghezza, posti l'uno sull'altro ad una distanza d, con gli assi dei cilindri paralleli, la Fig. 47.2 mostra la distribuzione degli angoli polari ϑ per un valore $d = 10\,\mathrm{cm}$, dove si è tenuto conto che nel caso delle particelle della radiazione co-

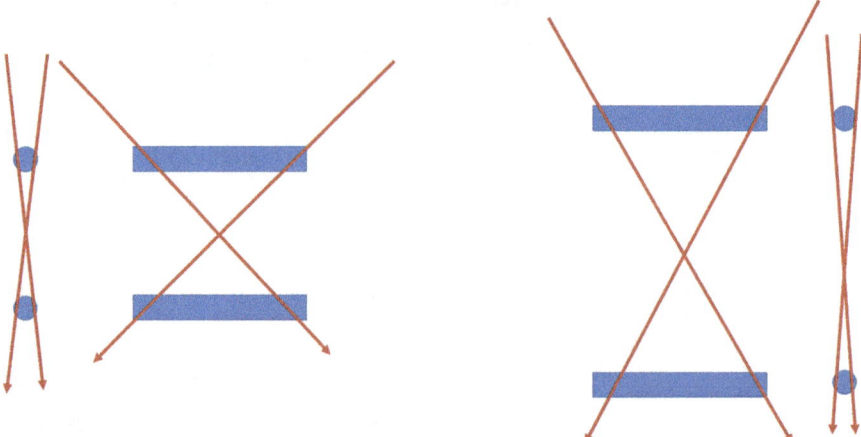

Figura 47.1 Un telescopio costituito da due contatori Geiger, assimilabili a due cilindri posti ad una certa distanza con i loro assi paralleli. Nella configurazione di sinistra, la distanza relativa è minore e questo implica una maggiore apertura angolare. In rosso le tracce estreme di particelle che possono attraversare entrambi i contatori

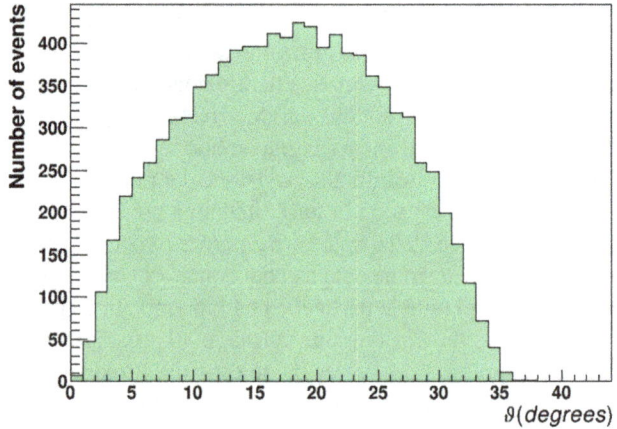

Figura 47.2 Distribuzione degli angoli polari nel caso di tracce di muoni cosmici che attraversano un telescopio costituito da due tubi Geiger (lunghezza 7 cm), posti verticalmente l'uno sull'altro, con gli assi paralleli posti ad una distanza relativa di 10 cm

smica secondaria la distribuzione angolare non è isotropa. In queste condizioni il valor medio dell'angolo ϑ è risultato essere 17.7°, con una dispersione (RMS) di 7.9°. In questa simulazione sono state considerate 50 000 tracce di particelle. Le traiettorie più inclinate possono raggiungere angoli fino a 35° circa. Nonostante i due tubi Geiger siano posti verticalmente l'uno sull'altro, le loro dimensioni non sono trascurabili rispetto alla loro distanza relativa, per cui sono possibili anche tracce molto inclinate.

Figura 47.3 Come nella figura precedente, ma per una distanza $d = 30$ cm

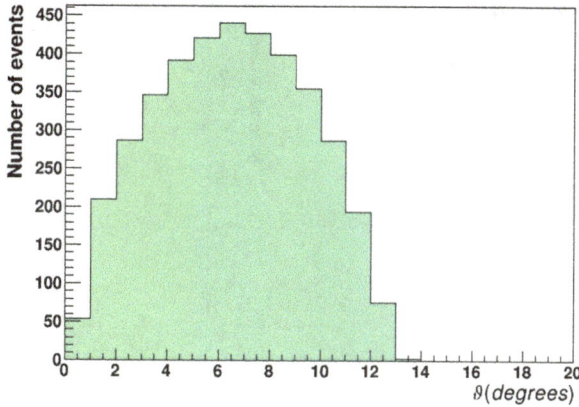

Figura 47.4 Un setup costituito da due tubi Geiger con i loro assi paralleli ma shiftati l'uno rispetto all'altro

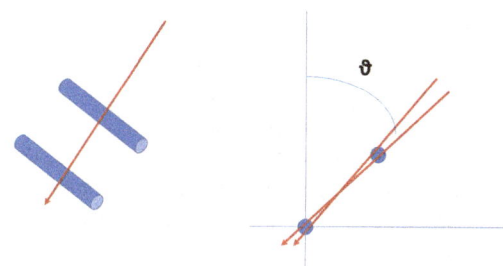

Se aumentiamo la distanza relativa tra i tubi Geiger fino a $d = 30$ cm, otteniamo una distribuzione degli angoli (Fig. 47.3) con un valor medio pari a $6.5°$ e una dispersione di $3°$. In questo caso le traiettorie più estreme raggiungono un valore di $14°$. Possiamo dire dunque che stiamo selezionando traiettorie molto più prossime alla verticale.

Se volessimo selezionare particelle con direzioni di provenienza più inclinate rispetto alla verticale, e sufficientemente definite, potremmo usare la configurazione mostrata in Fig. 47.4, dove i due tubi Geiger, pur avendo i loro assi paralleli, sono shiftati l'uno rispetto all'altro. Usando una distanza tra gli assi pari a 5 cm e uno shift in orizzontale pari a 5 cm/$\sqrt{2}$, in modo da definire un angolo polare per la direzione che collega i due centri dei rivelatori pari a $45°$, una simulazione numerica simile a quella effettuata in precedenza dà luogo alla distribuzione mostrata in Fig. 47.5, caratterizzata da un valor medio dell'angolo pari a $40.6°$ e una dispersione di $6.2°$.

Si può procedere in modo analogo anche per valutare l'intervallo di angolo azimutale sotteso dai due rivelatori del telescopio. Queste considerazioni possono essere utili se si vogliono effettuare, come vedremo in alcuni degli esperimenti successivi, misure della distribuzione angolare dei muoni cosmici mediante contatori Geiger, sfruttando una configurazione geometrica simile a quella mostrata in Fig. 47.4.

Come è facile immaginare dalle considerazioni geometriche fatte, ridurre l'angolo solido sotteso dalla coppia di rivelatori porta da un lato ad una migliore defini-

Figura 47.5 Distribuzione
degli angoli polari per una
disposizione geometrica con
i tubi Geiger shiftati e una
distanza di 5 cm tra gli assi
(vedi testo)

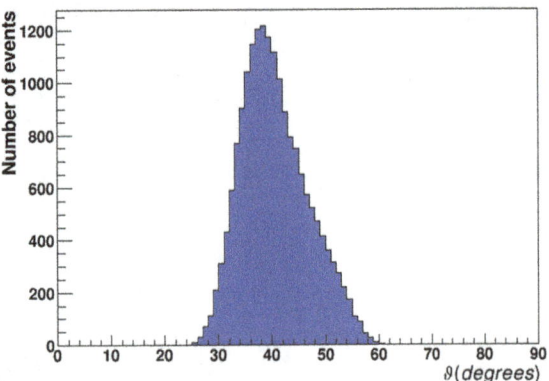

zione della direzione di provenienza delle particelle, ma dall'altro ad una riduzione
del rate di conteggio, con conseguente aumento dei tempi di misura richiesti per
avere una statistica significativa.

In questa sezione possiamo semplicemente valutare come il rate di conteggio
diminuisce all'aumentare della distanza tra i due rivelatori di un telescopio, adoperando una semplice configurazione geometrica costituita da due Geiger, con i loro
assi paralleli e posti verticalmente l'uno sull'altro, come in Fig. 47.1. Due rivelatori del tipo PASCO SN7928 sono stati adoperati in questa misura, utilizzando tre
diverse distanze: 3 cm, 6 cm, 9 cm.

Nella Fig. 47.6 sono riportati i rate di conteggio in coincidenza misurati in queste condizioni, al variare della distanza d fra i rivelatori. Come si vede dalla figura,
il rate di coincidenza diminuisce di parecchio raddoppiando o addirittura triplican-
do la distanza relativa fra i due contatori d. Inoltre, questi rate di coincidenza sono
in assoluto molto ridotti, dell'ordine di una coincidenza ogni 100–1 000 secondi in
questo range di distanze. Queste semplici misure ci danno l'idea della durata media di una misura effettuata in queste condizioni quando i due rivelatori vengono
piazzati ad una certa distanza, e ci permette di comprendere meglio come organizzare realisticamente una misura della distribuzione angolare dei cosmici utilizzando
diverse configurazioni geometriche che selezionano angoli polari o azimutali differenti, in modo da coprire l'intero intervallo esplorabile. Dobbiamo inoltre ricordare
che la probabilità di avere particelle che arrivino da una certa direzione dello spazio non è uniforme. In particolare, questa probabilità diminuisce per le particelle
che viaggiano in direzione prossima alla orizzontale, a causa della interazione delle
particelle con l'atmosfera terrestre, il che rende le misure per angoli di inclinazione
grandi ancora più lunghe da realizzare.

Una ulteriore misura è stata condotta adoperando due contatori DIY, assemblati in una configurazione telescopica e posizionati a 37 mm di distanza, come in
Fig. 47.7. La misura ha dato 388 eventi di coincidenza in circa 60 000 s, con un rate
dunque di (0.0064 ± 0.0003) eventi/s, compatibile con i valori misurati con l'altra
coppia di contatori Geiger.

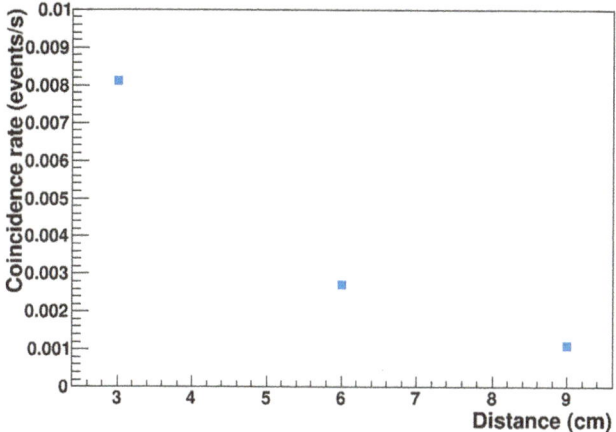

Figura 47.6 Rate di coincidenza del telescopio al variare della distanza tra i rivelatori

Figura 47.7 Configurazione telescopica con due contatori Geiger DIY, posizionati verticalmente, ad una distanza di 37 mm tra i rispettivi assi

Misurare la distribuzione angolare dei cosmici mediante un telescopio

48

La distribuzione angolare dei muoni cosmici, prodotti durante lo sviluppo di uno sciame atmosferico esteso, è stata studiata in diverse condizioni fin dagli anni '40 del secolo scorso. Misure effettuate con telescopi di rivelatori, in particolare mediante contatori Geiger, specie nelle prime misure, sia a livello del mare che in montagna, hanno consentito di stabilire che la distribuzione angolare di queste particelle segue all'incirca un andamento del tipo

$$I = I_0 \cos^n \vartheta$$

dove ϑ è l'angolo polare (angolo rispetto alla verticale), e l'esponente n assume un valore prossimo a 2, con leggere variazioni a seconda del luogo di osservazione e della sua altitudine, nonché dell'energia minima dei muoni rivelati [Riggi2023]. Questo andamento dimostra che per grandi valori dell'angolo polare, il flusso dei muoni si riduce enormemente, mentre esso è maggiore per quelli con direzione verticale. Il motivo di questa dipendenza dall'orientazione è da ricercare nei processi che avvengono nell'atmosfera, in particolare la perdita di energia e il possibile decadimento dei muoni nell'attraversare un dato spessore di atmosfera. Muoni che viaggiano quasi orizzontalmente devono attraversare infatti un maggiore spessore di aria atmosferica, con il risultato di un flusso enormemente ridotto (Fig. 48.1).

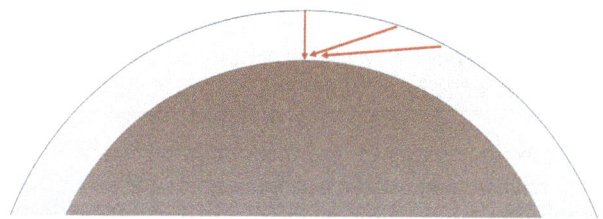

Figura 48.1 Possibili traiettorie di muoni inclinati che attraversano l'atmosfera terrestre. Muoni circa orizzontali devono attraversare spessori molto grandi di aria atmosferica, con conseguente riduzione del flusso osservato

F. Riggi, *Esperimenti didattici e amatoriali con i contatori Geiger*,
https://doi.org/10.1007/978-3-031-72012-3_48

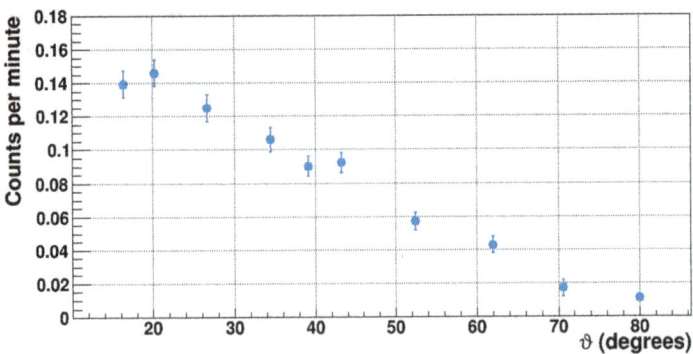

Figura 48.2 Distribuzione angolare delle particelle che attraversano i due contatori Geiger, posizionati in configurazione telescopica, ad una distanza relativa di circa 10 cm. Dati riadattati da [Blanco2006]

Misure di precisione della distribuzione angolare dei cosmici sono state condotte anche con altre tipologie di rivelatori, come ad esempio telescopi di scintillatori o rivelatori a gas sensibili alla posizione (dunque capaci di ricostruire le traiettorie delle particelle).

Misure didattiche della distribuzione angolare dei cosmici possono essere condotte tramite telescopi costituiti da scintillatori di piccola area [Blanco2008] e addirittura anche mediante piccoli contatori Geiger disposti in configurazione telescopica, come abbiamo visto in alcuni degli esperimenti precedenti.

In una di queste misure, effettuata diversi anni addietro [Blanco2006], due rivelatori SN7928 sono stati disposti su un supporto meccanico capace di mantenere i due contatori ad una distanza fissata, pari a circa 10 cm. Prove preliminari, fatte posizionando i due contatori a distanze differenti, avevano consentito di valutare i tipici rate di conteggio, che variavano da 0.1/minuto a 1/minuto, in accordo con quanto mostrato nell'esperimento precedente, in modo da stimare dei tempi di misura ragionevoli per l'esecuzione di una serie di misure a vari angoli di inclinazione. La coincidenza tra i due rivelatori era stata realizzata in quel caso via hardware, mediante un circuito logico AND adatto a trattare segnali TTL della durata tipica del centinaio di microsecondi.

Nel corso di quell'esperimento, i cui risultati sono mostrati in Fig. 48.2, erano state effettuate 10 misure per coprire l'intero intervallo angolare dalla verticale all'orizzontale. Le misure erano state effettuate a livello del mare, all'interno di un edificio con un effetto schermante sufficiente ad arrestare la maggior parte della componente soft.

Come già discusso in precedenza, le dimensioni finite dei rivelatori in relazione alla loro distanza relativa fanno sì che per ogni angolo di inclinazione nominale, il telescopio costituito dai due rivelatori può accettare particelle entro un ampio intervallo angolare. Per tale ragione, l'angolo effettivo corrispondente a ciascuna misura, riportato sull'asse orizzontale della Fig. 48.2, è stato valutato da una media di tutte

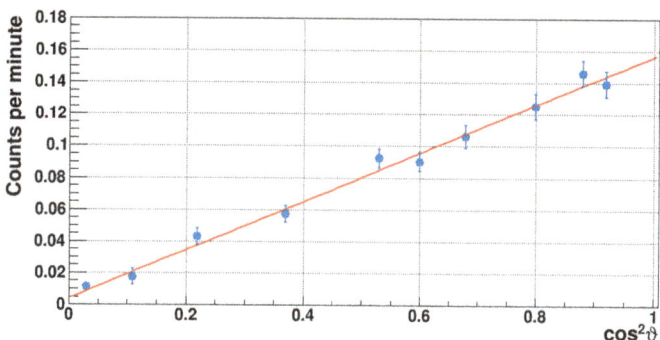

Figura 48.3 Gli stessi dati di Fig. 48.2 sono mostrati in funzione di $\cos^2 \vartheta$, in modo da linearizzare la relazione tra le due quantità. Il buon accordo con il fit lineare, rappresentato dalla linea continua, dimostra che i dati seguono ragionevolmente l'andamento ipotizzato

le possibili direzioni compatibili con l'attraversamento di una particella attraverso i due tubi Geiger.

Per confrontare i risultati con un andamento del tipo descritto nell'equazione precedente, gli stessi dati sono stati riportati in funzione del $\cos^2 \vartheta$, in modo da linearizzare l'equazione e verificare se i dati seguono un andamento pressoché lineare. La Fig. 48.3 dimostra che entro le incertezze l'andamento è ben riprodotto da una funzione del genere, rappresentato dalla linea continua che è il risultato di un fit lineare.

È da notare che in questa misura il rate di coincidenze spurie tra i due rivelatori risulta trascurabile, pur essendo molto basso il rate di coincidenze osservate. Tenendo conto, infatti, del rate di conteggio tipico singolo di ciascun rivelatore (0.3 eventi/s) e della finestra temporale di coincidenza (circa $120\,\mu$s), il rate di coincidenze spurie atteso è di $2 \times 0.3 \times 0.3 \times 120 \times 10^{-6}$/s, cioè circa 2×10^{-5}/s, o 0.001/minuto, molto minore dei valori sperimentalmente osservati.

Nella misura discussa, la distanza relativa tra i due contatori Geiger era di 10 cm, il che fissa l'intervallo di angoli per tutte le possibili traiettorie delle particelle che attraversano i due contatori. Questa distanza determina, come abbiamo già discusso, l'angolo solido effettivo, e dunque il tempo di misura necessario per ottenere un certo numero di eventi di coincidenza. Dato il basso rate di coincidenze atteso, la misura discussa in precedenza ha richiesto parecchie ore di misura per ciascun punto sperimentale, quindi in totale diversi giorni di presa dati. Se si adoperano distanze minori tra i contatori, il rate di coincidenza aumenterà, a scapito tuttavia della indeterminazione nell'angolo. Per valutare la relazione tra l'angolo nominale e l'angolo medio effettivo a seconda della distanza, è possibile fare delle ulteriori simulazioni, come discusso nel capitolo precedente, considerando la distribuzione di tutte le possibili traiettorie che intersecano i volumi sensibili dei due tubi Geiger, posti con gli assi tra loro paralleli ad una certa distanza d, e valutando dalla distribuzione il valor medio e la deviazione standard della direzione.

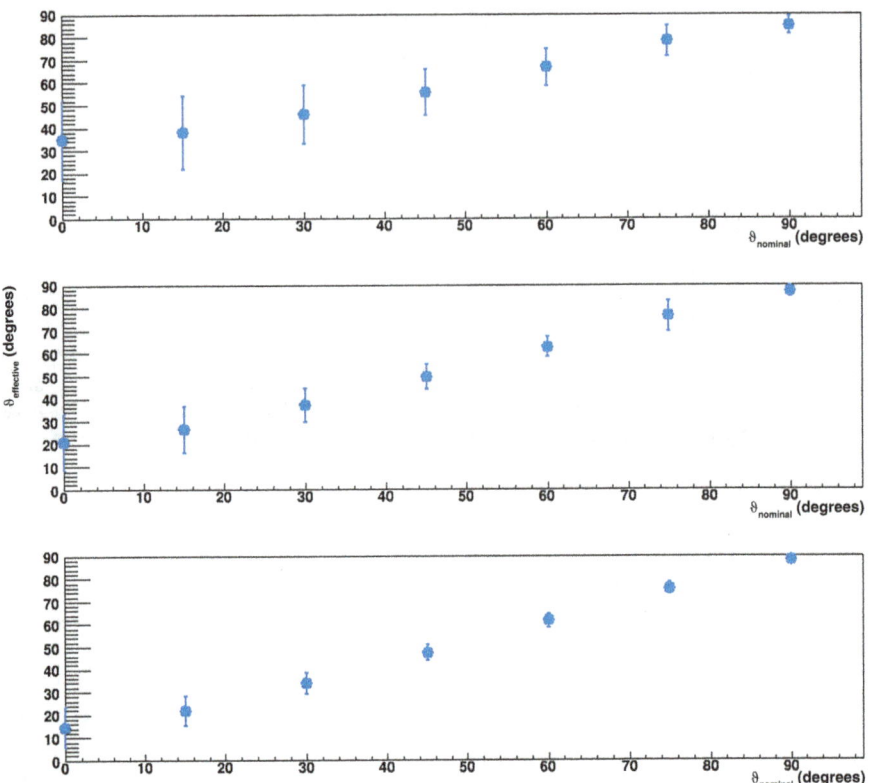

Figura 48.4 Relazione tra l'angolo effettivo e quello nominale definito dalla posizione dei due contatori Geiger, per 3 diversi valori della distanza d tra gli assi: $d = 3$ cm (alto), $d = 6$ cm (plot intermedio), $d = 9$ cm (basso)

Risultati del genere sono mostrati in Fig. 48.4, per tre diversi valori della distanza d: 3 cm (in alto), 6 cm (plot intermedio) e 9 cm (in basso). Le barre di errore mostrano la deviazione standard di ciascuna distribuzione.

Come si vede dalla figura, l'angolo effettivo è in genere maggiore di quello nominale, data la forma cilindrica dei due contatori e la possibilità di rivelare traiettorie anche molto più inclinate rispetto a quella nominale (che connette i centri dei due assi). La dispersione delle traiettorie (espressa in questo grafico dalla deviazione standard che rappresenta la barra di errore su ciascun punto) è più grande per gli angoli prossimi alla verticale e si riduce per grandi valori della distanza d tra i due contatori.

Una misura ulteriore, anche se di minor durata, è stata effettuata ad un'altitudine di 800 m sul livello del mare, all'aperto, dunque senza alcun materiale di schermaggio intorno ai rivelatori, adoperando un setup costituito da 4 contatori Geiger (1-2-3-4) sovrapposti a distanza relativa di 30 mm l'uno dall'altro. Questa configurazione telescopica, orientata in azimut verso il Nord, è stata posiziona-

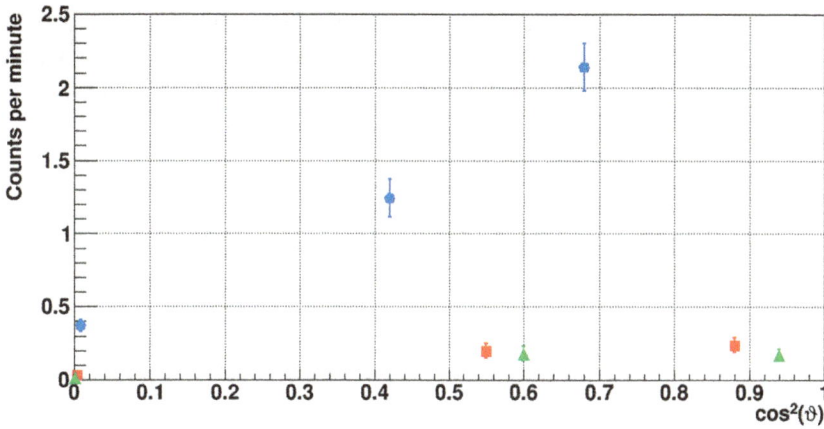

Figura 48.5 Risultati ottenuti da una misura del rate di coincidenze a diversi angoli mediante un telescopio costituito da 4 contatori Geiger, come discusso nel testo. I pallini blu si riferiscono alle coincidenze tra contatori posti a 30 mm di distanza, mentre i quadrati rossi e i triangoli verdi rispettivamente alle coincidenze tra contatori posti a 60 mm e 90 mm di distanza

ta verticalmente ($\vartheta_{\text{nominale}} = 0$), orizzontalmente ($\vartheta_{\text{nominale}} = 90°$), e ad un angolo intermedio ($\vartheta_{\text{nominale}} = 36°$), effettuando tre misure della durata di alcune ore per ciascuna di esse. In questa configurazione, è possibile valutare non solo le 3 possibili coincidenze doppie 1-2, 2-3 e 3-4 tra contatori posti alla distanza di 30 mm, ma anche le coincidenze doppie 1-3 e 2-4 tra contatori posti alla distanza di 60 mm e le coincidenze doppie 1-4 tra i due contatori più esterni, posti a distanza di 90 mm, ottenendo quindi tre set di dati differenti. Naturalmente le coincidenze tra coppie di contatori posti a distanza via via crescente danno un numero di coincidenze molto ridotte, a causa dell'angolo solido sotteso, come misurato in uno dei capitoli precedenti.

La Fig. 48.5 mostra i dati ottenuti, riportati anche in questo caso in funzione del $\cos^2 \vartheta$ e indicati con simboli differenti per le coincidenze tra contatori posti alla distanza di 30 mm (pallini blu), 60 mm (quadrati rossi) e 90 mm (triangoli verdi).

Come si vede, i dati relativi alle coincidenze tra contatori posti alla distanza minore (30 mm) presentano un rate molto più elevato degli altri, circa 10 volte maggiore ad esempio rispetto ai valori ottenuti per una distanza di 90 mm, in accordo qualitativo con una dipendenza dell'angolo solido dal quadrato della distanza. In queste condizioni, tuttavia, la dispersione delle traiettorie che passano per i due contatori è notevole e questo potrebbe distorcere la forma attesa della distribuzione angolare. I valori ottenuti in prossimità della direzione verticale (valori di $\cos^2 \vartheta$ prossimi a 1) sono in accordo con la misura ottenuta diversi anni prima, con una distanza di 100 mm tra i contatori, tenendo conto che quella misura era stata effettuata a livello del mare e questa ad un'altezza di 800 m s.l.m., dove ci si può attendere una piccola differenza nel flusso osservato.

In conclusione, la misura della distribuzione angolare della radiazione cosmica, effettuata con due o più contatori Geiger in coincidenza, può costituire, nonostante i tempi di misura richiesti piuttosto lunghi, un'interessante attività didattica e amatoriale, da poter eseguire in una varietà di condizioni differenti, a diverse altitudini o località geografiche.

Anche con due soli contatori Geiger disposti in configurazione telescopica ad una distanza opportuna è possibile procedere a misure del genere, con una precisione che dipende dalla distanza geometrica tra i rivelatori e dal tempo di misura. La disponibilità di un numero maggiore di contatori, possibilmente dello stesso tipo, consente di progettare anche condizioni di misura migliori, con geometrie più complicate, che potrebbero tuttavia richiedere delle simulazioni adeguate per valutare l'accettanza geometrica di ogni configurazione, in modo da poter confrontare i risultati ottenuti da configurazioni differenti.

Riferimenti bibliografici

[Blanco2006] F. Blanco et al., *Geiger counters offer powerful way to teach detection methods*, Physics Education **41**(2006)204.

[Blanco2008] F. Blanco et al., *Cosmic ray measurements by scintillator with metal resistor semiconductor avalanche photo diodes*, Physics Education **43**(2008)536.

[Riggi2023] F. Riggi, *Messengers from the Cosmos. An Introduction to the Physics of Cosmic Rays in Its Historical Development*, Springer 2023.

Osservare l'asimmetria Est-Ovest nei raggi cosmici

49

Mentre la distribuzione angolare in angolo zenitale delle particelle della radiazione secondaria è determinata in buona misura dall'influenza dell'atmosfera terrestre, in base al percorso effettivo che queste particelle compiono per arrivare al luogo di osservazione e ai processi (perdita di energia, decadimenti) che possono avvenire lungo questo percorso, la dipendenza dall'angolo azimutale in un dato luogo è fortemente legata alla carica delle particelle e all'effetto del campo magnetico.

Per quanto concerne la dipendenza dall'angolo azimutale φ, effetti di anisotropia tra il flusso delle particelle provenienti da Est rispetto a quelle provenienti da Ovest, il cosiddetto effetto Est-Ovest, sono stati osservati già a partire dagli anni '30 ad opera di Johnson e Street [Johnson1933] e da parte di Rossi [Rossi1934], proprio mediante telescopi di contatori Geiger di grandi dimensioni, operati in modo da poter osservare, per lo stesso intervallo di angoli zenitali, il numero di eventi associati a cosmici provenienti dalla direzione Est e dalla direzione Ovest. Le misure, effettuate per differenti angoli zenitali, da 25° a 75°, con tempi di misura dell'ordine della decina di ore per ciascuna misura, consentivano di registrare un numero di eventi di alcune migliaia in ciascuna condizione.

L'ammontare di questo effetto di asimmetria può essere definito dal rapporto

$$R = 2\frac{I_W - I_E}{I_W + I_E}$$

dove le quantità I_W, I_E rappresentano l'intensità relativa alle due direzioni di provenienza delle particelle. Questo rapporto esprime dunque la differenza percentuale tra le due intensità rispetto al loro valore medio. I valori ottenuti dipendono dall'altitudine del luogo di misura e dall'angolo zenitale, raggiungendo un massimo per angoli zenitali intermedi, intorno a 45°. Nelle misure riportate da Johnson [Johnson1933], ad un'altitudine di circa 2 000 m. sul livello del mare, i valori di R si attestano intorno a $(6-10)\%$ in corrispondenza ad angoli zenitali tra i 30° e i 60°, mentre i valori diminuiscono per inclinazioni prossime alla verticale e all'orizzontale.

Da quel periodo, misure dell'asimmetria Est-Ovest sono state effettuate da moltissimi esperimenti in grado di misurare le direzioni di arrivo delle particelle cosmi-

F. Riggi, *Esperimenti didattici e amatoriali con i contatori Geiger*,
https://doi.org/10.1007/978-3-031-72012-3_49

Figura 49.1 Schema di principio per una possibile misura dell'asimmetria Est-Ovest

che, in varie località del mondo, ad altitudini e latitudini geomagnetiche differenti. Citiamo a titolo di esempio quelle effettuate da Barber nel 1949, ad alta quota, mediante aerei [Barber1949]. Un lavoro recente [Riggi2020] ha riportato uno studio della distribuzione angolare e dell'effetto Est-Ovest mediante un telescopio installato ad alta quota, circa 3 100 m, sul vulcano Etna.

Misure dell'effetto Est-Ovest rappresentano oggi anche un classico esempio di possibili attività didattiche in fisica dei raggi cosmici, che possono essere effettuate anche con apparati relativamente semplici. Un esempio di attività del genere è riportato in [Blanco2008], che discute alcune misure effettuate con un telescopio di piccoli scintillatori orientabile sia in azimut che in angolo zenitale.

Nel caso di contatori Geiger di piccole dimensioni, come quelli adoperati nel corso di questi esperimenti, bisogna tener presente alcuni aspetti critici, che possono influenzare i risultati delle misure. Una misura con contatori di questo genere può essere progettata in linea di principio realizzando un telescopio costituito da due rivelatori piazzati ad una certa distanza, con gli assi paralleli, e orientabile rispetto all'angolo zenitale e azimutale, in modo da confrontare il rate di conteggio osservato lungo le due differenti orientazioni Est e Ovest (Fig. 49.1). Le dimensioni dei tubi Geiger e la loro distanza relativa determinano entro quale angolo solido le particelle della radiazione cosmica possono attraversare i due rivelatori del telescopio. Naturalmente allontanare i due rivelatori renderà più precisa la definizione dell'intervallo angolare, come abbiamo già discusso presentando l'utilizzo di un telescopio di rivelatori, ma allo stesso tempo diminuirà il rate di coincidenze osservate, richiedendo misure molto lunghe per poter raggiungere una significatività statistica in grado di mettere in evidenza le piccole differenze attese tra il flusso delle particelle provenienti da Est e quello delle particelle provenienti da Ovest.

La disposizione geometrica dei due rivelatori, oltre che determinare l'angolo solido, e dunque il rate di coincidenze osservabili, definisce anche quanto selettiva sia la definizione delle direzioni di provenienza delle particelle rivelate, sia in angolo zenitale che in angolo azimutale. Quest'ultima, in particolare, seleziona un intervallo di angoli azimutali intorno alle direzioni "Est" e "Ovest", con aperture che possono anche essere di decine di gradi. Questo fa sì che gli effetti di asimmetria, se presenti, possono essere "diluiti", dato che non confrontiamo flussi provenienti esattamente da Est o da Ovest. Altro aspetto da tener presente nel progettare una misura del genere è la possibile influenza degli effetti di schermaggio dovuti all'edificio in cui la misura viene effettuata, se non si opera all'aperto. L'ideale da

Figura 49.2 Setup sperimentale utilizzato in una misura "artigianale" per confrontare il flusso dei cosmici provenienti da Est e da Ovest

questo punto di vista sarebbe operare con il telescopio piazzato sotto una copertura leggera e uniforme in tutte le direzioni, cosa che non sempre si può ottenere. Infine, è opportuno l'utilizzo di un montaggio meccanico che consenta di valutare corretta- mente l'angolo di orientazione del telescopio, sia in azimut che in angolo zenitale, e di riprodurre, anche dopo eventuali spostamenti, le condizioni di misura originarie. Infine, dato che il flusso dei cosmici, anche fissandone la direzione di provenienza, può variare per diverse cause nel corso della giornata (variazioni dovute alla pres- sione atmosferica, o all'ora del giorno), è opportuno tener conto di questi fattori, ad esempio correggendo per gli effetti della variazione della pressione atmosferica, oppure suddividendo l'intera misura da Est e da Ovest in tanti intervalli temporali durante i quali alternare le direzioni, o misurando per durate multiple di 24 ore.

Riportiamo qui a titolo di esempio alcune misure relative a questo problema, nelle quali molte delle prescrizioni e suggerimenti appena discussi non sono stati presi tuttavia in considerazione, e che dunque vanno considerate come una semplice prima approssimazione al problema.

In una prima misura, due contatori Geiger del tipo DIY sono stati montati pa- ralleli, ad una distanza di 37 mm l'uno dall'altro e inseriti in un supporto artigia- nale costruito in cartoncino spesso 2 mm, inclinato di un certo angolo rispetto alla verticale (nominalmente circa 45°), come in Fig. 49.2.

Con questo setup sono state effettuate due misure, della durata all'incirca di 24 h ciascuna, orientando il telescopio una volta verso Est e una volta verso Ovest. La distribuzione degli angoli zenitali e azimutali per questa disposizione geometrica, valutata mediante una simulazione Monte Carlo, è mostrata in Fig. 49.3. Come si vede, queste distribuzioni sono piuttosto larghe. Nel caso degli angoli zenitali si

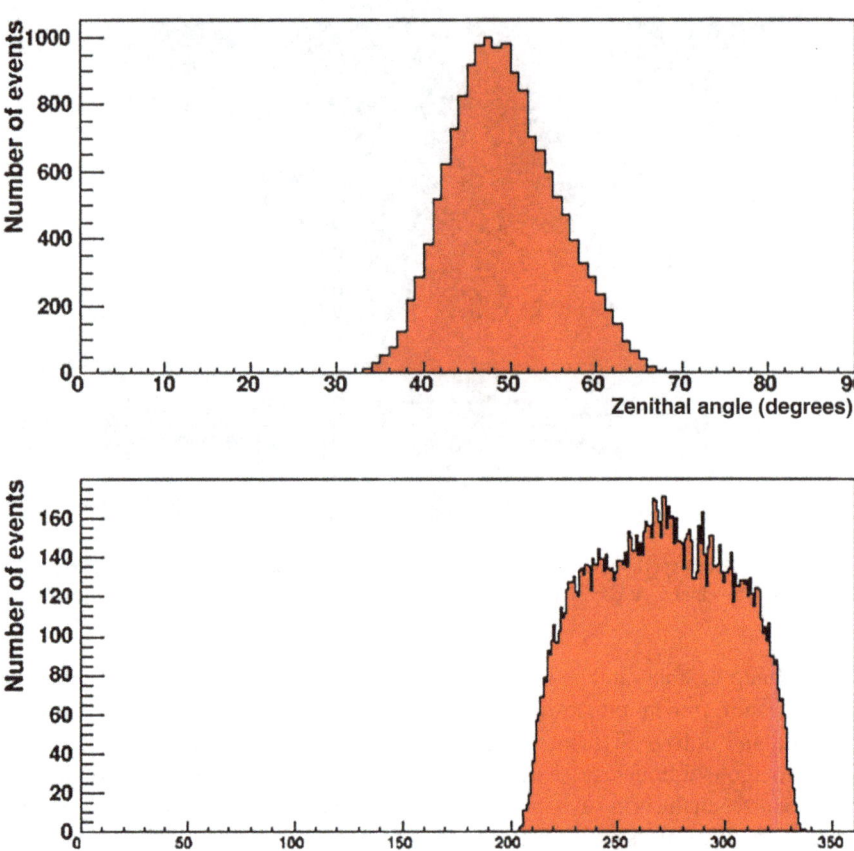

Figura 49.3 Distribuzione degli angoli zenitale (in alto) e azimutale (in basso) per il setup mostrato nella figura precedente

va da circa 40 a 60 gradi, pur essendo il valor medio prossimo a 49°. Per quanto riguarda l'angolo azimutale, che definisce l'orientazione rispetto all'Est o all'Ovest, si vede come è possibile rivelare direzioni entro ±60° rispetto al valore 270°, che identifica l'Ovest. Questo mostra che le condizioni di misura rappresentano solo in modo molto approssimato le condizioni di misura ideali.

Le misure sono state condotte al livello del mare, al piano terra di un edificio a due piani, senza prendere particolari precauzioni circa l'ammontare dello schermaggio offerto dalle pareti e dal solaio sovrastante il rivelatore.

Per confrontare il valore del rate di conteggio in coincidenza $(R_{12})^*$ dalle due direzioni, il rate di coincidenza tra i due contatori effettivamente misurato, R_{12}, è stato normalizzato per ciascuna delle due misure al valore del rate complessivo di eventi misurati dall'insieme dei due contatori, $(R_1 + R_2)$:

$$R_{12}^* = \frac{R_{12}}{R_1 + R_2}$$

dato che i rate singoli R_1, R_2 potevano variare nel corso delle due misure.

In queste condizioni, sono stati ottenuti i rate di coincidenza $(3.3 \pm 0.2) \times 10^{-3}$ eventi/s e $(3.9 \pm 0.2) \times 10^{-3}$ eventi/s rispettivamente da Est e da Ovest. Normalizzando tuttavia ai rate singoli misurati nelle due misure, (0.871 ± 0.003) eventi/s e (0.970 ± 0.003) eventi/s, sono stati ottenuti i valori $(3.7 \pm 0.2) \times 10^{-3}$ eventi/s e $(4.0 \pm 0.2) \times 10^{-3}$ eventi/s per le due direzioni Est e Ovest. A questi valori corrisponderebbe una stima dell'asimmetria, come definita in precedenza, pari a circa l'8%. È da dire, tuttavia, che questa misura, nelle condizioni in cui è stata effettuata, può essere affetta da numerose incertezze, dovute ai motivi discussi in precedenza, e dalla poca ripetibilità delle misure dal punto di vista del supporto meccanico. Può essere in ogni caso un punto di partenza per cercare di migliorare il setup sperimentale dal punto di vista della dislocazione dei rivelatori o per condurre misure più precise, anche in ambienti diversificati, ad esempio a varie altitudini sul livello del mare.

Una ulteriore misura è stata condotta, sempre con un setup artigianale dal punto di vista meccanico (Fig. 49.4), utilizzando 4 contatori Geiger del tipo SN7928 sovrapposti (un telescopio di 4 elementi, che avremo modo di utilizzare anche in altri esperimenti), in modo da misurare le possibili coincidenze doppie tra le tre coppie di rivelatori adiacenti, aumentando così il numero di eventi acquisiti in un dato intervallo di misura (Fig. 49.5). Con questa configurazione è possibile, inoltre, avere una stima anche delle eventuali coincidenze triple o quadruple, anche se ci si aspetta che queste siano in numero estremamente ridotto. La distanza tra rivelatori adiacenti era di 30 mm, il che rende la distribuzione degli angoli delle traiettorie simile a quella già vista in precedenza, per una distanza di 37 mm. Il telescopio è stato inclinato ad un angolo di 36° rispetto alla verticale e orientato lungo la direzione Est-Ovest. Alcune misure sono state effettuate con il telescopio orientato verso Est, altre con il telescopio orientato verso Ovest, ruotando di 180 gradi l'intero setup. Tali misure sono state condotte all'interno di un edificio, posto ad un'altitudine di 800 m s.l.m. A causa della dislocazione del telescopio all'interno dell'edificio, le traiettorie delle particelle provenienti da Ovest subivano un maggior effetto di schermaggio (una parete e in parte un solaio) rispetto a quelle delle particelle provenienti da Est (attraversamento di una sola parete). Questo potrebbe in parte influenzare la misura, riducendo l'effetto dell'asimmetria esistente.

Le misure complessivamente effettuate hanno avuto una durata di circa 14h per ciascuna delle due orientazioni, nel corso delle quali sono state osservati circa un migliaio di coincidenze per ciascuna orientazione, in modo da avere un errore statistico dell'ordine del 3%. Anche in questo caso la resa di coincidenza è stata normalizzata alla somma dei rate singoli dei diversi rivelatori, in modo da tener conto delle piccole variazioni nel flusso giornaliero, dato che le misure sono state effettuate in ore differenti della giornata o in condizioni in cui la pressione atmosferica poteva subire qualche leggera variazione.

Figura 49.4 Setup adoperato con un telescopio costituito da 4 contatori Geiger sovrapposti, inclinato di 36° rispetto alla verticale e orientato lungo la direzione Est-Ovest

Figura 49.5 Disposizione telescopica di 4 contatori
Geiger (visti in sezione) per
selezionare traiettorie inclinate entro un certo intervallo
angolare, provenienti dalle
direzioni medie Est oppure
Ovest

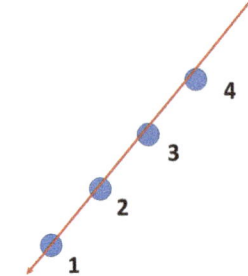

In queste condizioni, selezionando soltanto le coincidenze doppie tra rivelatori adiacenti del telescopio, cioè le coincidenze 1-2, 2-3 e 3-4, che sono le più numero-se, si è ottenuto un rate normalizzato di (0.0127 ± 0.0006) eventi/s dalla direzione Ovest contro un valore di (0.0123 ± 0.0006) eventi/s dalla direzione Est, con un fattore di asimmetria pari a circa il 3%. Anche in questo caso, tuttavia, il margine di incertezza sui valori ottenuti è ancora molto elevato, tanto da far ritenere i due risultati confrontabili entro il margine di errore.

Figura 49.6 Lo stesso setup sperimentale, installato all'aperto sotto un gazebo, in modo da non avere effetti di schermaggio intorno ai rivelatori

Un'ultima misura, della durata complessiva di circa 6 ore, è stata infine condotta all'esterno (Fig. 49.6), utilizzando lo stesso setup mostrato nelle figure precedenti, in modo da non avere effetti di schermaggio intorno ai rivelatori.

I risultati hanno mostrato in questo caso una resa normalizzata delle coincidenze doppie pari a (0.0141 ± 0.0008) eventi/s dalla direzione Ovest contro una corrispondente resa pari a (0.0134 ± 0.0011) eventi/s dalla direzione Est, a cui corrisponde un fattore di asimmetria pari a circa il 5%. Anche in questo caso, tuttavia, i risultati sono affetti da una incertezza statistica troppo elevata per poter discutere di risultati significativi.

Come si vede, è possibile in linea di principio, anche se con un setup sperimentale non ottimizzato, immaginare e progettare anche misure volte ad evidenziare il piccolo effetto di asimmetria Est-Ovest. L'esecuzione di tali misure è tuttavia delicata e richiede setup aventi un certo grado di precisione e tempi di misura molto lunghi, dell'ordine di alcuni giorni, se si vogliono mantenere gli errori statistici entro valori dell'ordine del percento e selezionare intervalli angolari non troppo grandi intorno alle direzioni Est e Ovest. Misure ulteriori potrebbero essere progettate e realizzate anche in condizioni differenti di altitudine, latitudine o longitudine.

Riferimenti bibliografici

[Barber1949]   W.C. Barber, *East-West asymmetry and latitude effect of cosmic rays at altitudes up to 33000 feet*, Physical Review **75**(1949)590.

[Blanco2008]   F. Blanco et al., *Cosmic ray measurements by scintillators with metal resistor semiconductor avalanche photo diodes*, Physics Education **43**(2008)536.

[Johnson1933] T.H. Johnson, *The azimuthal asymmetry of the cosmic radiation*, Physical Review **43**(1933)834.

[Riggi2020] F. Riggi et al., *Investigation of the cosmic ray angular distribution and the East–West effect near the top of Etna volcano with the MEV telescope*, European Physical Journal Plus **135**(2020)280.

[Rossi1934] B. Rossi, *Directional measurements on the cosmic rays near the geomagnetic equator*, Physical Review **45**(1934)212.

Usare un telescopio con tre contatori per misurare l'efficienza ai cosmici

50

L'efficienza di un rivelatore può essere stimata se conosciamo il numero delle particelle che lo attraversano e siamo in grado di misurare il numero di particelle che danno segnale in questo rivelatore. Ad esempio, in riferimento alla Fig. 50.1, possiamo considerare un telescopio costituito da 3 rivelatori sovrapposti e allineati verticalmente, capaci di rivelare il passaggio dei cosmici. Se utilizziamo la coincidenza tra il rivelatore più in alto e quello più in basso per definire gli eventi N_{13} da acquisire (trigger dell'acquisizione) possiamo contare il numero di eventi N_{123} in cui tutti i 3 rivelatori abbiano dato segnale. Questo consente di stimare l'efficienza del rivelatore 2, in base al rapporto

$$\varepsilon = \frac{N_{123}}{N_{13}}$$

tra il numero di coincidenze triple e il numero di coincidenze doppie tra i tre rivelatori.

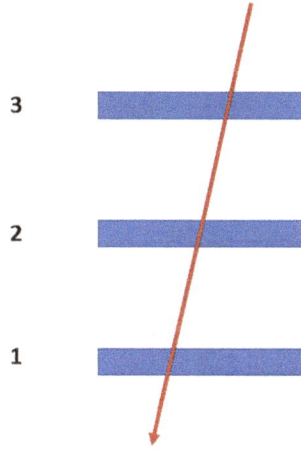

Figura 50.1 Un telescopio costituito da tre rivelatori può essere utilizzato in opportune condizioni geometriche per stimare l'efficienza del rivelatore 2, intermedio tra quello superiore e inferiore

Figura 50.2 Un disallineamento dei tre rivelatori (in questo caso ottenuto shiftando la posizione del rivelatore intermedio) porta ad una eliminazione pressoché totale delle coincidenze triple tra i tre rivelatori

Un'attività del genere può essere organizzata anche con tre piccoli contatori Geiger, dello stesso tipo (o almeno considerando rivelatori inferiore e superiore eguali e di dimensioni minori o eguali a quelle del rivelatore intermedio), sovrapponendo e allineando con una certa precisione i tre rivelatori.

Una misura di questo tipo è stata condotta utilizzando tre contatori Geiger del tipo Pasco SN7928, che data la forma del loro contenitore possono essere sovrapposti e allineati con una certa precisione. I segnali prodotti dai rivelatori sono stati acquisiti mediante una scheda Arduino, programmata per utilizzare come trigger la coincidenza tra i rivelatori estremi 1 e 3, e leggendo in ogni caso tutte le informazioni dagli ingressi digitali corrispondenti ai tre rivelatori.

Una misura della durata di circa 16 h ha dato un numero di eventi di trigger pari a 275, con un rate di circa 0.005 eventi/s, e un numero di coincidenze triple pari a 222, il che darebbe un'efficienza stimata pari a $(81 \pm 5)\%$. Naturalmente una misura con maggior precisione comporta dei tempi di acquisizione più lunghi.

Per verificare che l'allineamento dei rivelatori è estremamente importante in questo tipo di misure, è stata condotta una ulteriore misura, shiftando il rivelatore intermedio di circa 1 cm, come mostrato in Fig. 50.2. La misura è stata condotta per circa 7 h, ottenendo solo 2 coincidenze triple su 116 eventi di trigger. La stima dell'efficienza ottenuta in precedenza può essere dunque affetta da una incertezza non trascurabile se l'allineamento dei tre rivelatori non è perfetto. In particolare, poiché il numero di coincidenze triple osservato può solo diminuire a causa di allineamenti non perfetti, la stima dell'efficienza costituirà una sorta di valore minimo; l'efficienza effettiva misurata in precedenza dunque sarà almeno pari a $(81 \pm 5)\%$, ma potrebbe essere leggermente maggiore a causa di queste considerazioni geometriche.

Nel caso di questa misura gli eventi capaci di produrre un segnale di trigger, cioè la coincidenza tra i rivelatori 1 e 3, quelli più esterni del telescopio di tre elementi, sono essenzialmente eventi dovuti all'arrivo di particelle della radiazione cosmica secondaria (muoni ed elettroni di elevata energia), mentre radiazioni dovute alla radioattività ambientale (gamma, elettroni di bassa energia) molto difficilmente potranno dare segnali in coincidenza nei due rivelatori. L'efficienza molto elevata ottenuta è in linea con quanto ci si può attendere da un contatore Geiger per i cosmici, prossima al 100%. Una efficienza leggermente ridotta potrebbe essere attribuita alla presenza di elettroni di energia minore.

Gestire un telescopio di contatori Geiger a più elementi

L'utilizzo di più contatori Geiger opportunamente montati in una configurazione telescopica, cioè orientati lungo una stessa direzione media, consente una molteplicità di attività sperimentali, corredate da considerazioni sia di tipo sperimentale che di metodo.

In questo contesto vogliamo discutere in modo più generale l'utilizzo di un setup sperimentale costituito da 4 contatori Geiger identici, in questo caso dei modelli PASCO SN7928, disposti verticalmente l'uno sull'altro, alla minima distanza possibile (30 mm) tra ciascun tubo Geiger e il successivo, come mostrato in Fig. 51.1 e 51.2. Abbiamo già utilizzato configurazioni simili in altre attività esaminate in precedenza, ma è possibile fare delle considerazioni di tipo più generale sull'uso di setup del genere.

Il segnale di uscita di ogni contatore, del tipo TTL, è stato inviato ad un corrispondente input digitale di una scheda Arduino, in modo da acquisire i segnali provenienti da ciascun rivelatore e verificare anche la presenza di eventi di coincidenza doppia o multipla. I dati acquisiti sono stati scritti su un file, evento per

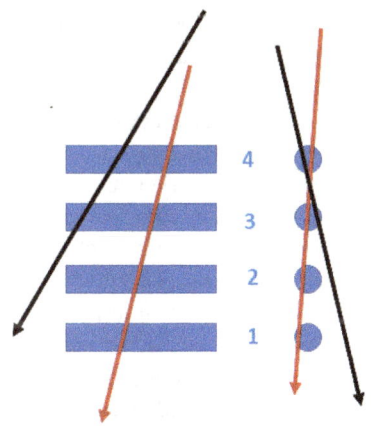

Figura 51.1 Configurazione telescopica di 4 contatori Geiger sovrapposti verticalmente, visti frontalmente e in sezione. Alcune tracce possono attraversare tutti i 4 contatori, mentre altre possono produrre un segnale in uno, due o tre contatori

F. Riggi, *Esperimenti didattici e amatoriali con i contatori Geiger*,
https://doi.org/10.1007/978-3-031-72012-3_51

Figura 51.2   Foto del setup utilizzato per un telescopio di 4 contatori Geiger sovrapposti

evento, secondo la struttura seguente:

$$mult \quad flag\_1 \quad flag\_2 \quad flag\_3 \quad flag\_4 \quad time$$

dove $flag\_i$ indica con un codice binario (0 oppure 1) se il rivelatore i-esimo era interessato o meno in quell'evento, $mult$ è la molteplicità dell'evento (tra 1 e 4), cioè il numero di rivelatori simultaneamente interessati nell'evento, e $time$ è il tempo di arrivo associato a quell'evento, ricavato dal clock interno della scheda Arduino, ad esempio mediante la funzione $millis()$, che restituisce il tempo in millisecondi.

La condizione di trigger (vedremo meglio questo concetto in un'attività espressamente dedicata più avanti) è data semplicemente dalla combinazione OR dei 4 possibili canali di ingresso associati ai 4 rivelatori; questo consente di acquisire, oltre ai possibili eventi di coincidenza, anche gli eventi singoli, cioè quegli eventi in cui un solo rivelatore ha fornito un segnale, il che rappresenta la stragrande maggioranza degli eventi acquisiti. La finestra di coincidenza tra i diversi segnali è legata alla velocità di lettura dei canali digitali della scheda Arduino, che anche senza adoperare particolari strategie di lettura (librerie di fast readout) consente una lettura di ciascun canale in un tempo dell'ordine di 4 microsecondi. Tenendo conto della necessità di leggere consecutivamente i 4 canali in modalità ciclica, la finestra massima di coincidenza è pari a 16 microsecondi. Questo consente di valutare il numero di coincidenze spurie attese in queste condizioni. Poiché il tasso di eventi singoli da ciascun canale, dovuto a cosmici o radioattività ambientale, è di circa 0.3–0.4 eventi/secondo, si può stimare che il tasso di coincidenze spurie (doppie, tra due canali) nel peggiore dei casi è dato da $0.4 \times 0.4 \times 16$ microsecondi $= 2.6 \times 10^{-6}$ eventi/s, un valore del tutto trascurabile, come vedremo, rispetto ai dati osservati.

Una misura con questo setup, della durata di circa 3 h, è stata condotta in un laboratorio situato al piano terra di un edificio di 3 piani, dunque con 4 solai in cemento armato al di sopra dei rivelatori. La Fig. 51.3 mostra l'andamento tempo-

Tabella 51.1 Rate di conteggio dei 4 contatori Geiger

Contatore Geiger	Rate (conteggi/minuto)
1	17.4 ± 0.3
2	18.9 ± 0.3
3	18.9 ± 0.3
4	18.6 ± 0.3

rale del tasso di conteggio dei 4 rivelatori individualmente, espresso in conteggi al minuto, nell'arco dell'intero periodo di misura.

Possiamo vedere che in prima approssimazione il rate di conteggio individuale dei quattro contatori, riportato in Tabella 51.1, è simile (ad eccezione forse del primo), come ci si può attendere, dato che sono contatori dello stesso tipo, e la disposizione geometrica non introduce significative differenze nelle condizioni di misura di ciascuno. Le fluttuazioni statistiche sono tipiche degli intervalli da un minuto considerati, con incertezze dell'ordine del 20% su ciascun punto, ma con una incertezza complessiva nel rate medio misurato pari a circa l'1.5%.

Per valutare il numero di eventi osservati a seconda del numero di rivelatori coinvolti nell'evento, possiamo costruire quella che è comunemente chiamata distribuzione di molteplicità (Fig. 51.4), che riporta il numero di eventi in funzione della molteplicità dell'evento.

Come si vede, nella stragrande maggioranza dei casi (circa 14 600 eventi su un totale di 14 870 eventi osservati, in circa 3 h), la molteplicità degli eventi è pari a 1, corrispondente alla situazione in cui un solo rivelatore è stato attraversato da una particella. Le coincidenze doppie, con due rivelatori interessati, sono state 228, cioè circa l'1.5% del totale. Queste possono essere dovute ad una coppia qualunque tra le 6 possibili coppie di 4 rivelatori (1-2, 1-3, 1-4, 2-3, 2-4, 3-4). Abbiamo poi osservato 44 coincidenze triple e 3 coincidenze quadruple. Queste ultime corrispondono a tracce di particelle che attraversano (e danno segnale) in ognuno dei quattro rivelatori. Il differente numero di coincidenze doppie, triple e quadruple riflette in buona parte l'accettanza geometrica, cioè il fatto che le tracce, per passare attraverso 2, 3 o 4 rivelatori, devono provenire in media da regioni angolari via via più piccole, dunque con direzioni sempre più definite.

È possibile, tuttavia, che un evento di coincidenza doppia sia legato anche alla coppia di rivelatori più estrema (quello più in basso e quello più in alto), nel caso ad esempio che i rivelatori intermedi, pur attraversati dalla stessa particella, non abbiano dato segnale, a causa della loro efficienza, in ogni caso minore del 100%.

Per studiare quale particolare coppia (o terna) di rivelatori sia stata interessata in ciascun evento, è possibile procedere definendo una variabile (*pattern*), che definisca univocamente la topologia dell'evento. Questa è una tecnica molto comune quando si ha un certo numero di rivelatori e si voglia identificare con un solo numero ogni specifica combinazione di rivelatori interessati nell'evento. Associando un peso pari a $2^0, 2^1, 2^2, 2^3$ a ciascuno dei 4 rivelatori 1, 2, 3 e 4, possiamo costruire la

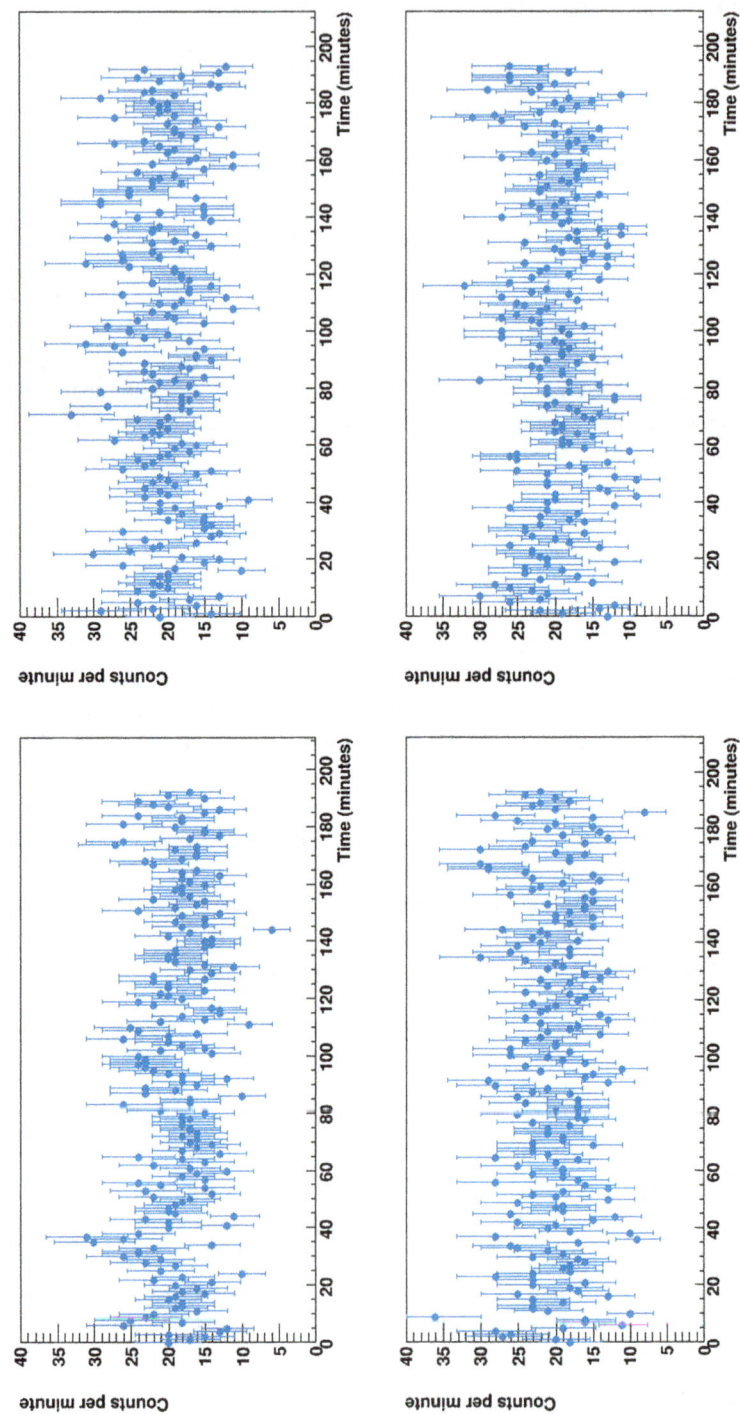

Figura 51.3   Rate di conteggio dei 4 contatori Geiger in funzione del tempo, a step di 1 minuto

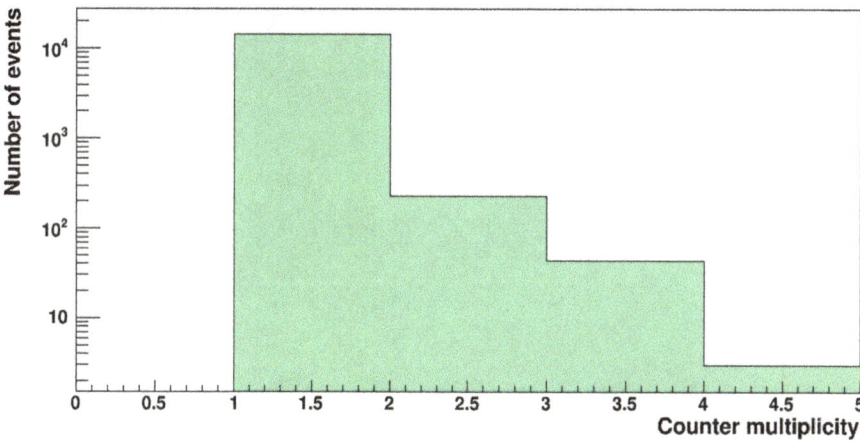

Figura 51.4 Distribuzione di molteplicità degli eventi osservati con il telescopio di 4 contatori Geiger sovrapposti

variabile *pattern*, definita da

$$pattern = \sum_{i=1}^{i=4} 2^{i-1}$$

In tal modo, un evento che abbia interessato il solo rivelatore 1 avrà un pattern pari a 1, l'evento in cui abbia dato segnale solo il rivelatore 3 avrà un pattern pari a $2^2 = 4$, mentre ad esempio un evento in cui siano stati interessati i rivelatori 1, 2 e 3 (una coincidenza tripla) avrà un pattern pari a $2^0 + 2^1 + 2^2 = 7$. La variabile *pattern*, nel caso di 4 rivelatori, potrà assumere valori tra 0 (nessun rivelatore colpito) e 15 (una coincidenza quadrupla tra tutti i rivelatori), secondo quanto riportato in Tabella 51.2.

Per il set di dati osservato in questa misura la distribuzione della variabile *pattern* è mostrata in Fig. 51.5. Sono evidenti i pattern più abbondanti (1, 2, 4 e 8), corrispondenti ad eventi singoli in ciascuno dei 4 rivelatori, con poco più di 3000 eventi per ciascuna possibilità (leggermente più ridotto il primo).

Si osservano poi i pattern 3, 5, 6, 9, 10 e 12, corrispondenti alle diverse possibili coincidenze doppie. Queste, tuttavia, non hanno la stessa abbondanza. I pattern 3, 6 e 12 sono più abbondanti in quanto corrispondono alle possibili coincidenze 1-2, 2-3 e 3-4 tra rivelatori consecutivi, nel qual caso la traccia non è passata per i rivelatori esterni alla coppia, essendo inclinata diversamente. I pattern 5, 9 e 10 sono invece meno abbondanti, perché corrispondono alle coppie 1-3, 1-4 e 2-4 che hanno un rivelatore posizionato tra i due membri della coppia. In questo caso è più probabile che anche il rivelatore intermedio sia stato interessato nell'evento e che quindi si sia avuta una coincidenza tripla anziché doppia. Le coincidenze triple sono rappresentate dai pattern 7, 11, 13 e 14. Tra questi i pattern più abbondanti sono 7 e 14, in quanto corrispondono anche in questo caso a rivelatori consecutivi, mentre i pat-

Tabella 51.2 Possibili valori della variabile *pattern* nel caso di 4 rivelatori

Pattern	Rivelatori interessati
0	Nessuno
1	1
2	2
3	1-2
4	3
5	1-3
6	2-3
7	1-2-3
8	4
9	1-4
10	2-4
11	1-2-4
12	3-4
13	1-3-4
14	2-3-4
15	1-2-3-4

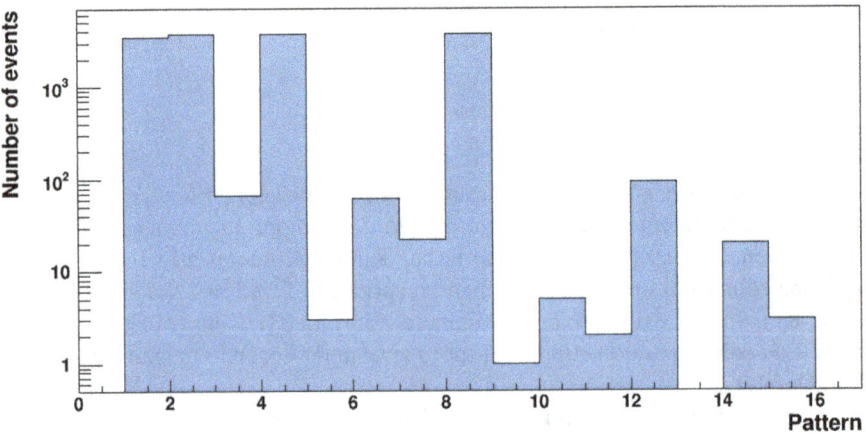

Figura 51.5 Distribuzione dei valori della variabile *pattern* nel set di dati misurato

tern 11 e 13 sono meno probabili, dato che il rivelatore intermedio quasi certamente dovrebbe essere attraversato dalla traccia, dando luogo ad una coincidenza quadrupla (pattern 15). L'abbondanza delle coincidenze quadruple è infatti maggiore di quella delle coincidenze triple con un rivelatore intermedio non interessato, dato che l'efficienza di questi rivelatori per i cosmici è prossima al 100%. Da notare che in questo set di dati non si è osservata alcuna coincidenza tripla 1-3-4, ma questo è dovuto banalmente al limitato tempo di misura, dato che anche il numero delle altre possibili coincidenze triple è solo di alcune unità.

Un secondo set di dati, con la stessa configurazione geometrica, è stato acquisito in un diverso luogo, in questo caso al piano terra di un edificio con soli due solai al di

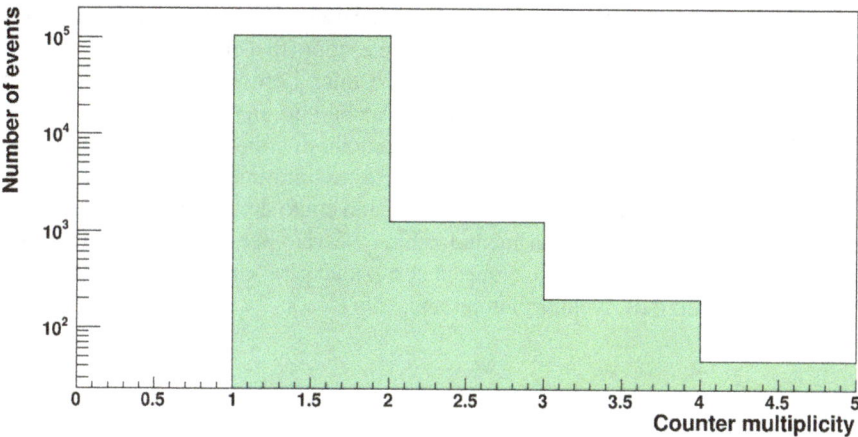

Figura 51.6 Distribuzione di molteplicità ottenuta con lo stesso setup ma in una misura di durata maggiore, condotta in un luogo differente

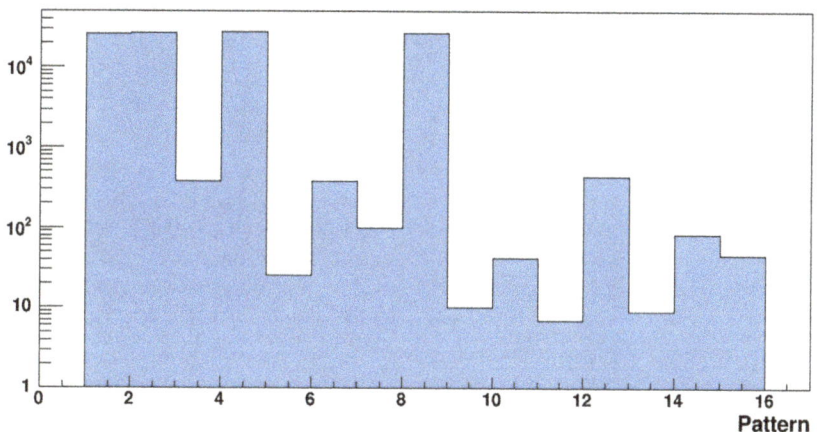

Figura 51.7 Distribuzione dei pattern osservati nella seconda misura

sopra, effettuando una misura più lunga, della durata di circa 18 h, durante la quale sono stati acquisiti circa 108 000 eventi. La distribuzione di molteplicità ottenuta in questo caso è mostrata in Fig. 51.6, ed è abbastanza simile a quella osservata nella prima misura.

Anche la distribuzione della variabile *pattern*, mostrata in Fig. 51.7 risulta in linea con quella osservata nella precedente misura.

Esempi di utilizzo di telescopi di contatori Geiger a più elementi sono stati già considerati in questo testo, e in generale presentano una maggiore flessibilità e un maggior numero di informazioni rispetto ad una configurazione standard con soli due contatori nel telescopio. Bisogna considerare tuttavia che il numero delle coincidenze multiple può essere sottostimato se l'efficienza individuale dei rivelatori è sensibilmente minore del 100%. Consideriamo ad esempio un evento di coincidenza quadrupla, che interessa tutti i rivelatori di un telescopio di 4 elementi. Se denotiamo con ε l'efficienza di ciascuno di essi ai raggi cosmici, l'efficienza complessiva sarà il prodotto delle singole efficienze, cioè ε^4. Anche con una efficienza individuale del 90%, l'efficienza complessiva per la rivelazione di coincidenze quadruple sarà $0.9^4 = 0.66$, dunque molto minore del 100%. Se fossimo interessati a correggere il numero di eventi di coincidenza osservato tenendo conto dell'efficienza, dovremmo dividere il numero di eventi sperimentalmente osservato per l'efficienza complessiva relativa a quel tipo di evento, e questa correzione sarà sempre più importante al crescere del numero di rivelatori interessato.

L'interazione di una particella primaria della radiazione cosmica, ad esempio un protone o un nucleo leggero di altissima energia, con i nuclei dell'atmosfera terrestre (ossigeno o azoto nella maggioranza dei casi), produce una cascata di particelle secondarie, i cui prodotti più penetranti, come i muoni, possono giungere anche a livello del mare e penetrare addirittura fino ad una certa profondità nel sottosuolo. Si tratta degli sciami estesi, la cui evidenza risale a metà degli anni '30, ad opera soprattutto del fisico francese Pierre Auger, che misurò degli eventi di coincidenza tra contatori Geiger di grandi dimensioni lontani tra loro, fino a distanze di centinaia di metri. Le dimensioni di questi sciami di particelle e il numero di particelle che li compongono dipendono in buona misura dall'energia della particella primaria. Per energie molto elevate, questi sciami possono contenere anche milioni di particelle, distribuite al suolo su un'area di centinaia di metri quadri o anche maggiore, fino a diversi km^2 [Riggi2023].

Come accadde per le prime evidenze dell'esistenza di questi sciami, anche oggi si tratta di osservare eventi di coincidenza tra più rivelatori dislocati ad una certa distanza relativa. In questo caso, a differenza di una configurazione telescopica, in cui due rivelatori sono attraversati dalla stessa particella, rivelatori differenti sono colpiti da particelle diverse appartenenti allo stesso sciame, e dunque correlate in tempo entro tempi molto brevi, dalle decine di nanosecondi al microsecondo.

Anche se il numero di particelle in uno sciame può essere molto elevato, nel caso di sciami iniziati da particelle primarie di altissima energia, l'abbondanza di tali sciami diminuisce rapidamente con l'energia; la maggior parte degli sciami sono pertanto di energia più bassa e contengono un numero più limitato di particelle. La probabilità che due o più di queste particelle siano rivelate simultaneamente da rivelatori diversi è legata alle dimensioni dei rivelatori e alla loro distanza relativa. È chiaro, dunque, che con piccoli contatori Geiger (area sensibile di pochi cm^2), è possibile pensare di osservare qualche evento di coincidenza solo a distanze molto limitate.

Per avere un'idea della distribuzione delle particelle secondarie appartenenti ad uno sciame esteso, è possibile utilizzare dei codici di simulazione, che consentono di seguire in dettaglio l'evoluzione dello sciame, in base alle possibili interazioni

F. Riggi, *Esperimenti didattici e amatoriali con i contatori Geiger*,
https://doi.org/10.1007/978-3-031-72012-3_52

Figura 52.1 Coordinate (X,Y) dei punti di impatto al suolo delle particelle secondarie (muoni) in uno sciame esteso prodotto da un protone di energia 10^{12} eV nell'atmosfera terrestre

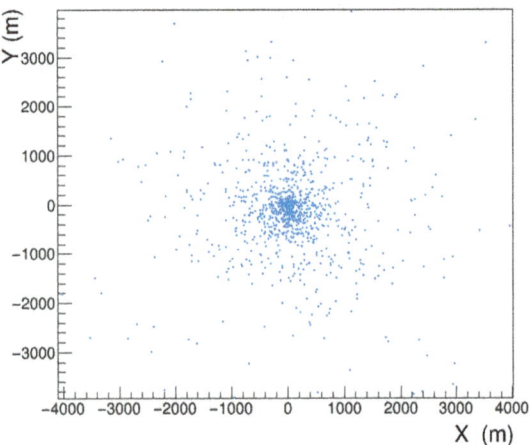

della particella primaria e dei suoi prodotti secondari nell'atmosfera terrestre. La Fig. 52.1 mostra la simulazione di un tipico sciame di particelle indotto da protoni verticali di energia pari a 10^{12} eV, effettuata mediante uno dei codici di simulazione più diffusi [Heck1998]. Nella figura è mostrata la posizione dei punti di impatto al suolo di ciascuna particella (in questo caso muoni). In questa simulazione, il numero di muoni è circa 67 000, distribuiti su un'area di alcuni km^2. Molti altri esempi di simulazioni del genere, insieme alla distribuzione dei profili spaziali e temporali di uno sciame esteso sono stati discussi in [Riggi2023].

Nella Fig. 52.1, la posizione centrale (0,0) corrisponde al centro dello sciame, in cui la densità di particelle (numero di particelle per unità di superficie) è massima. Spostandosi a distanze sempre maggiori dal centro dello sciame, la densità di particelle diminuisce, in base al profilo laterale, a sua volta determinato principalmente dall'energia iniziale della particella primaria. La rivelazione di sciami estesi coinvolge, come già detto, la rivelazione simultanea di due o più particelle indipendenti appartenenti allo stesso sciame e richiede pertanto di avere un certo numero di rivelatori che possano coprire una grande area. Nei grandi esperimenti per la rivelazione di sciami estesi di alta energia il numero di questi rivelatori può raggiungere le centinaia o le migliaia, ciascuno avente area sensibile anche di alcuni metri quadrati, distribuiti su una superficie complessiva di molti km^2.

Per valutare la possibilità di evidenziare degli eventi di coincidenza tra rivelatori piazzati a piccola distanza relativa su uno stesso piano, è stato adoperato innanzitutto un setup sperimentale costituito da 4 contatori Geiger, dislocati come in Fig. 52.2, posizionati a distanze relative dell'ordine della decina di cm. Nel prossimo esperimento vedremo un ulteriore esempio di questa tecnica, aumentando ulteriormente il numero di rivelatori utilizzati, per mimare ciò che avviene in un array esteso di rivelatori.

I segnali prodotti dai 4 contatori Geiger erano acquisiti da una scheda Arduino e registrati su un file insieme al tempo di arrivo, misurato dal clock interno di Arduino,

Figura 52.2 Schema del
layout sperimentale utilizzato, con 4 contatori Geiger
disposti con i loro assi paralleli, su un piano, a distanze
dell'ordine della decina di cm

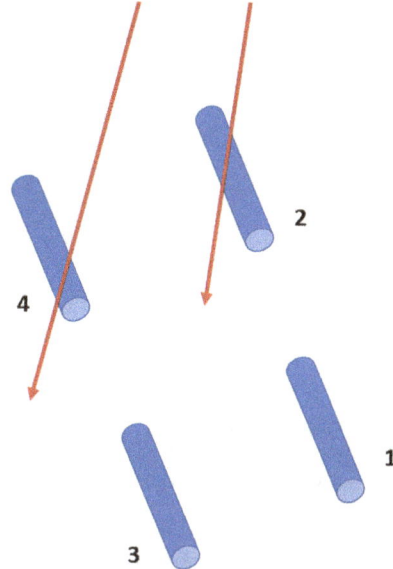

per valutare successivamente la presenza di eventuali eventi di coincidenza tra più
contatori. La Fig. 52.3 mostra una foto del setup.

Con il setup descritto è stata condotta una misura sufficientemente lunga, poco
meno di 80 h, durante la quale sono stati acquisiti complessivamente circa 484 000
eventi. Naturalmente, per la quasi totalità, tali eventi sono eventi singoli, cioè eventi
nei quali uno solo dei contatori Geiger produceva un segnale. Sono stati osservati
tuttavia 75 eventi di coincidenza doppia, 2 eventi di coincidenza tripla e un evento

Figura 52.3 Foto del setup sperimentale utilizzato per l'osservazione di sciami estesi dalla
coincidenza di più contatori Geiger posti ad una certa distanza su un piano

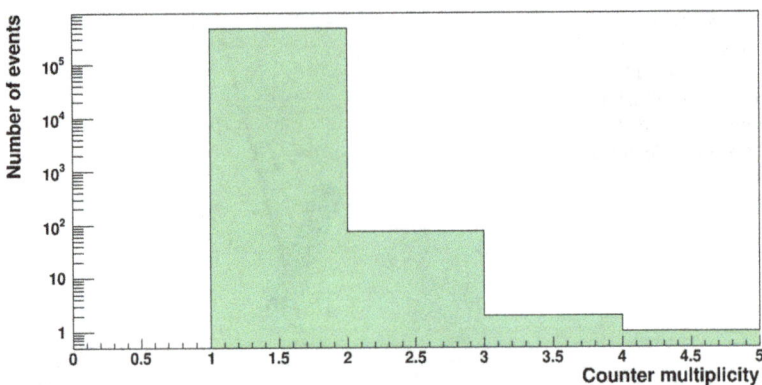

Figura 52.4 Distribuzione di molteplicità degli eventi osservati in una misura della durata di circa 80 h con il setup utilizzato. 75 eventi di coincidenza doppia, 2 di coincidenza tripla e 1 evento di coincidenza quadrupla sono stati osservati, su un totale di circa 484 000 eventi singoli

di coincidenza quadrupla, come mostra la distribuzione di molteplicità riportata in Fig. 52.4.

Per investigare ulteriormente la topologia degli eventi di coincidenza, possiamo considerare anche la Fig. 52.5, che mostra l'abbondanza dei diversi tipi di eventi (singoli, di coincidenza doppia, ...), descritti dalla variabile *pattern*, così come definita in uno degli esperimenti precedenti.

Naturalmente gli eventi singoli (pattern 1, 2, 4 e 8) rappresentano la quasi totalità degli eventi, in quanto nella maggior parte dei casi un solo rivelatore è stato colpito

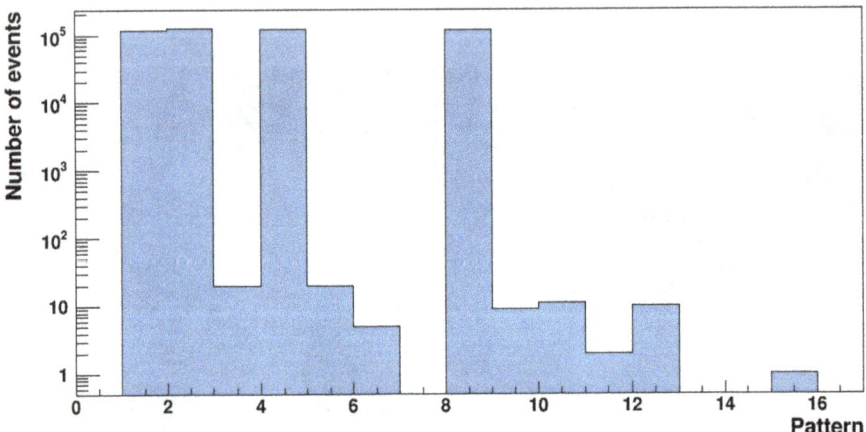

Figura 52.5 Distribuzione delle varie tipologie di eventi, in base alla variabile *pattern*, definita in un precedente esperimento. Gli eventi singoli corrispondono ai pattern 1, 2, 4 e 8, le doppie ai pattern 3, 5, 6, 9, 10, e 12, le triple ai pattern 7, 11, 13 e 14, mentre il pattern 15 indica una coincidenza quadrupla

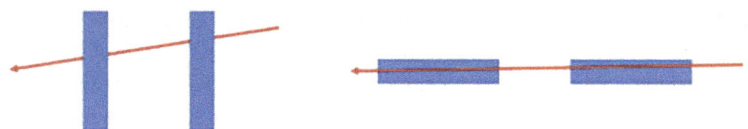

Figura 52.6 Possibili configurazioni geometriche di due contatori posti sullo stesso piano e visti dall'alto. Una singola particella che viaggi in direzione circa orizzontale potrebbe in linea di principio attraversare due contatori e produrre un evento di coincidenza. Tuttavia, la configurazione geometrica a sinistra (Coincidenze 1-3 e 2-4 in riferimento alla Fig. 52.2) dovrebbe dare un numero di eventi molto maggiore rispetto a quella di destra (Coincidenze 1-2 e 3-4), cosa che non si osserva nel set di dati misurato

da una particella. Gli eventi di coincidenza tripla e quadrupla, in totale 3 eventi, sono certamente dovuti all'arrivo in coincidenza di più particelle in rivelatori diversi, in quanto data la disposizione geometrica dei rivelatori nessuna particella singola potrebbe attraversare 3 o addirittura 4 contatori. Essi rappresentano dunque un'evidenza dell'arrivo di sciami estesi, pur se il loro numero è enormemente piccolo, circa uno al giorno. Gli eventi di coincidenza doppia, tra due soli contatori, potrebbero in linea di principio essere anche dovuti ad una singola particella capace di attraversare due contatori, se la direzione della particella fosse molto prossima all'orizzontale (Fig. 52.6).

Osserviamo innanzitutto che data la disposizione geometrica rappresentata nelle Fig. 52.2 e 52.3, e il diametro dei tubi Geiger, l'angolo zenitale con cui queste particelle potrebbero attraversare i due contatori dovrebbe essere $> 86°$. Poiché la distribuzione angolare zenitale dei muoni ha un andamento del tipo $\cos^2 \vartheta$, la probabilità di avere muoni quasi orizzontali è enormemente ridotta rispetto a quelli che provengono da direzioni prossime alla verticale. Inoltre, se gli eventi di coincidenza doppia fossero dovuti ad una singola particella che attraversa entrambi i contatori, dovremmo osservare molti più eventi per la configurazione geometrica di sinistra nella Fig. 52.6 che non per quella di destra, in quanto l'intervallo di angoli azimutali da cui potrebbero provenire le tracce dei muoni è molto maggiore nella configurazione di sinistra (circa 55°) che in quella di destra (circa 4°). La configurazione di sinistra corrisponde nel set di dati misurato ai pattern 5 e 10, mentre la configurazione di destra corrisponde ai pattern 3 e 12.

Dalla Fig. 52.5 si vede invece come il numero di eventi per le due configurazioni sia simile, 31 eventi per l'insieme dei pattern 5 e 10 contro 30 eventi per l'insieme dei pattern 3 e 12. È più ragionevole dunque assumere che gli eventi di coincidenza doppia siano in buona misura dovuti anch'essi alla rivelazione di due particelle indipendenti dello sciame, che colpiscono i due rivelatori. Oltre a queste coincidenze sono state osservati anche 14 eventi di coincidenza del tipo 1-4 o 2-3 anch'essi interpretabili come coincidenze dovute a due particelle indipendenti.

Possiamo dire dunque che in questo set di dati sono stati osservati complessivamente circa 80 eventi di coincidenza tra i rivelatori, dovuti evidentemente all'arrivo di sciami atmosferici estesi per i quali due o più particelle sono state rivelate dai singoli contatori. Il rate di eventi di questo tipo è stato dunque di circa un evento per ora. Questo mostra che anche con contatori Geiger di dimensioni molto ridotte (pochi cm^2 di area sensibile) è possibile mettere in evidenza uno dei fenomeni più interessanti della fisica dei raggi cosmici, l'arrivo a terra delle particelle secondarie emesse a seguito dello sviluppo di uno sciame esteso nell'atmosfera terrestre.

Riferimenti bibliografici

[Heck1998] D. Heck, J. Knapp, J.N. Capdevielle, G. Schatz and T. Thouw, *CORSIKA: A Monte Carlo code to simulate extensive air showers*, Report FZKA-6019 (1998).
[Riggi2023] F. Riggi, *Messengers from the Cosmos. An Introduction to the Physics of Cosmic Rays in Its Historical Development*, Springer 2023.

Realizzare un micro-array di contatori Geiger per la rivelazione di sciami 53

L'attività discussa nel precedente esperimento ha permesso di evidenziare la rivelazione di sciami atmosferici estesi, in base agli eventi di coincidenza tra due o più rivelatori dislocati su un piano ad una piccola distanza relativa. Il rate di questi eventi, adoperando 4 contatori, è stato comunque molto basso, dell'ordine di un evento per ora. È possibile, e in che termini, aumentare il numero di eventi acquisiti aumentando il numero di rivelatori coinvolti? È questa la logica sottesa dai grandi array per la rivelazione di sciami atmosferici estesi: adoperare un grande numero di rivelatori (ovviamente in quel caso i rivelatori hanno anche una superficie sensibile enormemente maggiore di quella di un Geiger) per tempi di misura estremamente lunghi, specie se si vogliono rivelare sciami di grande energia, la cui abbondanza è minore.

Possiamo discutere qui in termini generali del come potrebbe essere organizzato un micro-array di contatori Geiger e quali prestazioni avrebbe rispetto alla possibilità di rivelare semplici eventi di coincidenza tra due soli rivelatori.

Se consideriamo semplicemente il numero N_c di coincidenze doppie tra rivelatori, esso dipende dal numero n di rivelatori secondo l'usuale formula del calcolo combinatorio

$$N_c = \frac{n(n-1)}{2}$$

Così, se abbiamo 2 rivelatori, avremo ovviamente una sola possibilità di coincidenza, mentre se abbiamo 3 rivelatori, potremo avere 3 diverse possibili coincidenze (1-2, 1-3 e 2-3). Aggiungendo dunque un rivelatore, abbiamo triplicato il numero di possibilità, riducendo a un terzo il tempo necessario per rivelare un dato numero di eventi di coincidenza. Utilizzando un numero ancora maggiore di rivelatori, aumenta il numero di possibili combinazioni tra coppie di rivelatori diversi, come mostra la Fig. 53.1.

In generale, l'aggiunta di un rivelatore al numero n di rivelatori già esistenti porta ad un fattore di guadagno

$$R = \frac{(n+1)}{(n-1)}$$

F. Riggi, *Esperimenti didattici e amatoriali con i contatori Geiger*,
https://doi.org/10.1007/978-3-031-72012-3_53

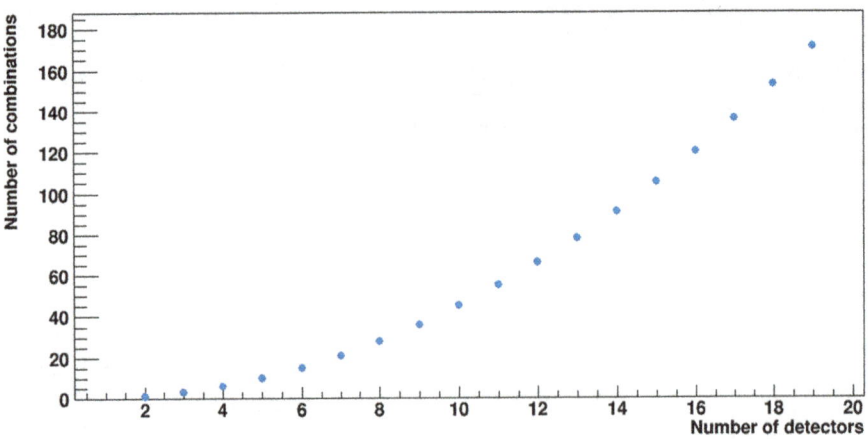

Figura 53.1 Numero di combinazioni di due rivelatori, in funzione del numero complessivo di rivelatori

Con $n = 2$, il fattore sarà 3, con $n = 3$ il fattore sarà 2, e così via. E' chiaro che con un grande numero di rivelatori il guadagno che si ottiene aggiungendo un ulteriore rivelatore all'insieme sarà irrisorio, perché il fattore $(n + 1)/(n - 1)$ tende a diventare prossimo a 1. Sembrerebbe dunque che sia inutile aumentare il numero di rivelatori oltre poche unità. Teniamo tuttavia conto che il numero di possibili combinazioni a due a due di n rivelatori aumenta comunque all'incirca con il quadrato del numero di rivelatori; in assoluto l'aumento nel numero di possibili combinazioni non è dunque irrisorio.

Uno sciame atmosferico esteso può anche produrre però coincidenze multiple (triple, quadruple, ...) tra più rivelatori dislocati a breve distanza relativa. Anche se la probabilità di osservare una coincidenza tripla tra 3 rivelatori è certamente minore della probabilità di osservare una coincidenza doppia tra 2 rivelatori, il numero delle possibili terne in un set di n rivelatori indipendente aumenta ancora più rapidamente con il numero complessivo di rivelatori, come si vede in Fig. 53.2, che mostra il numero di combinazioni a tre a tre in funzione del numero di rivelatori.

Come si vede da questo grafico, con 10 rivelatori si ottengono 120 possibili combinazioni diverse di coincidenze triple, che salgono a 1 140 con 20 rivelatori.

In generale il calcolo combinatorio può darci il numero di combinazioni a k a k di n rivelatori, numero che aumenta rapidamente con n e k, ed è espresso dalla seguente relazione:

$$C_{n,k} = \frac{n!}{k!(n-k)!} = \frac{1}{k!} \prod_{i=0}^{k-1}(n-i)$$

Per un dato numero complessivo n di rivelatori, possiamo avere un'idea del come il numero di combinazioni varia in funzione di k dal grafico seguente (Fig. 53.3), che mostra il numero di possibili combinazioni a k a k per un numero complessivo

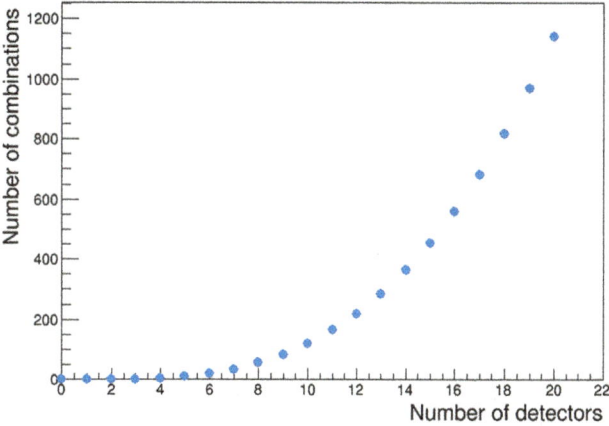

Figura 53.2 Numero di combinazioni di tre rivelatori, in funzione del numero complessivo di rivelatori

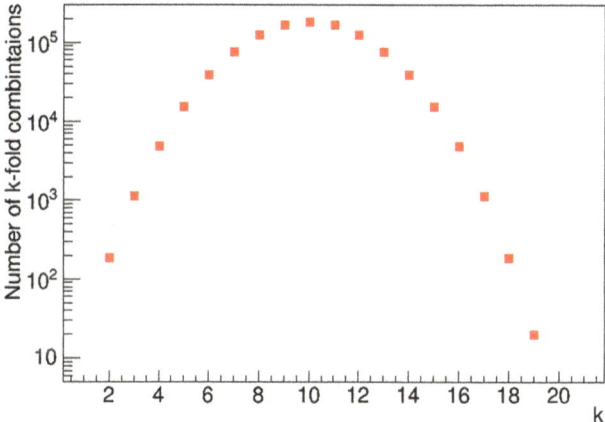

Figura 53.3 Numero di combinazioni possibili a k a k di 20 rivelatori

di rivelatori pari a 20. Dalla formula precedente è possibile comprendere che il massimo numero di combinazioni si ottiene per $k = n/2$, in questo caso $k = 10$.

Il grafico mostra che il numero di possibili combinazioni in queste condizioni può divenire elevatissimo, oltre 100 000. Un array realizzato con 10 o 20 rivelatori piazzati a piccola distanza relativa avrebbe dunque la possibilità di osservare anche eventi di coincidenza multipla tra più rivelatori. Questi, sebbene siano rari per ogni data configurazione specifica di rivelatori, possono divenire un numero ragionevole se si considera l'enorme numero di configurazioni possibili. È questa infatti la strategia adoperata dai grandi array di rivelatori per l'osservazione di sciami atmosferici estesi, che potrebbe essere utilizzata in linea di principio per estendere le misure riportate nell'esperimento precedente, che facevano uso solamente di 4 rivelatori.

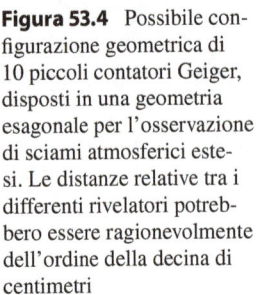

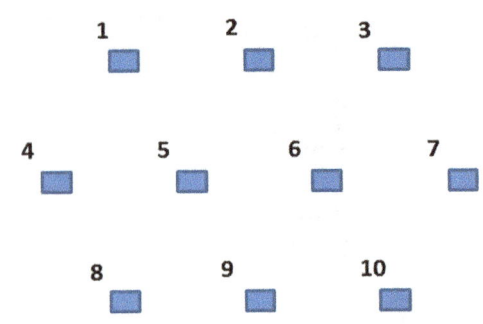

Figura 53.4 Possibile configurazione geometrica di 10 piccoli contatori Geiger, disposti in una geometria esagonale per l'osservazione di sciami atmosferici estesi. Le distanze relative tra i differenti rivelatori potrebbero essere ragionevolmente dell'ordine della decina di centimetri

Misure con contatori Geiger a basso costo potrebbero essere organizzate da questo punto di vista in ambito scolastico o di *citizen science*, coinvolgendo più persone nell'attività. Se ci limitiamo ad un numero complessivo di rivelatori pari a 10, un'analisi simile a quella precedente mostra che avremmo 120 possibili coincidenze triple e oltre 200 tipologie di coincidenze quadruple, oltre alle possibili (in numero di 45) coincidenze doppie.

Se confrontiamo questi numeri con le misure preliminari condotte con soli 4 rivelatori nell'esperimento precedente, in quel caso potevamo avere 6 possibili tipologie di coincidenze doppie, 4 possibili tipologie di coincidenze triple e ovviamente una sola combinazione quadrupla, con un aumento di un fattore 7.5 per le doppie, 30 per le triple e di un fattore 200 per le quadruple. Questo, tuttavia, solo nel caso in cui assumessimo una probabilità uniforme di osservare coincidenze multiple, indipendentemente dalla posizione dei rivelatori, in particolare dalla loro distanza relativa, cosa che non è del tutto vera.

Tenendo conto del numero di coincidenze osservate nell'esperimento precedente (75 doppie, 2 triple e 1 quadrupla in 80 h), dovremmo stimare, anche se con una incertezza statistica elevata, 560 doppie, 60 triple e 200 quadruple nello stesso intervallo di tempo, circa tre giorni. Queste stime, tuttavia, sono molto sovradimensionate, perché all'aumentare della distanza relativa tra i rivelatori, la probabilità di osservare una coincidenza diminuisce drasticamente. In altri termini, la probabilità di osservare una coincidenza doppia tra due rivelatori piazzati a 50 cm di distanza è enormemente minore rispetto alla probabilità relativa ad una distanza di 10 cm. Solo una misura effettiva può dare una risposta circa la stima di coincidenze multiple osservabili.

Una configurazione geometrica tipica da poter utilizzare in esperimenti per la rivelazione di sciami estesi potrebbe essere del tipo "esagonale" (Fig. 53.4), come in uso in molti array di rivelatori di grandi dimensioni.

Una misura reale di questo tipo è stata organizzata utilizzando 10 contatori Geiger del tipo DIY, disposti su un tavolo e opportunamente collegati ad altrettanti canali digitali di una scheda Arduino Uno per l'acquisizione dei dati. Per lasciare liberi i canali digitali 0 e 1, in genere utilizzati per la comunicazione, i rivelatori sono stati numerati da 2 a 11 e collegati ai corrispondenti ingressi digitali 2–11 di Arduino. La Fig. 53.5 mostra una foto del setup realizzato.

Figura 53.5 Setup sperimentale costituito da 10 piccoli contatori Geiger DIY, dislocati in una configurazione approssimativamente esagonale, con distanze relative di circa 15 cm. Il rivelatore #11 (in basso a destra), utilizzato nelle prime misure, è stato successivamente eliminato a causa di un guasto

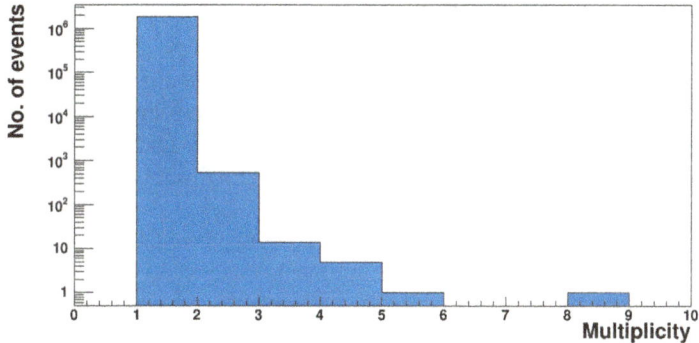

Figura 53.6 Distribuzione di molteplicità ottenuta nel secondo run, effettuato con 9 contatori disposti in una geometria di tipo esagonale per una durata di 7.5 giorni

In un primo run, della durata di circa 3 giorni, sono state osservate 244 coincidenze doppie, 1 coincidenza tripla e due coincidenze quadruple. Un secondo run è stato condotto con soli 9 rivelatori, a causa di un guasto sull'unità #11. In questo secondo run, della durata di 7.5 giorni, sono state osservate 530 coincidenze doppie, 14 coincidenze triple, 5 coincidenze quadruple, un evento di molteplicità 5 e un evento di molteplicità 8.

La Fig. 53.6 mostra la distribuzione di molteplicità ottenuta nel secondo run. Come si vede, rispetto al numero di eventi singoli (1.82×10^6) la frazione di coincidenze doppie è all'incirca 3×10^{-4}, cioè una frazione dello 0.3 per mille degli eventi. Tuttavia, le coincidenze multiple (m > 2) rappresentano una frazione non trascurabile, circa il 4% complessivamente, degli eventi di coincidenza doppia.

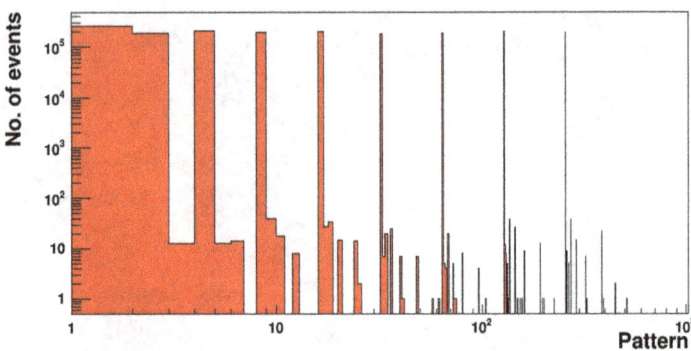

Figura 53.7 Distribuzione dei pattern (configurazioni topologiche) osservati nella misura corrispondente al secondo run, effettuato con 9 contatori disposti in una geometria di tipo esagonale per una durata di circa 7.5 giorni

Stime più precise richiederebbero delle misure più lunghe, anche con pochi rivelatori; tuttavia, questa stima di ordini di grandezza mostra che l'osservazione di sciami atmosferici estesi può essere condotta anche con un micro-array costituito da un numero ridotto (una decina) di rivelatori piazzati a breve distanza relativa, ottenendo un numero di eventi dell'ordine del centinaio o più al giorno. Questo tipo di misure è estremamente istruttivo dal punto di vista didattico e amatoriale, perché consente l'osservazione diretta di uno dei fenomeni più significativi della fisica dei raggi cosmici, cioè lo sviluppo e la propagazione di uno sciame atmosferico esteso. Queste misure, inoltre, consentono di discutere diversi aspetti riguardanti la statistica e la topologia degli eventi osservati.

L'utilizzo di distanze maggiori tra i rivelatori seleziona in linea di principio anche sciami di energia media più elevata. Naturalmente con piccoli contatori Geiger non è possibile aumentare di molto la distanza relativa tra i rivelatori, dato che il rate di coincidenze si riduce enormemente all'aumentare della distanza. Configurazioni differenti, con geometrie alternative, o distanze via via crescenti, consentirebbero di verificare come il rate e la particolare topologia delle combinazioni di rivelatori interessati negli eventi cambiano.

A titolo di esempio, possiamo vedere la distribuzione dei pattern in quest'ultima misura, rappresentata nella Fig. 53.7. Come si vede, la distribuzione è molto complessa, dato il numero delle possibili topologie (pattern) che si possono ottenere con 9 rivelatori differenti. Per mostrare adeguatamente il risultato è stata adoperata una scala logaritmica sia lungo le ordinate (numero di eventi) che lungo le ascisse (valore del pattern), in modo da evidenziare sia gli eventi con valori numerici piccoli del pattern (corrispondenti ai rivelatori etichettati con i valori più bassi) che valori numerici elevati, derivanti da combinazioni di rivelatori con numero di codice più elevato. I pattern più abbondanti sono chiaramente quelli corrispondenti agli eventi singoli, che possono andare dal valore $2^0 = 1$ per il primo rivelatore al valore $2^8 = 256$, corrispondente all'ultimo rivelatore. Gli eventi di coincidenza doppia sono identificati da diversi valori del pattern e non sono tutti equiprobabili, in quanto la probabilità di avere una coincidenza tra due rivelatori prossimi è certamente maggiore della probabilità di una coincidenza tra rivelatori posti all'estremità opposta del micro-array. Un'analisi più dettagliata delle diverse topologie (configurazioni geometriche di più rivelatori in coincidenza, in particolare gli eventi di coincidenza doppia, che sono oltre 500 in questo set di dati) può consentire di verificare quantitativamente le affermazioni precedenti.

Misurare la curva di decoerenza per uno sciame

54

Vogliamo discutere in questa attività un ulteriore aspetto delle misure di coincidenza tra più rivelatori, che entro certi limiti può essere condotto anche con contatori Geiger di piccole dimensioni. Abbiamo già visto nell'esempio precedente che la probabilità di avere delle coincidenze doppie tra due rivelatori non è la stessa, se si varia la distanza tra i rivelatori stessi. Il rate di coincidenze è anzi estremamente sensibile alla distanza relativa tra i rivelatori, e nella configurazione del micro-array visto nell'attività precedente è stato possibile vedere che passare da una distanza di 15 cm ad una distanza di 50 cm modifica drasticamente i valori del rate osservato.

La correlazione tra i prodotti secondari degli sciami estesi, in particolare il rate di coincidenze osservato tra due contatori in funzione della distanza relativa tra i contatori, è stato studiato fin dalle prime evidenze dell'esistenza degli sciami [Auger1939]. Misure del genere vennero effettuate, oltre che da Auger, da diversi autori negli anni '40 [Prescott1949, Skobeltzyn1947, Wei1949] a distanze variabili tra pochi metri e oltre 300 m. L'andamento del numero di coincidenze in funzione della distanza, opportunamente normalizzato per tener conto del tempo di misura e della superficie sensibile dei due rivelatori, è denominato curva di decoerenza, e riflette il profilo trasversale dello sciame atmosferico esteso.

L'andamento dettagliato di tale funzione dipende tuttavia da diversi fattori, in particolar modo dalla natura delle particelle rivelate (se elettroni oppure muoni), dalla loro energia e dall'ammontare di materiale di schermaggio localizzato sopra i rivelatori. A piccole distanze relative tra i rivelatori (decine di metri) il contributo della componente soft dello sciame (elettroni e gamma) può essere preponderante, mentre a grandi distanze solo i muoni contribuiscono alla curva di decoerenza, in quanto le due componenti hanno un diverso profilo laterale. La curva di decoerenza è poi influenzata fortemente dagli effetti di schermaggio offerti dai materiali sovrastanti i rivelatori, che giocano un ruolo importante nell'assorbimento delle componenti meno energetiche. Misure della curva di decoerenza per distanze relative dell'ordine della decina di metri possono essere effettuate in tempi ragionevoli anche con piccoli rivelatori, ad esempio scintillatori di superficie sensibile delle centinaia di cm^2, come riportato in un recente lavoro [Riggi2021]. In quel caso la superficie di ogni rivelatore era di $20 \, cm \times 20 \, cm = 400 \, cm^2$ ed è stato possibi-

F. Riggi, *Esperimenti didattici e amatoriali con i contatori Geiger*,
https://doi.org/10.1007/978-3-031-72012-3_54

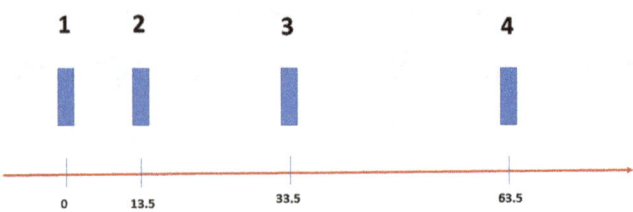

Figura 54.1 Disposizione geometrica dei contatori Geiger adoperati in questa misura

le studiare la curva di decoerenza fino a distanze di 20–30 m con tempi di misura dell'ordine di qualche settimana.

Una eventuale misura da condurre con contatori Geiger attuali, di ridotte dimensioni (pochi cm², dunque un fattore almeno 40 rispetto alle dimensioni degli scintillatori adoperati) porterebbe a tempi di misura proibitivamente lunghi. I contatori Geiger adoperati nel passato, anche in queste misure di interesse storico già citate, avevano infatti dimensioni molto maggiori. È possibile, tuttavia, esplorare la fattibilità di una misura del rate di coincidenza tra due rivelatori posti a distanze molto ridotte, inferiori al metro, osservando la correlazione tra particelle dello sciame (nel caso di una misura condotta all'aperto o sotto uno schermaggio trascurabile), o eventualmente tra particelle prodotte nell'interazione delle particelle dello sciame con i materiali sovrastanti il rivelatore, come ad esempio i solai dell'edificio in cui si svolge la misura.

A questo scopo è stata condotta una misura, della durata di circa 4 giorni, adoperando 4 contatori Geiger disposti orizzontalmente sullo stesso piano come in Fig. 54.1. Configurazioni del genere, con rivelatori posti non equidistanziati, ma a distanze via via crescenti, consentono infatti una strategia migliore, in modo da misurare contemporaneamente, con più contatori, il numero di coincidenze per diversi valori della distanza, in base alle $n\,(n-1)/2$ coppie tra gli n contatori. In questo caso abbiamo adoperato un numero di contatori $n = 4$, dunque si possono avere 6 possibili distanze relative. La stessa strategia è stata adoperata anche in un esperimento condotto con scintillatori, già citato [Riggi2021], nel quale 14 telescopi, costituiti ciascuno da due scintillatori operanti in coincidenza, erano dislocati lungo la stessa linea, fino ad una distanza massima di circa 20 m. In questa particolare misura, i 4 contatori Geiger sono stati disposti con i loro assi paralleli, nelle posizioni $x = 0$, 13.5 cm, 33.5 cm, 63.5 cm, come mostrato in Fig. 54.1.

La Fig. 54.2 mostra una foto del setup adoperato nel corso di questa misura, che ha fatto uso di contatori Geiger PASCO SN7928, disposti secondo la geometria riportata nella figura precedente.

Gli eventi prodotti dai 4 contatori sono stati acquisiti mediante una scheda Arduino, utilizzando un trigger dato dalla combinazione logica OR dei 4 rivelatori, in modo simile a quanto fatto in altri esperimenti, e successivamente analizzati per estrarre sia i rate singoli dei diversi contatori che il numero di coincidenze tra le possibili coppie di contatori diversi. Nel corso di questa misura sono stati acquisiti complessivamente circa 570k eventi, con un rate medio di 1.7 eventi/s. Nella

Figura 54.2 Un setup costituito da 4 contatori Geiger disposti orizzontalmente, in modo da misurare il rate di coincidenze doppie a diverse distanze relative tra i contatori

quasi totalità questi eventi sono stati eventi singoli, nei quali un solo contatore era interessato, con un rate medio che in prima approssimazione era eguale per i 4 contatori, con piccole differenze tra un contatore e l'altro, entro variazioni di qualche percento.

Il numero complessivo di eventi di coincidenza osservati tra due dei quattro contatori è stato di 64, corrispondente a circa 0.7 eventi per ora, un rate ovviamente molto basso, che richiede tempi di misura molto lunghi per acquisire un numero significativo di eventi. Anche in una misura di durata non eccessiva come quella qui descritta (circa 92 h), è stato possibile comunque osservare come questi eventi di coincidenza si distribuissero tra le diverse coppie in modo differente, in base alla distanza relativa tra i due rivelatori della coppia, ed estrarre dunque il trend del numero di coincidenze osservate in funzione della distanza, mostrato in Fig. 54.3.

Come si vede, il numero di coincidenze osservate diminuisce rapidamente all'aumentare della distanza relativa tra i rivelatori, fino a raggiungere il valore di poche unità per distanze superiori ai 50 cm, il che rende la misura difficile da realizzare (tempi di misura molto lunghi) per distanze ancora maggiori.

Per quanto riguarda il trend osservato, esso è compatibile con quanto misurato in altri esperimenti: una rapida decrescita del rate di coincidenze per distanze inferiori a qualche metro e un andamento più costante, con una decrescita più lenta, per distanze grandi, alle quali la correlazione è dovuta in buona parte alle coppie di muoni, mentre la forma della distribuzione per distanze piccole è fortemente influenzata dalla componente soft (elettroni e gamma presenti negli sciami atmosferici estesi) e dagli eventuali effetti del materiale esistente al di sopra dei rivelatori, che produce interazioni secondarie.

Il numero di eventi osservato in una data misura è naturalmente proporzionale al tempo di misura impiegato e al prodotto delle aree sensibili dei rivelatori adoperati. Se volessimo una quantità indipendente da questi parametri, potremmo per l'appunto normalizzare il numero di eventi N_{events} al prodotto delle aree $A_1 A_2$, e al

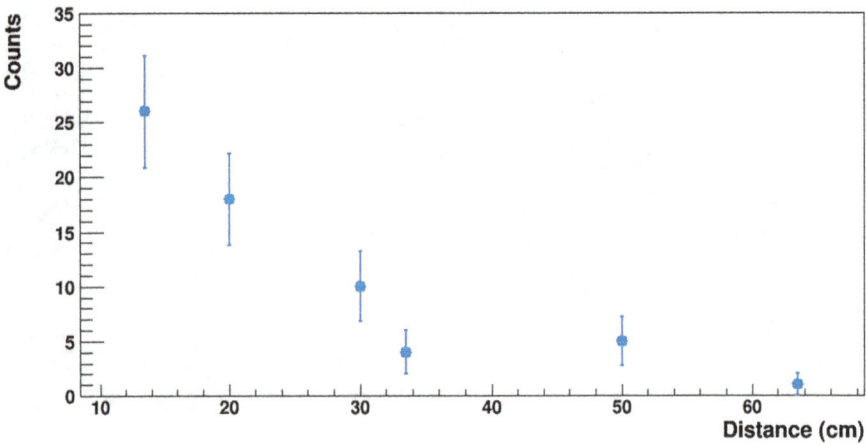

Figura 54.3 Numero di coincidenze doppie osservate in funzione della distanza relativa tra i due rivelatori della coppia

tempo di misura t, valutando per ogni distanza la quantità:

$$\frac{N_{\text{events}}}{A_1 A_2 t}$$

che viene espressa in eventi/(m^4 s) e che può essere confrontata in prima approssimazione con quella ottenuta in altri esperimenti. Più rigorosamente, occorrerebbe tener conto nel confronto della possibile diversa efficienza di rivelazione e dell'accettanza angolare di ogni setup. La localizzazione del setup sperimentale, con un diverso grado di schermaggio al di sopra dei rivelatori, può giocare anch'esso un ruolo importante nel modificare le rese osservate.

A titolo di esempio, le misure descritte in questo esperimento effettuato con piccoli contatori Geiger e opportunamente normalizzate come sopra descritto, sono state confrontate con quelle ottenute da telescopi di scintillatori [Riggi2021], corrette per l'efficienza di rivelazione (ma non per la diversa accettanza angolare). I risultati sono mostrati in Fig. 54.4. I triangoli rossi mostrano i dati ottenuti con i contatori Geiger, mentre i quadrati blu mostrano quelli ottenuti dai telescopi di scintillatori. A parte la diversa accettanza angolare (che è maggiore per i contatori Geiger, dato che sono sensibili a particelle provenienti da ogni direzione) e la diversità dell'ambiente di misura, i dati combinati confermano il fatto che a distanze relative molto ridotte la curva di decoerenza diminuisce rapidamente con la distanza, mentre ha una pendenza minore man mano che la distanza aumenta.

I risultati ottenuti in questo esperimento mostrano che anche con piccoli contatori Geiger è possibile organizzare delle misure didattiche di una certa rilevanza nel campo della fisica dei raggi cosmici. Il rate ridotto di eventi impone in questo caso misure di durata elevata, se si vogliono ottenere risultati significativi, in base anche al numero di rivelatori utilizzabili in contemporanea.

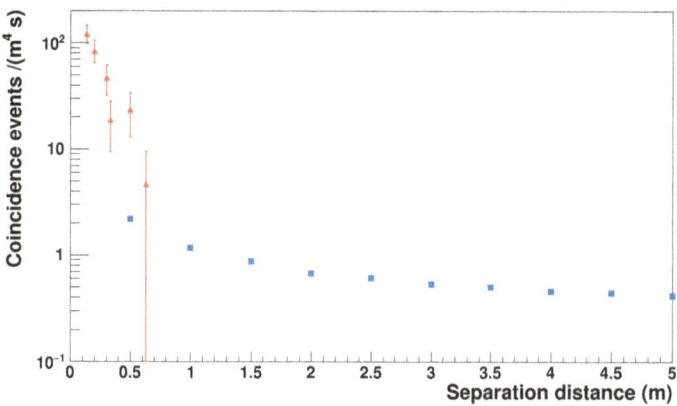

Figura 54.4 Curva di decoerenza ottenuta nella presente misura (triangoli rossi), espressa in termini del numero di coincidenze osservate ad una data distanza tra i rivelatori e normalizzata al prodotto delle aree sensibili dei rivelatori e al tempo di misura. Sono mostrati anche alcuni risultati ottenuti da un esperimento condotto con scintillatori [Riggi2021], indicati dai quadrati blu

Riferimenti bibliografici

[Auger1939]   P. Auger et al., *Extensive cosmic ray showers*, Review of Modern Physics **11**(1939)288.

[Prescott1949]   J.R. Prescott and C.B.O.Mohr, *Structure of cosmic ray showers*, Nature **164**(1949)21.

[Riggi2021]   F. Riggi et al., *A modular telescope facility to investigate the cosmic ray decoherence curve*, Journal of Instrumentation **16**(2021)T08006.

[Skobeltzyn1947] D.V. Skobeltzyn et al., *The lateral extension of Auger showers*, Physical Review **71**(1947)315.

[Wei1949]   J. Wei and C.G. Montgomery, *Narrow air showers of cosmic rays*, Physical Review **76**(1949)1488.

Investigare la curva di transizione di Rossi

Già nel 1928, ad opera del fisico Skobeltsyn, era stata evidenziata l'esistenza di tracce correlate di particelle, derivanti da processi che avvenivano in prossimità della zona di osservazione (a quel tempo tipicamente mediante camere a nebbia). Si trattava dell'evidenza di processi secondari dovuti alla radiazione cosmica, che avvenivano nel materiale sovrastante il rivelatore e che producevano almeno due particelle correlate a piccoli angoli. Una conseguenza di questi processi è che il numero di queste particelle secondarie, tipicamente elettroni, dipende dallo spessore del materiale interposto: questo numero inizialmente aumenta con lo spessore, perché nuove particelle vengono prodotte; tuttavia, con l'aumento dello spessore le particelle iniziano ad essere assorbite nel materiale stesso.

L'andamento dettagliato di questa curva, detta curva di transizione, venne studiata da Bruno Rossi negli anni '30 del secolo scorso [Rossi1933], con varie configurazioni di contatori Geiger disposti sotto uno spessore di piombo. In particolare, Rossi utilizzò più contatori Geiger in coincidenza, secondo disposizioni geometriche che potevano mettere in evidenza anche il passaggio di più particelle indipendenti ma correlate (Fig. 55.1). Mentre la configurazione (A) consente di osservare particelle singole che passano attraverso più contatori, la configurazione (B) richiede che la coincidenza tra i contatori provenga da almeno due particelle distinte, perché una singola particella non potrebbe attraversare contemporaneamente i tre contatori.

Posizionando delle lastre di piombo con spessori via via crescenti al di sopra dei rivelatori, Rossi studiò come il rate di coincidenze tra più contatori variava con

Figura 55.1 Disposizioni geometriche di contatori Geiger utilizzate da Bruno Rossi negli anni '30 per studiare i processi che portavano alla creazione di particelle secondarie nel piombo posizionato sopra i contatori

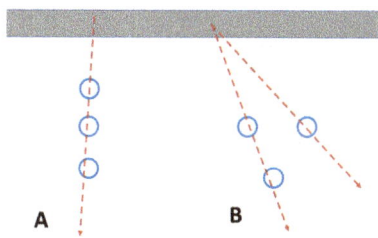

F. Riggi, *Esperimenti didattici e amatoriali con i contatori Geiger*,
https://doi.org/10.1007/978-3-031-72012-3_55

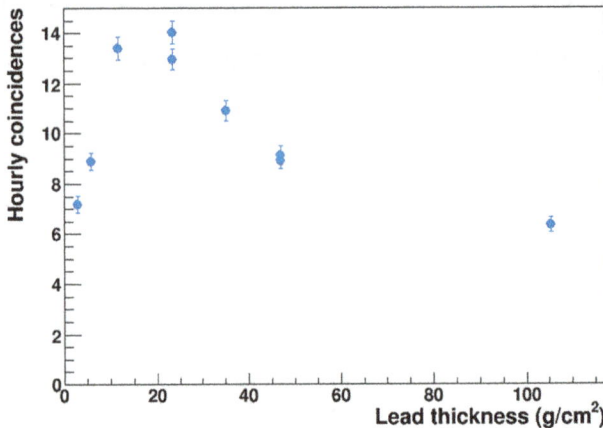

Figura 55.2 La curva di transizione di Rossi, che mostra il numero di coincidenze tra più contatori posizionati sotto una lastra di piombo, al variare dello spessore della lastra, espresso in g/cm², unità di densità superficiale. Dati estratti da [Rossi 1933]

lo spessore, ottenendo i dati mostrati in Fig. 55.2. Questa rappresenta la cosiddetta curva di transizione di Rossi: all'aumentare dello spessore della lastra di piombo il numero di coincidenze aumenta, per poi raggiungere un massimo e infine diminuire, fenomeno indicativo di sciami locali prodotti dall'interazione nella lastra di piombo. Il fatto che anche in assenza della lastra, o per grandi spessori di piombo, si osservino ancora coincidenze tra contatori posti ad una certa distanza rappresentò inizialmente un puzzle finché non si comprese la natura degli sciami atmosferici estesi, prodotti da una particella primaria nell'atmosfera.

È possibile realizzare degli esperimenti didattici per mettere in evidenza questo effetto, adoperando piccoli contatori Geiger e materiali facilmente reperibili?

Una prima misura è stata organizzata con un singolo contatore Geiger SN7928, posizionandolo all'aperto e adoperando come materiale da porre sopra il rivelatore anziché lastre di piombo (non facili da reperire) delle semplici piastrelle in ceramica per edilizia, di dimensioni $19.5 \times 19.5 \, \text{cm}^2$, spessore $0.8 \, \text{cm}$, e aventi densità misurata $1.75 \, \text{g/cm}^3$. Con questa configurazione è stato possibile misurare il rate di conteggio singolo per vari spessori del materiale, come da Tabella 55.1.

Come si vede, il rate di conteggio aumenta, anche se leggermente, all'aumentare dello spessore, mostrando in modo qualitativo che nel materiale posizionato sopra

Tabella 55.1 Valori osservati del rate singolo di un contatore Geiger posizionato al di sotto di un certo numero di piastrelle in ceramica

Numero di piastrelle	Spessore del materiale (g/cm²)	Rate osservato (eventi/s)
0	0	0.39 ± 0.01
4	5.6	0.41 ± 0.01
8	11.2	0.43 ± 0.01
16	22.4	0.44 ± 0.01

Figura 55.3 Dislocazione di 4 contatori Geiger (visti in sezione), costituenti due telescopi vicini, e posizionati sotto alcuni strati di materiale

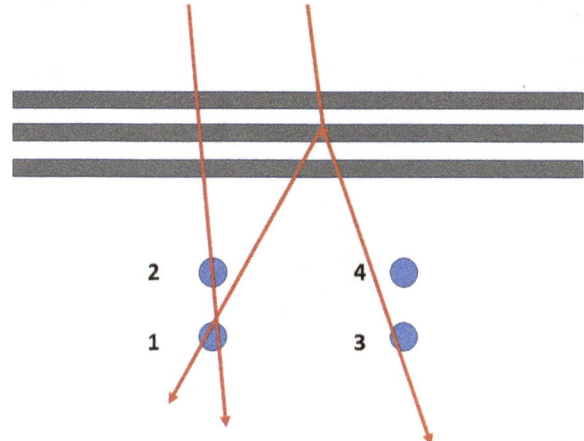

il contatore vengono prodotte nuove particelle, che vanno ad aumentare il rate complessivo di eventi. L'effetto dello schermaggio diretto offerto da questo spessore di materiale rispetto alle particelle di alta energia in arrivo dall'alto, come ad esempio i muoni, è del tutto trascurabile, e questo spiega perché il rate di conteggio non diminuisca.

Una misura condotta in queste condizioni, tuttavia, non è del tutto significativa, anche se semplice da realizzare, per diversi motivi. Innanzitutto, il rate di conteggio originale del contatore, anche in assenza di materiale posizionato sopra il rivelatore, non è imputabile solamente ai cosmici, ma in una frazione consistente dei casi anche alla radioattività ambientale, ad esempio quella esistente nelle rocce del suolo. Questo contributo rimane praticamente fisso anche posizionando una lastra di materiale al di sopra del rivelatore, riducendo quindi l'ammontare relativo dell'aumento osservato. Altro aspetto critico è dato dalla geometria di rivelazione, che dovrebbe prevedere una lastra di dimensioni infinite (in pratica molto maggiori delle dimensioni dei rivelatori), per non lasciare che particelle della radiazione cosmica con traiettorie molto inclinate raggiungano comunque il rivelatore anche senza aver interagito nella lastra.

Una seconda serie di misure è stata effettuata disponendo 4 contatori Geiger dello stesso tipo, dislocati secondo la configurazione mostrata in Fig. 55.3; si tratta cioè di due telescopi, costituiti ciascuno da due contatori sovrapposti. Usando questa configurazione è possibile, in linea di principio misurare non solo gli eventi singoli, ma anche gli eventi corrispondenti al passaggio di una particella in coincidenza nei due contatori dello stesso telescopio (Coincidenze 1-2 oppure 3-4 nella figura), e infine misurare anche eventuali coincidenze tra rivelatori appartenenti a telescopi differenti, evidenza del passaggio di due particelle correlate (Coincidenze 1-3, 1-4, 2-3, 2-4 o eventualmente – anche se molto più rare – anche coincidenze triple/quadruple).

La distanza tra i tubi Geiger dello stesso telescopio (1-2 o 3-4) era di 30 mm, mentre la distanza tra i due telescopi aveva un valore di 75 mm. Gli strati di mate-

Figura 55.4 Setup utilizzato per valutare l'effetto di un certo spessore di materiale (un certo numero di piastrelle in ceramica, con spessore complessivo fino a circa $20 \, g/cm^2$) sul rate di coincidenze tra diversi contatori Geiger disposti come in Fig. 55.3

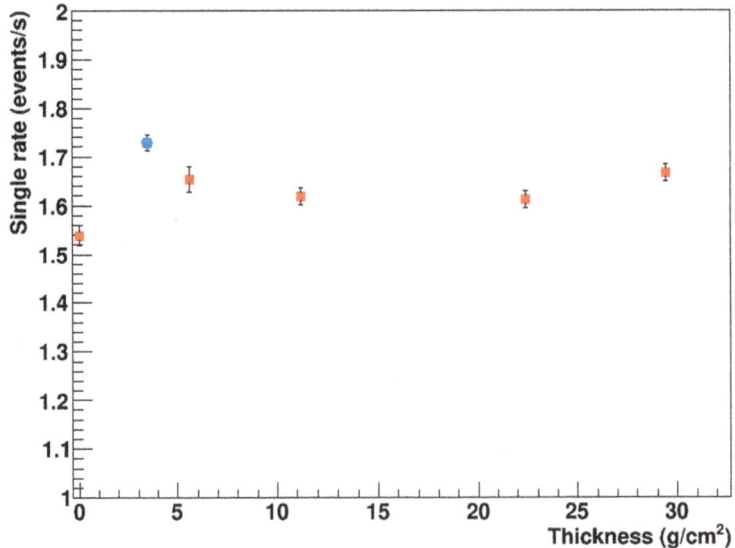

Figura 55.5 Rate complessivo dei quattro rivelatori posizionati all'esterno, in funzione dello spessore di materiale sovrapposto al di sopra di essi

riale (piastrelle) erano disposti a partire da pochi cm al di sopra dei rivelatori, come mostrato in Fig. 55.4.

Possiamo valutare innanzitutto il rate complessivo dei singoli rivelatori (somma dei rate osservati da ciascuno dei quattro rivelatori), i cui dati sono mostrati in Fig. 55.5 (quadrati rossi). Essi evidenziano un leggero aumento del rate (meno del 10%) quando si pone uno spessore di materiale al di sopra.

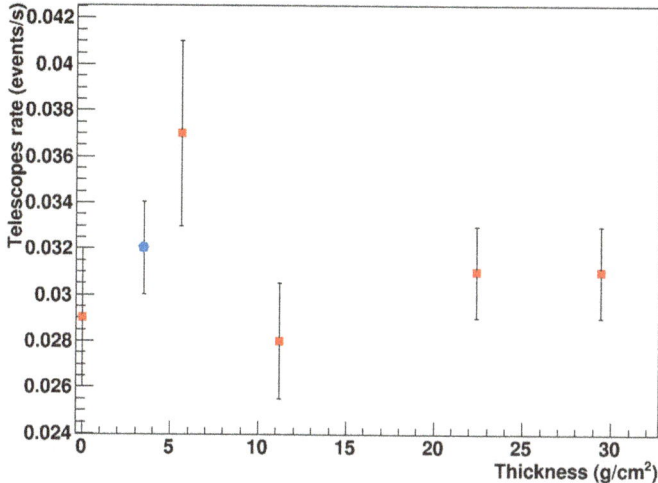

Figura 55.6 Rate complessivo dei due telescopi, in funzione dello spessore di materiale sovrapposto al di sopra di essi

Per quanto riguarda il rate delle particelle che attraversano entrambi i rivelatori di ognuno dei due telescopi (Coincidenze 1-2 e 3-4 con riferimento alla Fig. 55.3), esso è rappresentato in Fig. 55.6 (quadrati rossi). Stavolta l'aumento osservato con un piccolo spessore di materiale è più pronunciato, sebbene le incertezze statistiche siano molto elevate.

Infine, la Fig. 55.7 mostra, sempre con dei quadrati rossi, i risultati relativi alle coincidenze tra i due telescopi, sintomatiche della contemporanea rivelazione di due particelle distinte. Anche in questo caso si osserva un aumento pronunciato del rate di eventi di coincidenza quando si interpone un certo ammontare di materiale al di sopra di essi.

Nelle stesse Fig. 55.5–55.7 è anche mostrato, con un simbolo differente (in blu), il risultato di una ulteriore misura, condotta con lo stesso apparato di rivelazione, dislocato però sotto una tettoia di grande superficie (circa $15 \, m^2$) posta circa 2 m al di sopra dei rivelatori, e di cui è stata valutata la densità superficiale, in modo da riportare il risultato nello stesso plot.

L'insieme di questi risultati mostra che una misura della curva di transizione può essere progettata anche con rivelatori semplici come i piccoli contatori Geiger disponibili oggi e con materiali e configurazioni di rivelazione relativamente semplici. Al contempo è evidente che essendo l'effetto molto influenzato dalle condizioni di misura, queste misure vanno progettate più accuratamente di quanto non sia riportato nella presente discussione ed effettuate per tempi di misura molto più lunghi, dell'ordine di alcuni giorni.

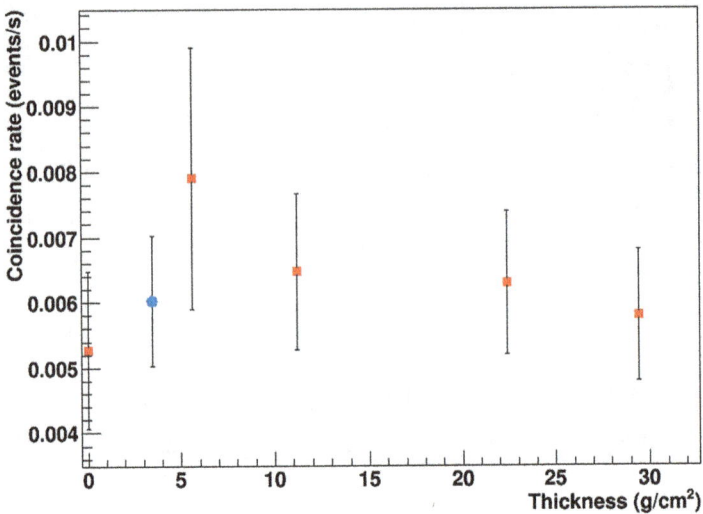

Figura 55.7 Rate di coincidenza tra i due telescopi, in funzione dello spessore di materiale sovrapposto al di sopra di essi

Riferimenti bibliografici

[Rossi1933] B. Rossi, *Über die Eigenschaften der durchdringenden Korpuskularstrahlung in Meeresniveau (Sulle proprietà della radiazione corpuscolare penetrante al livello del mare)*, Zeitschrift für Physik **82**(1933)151.

Partecipare ad un network per il monitoraggio della radiazione

56

La possibilità di collegare sensori di varia natura alla rete Internet, in modo da rendere disponibili anche a distanza i dati raccolti, ha fatto nascere in questi anni numerosi progetti di network basati su stazioni di monitoraggio distribuito, per la misura di uno o più parametri di vario genere. Esempi classici, esistenti da molto tempo, sono le reti di rilevamento di parametri meteo e ambientali, dalla pressione atmosferica, alla temperatura, umidità, e qualità dell'aria. Ad esempio, il Global Environmental Monitoring Network [URAD] gestisce tra l'altro un network di parecchie centinaia di sensori PM2.5 per il monitoraggio del particolato atmosferico.

Network che includono anche rivelatori per il monitoraggio della radiazione ionizzante, ambientale o di origine cosmica, sono stati anch'essi realizzati in anni recenti, nell'ambito di progetti didattici o di monitoraggio ambientale di tipo più generale [GMC, RADIATIONNETWORK, RADIOACTIVE_AT_HOME, RADMON, SAFECAST]. Molti di essi utilizzano piccoli contatori Geiger, a causa del loro basso costo e facilità di utilizzo. Alcuni di questi network, attivi anche oggi, comprendono decine o centinaia di stazioni, sparse in molte località del globo.

La Fig. 56.1 mostra, ad esempio, una mappa delle stazioni potenzialmente attive nell'ambito di uno di questi progetti [GMC]. Tale network include un numero elevato di stazioni, indicate nella mappa con un simbolo verde, dislocate prevalentemente in USA e in Europa, con qualche stazione posizionata anche in altri continenti.

La mappa interattiva mostra nel simbolo corrispondente a ciascuna stazione il rate medio di eventi al minuto, aggiornato a intervalli di 5 minuti, come mostra una porzione allargata di questa mappa, relativa all'Italia centrale (Fig. 56.2), nella quale sono visibili (al momento di scrivere) una ventina di stazioni, la maggior parte attive, con l'indicazione del rate medio (conteggi al minuto) misurato nell'ultimo intervallo di 5 minuti.

Selezionando ciascuna delle stazioni riportate nella mappa, è possibile avere alcune informazioni sull'apparecchiatura presente in stazione (tipologia di contatore Geiger in uso, posizionamento esatto in latitudine e longitudine della stazione) nonché accedere ed esportare gli ultimi dati misurati o accedere alla storia passata.

Figura 56.1 Mappa delle stazioni potenzialmente attive, in particolare in USA e in Europa, affe-renti ad uno dei network [GMC] per il monitoraggio continuo della radiazione ionizzante, mediante l'utilizzo di piccoli contatori Geiger

Figura 56.2 Porzione ingrandita della mappa precedente, relativa all'Italia Centrale, nella quale sono visibili una ventina di stazioni, la maggior parte attiva al momento della consultazione del sito, con l'indicazione del rate medio (eventi/minuto) misurato negli ultimi 5 minuti

Altri network di rivelatori offrono prestazioni simili, anche se in alcuni casi l'accessibilità interattiva ai dati e alle mappe dinamiche è riservata ai soli utenti registrati del network.

Altri esempi di network esistenti, facenti uso di piccoli contatori Geiger che distribuiscono i loro dati in rete sono, ad esempio, il Radiation Network [RADIATIONNETWORK], operato da Mineralab, con stazioni soprattutto negli USA. Questo network, creato nel 2004, dopo la tragedia dell'11 Settembre 2001, ha suggerito l'opportunità di un controllo il più diffuso possibile dei livelli di radiazione, gestito dai comuni cittadini, e consente l'uso di diversi modelli di contatori Geiger. Anche in questo caso ogni stazione di monitoraggio effettua l'upload dei dati acquisiti in tempo reale e in modo automatico. Le informazioni sulle mappe disponibili sono aggiornate generalmente ogni minuto, e mostrano il numero di conteggi al minuto di ciascun contatore. Ovviamente, questo rate può variare molto da stazione a stazione, in base alla località, altitudine, localizzazione esatta del contatore (se all'aperto o al chiuso, ...). Per questo network, l'accessibilità piena alle informazioni (mappe interattive, descrizione dettagliata dei siti, forum di discussione, ...) è riservata agli utenti registrati.

Il network Safecast [SAFECAST] è un'organizzazione internazionale no-profit, gestita da volontari, per acquisire e rendere accessibili diverse tipologie di dati ambientali, incluso quelli relativi ai livelli di radiazione, creato in risposta agli eventi catastrofici (terremoto e tsunami) in Giappone nel 2011, con il conseguente incidente alla centrale nucleare di Fukushima. I dati acquisiti nell'ambito di questo network sono pubblicati e resi accessibili sotto licenza CC0. Sono disponibili varie tipologie di presentazione dei dati, anche attraverso interfacce sonore. Per quanto riguarda i devices comunemente impiegati nel network, il più utilizzato è un sensore di radiazioni mobile, dotato di GPS, progettato per essere trasportato anche a bordo di auto o altri mezzi di trasporto. Questo sensore acquisisce i dati a brevi intervalli di tempo, trasmettendoli insieme alle informazioni relative al tempo e alle coordinate di posizione.

Il network Radmon [RADMON] è una ulteriore rete di monitoraggio gestita su base volontaria da appassionati e sperimentatori, con stazioni sparse principalmente in Europa e USA. Queste possono essere basate su varie tipologie di contatori Geiger, sia commerciali che del tipo "Do It Yourself" (DIY), utilizzando strumenti software resi disponibili per varie piattaforme. La Fig. 56.3 mostra una mappa estratta da questo network, relativa alla regione dell'Europa.

L'elenco delle stazioni, con il loro rate di conteggio e la localizzazione geografica sono liberamente accessibili, insieme a grafici del rate di conteggio in funzione del tempo, organizzati su base giornaliera, settimanale, mensile e annuale. La Fig. 56.4 mostra uno dei grafici riportanti l'evoluzione del rate di conteggio di una specifica stazione nell'arco di una giornata. I dati ottenuti sono mostrati con la tecnica della media mobile (moving average), discussa in uno dei primi esperimenti (Capitolo 7).

Un ulteriore progetto, attivo alcuni anni addietro, è stato Radioactive@home, un progetto polacco creato proprio allo scopo di realizzare una rete di sensori di radiazione distribuiti per monitorare i livelli di radiazione [RADIOACTIVE_AT_HOME]. Sebbene molte notizie relative al progetto non siano attualmente aggiornate, una mappa interattiva delle stazioni esistenti consente ancora oggi di localizzare stazioni attive e accedere a informazioni sulle caratteristiche della singola stazione. La Fig. 56.5 mostra una mappa delle stazioni potenzialmente attive per questo network.

È da citare poi che per iniziativa della Canadian Nuclear Society, e con il supporto di alcuni sponsor, sono stati forniti in anni recenti a oltre 300 scuole dei kit contenenti ciascuno un piccolo contatore Geiger con alcuni materiali naturali debolmente radioattivi, per familiarizzare studenti e docenti con alcune nozioni base riguardo il fenomeno della radioattività e delle radiazioni in generale [CNS]. La Fig. 56.6 mostra una mappa delle scuole coinvolte nel territorio canadese. Anche se lo scopo primario di questa iniziativa non era quello di stabilire un network di

Figura 56.3 Mappa delle stazioni esistenti nell'ambito del network Radmon [RADMON], principalmente nella regione geografica dell'Europa

monitoraggio in tempo reale dei livelli di radiazione, l'esempio mostra il potenziale interesse verso una rete di rivelatori per iniziative di tipo didattico, scientifico e di disseminazione dei risultati, ottenibile anche con sistemi di rivelazione a basso costo.

Network come quelli visti negli esempi precedenti hanno una grande valenza didattica e amatoriale in quanto consentono ad un numero potenzialmente illimitato di persone (studenti, appassionati) di accedere a dati comuni, anche provenienti da stazioni remote, tentare piccole analisi di dati localmente, confrontare i propri risultati con quelli ottenuti da altri utenti, partecipare a sessioni comuni di monitoraggio e analisi. Questo aspetto in genere è di maggiore importanza rispetto al condurre delle vere e proprie analisi quantitative nel territorio, dato che spesso i dati forniti dalle varie stazioni non sono strettamente confrontabili (ad esempio in termini di tipologia di rivelatore, di condizioni di schermaggio intorno al rivelatore, ...).

In alcuni di questi network si propone l'utilizzo di specifici modelli di contatori Geiger gestiti da un software messo a disposizione degli utenti registrati dallo stesso gestore del progetto, in modo da poter settare le condizioni di acquisizione e l'upload automatico dei dati a intervalli prefissati di tempo. In altri casi, il network prevede l'utilizzo di un generico modello di contatore Geiger, purché con alcune caratteristiche che lo rendano adatto a trasferire i dati, consentendo dunque ad un maggior numero di persone di poter partecipare al progetto.

Si può dire in conclusione che l'associazione ad uno di questi network, nel caso si abbia un unico o pochi contatori Geiger da utilizzare a tale scopo, o la realizzazione di un nuovo network, nel caso se ne abbiano le forze, consente una ulteriore possibilità di utilizzo anche di piccoli contatori Geiger per attività di monitoraggio, e soprattutto per attività didattiche, amatoriali e di outreach, anche in occasione di eventi pubblici, per sensibilizzare ai problemi legati al monitoraggio ambientale.

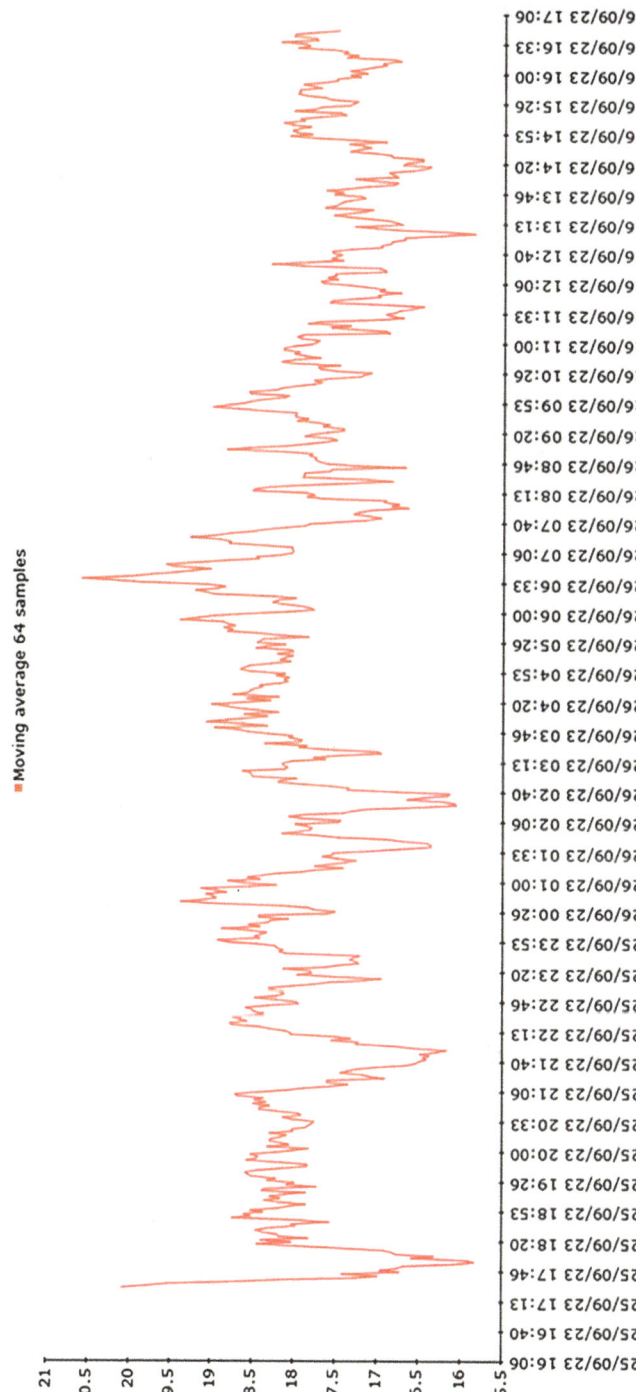

Figura 56.4 Rate di conteggio (eventi al minuto) ottenuti da una stazione di monitoraggio del network Radmon nell'arco di una giornata [RADMON]. I dati sono riportati con la tecnica della media mobile su un certo numero di campioni

Figura 56.5 Mappa delle stazioni potenzialmente attive relative al progetto Radioactive@home

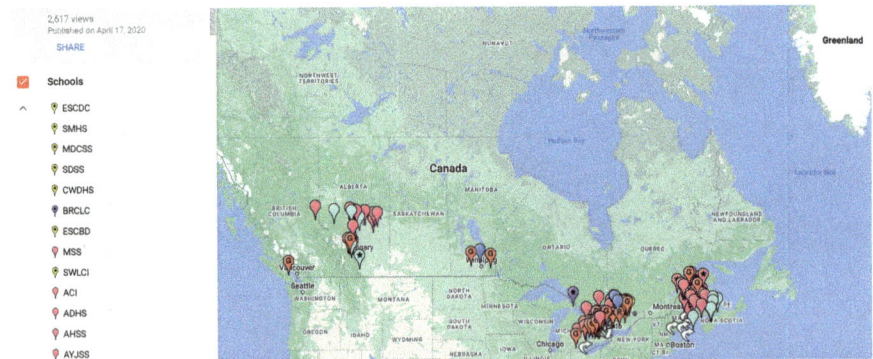

Figura 56.6 Mappa delle scuole coinvolte nel programma organizzato dalla Canadian Nuclear Society per mettere a disposizione dei kit comprendenti un piccolo contatore Geiger e alcuni preparati naturali debolmente radioattivi [CNS]

Riferimenti bibliografici

[CNS]   https://www.cns-snc.ca/learn-nuclear/geiger-counter-program/.
                               Verificato il 21 Gennaio 2025
[GMC]   https://www.gmcmap.com/. Verificato il 21 Gennaio 2025
[RADIATIONNETWORK]   https://radiationnetwork.com/. Verificato il 21 Gennaio 2025
[RADIOACTIVE_AT_HOME]   http://radioactiveathome.org/en/. Verificato il 21 Gennaio 2025
[RADMON]   https://radmon.org/index.php. Verificato il 21 Gennaio 2025
[SAFECAST]   https://safecast.org/. Verificato il 21 Gennaio 2025
[URAD]   Global Environmental Monitoring Network Web site: https://
                               www.uradmonitor.com/. Verificato il 21 Gennaio 2025

Utilizzare strategie di trigger con i contatori Geiger e una scheda Arduino

57

L'acquisizione di eventi provenienti da rivelatori di particelle, dai più semplici, come i contatori Geiger, ai più complessi, come i grandi esperimenti al Large Hadron Collider, costituiti da un enorme numero di rivelatori, presuppone sempre una selezione degli eventi da acquisire, definita da una serie di condizioni aritmetico-logiche sulle grandezze che caratterizzano gli eventi e sui rivelatori da cui esse provengono. L'insieme di tali condizioni per la selezione degli eventi di interesse è denominato trigger. Il trigger più semplice (o più inclusivo) che possiamo ipotizzare coinvolge un solo rivelatore e prevede l'acquisizione di tutti gli eventi che provengono da questo rivelatore.

Se abbiamo più rivelatori, potremmo ipotizzare anche in questo caso un trigger inclusivo, corrispondente alla funzione logica OR tra i diversi canali; in altre parole, potremmo voler acquisire tutti gli eventi, indipendentemente dal particolare canale (o rivelatore) da cui essi provengono. Abbiamo adoperato esempi di questo genere in molti degli esperimenti descritti in precedenza. In linea di principio potremmo ritenere che questa sia la strategia migliore in ogni tipo di esperimento, perché ci consente di acquisire tutti gli eventi, effettuando poi a posteriori una selezione degli eventi di interesse.

Non sempre è possibile adoperare questa strategia, la quale può presentare diversi aspetti critici. Innanzitutto, il numero di eventi acquisiti con un trigger del tutto inclusivo potrebbe essere enormemente alto e poco pratico da gestire. Abbiamo visto ad esempio che anche con un numero limitato di rivelatori, ad esempio 4, e con un rate di arrivo degli eventi estremamente basso, quale è quello atteso per un contatore Geiger in presenza del solo fondo dovuto alla radioattività ambientale e alla radiazione cosmica, possiamo ritrovarci con un numero di eventi dell'ordine di 10^5 per ogni giorno di acquisizione dati. Raccolte dati di questo tipo, anche se condotte per diversi giorni, danno luogo a files di eventi ancora facilmente gestibili con un computer, alcuni Mbytes; tuttavia questo esempio ci fa percepire l'entità del problema nel caso di sistemi di rivelazione molto complessi, costituiti ad esempio da migliaia di rivelatori indipendenti, oppure nel caso di esperimenti in cui il flusso di eventi è molto alto. Abbiamo visto che anche un contatore Geiger, in presenza di una sorgente radioattiva posta nelle vicinanze, può dar luogo a flussi di centinaia

F. Riggi, *Esperimenti didattici e amatoriali con i contatori Geiger*,
https://doi.org/10.1007/978-3-031-72012-3_57

di eventi al secondo. In quel caso, ammesso di poter acquisire effettivamente tutti gli eventi in arrivo, le dimensioni dei files prodotti raggiungerebbero dimensioni dei Gigabytes anche dopo tempi di raccolta dati limitati.

In casi del genere diviene chiaro che è opportuna una selezione degli eventi, anche se provenissero da pochi rivelatori (o al limite da un solo), ad esempio acquisendo solo un evento ogni N in arrivo, cioè scalando il rate di acquisizione di un fattore N. Dobbiamo tener conto infatti del tempo necessario non solo per acquisire l'evento (ad esempio per leggere il canale analogico o digitale attraverso cui l'informazione arriva) ma anche del tempo necessario per conservare l'informazione, ad esempio scrivendola su un file (su disco, o su una opportuna memoria). Questo tempo è generalmente molto maggiore di quello necessario per la lettura vera e propria del canale. Facendo riferimento ad una semplice scheda Arduino Uno, adoperata in molti degli esperimenti descritti in questo testo, la lettura di un canale digitale può richiedere alcuni microsecondi, il che significa che potremmo leggere anche decine di migliaia di eventi al secondo; tuttavia, se volessimo scrivere questi eventi su un file, o se volessimo aggiungere delle informazioni all'evento, come il suo tempo di arrivo, derivato dal clock interno della scheda, abbiamo bisogno di effettuare operazioni che impiegano molto più tempo, e che pertanto riducono di molto la effettiva velocità di lettura degli eventi, cioè il rate massimo di acquisizione.

Un altro aspetto importante nella scelta di un opportuno trigger di selezione degli eventi è rappresentato dal fatto che senza di esso si può rischiare di perdere eventi che sono molto rari. Per fare un esempio quantitativo, supponiamo di essere interessati ad eventi così rari da presentarsi con un rapporto di uno ad un milione rispetto agli eventi più probabili, cioè con una probabilità di 10^{-6} rispetto al fondo di eventi più comuni (in certi esperimenti di fisica moderna questa probabilità può anche essere ancora più piccola). Se il rate di arrivo degli eventi di fondo è di 1 000 al secondo, l'evento di interesse capiterebbe dunque in media ogni 1 000 secondi. Ora, se noi fossimo in grado di acquisire tutti gli eventi che arrivano (1 000 al secondo) non ci sarebbe alcun problema a parte il numero enorme di eventi acquisiti: dopo 1 000 secondi troveremmo in media tra il nostro milione di eventi anche uno degli eventi di interesse che cerchiamo. Se però riusciamo ad acquisirne solo 100 al secondo, dovremo acquisire per 10 000 secondi per raggiungere un numero di eventi pari a un milione e trovare in media uno degli eventi rari di nostro interesse. La situazione peggiora ulteriormente se riusciamo ad acquisire ad un ritmo ancora minore, oppure se gli eventi di interesse hanno una probabilità di verificarsi ancora più bassa. In questi casi si può rischiare in pratica di perdere gli eventi rari perché il sistema è sempre impegnato ad acquisire gli eventi di fondo. Occorre introdurre a monte una selezione degli eventi da acquisire, in modo da perdere una frazione anche consistente, e possibilmente nota, degli eventi più abbondanti, senza perdere gli eventi di interesse. Questo è il compito di un opportuno sistema di trigger, che può essere introdotto attraverso l'hardware oppure tramite un adatto software.

Un esempio molto semplice di trigger hardware è rappresentato dall'introduzione di una soglia minima sull'ampiezza del segnale che proviene dal rivelatore o dall'elettronica ad esso associata. Non è il caso dei contatori Geiger, che producono dei segnali all'incirca della stessa ampiezza qualunque sia la particella o l'energia della particella rivelata, ma per altre tipologie di rivelatori l'ampiezza del segnale è un'informazione utile, che può essere acquisita. In ogni caso, anche se avessimo segnali standard, l'inevitabile rumore elettronico che è presente all'uscita di un rivelatore o dell'elettronica associata (amplificatore, ...) potrebbe far sì che anche i segnali di rumore vengano acquisiti, aumentando enormemente sia il tempo di morto del sistema che (inutilmente) il numero di eventi acquisiti. Richiedere che l'ampiezza del segnale da acquisire sia superiore ad un certo valore minimo (soglia) elimina il rumore consentendo l'acquisizione degli eventi reali. Nella quasi totalità dei rivelatori, incluso i contatori Geiger, è presente quindi una soglia elettronica, talvolta regolabile dall'utente, proprio per eliminare i segnali di bassissima ampiezza (rumore). Questa condizione ("ampiezza del segnale superiore alla soglia") rappresenta in qualche modo una condizione di trigger perché seleziona gli eventi in base alla loro ampiezza. Se il rivelatore fornisce poi una informazione sull'ampiezza del segnale, ad esempio proporzionale all'energia della particella rivelata (come detto, questo non è però il caso dei contatori Geiger), potremmo selezionare, con una opportuna scelta del valore di soglia, solo gli eventi di energia superiore ad una certa energia minima. Anche in questo caso potremmo ripetere le considerazioni precedenti: se la quantità di eventi di bassa ampiezza (ad esempio di bassa energia) fosse enormemente maggiore di quella degli eventi di alta energia, potremmo perdere molti degli eventi di energia più elevata se non riduciamo con una soglia appropriata l'abbondanza degli eventi di bassa energia. Una condizione di trigger data dalla soglia in ampiezza può essere introdotta via hardware, con un circuito discriminatore a soglia regolabile, oppure via software, anche con una scheda Arduino, leggendo (alla massima velocità possibile) l'ampiezza del segnale da un ingresso analogico, e valutando (mediante un'istruzione del tipo *if* ...) se registrarlo o elaborarlo con delle operazioni matematiche ulteriori solo se la sua ampiezza è superiore ad un certo valore. Come ricordato in precedenza, è proprio la registrazione dell'informazione (ad esempio mediante stampa o scrittura su file) che richiede molto più tempo rispetto alla lettura, e che pertanto deve essere limitata ai soli eventi di interesse.

Abbiamo visto finora l'utilizzo di una condizione di trigger imposta su un solo canale, imponendo un valore minimale di soglia. Considerazioni analoghe si potrebbero fare anche per l'utilizzo di una soglia superiore (acquisire solo quei segnali inferiori ad una certa ampiezza), sebbene questo non sia un caso frequente.

Più interessante, invece, è discutere delle condizioni di trigger che coinvolgono più rivelatori, cioè l'informazione congiunta proveniente da diversi canali. Limitandoci all'utilizzo dei contatori Geiger che forniscono un segnale logico (del tipo SI/NO), ad esempio un segnale standard TTL, potremo leggere con la scheda Arduino i corrispondenti valori da altrettanti ingressi digitali, e valutare, in base al valore letto da questi ingressi se l'evento è da acquisire e memorizzare oppure no.

Immaginiamo dunque, riferendoci al linguaggio di programmazione utilizzato in Arduino, che la sequenza di lettura dei diversi canali digitali, all'interno di un loop, sia la seguente:

```
GeigerState1=digitalRead(GeigerPin1);
GeigerState2=digitalRead(GeigerPin2);
...
```

dove GeigerPin1, GeigerPin2 ... sono gli identificativi dei pin digitali a cui sono collegati i contatori Geiger, e le variabili intere GeigerState1, GeigerState2, ... contengono l'informazione (0 oppure 1) sul canale letto e dunque sui rivelatori che hanno dato un segnale in quell'evento (entro l'intervallo di tempo necessario per leggere tutti i vari canali). A seguito di questa lettura, fatta nel modo più veloce possibile (è da ricordare che esistono anche delle speciali librerie per Arduino che consentono di leggere i canali digitali in modalità più veloce di quella standard, meno di un microsecondo/canale), avremo a disposizione, dopo la lettura, l'insieme delle variabili logiche GeigerState1, GeigerState2 ... sulle quali operare una opportuna selezione di trigger dell'evento.

Discuteremo adesso alcuni esempi di possibili trigger da implementare mediante una scheda Arduino per la gestione di più contatori Geiger.

57.1 Trigger inclusivo

Il trigger più inclusivo, quello corrispondente alla trattazione di tutti gli eventi, è costituito dall'OR degli ingressi. Assumendo che il valore 1 corrisponda ad un canale attivo, questa condizione di trigger sarà data da:

```
if(GeigerState1==1 || GeigerState2==1 || ... ) {
istruzioni per elaborare o registrare l'informazione ...
}
```

dove la concatenazione logica "||" indica un'operazione di OR. In queste condizioni tutti gli eventi saranno registrati, indipendentemente da quanti e quali canali siano stati interessati nell'evento. Sarà comunque sempre possibile un'analisi ulteriore degli eventi registrati, alla ricerca di eventi speciali (coincidenze, ...). Il trigger inclusivo in linea di principio consente di non perdere nessun evento, a condizione che il rate di arrivo degli eventi non sia troppo elevato. L'unica controindicazione può essere rappresentata, come abbiamo detto, dalle dimensioni dei files prodotti.

Vediamo adesso alcuni esempi di trigger più selettivi, corrispondenti a situazioni sperimentali di interesse quando si adoperano più contatori Geiger.

57.2 Coincidenza tra due contatori Geiger

Nel caso di due contatori Geiger, potremmo essere interessati ad acquisire solo quegli eventi in cui sia il primo contatore che il secondo abbiano dato un segnale simultaneo (entro il tempo risolutivo di lettura dei due canali). È questa la situazione, ad esempio, di un telescopio di contatori sovrapposti verticalmente, come abbiamo visto in alcuni degli esperimenti descritti. Una sequenza di istruzioni in grado di selezionare questi eventi, rigettando invece gli eventi in cui solo uno dei contatori abbia dato segnale, è la seguente:

```
if( GeigerState1==1 && GeigerState2==1 ) {
istruzioni per elaborare o registrare l'informazione ...
}
```

dove l'operazione "&&" indica la concatenazione logica AND. Con un trigger del genere il numero di eventi acquisiti sarà enormemente ridotto, in quanto la probabilità di una coincidenza tra i due contatori è molto minore. Anche piazzando i due contatori Geiger ad una distanza verticale molto piccola, alcuni cm, il numero di eventi di coincidenza è infatti almeno un fattore 100 minore rispetto al numero di eventi singoli.

Un ulteriore esempio di coincidenza tra due contatori è rappresentato dalla ricerca di coincidenze tra rivelatori piazzati sullo stesso piano orizzontale, ad una certa distanza relativa, come abbiamo visto a proposito della osservazione di sciami atmosferici estesi. In questa situazione, la probabilità di osservare eventi di coincidenza è ancora minore, dell'ordine di un evento per ora, anche se i contatori sono disposti a breve distanza. C'è dunque in questo caso almeno un fattore 1 000 in meno rispetto al numero di eventi singoli. Questa condizione di trigger può essere facilmente generalizzata al caso di $N > 2$ contatori se vogliamo selezionare solo gli eventi di coincidenza che coinvolgono tutti i contatori contemporaneamente. Come vedremo dagli esempi successivi, tuttavia, possiamo imporre anche delle selezioni più complesse sull'insieme dei contatori utilizzati.

57.3   Coincidenze doppie in un insieme di *N* contatori

Un caso abbastanza frequente quando si adoperano diversi contatori, sia disposti in configurazione telescopica (uno sull'altro) che disposti sullo stesso piano (array di rivelatori), è la selezione di eventi che coinvolgono due o più contatori dell'insieme. Nel telescopio di 4 rivelatori sovrapposti, utilizzato in uno degli esperimenti precedenti, anziché acquisire tutti gli eventi con un trigger dato dall'OR di tutti i canali, avremmo potuto selezionare solo gli eventi di coincidenza doppia tra due qualunque dei quattro rivelatori, mediante la sequenza di istruzioni che definiscono le 6 possibili coppie di contatori in coincidenza:

```
if( (GeigerState1==1 && GeigerState2==1) ||
(GeigerState1==1 && GeigerState3==1) ||
(GeigerState1==1 && GeigerState4==1) ||
(GeigerState2==1 && GeigerState3==1) ||
(GeigerState2==1 && GeigerState4==1) ||
(GeigerState3==1 && GeigerState4==1) ) {
istruzioni per elaborare o registrare l'informazione ...
}
```

Istruzioni del genere possono essere facilmente generalizzate anche al problema della selezione di eventi di coincidenza tripla oppure al caso di un numero elevato di contatori; tuttavia, il numero di istruzioni potrebbe divenire molto elevato (e dunque richiedere anche tempo prezioso di CPU, che rallenterebbe la lettura degli eventi). Si possono in questi casi utilizzare tuttavia altre strategie più efficienti, come possiamo vedere nell'esempio successivo.

57.4   Trigger basato sulla molteplicità

Nei casi precedenti, se lo scopo dell'esperimento è quello di selezionare solo eventi dovuti a coincidenze multiple (doppie, triple ...) tra i diversi rivelatori, si può procedere alla selezione degli eventi valutando la molteplicità dell'evento, cioè il numero di canali interessato in quel particolare evento, utilizzando le istruzioni seguenti:

```
Int mult=0;
GeigerState1=digitalRead(GeigerPin1);
GeigerState2=digitalRead(GeigerPin2);
...
if (GeigerState1==1) mult++;
if (GeigerState2==1) mult++;
...
```

Dopo la lettura di tutti i canali, viene incrementata la variabile *mult*, ogni volta che uno dei canali letti è attivo. Tale variabile, inizialmente posta a zero, darà dunque alla fine la molteplicità dell'evento, cioè il numero dei canali attivi. Sarà dunque immediato, dopo la lettura di tutti i canali, selezionare gli eventi in base alla loro molteplicità. Ad esempio la sequenza di istruzioni:

```
if( mult > 1) {
istruzioni per elaborare o registrare l'informazione ...
}
```

selezionerà solo gli eventi di molteplicità superiore a 1 (coincidenze doppie, triple, ...) mentre la sequenza di istruzioni

```
if( mult ==3) {
istruzioni per elaborare o registrare l'informazione ...
}
```

selezionerà solo gli eventi di coincidenza tripla tra qualunque terna di rivelatori, indipendentemente dalla particolare scelta dei 3 rivelatori in coincidenza.

57.5   Combinazioni logiche di AND e OR

È possibile definire anche delle particolari condizioni logiche più o meno complesse, che coinvolgono sia la funzione AND che OR. A titolo di esempio molto semplice, consideriamo due telescopi costituiti ciascuno da 2 rivelatori sovrapposti,

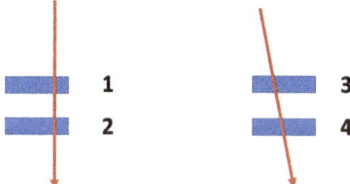

Figura 57.1 Un setup costituito da due telescopi, ciascuno dei quali realizzato con due rivelatori sovrapposti. Un opportuno trigger può selezionare solo gli eventi di coincidenza in ciascuno dei due telescopi

come in Fig. 57.1. Vorremmo selezionare gli eventi in cui una particella attraversa l'uno o l'altro telescopio, imponendo la coincidenza tra i due rivelatori dello stesso telescopio.

La sequenza di istruzioni seguente:

```
if( (GeigerState1==1 && GeigerState2==1) ||
(GeigerState3==1 && GeigerState4==1)) {
istruzioni per elaborare o registrare l'informazione ...
}
```

può definire un opportuno trigger per questo tipo di esperimenti.

57.6   Trigger su specifiche configurazioni di rivelatori

Trigger più complessi possono essere definiti nel caso in cui si è interessati a eventi associati a specifiche configurazioni (ad esempio geometriche) di rivelatori. Immaginiamo ad esempio un telescopio costituito da un certo numero di rivelatori sovrapposti e di voler selezionare solo gli eventi di coincidenza tripla, con la condizione però che i 3 rivelatori siano adiacenti. La sola condizione sulla molteplicità non sarà sufficiente in questo caso a identificare univocamente gli eventi di interesse.

Una modalità semplice ma efficace di selezionare configurazioni specifiche di rivelatori, specie se il numero di configurazioni possibili sono molte ma quelle di interesse sono poche, è quella di associare una variabile, detta pattern, che definisce in modo univoco ciascuna possibile configurazione e selezionare solo quegli eventi che abbiano quel (o quei) pattern di interesse. Abbiamo visto un esempio di questo genere nella gestione di un telescopio costituito da 4 rivelatori sovrapposti. In generale, se abbiamo N rivelatori distinti, associando un peso $w_i = 2^{(i-1)}$ al rivelatore i-esimo, potremo costruire una variabile definita dalla somma pesata degli ingressi, che potrà assumere 2^N possibili valori diversi. Dopo aver letto i singoli canali, la cui variabile di stato assumerà i valori 0 oppure 1 a seconda che quel canale sia attivo in quell'evento, un ciclo sul numero di canali complessivi consente di valutare nell'evento il pattern associato e di selezionare l'evento (per una ulteriore analisi o per la memorizzazione dell'evento stesso) se il pattern osservato corrisponde al (o ai) pattern di interesse per quella misura. La sequenza di istruzioni seguente mostra

Figura 57.2 Un array di
rivelatori con disposizione
geometrica "esagonale".
Ogni terna di rivelatori
posta ai vertici di un triangolo equilatero può essere
utilizzata per definire un opportuno trigger selettivo per
l'acquisizione degli eventi

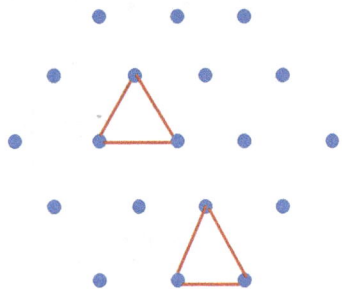

un esempio di implementazione del metodo, dove le variabili pattern1, pattern2, …
indicano i pattern da selezionare:

```
Int pattern, pattern1, pattern2, ...;
GeigerState1=digitalRead(GeigerPin1);
GeigerState2=digitalRead(GeigerPin2);
...
pattern = GeigerState1 + 2*GeigerState2 + 4*GeigerState3 + ...;
if (pattern == pattern1 || pattern == pattern2 || ... ) {
istruzioni per elaborare o registrare l'informazione ...
}
```

A parte l'esempio già visto nel caso di un telescopio di 4 elementi, possiamo ipotizzare un piccolo insieme di rivelatori disposti in una configurazione geometrica regolare, tipica degli array per la rivelazione di sciami atmosferici estesi, con i rivelatori
ai vertici di triangoli equilateri adiacenti (Fig. 57.2), detta anche configurazione
"esagonale", che abbiamo utilizzato in uno degli esperimenti precedenti.

Per un array del genere, si possono impostare diverse tipologie di trigger, così
come accade nei grandi esperimenti di fisica dei raggi cosmici: si può ad esempio
utilizzare un trigger di molteplicità (imponendo che gli eventi da acquisire siano
quelli con un numero minimo fissato di rivelatori), oppure "triggerare" su eventi
con particolari configurazioni geometriche, come ad esempio almeno 3 rivelatori
posti ai vertici di un triangolo.

Eventi di coincidenza tripla, ma con una opportuna configurazione geometrica
nella quale i tre rivelatori in coincidenza sono quelli localizzati ai vertici di un triangolo equilatero, possono essere selezionati per l'acquisizione di sciami atmosferici
estesi. Naturalmente l'arrivo di uno sciame può interessare anche altre terne di rivelatori con differente disposizione geometrica, e dunque localizzati anche a grande
distanza l'uno dall'altro. In array molto grandi, costituiti da un grande numero di rivelatori, può essere opportuno tuttavia selezionare solo quegli eventi che interessino
rivelatori prossimi tra loro.

Misurare gli spettri delle differenze temporali tra due rivelatori

Quando due contatori indipendenti rivelano eventi, ciascuno con il suo rate di conteggio, può avvenire, come abbiamo visto in alcune delle attività precedenti, che i due rivelatori indichino il simultaneo passaggio di due particelle, almeno entro un certo intervallo temporale. Si tratta degli eventi di coincidenza, di cui abbiamo parlato diffusamente in diversi degli esperimenti proposti: potrebbe trattarsi del passaggio della stessa particella, ad esempio un muone della radiazione cosmica, attraverso due rivelatori sovrapposti, oppure della rivelazione di due gamma correlati, emessi dalla stessa sorgente in direzione opposta, e così via.

Insieme agli eventi di coincidenza dovuti ad una causa fisica, i due rivelatori possono segnalare anche degli eventi di coincidenza spuri (casuali), cioè non derivanti da una causa fisica, ma dal passaggio casuale di due particelle in ciascuno dei due rivelatori, entro un piccolo intervallo di tempo (finestra di coincidenza). In questo caso parliamo di coincidenze casuali, il cui ammontare può essere valutato, come abbiamo visto, tenendo conto del rate di eventi misurato da ciascun contatore e dalla durata dell'intervallo di coincidenza.

La misura della differenza di tempo tra i segnali misurati da due rivelatori indipendenti, entro un certo intervallo di tempo, può fornire in alcuni casi delle informazioni aggiuntive sul fenomeno in esame. Un caso tipico è la misura del tempo di volo, cioè del tempo impiegato da una particella per attraversare la distanza che separa i due rivelatori (Fig. 58.1). La misura del tempo di volo può a sua volta essere utilizzata per stabilire la velocità della particella, e, in qualche caso, può essere sfruttata addirittura per discriminare tra particelle differenti. Uno spettro delle differenze $(t_2 - t_1)$, come schematizzato nella parte destra della figura, fornirà informazioni sulla distribuzione di questi tempi, ed eventualmente sulla distribuzione delle velocità.

Lo spettro delle differenze di tempo può anche servire a valutare la risoluzione temporale dell'intero sistema. La larghezza temporale (larghezza totale a metà altezza, FWHM) del picco di coincidenze vere fornisce infatti una stima della risoluzione temporale dovuta complessivamente alla risoluzione di entrambi i rivelatori.

F. Riggi, *Esperimenti didattici e amatoriali con i contatori Geiger*,
https://doi.org/10.1007/978-3-031-72012-3_58

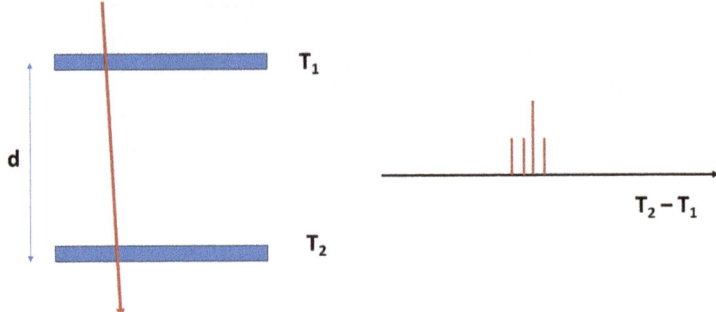

Figura 58.1 Due rivelatori posizionati ad una certa distanza verticale d, che misurino i tempi associati al passaggio di una particella nei due, possono dare informazioni sul tempo di volo ($t_2 - t_1$) e quindi sulla velocità della particella

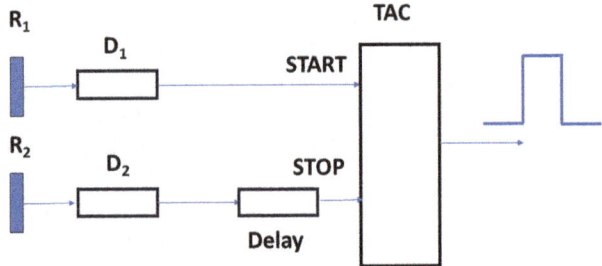

Figura 58.2 Due rivelatori R_1, R_2, inviano, attraverso dei discriminatori D_1, D_2 dei segnali logici allo START e allo STOP di un circuito denominato TAC (Time-to-Amplitude Converter), il quale produce un segnale analogico proporzionale alla differenza nei tempi di arrivo dei due segnali. Un opportuno ritardo, inserito prima dello STOP, fa in modo che il secondo segnale, in caso di segnali coincidenti, sia sempre successivo al primo

Nel caso di rivelatori veloci, ad esempio scintillatori, un'opportuna configurazione elettronica può essere utilizzata per la misura dello spettro di tempo tra due rivelatori (Fig. 58.2). Il segnale logico del rivelatore R_1 (prodotto dal discriminatore D_1) può essere inviato ad un particolare modulo elettronico, denominato TAC (Time-to-Amplitude Converter), in particolare all'ingresso denominato START di questo modulo. Il segnale logico proveniente dal rivelatore R_2 (prodotto dal discriminatore D_2) viene invece inviato all'ingresso denominato STOP dello stesso modulo, in genere ritardato di una certa quantità attraverso un circuito di ritardo. Il TAC produce un segnale analogico la cui ampiezza è proporzionale alla differenza temporale (STOP – START) nell'arrivo dei due segnali, entro una finestra temporale massima selezionabile dall'utente.

L'inserimento di un opportuno ritardo, mediante un semplice cavo nel caso di ritardi fino a qualche decina di nanosecondi, o con un circuito attivo nel caso di ritardi molto lunghi, fa in modo che nel caso di segnali coincidenti nei due rivelatori, il segnale da inviare allo STOP sia sempre successivo rispetto a quello inviato allo

START. L'analisi dell'ampiezza dei segnali analogici in uscita dal TAC, mediante un ADC, produce uno spettro delle ampiezze, che in questo caso rappresenta proprio lo spettro delle differenze di tempo tra i due segnali. In questo spettro possiamo aspettarci un eventuale picco di coincidenze vere tra i due rivelatori, sovrapposto ad un insieme di coincidenze casuali distribuite lungo lo spettro.

L'utente può selezionare una finestra temporale massima, raggiunta la quale il TAC si resetta ed è pronto ad accettare un nuovo segnale di START. Ad esempio, per segnali veloci, della durata di pochi nanosecondi, potremmo scegliere una finestra temporale di 100 ns e osservare, all'interno di quell'intervallo temporale, la distribuzione delle coincidenze casuali e delle coincidenze vere.

Misure del genere non sono di facile realizzazione con i contatori Geiger, dati i tempi di risposta di questi rivelatori, la durata dei segnali da essi prodotti e il tempo necessario per leggere questi segnali, tutti nel range dei microsecondi o delle decine di microsecondi. A titolo di esempio, se il segnale logico TTL prodotto dall'elettronica tipica associata ai contatori Geiger disponibili in commercio venisse letto da una scheda Arduino, come abbiamo fatto più volte nel corso di questi esperimenti, il tempo tipico per la lettura di un canale digitale abbiamo visto essere dell'ordine di 5 microsecondi. È chiaro, dunque, che la differenza tra i tempi associati ai due eventi da confrontare dovrebbe essere molto maggiore affinché si possa misurare con un certo grado di precisione. Nel passaggio di radiazioni cosmiche o di particelle emesse da una sorgente, dato che esse viaggiano praticamente alla velocità della luce, i tempi in gioco sono invece dei nanosecondi, dunque almeno un fattore 1 000 minori. La misura del tempo di volo di particelle nucleari richiederebbe quindi rivelatori dalla risposta molto più veloce, come gli scintillatori plastici o certe tipologie di rivelatori a gas veloci, e una corrispondente elettronica veloce, in grado di trattare segnali della durata di pochi nanosecondi.

È possibile, tuttavia, effettuare egualmente delle misure della differenza di tempo tra due contatori Geiger sovrapposti, utilizzando la configurazione geometrica mostrata in Fig. 58.1, per rendersi conto di alcuni aspetti insiti in questo tipo di misure. In questo caso possiamo attenderci un certo numero di eventi di coincidenza, dovuti a muoni verticali che passano attraverso i due contatori.

Per realizzare questa misura e condurre questa analisi, il segnale prodotto da ciascuno dei due contatori Geiger è stato inviato ad uno dei canali digitali di una scheda Arduino, e per ciascun evento, sia proveniente dal primo contatore che dal secondo, è stato registrato il tempo di arrivo dell'evento, utilizzando la funzione *micros()*, che fornisce il tempo in microsecondi rispetto all'inizio. Utilizzando una variabile *Unsigned long*, il contatore relativo a questa funzione si resetta (va in overflow e dunque si resetta) dopo approssimativamente 70 minuti. È possibile effettuare dunque delle misure di durata almeno un'ora, etichettando in tempo tutti gli eventi. Ovviamente possono essere fatte più misure per avere una maggiore statistica ove fosse necessario. La risoluzione, se si utilizza una scheda Arduino Uno, è di 4 microsecondi: questo significa che il contatore non potrà misurare tempi che non siano multipli di 4 microsecondi.

Analizzando successivamente i dati registrati, se si utilizza l'arrivo di ogni evento dal contatore 1 come START (t_1) per la misura del tempo e si utilizza come STOP

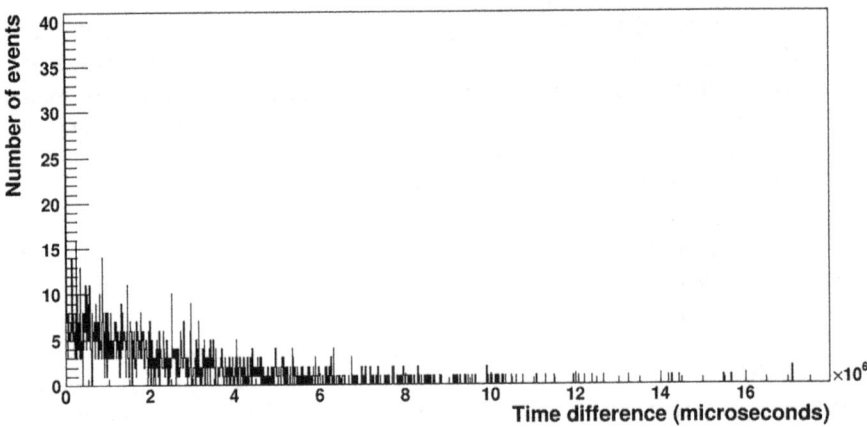

Figura 58.3 Spettro delle differenze di tempo $(t_2 - t_1)$ tra l'arrivo di ciascun segnale nel contatore 1 e l'arrivo del primo evento nel contatore 2 che segue quello nel contatore 1

(t_2) il primo evento proveniente dal contatore 2 dopo lo START, lo spettro delle differenze di tempo $(t_2 - t_1)$ ottenuto in una misura della durata di circa 70 minuti, ha dato il risultato mostrato in Fig. 58.3. La forma dello spettro è all'incirca esponenziale, come del resto atteso per una distribuzione di tempi tra eventi successivi, governati dalla distribuzione di Poisson, come abbiamo visto. L'arrivo degli eventi nel contatore 2, infatti, è in prima approssimazione indipendente dall'arrivo di un evento nel contatore 1, se si eccettuano gli eventi di coincidenza, per i quali ci aspettiamo un accumulo in prossimità dello zero $(t_2 = t_1)$. Un certo numero di eventi (38 in questo campione) è infatti visibile sul canale iniziale di questo spettro.

Il valor medio di questa distribuzione è pari all'inverso del tasso di conteggio di questo rivelatore, e per lo spettro in questione vale 2.43×10^6 microsecondi, cioè 2.43 s; l'inverso di questo valore, $1/2.43$ s $= 0.41$ s^{-1}, è proprio il rate medio di eventi osservato in questo contatore.

La finestra massima entro cui considerare la differenza nei tempi di arrivo è in questo caso molto grande, di parecchi secondi. In genere, quando si cercano eventi di coincidenza tra due rivelatori, che sono localizzati entro una stretta finestra temporale, si considera anche l'ammontare delle coincidenze spurie nello spettro delle differenze di tempo, in prossimità del picco che deriva dalle coincidenze vere. Sarebbe infatti irrealistico, avendo segnali che in questo caso saranno in coincidenza entro pochi microsecondi (in realtà entro una finestra ancora più breve, ma il sistema di lettura non distingue intervalli di tempo più brevi), considerare finestre temporali molto lunghe, di parecchi secondi, come nella figura precedente.

Se espandiamo lo spettro delle differenze di tempo entro una finestra molto più piccola, a destra dello zero, come mostrato in Fig. 58.4 (tra 0 e 350 ms), possiamo vedere che lo spettro presenta un fondo all'incirca uniforme su cui è visibile, nel canale iniziale, il contributo delle coincidenze vere.

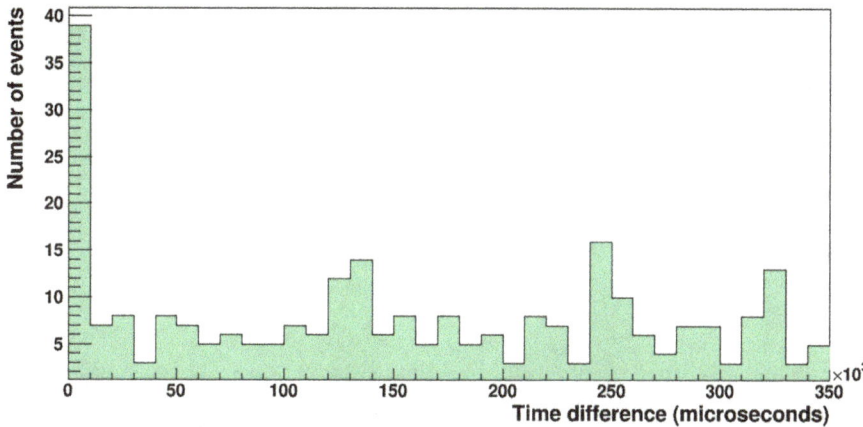

Figura 58.4 Porzione dello spettro precedente, nell'intervallo tra 0 e 350 ms. Nel canale iniziale è ben visibile il picco delle coincidenze vere tra i due rivelatori, mentre il resto dello spettro mostra il contributo praticamente uniforme delle coincidenze spurie

Questa porzione estremamente allargata dello spettro iniziale mostra che la distribuzione delle coincidenze casuali può essere considerata circa uniforme per porzioni limitate dell'intero spettro.

In questo spettro, in cui la larghezza di ogni canale risulta essere di 10 millisecondi, il contributo medio delle coincidenze spurie in ciascun canale è dell'ordine di alcune unità, e possiamo aspettarci che tali coincidenze spurie contribuiscano anche nel canale iniziale, dal quale esse andrebbero sottratte. In queste condizioni, il rapporto segnale/rumore, tra il picco delle coincidenze vere e l'ammontare medio del fondo nei canali adiacenti, è dell'ordine di 4-5. Tuttavia, le coincidenze vere sono in realtà confinate ad un intervallo temporale molto più piccolo, dell'ordine di alcuni microsecondi, dato il tempo risolutivo con cui i due segnali provenienti dai due Geiger possono essere letti dalla scheda Arduino. Possiamo dunque costruire uno spettro delle differenze espandendo ulteriormente la regione alla destra del picco di coincidenze vere. Se scegliamo un bin da 100 microsecondi e un range massimo di 5 ms per rappresentare lo spettro, possiamo ottenere la Fig. 58.5.

In esso vediamo un contributo di sole 5 coincidenze spurie, distribuite nell'arco di 5 ms, compatibile con la stima teorica delle coincidenze casuali attese, e il picco di coincidenze vere, in questo caso 27 eventi. Le coincidenze casuali in ciascun bin da 100 microsecondi sono dunque 0.1, con un rapporto segnale/rumore intorno a 270. In effetti, dato che le coincidenze vere sono attese entro pochi microsecondi, potremmo ancora restringere ulteriormente, di un fattore 10, il binning dell'istogramma, portandolo a 10 microsecondi, e l'intervallo massimo a 500 microsecondi, ma in questo caso non vedremmo praticamente alcun evento di coincidenza casuale nello spettro.

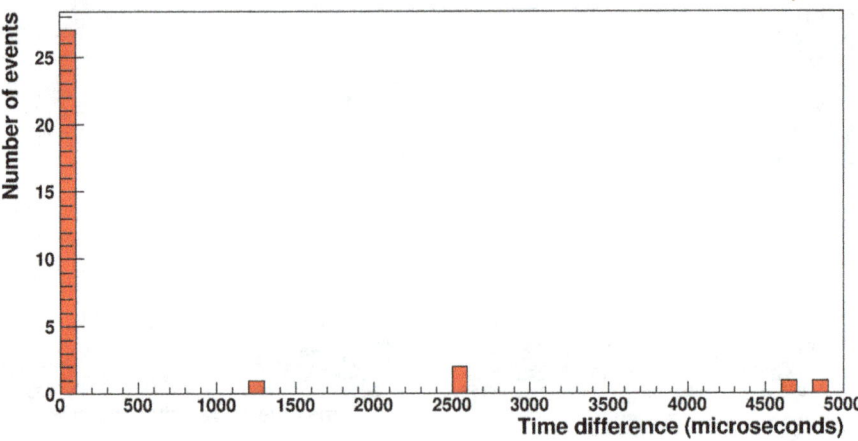

Figura 58.5 Porzione dello spettro precedente, ulteriormente espansa nell'intervallo tra 0 e 5 ms, in modo da avere bin di ampiezza pari a 100 microsecondi. Nel canale iniziale è ben visibile il picco delle coincidenze vere tra i due rivelatori (27 in questo caso), mentre il resto dello spettro mostra un contributo di sole 5 coincidenze spurie distribuite in un intervallo di 5 ms

Analisi di questo genere si rivelano utili per comprendere ulteriormente gli aspetti legati alle misure di coincidenza tra due rivelatori, l'importanza e il contributo delle coincidenze casuali, la questione del rapporto segnale/rumore (tra l'ammontare delle coincidenze vere e quello delle spurie attese).

Rivelare e schermare contatori Geiger dai neutroni

59

Abbiamo visto in uno dei capitoli iniziali come la rivelazione dei neutroni possa avvenire sfruttando uno dei processi che portano alla creazione di particelle cariche, a loro volta capaci di interagire con il rivelatore mediante processi di ionizzazione. Nel caso dei contatori Geiger, il rivestimento delle pareti interne del tubo con materiale contenente boro, oppure l'utilizzo del BF_3 come gas di riempimento, consente di sfruttare delle reazioni nucleari che producono particelle cariche (alfa) nello stato finale. In passato sono stati riportati alcuni progetti di utilizzo didattico e amatoriale di contatori Geiger adatti alla rivelazione dei neutroni [Higgins2016, PHYSICSOPENLAB].

In uno di questi progetti, ad esempio [PHYSICSOPENLAB], si è fatto uso di tubi Geiger del tipo SI19N oppure SNM11, di produzione russa, che hanno le pareti interne rivestite di materiale contenente boro. La reazione $n + {}^{10}B$ produce ${}^7Li + {}^4He$, entrambe particelle in grado di produrre un'elevata ionizzazione all'interno del gas di riempimento. I tubi sono alimentati ad una tensione di lavoro elevata (2 400 V per il tubo SI19N) mediante un DC/DC converter e una resistenza di 100 MΩ, e gli impulsi prodotti da un comparatore possono essere inviati ad un sistema di conteggio (Theremino nel progetto proposto, ma anche una scheda Arduino o simili potrebbe essere utilizzata).

Con questo setup sono state effettuate alcune misure in differenti condizioni: senza alcun moderatore al di sopra del tubo, in presenza di un moderatore costituito da un blocco di HPDE (High Density Polyethylene) da 8 cm di spessore, e in presenza di due layer da 4 cm di HPDE con una lastra di piombo da 2 cm inserita nel mezzo. Il risultato di queste misure, condotte per una durata di circa un'ora, ha fornito rispettivamente i valori 1.56, 2.04 e 2.09 eventi/minuto. Tenendo conto del rate misurato e della durata di queste misure, questi valori hanno un'incertezza statistica dell'ordine del 10% (un centinaio di conteggi in ogni misura), per cui la seconda e la terza misura producono risultati confrontabili. Si è potuto tuttavia osservare un certo incremento nel rate di conteggio quando si interpone il materiale moderatore, evidenza del fatto che rispetto al fondo osservato un certo numero di interazioni in più, presumibilmente dovute a neutroni cosmici moderati dal materiale, sono rivelate dal contatore.

F. Riggi, *Esperimenti didattici e amatoriali con i contatori Geiger*,
https://doi.org/10.1007/978-3-031-72012-3_59

Il contributo della componente neutronica nella radiazione cosmica, anche a livello del mare, non è trascurabile rispetto a quello della componente soft (elettroni e gamma) e della componente hard (muoni). Tale contributo raggiunge un massimo ad una certa altitudine, in conseguenza dello sviluppo dello sciame atmosferico, per poi diminuire man mano che si penetra in profondità fino a raggiungere il livello del mare [Grieder2001, Riggi2023].

In aggiunta alla possibilità di rivelare l'eccesso di conteggi dovuto all'interazione dei neutroni cosmici, opportunamente moderati prima di arrivare ad un contatore Geiger sensibile ai neutroni lenti, un altro possibile approccio al problema della rivelazione dei neutroni mediante semplici contatori Geiger è valutare il contributo che i neutroni cosmici potrebbero dare ad un normale contatore Geiger (senza alcun rivestimento delle pareti con boro). Per valutare, almeno qualitativamente, questo contributo, si può pensare di schermare in modo opportuno il contatore Geiger e confrontare il rate misurato con e senza schermaggio. Come sappiamo, un possibile schermo per i neutroni veloci presenti nella radiazione cosmica, è offerto da un materiale moderatore (ricco in idrogeno, come l'acqua, la paraffina o certi materiali plastici) accompagnato da un materiale capace di assorbire i neutroni lenti prodotti in seguito al processo di moderazione. Uno di questi materiali è rappresentato proprio dal polietilene borato (High Density Borated Polyethylene), un polietilene ad alta densità che contiene una certa percentuale di boro al suo interno, in modo da assorbire i neutroni in base al meccanismo descritto in precedenza. Un materiale del genere è utilizzato infatti proprio per lo schermaggio dai neutroni in ambienti medici o in prossimità di centrali nucleari. La percentuale di boro nel materiale può variare tra qualche percento (tipicamente il 5%) e valori molto più elevati (fino al 30% in peso). Questi materiali possono essere reperiti in una varietà notevole di forme e spessori, in modo da poterli combinare geometricamente anche senza effettuare lavorazioni meccaniche specifiche.

La Fig. 59.1 mostra il fattore di attenuazione previsto per neutroni con energie dell'ordine del MeV in funzione dello spessore in cm di polietilene borato al 5%. In confronto ad altri materiali (cemento, acciaio, acqua, piombo) che in linea di principio possono essere usati come materiali di schermaggio, il polietilene borato è uno dei più efficaci, come si può vedere in un grafico comparativo basato su simulazioni Monte Carlo disponibile presso il sito di un rivenditore di questo materiale [NPO]. Come si vede dalla Fig. 59.1, già uno spessore di 5 cm di materiale è capace di attenuare del 60% il flusso di neutroni. In presenza di alti flussi di neutroni, come ad esempio in prossimità di reattori, spessori ancora maggiori possono ridurre il flusso anche di parecchi ordini di grandezza. Ad esempio, uno spessore di 60 cm ridurrebbe il flusso a meno dell'1% del valore iniziale.

Se consideriamo un normale contatore Geiger posto a livello del mare in condizioni normali, esso acquisirà eventi dovuti soprattutto alla componente carica della radiazione cosmica secondaria e alla radioattività ambientale, mentre il contributo dovuto ai neutroni sarà praticamente trascurabile. Può essere di interesse, tuttavia, effettuare una misura con uno spessore di materiale assorbitore per neutroni e confrontarla con quanto ottenuto in condizioni standard. A tale scopo, è stata eseguita una misura adoperando due contatori SN7928 sovrapposti, in configurazione tele-

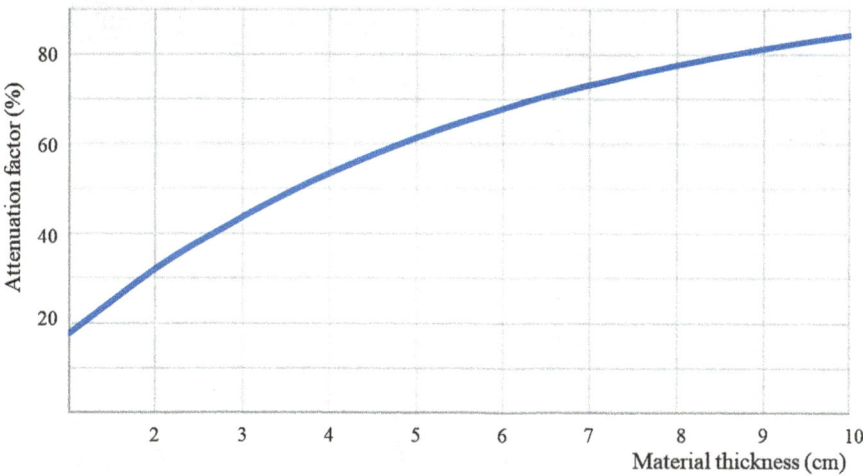

Figura 59.1 Fattore di attenuazione dei neutroni in funzione dello spessore interposto di polietilene borato (con una percentuale del 5% di boro)

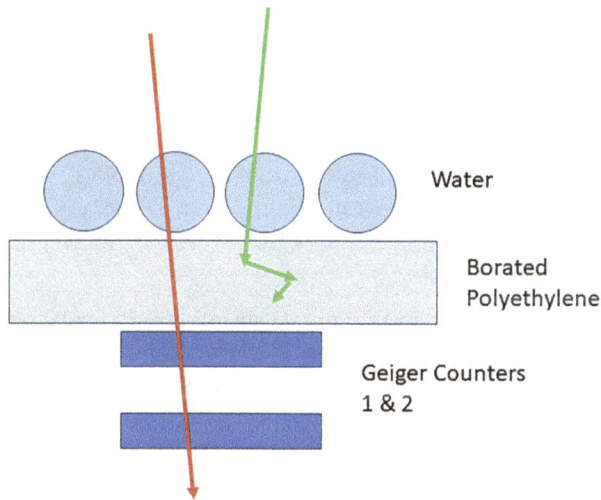

Figura 59.2 Setup utilizzato, con 2 contatori Geiger sovrapposti in configurazione telescopica, a distanza di 30 mm tra gli assi, e uno spessore di polietilene borato al di sopra. Una ulteriore misura è stata fatta ponendo anche dell'acqua (spessore medio di 8 cm) al di sopra

scopica, in presenza di una lastra di polietilene borato (spessore 5 cm) posta al di sopra dei rivelatori (Fig. 59.2 e 59.3). Una ulteriore misura è stata condotta posizionando orizzontalmente anche delle bottiglie di acqua al di sopra del polietilene (spessore medio dell'acqua attraversata da particelle verticali circa 8 cm); le due misure sono state confrontate con quella ottenuta in assenza di schermaggio, come in Tabella 59.1.

Figura 59.3 Foto del setup adoperato, con uno strato di polietilene borato e dell'acqua posizionati al di sopra di un set di due contatori Geiger sovrapposti

Tabella 59.1 Risultati ottenuti con un set di due contatori Geiger standard, in assenza e in presenza di materiale utilizzato comunemente per lo schermaggio da neutroni

Condizioni di misura	Rate singolo complessivo dei due contatori (eventi/s)	Rate di coincidenza (eventi/s)
Senza schermaggio	0.840 ± 0.01	0.0040 ± 0.0007
Con 5 cm di polietilene borato	0.821 ± 0.01	0.0049 ± 0.0009
Con 5 cm di polietilene borato + 8 cm di acqua	0.800 ± 0.01	0.0063 ± 0.0010

Come si vede dai risultati, i valori di rate singoli misurati nelle tre diverse condizioni sono all'incirca confrontabili, con una leggerissima riduzione tra la misura effettuata in assenza di qualunque schermaggio e quella in cui è stato interposto come moderatore sia l'acqua che il polietilene borato. Tale riduzione può anche essere dovuta all'assorbimento di una piccola frazione della componente soft. Questo conferma che il contributo dei neutroni al rate di conteggio misurato di un contatore Geiger standard è trascurabile, altrimenti si sarebbe dovuta osservare una sensibile riduzione nel rate, dato che una frazione significativa dei neutroni può essere assorbita nel materiale contenente boro posta al di sopra dei rivelatori. Per contro, si può osservare un leggero aumento nel tasso di coincidenze tra i due rivelatori, che potrebbe essere causato da interazioni secondarie nel materiale posto al di sopra dei contatori, effetto che è stato studiato in uno degli altri esperimenti discussi in questo testo.

Riferimenti bibliografici

[Grieder2001]   P.K.F. Grieder, *Cosmic rays at Earth*, Elsevier, 2001.

[Higgins2016]   B. Higgins, *Slow-neutron corona counter tubes: principles and use*, reperibile in https://physicsopenlab.org/wp-content/uploads/2017/02/SlowNeutronCoronaCounterTubes_1v10-1.pdf. Verificato il 21 Gennaio 2025

[NPO]   https://www.eichrom.com/npo/latest-news/neutron-radiation-the-concern-reason-and-solution/. Verificato il 21 Gennaio 2025

[PHYSICSOPENLAB]   https://physicsopenlab.org/2017/01/30/neutron-detector/. Verificato il 21 Gennaio 2025

[Riggi2023]   F. Riggi, *Messengers from the Cosmos. An Introduction to the Physics of Cosmic Rays in Its Historical Development*, Springer 2023.

Misure di correlazione ed entanglement

60

Il fenomeno dell'entanglement di due fotoni è uno dei più complessi da comprendere nella fisica, ed è legato ai fondamenti stessi della meccanica quantistica. Due fotoni emessi nello stesso processo, ad esempio la coppia di fotoni gamma emessi nella annichilazione di un positrone e di un elettrone, con la conseguente produzione di due gamma da 511 keV emessi in direzione opposta, rappresentano un esempio di fotoni *entangled*, cioè di un sistema in cui lo stato quantico di ogni costituente non può essere descritto indipendentemente dallo stato dell'altro, anche quando i costituenti sono separati da una grande distanza. La misura di certe grandezze fisiche condotta su coppie di particelle entangled dà dei risultati perfettamente correlati. Nel caso di fotoni emessi in seguito all'annichilazione di elettrone e positrone, se uno dei fotoni è polarizzato in un piano, l'altro fotone, emesso nella direzione opposta e con eguale impulso, sarà linearmente polarizzato in un piano perpendicolare. Ciò che accade ad uno dei costituenti il sistema entangled, influenzerà immediatamente l'altro, non importa a che distanza esso si trovi. Come è noto, Einstein, Podolsky e Rosen, in un articolo del 1935 [Einstein1935] discussero i paradossi che potevano derivare dal fenomeno dell'entanglement, cercando di trovare una spiegazione alternativa, e considerando questo come evidenza del fatto che la meccanica quantistica fosse una teoria incompleta. Il termine *entanglement* venne introdotto poco dopo da Schrodinger [Schrodinger1935].

Nel caso di fotoni di energia elevata (radiazione gamma), lo stato di polarizzazione dei fotoni a queste energie può essere misurato dallo scattering Compton. In questo processo lo scattering anelastico del fotone che interagisce con un elettrone darà luogo ad un elettrone e ad un gamma diffuso ad energia minore, dipendente dall'angolo di diffusione.

Misure di correlazione tra lo stato di polarizzazione dei fotoni, allo scopo di valutare la dipendenza della resa dall'angolo azimutale, e in particolare verificare che i fotoni fossero prodotti con stati di polarizzazione ruotati di 90°, vennero effettuate storicamente già a partire dagli anni '40 [Bleuler1948, Hanna1948, Wu1950].

Esperimenti didattici relativi a fenomeni di entanglement sono stati riportati in anni recenti, adoperando come rivelatori scintillatori, avalanche photodiodes [Hetfleis2018] e anche contatori Geiger [Musser2013]. È da ricordare che anche i

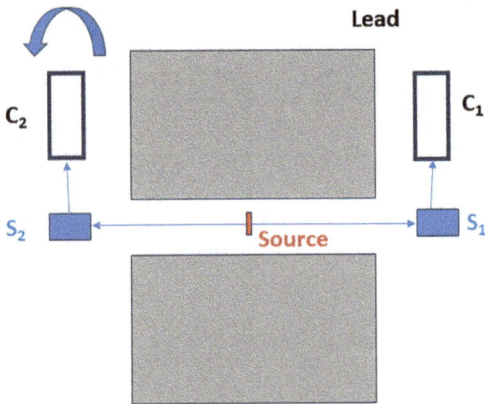

Figura 60.1 Setup semplificato per lo studio della correlazione tra due fotoni emessi in seguito alla annichilazione elettrone-positrone in una sorgente di ^{22}Na (S). I gamma provenienti da S sono collimati attraverso dei blocchi di piombo. Due blocchi di alluminio (S_1, S_2) agiscono da centri di scattering per misurare i gamma diffusi per effetto Compton nei contatori Geiger C_1, C_2. Uno dei due contatori può essere ruotato lungo la direzione azimutale, in modo da misurare la correlazione angolare

primi esperimenti di correlazione tra fotoni prodotti nell'annichilazione elettrone-positrone vennero fatti utilizzando contatori Geiger [Bleuler1948, Hanna1948]. La Fig. 60.1 mostra il setup utilizzato in uno di questi primi esperimenti, che è alla base anche di esperimenti didattici e amatoriali realizzabili, pur se con qualche difficoltà, anche utilizzando dei moderni contatori Geiger.

La sorgente S può essere una sorgente di ^{22}Na, utilizzata anche in altri esperimenti descritti in questo testo. Essa emette positroni, che annichilandosi con gli elettroni ordinari, producono due fotoni gamma da 511 keV correlati e in direzione opposta. Un opportuno insieme di blocchi di piombo agisce da collimatore per i gamma. Ciascun gamma può interagire con bersagli di alluminio, che agiscono da scatterer (S_1, S_2), nei quali può avvenire effetto Compton. I gamma diffusi per effetto Compton possono essere rivelati dai contatori C_1, C_2, uno dei quali può essere ruotato intorno all'asse individuato dalla direzione del gamma, in modo da esplorare differenti angoli azimutali. Si tratta di misurare il numero di eventi di coincidenza tra i contatori C_1, C_2, per differenti angoli azimutali.

Nell'esperimento effettuato da Bleuler e Bradt [Bleuler1948] come sorgente veniva utilizzato un campione di ^{64}Cu. Le condizioni di misura (attività della sorgente, distanze geometriche, dimensioni dei contatori, ...) erano tali da avere un rate medio di conteggio per C_1 e C_2 dell'ordine di 50 eventi/s in assenza dei diffusori di alluminio e di circa 90 eventi/s in presenza dei diffusori. Il tasso di coincidenze casuali era di 1.95×10^{-3} eventi/s, mentre le coincidenze vere (già sottratte del fondo) risultavano di 2.53×10^{-3} eventi/s con gli assi dei contatori perpendicolari, e di 1.22×10^{-3} eventi/s con gli assi dei contatori paralleli tra loro, con un rapporto tra le rese nelle due direzioni di $2.53/1.22 = 2.07$, e una incertezza stimata di 0.64.

In un altro esperimento, effettuato nello stesso periodo [Hanna1948], veniva utilizzato un apparato simile, con 4 contatori Geiger (in coincidenza a due a due da parti opposte), e una sorgente di ^{64}Cu con attività iniziale 3×10^8 positroni/s (dunque con attività estremamente alta). Come scatterer venne utilizzato sia alluminio che ottone. I risultati ottenuti da diverse misure diedero valori del rapporto tra resa perpendicolare e resa parallela di (1.39 ± 0.07), (1.31 ± 0.17), (1.51 ± 0.10).

Nelle misure condotte da Wu e Shaknov [Wu1950], infine, utilizzando ancora una sorgente di ^{64}Cu, si faceva uso di scintillatori anziché di contatori Geiger, ottenendo un'efficienza molto maggiore per i gamma. Il risultato di queste misure, della durata complessiva di circa 30 ore, in termini del rapporto tra resa nella direzione perpendicolare e resa nella direzione parallela fu di (2.04 ± 0.08).

La descrizione delle condizioni di questi esperimenti fa vedere fin da subito che non si tratta di una misura semplice da eseguire: occorre una sorgente relativamente intensa di positroni (quindi non di facile utilizzo a scopo didattico o amatoriale), uno schermaggio adeguato in modo da ridurre il numero di coincidenze spurie, e contatori di grande diametro, in modo da sottendere un elevato angolo solido.

In un recente esperimento didattico, condotto con rivelatori basati su PIN diodes [Hetfleis2018], l'area sensibile dei rivelatori era di $100\,mm^2$, con un'attività della sorgente di ^{22}Na pari a $10\,\mu Ci$. Sorgenti con questa attività sono commercialmente disponibili, ma richiedono qualche precauzione in più rispetto alle sorgenti di intensità inferiore al μCi utilizzate abitualmente nei laboratori didattici. Nelle condizioni di questo esperimento, in tipici run della durata di $10\,h$, vennero stimate 2.3×10^{-3} coincidenze casuali al secondo. Il rate di coincidenze vere (già sottratte del fondo) è risultato essere di 8.2×10^{-3} eventi/s nella posizione perpendicolare e di 4.3×10^{-3} eventi/s nella posizione parallela, con un rapporto pari a 1.9 ± 0.2. Nonostante l'efficienza di questi rivelatori sia intorno all'1% per gamma di energia $500\,keV$, l'effetto di asimmetria con l'angolo azimutale è stato osservato chiaramente.

È possibile, dunque, in linea di principio, tentare anche la realizzazione di esperimenti facenti uso di piccoli contatori Geiger. Uno di tali esperimenti è stato descritto in [Musser2013]. In questo esperimento si faceva uso di due contatori Geiger RM60, una sorgente di ^{22}Na, e due piccoli cubi di alluminio agenti come bersaglio per la diffusione Compton. Sebbene qualitativamente sia stata osservata una resa maggiore nel caso di contatori posti perpendicolarmente tra loro, lo stesso autore ammette che il risultato potrebbe essere compatibile con l'effetto nullo, date le grosse incertezze statistiche, e che sarebbe necessario adoperare sorgenti con attività maggiore o rivelatori di più elevata efficienza per i gamma.

Riferimenti bibliografici

[Bleuler1948]   E. Bleuler and H.L. Bradt, *Correlation between the states of polarization of the two quanta of annihilation radiation*, Physical Review **73**(1948)1398.

[Einstein1935]   A. Einstein, B. Podoslky and N. Rosen, *Can quantum-mecahnical description of physical reality be considered complete?*, Physical Review **47**(1935)777.

[Hanna1948]   R.C. Hanna, *Polarization of annihilation radiation*, Nature **162**(1948)332.

[Hetfleis2018]   J. Hetfleis et al., *Entangled gamma-photons, classical laboratory exercise with modern detectors*, European Journal of Physics **39**(2018)025403.

[Musser2013]   G. Musser, *How to Build Your Own Quantum Entanglement Experiment*, https://blogs.scientificamerican.com/critical-opalescence/how-to-build-your-own-quantum-entanglement-experiment-part-1-of-2/. Verificato il 21 Gennaio 2025

[Schrodinger1935] E. Schrodinger, *Discussion of probability relations between separate systems*, Mathematical Proceedings of the Cambridge Philosphical Society **31**(1935)555.

[Wu1950]   C.S. Wu and I. Sharknov, *The angular correlation of scattered annihilation radiation*, Physical Review **77**(1950)136.

Muografia con i contatori Geiger

61

La possibilità di utilizzare i muoni della radiazione cosmica secondaria come probe altamente penetrante e dunque in grado di dare informazioni sull'ammontare di materia attraversata risale forse agli anni '30 del secolo scorso, quando misure del flusso di raggi cosmici effettuate in una delle gallerie della metropolitana londinese furono in grado di fornire una sorta di radiografia della roccia solida e delle cavità sovrastanti. I primi tentativi documentati dell'utilizzo di tale tecnica risalgono tuttavia a qualche decennio successivo [George1955], ancora una volta con misure effettuate in un tunnel. La tecnica della muografia, o radiografia effettuata con i muoni, anziché con i raggi X, ha subìto una evoluzione enorme negli ultimi decenni, e oggi esiste una varietà incredibile di applicazioni nei campi più svariati, dallo studio dei vulcani [LoPresti2020, Tanaka2001] a quello delle piramidi egizie [Alvarez1970, Procureur2023], dalle prospezioni geologiche delle caverne [Saracino2017] al problema dell'ispezione dei container alla ricerca di possibile materiale fissile illecito [Borozdin2003, Riggi2021]. Nel campo della tomografia muonica si distingue generalmente tra la tecnica in assorbimento, che sfrutta l'assorbimento di una frazione dei muoni nella materia circostante il rivelatore, e la tecnica dello scattering, che sfrutta invece la deviazione che i muoni subiscono nell'attraversare un materiale, specie se ad alto numero atomico.

I rivelatori utilizzati in questi studi sono tipicamente rivelatori di grandi dimensioni e capaci di ricostruire con precisione le tracce delle particelle, in modo da valutare un eventuale assorbimento preferenziale da certe direzioni (segnalando dunque una maggiore densità di materia lungo quella direzione) oppure un maggiore flusso (segnalando in questo caso delle possibili cavità lungo il percorso delle particelle). La Fig. 61.1 mostra una versione semplificata di un setup del genere, che sfrutta il principio della tomografia muonica per assorbimento.

Nella tecnica che sfrutta lo scattering dei muoni, occorre in genere utilizzare rivelatori di tracciamento da entrambe le parti dell'oggetto da ispezionare, ad esempio al di sotto e al di sopra di un container.

Nella versione più semplice, come in Fig. 61.1, un setup sperimentale in grado di effettuare misure di assorbimento direzionale della radiazione cosmica potrebbe essere fatto da due rivelatori sensibili alla posizione, operanti in coincidenza e

F. Riggi, *Esperimenti didattici e amatoriali con i contatori Geiger*,
https://doi.org/10.1007/978-3-031-72012-3_61

Figura 61.1 Un semplice
setup costituito da due rivelatori sensibili alla posizione,
operanti in coincidenza e
capaci di ricostruire la traiettoria del muone, può dare in
linea di principio informazioni sulla distribuzione di centri
assorbitori della radiazione
posti al di sopra del rivelatore

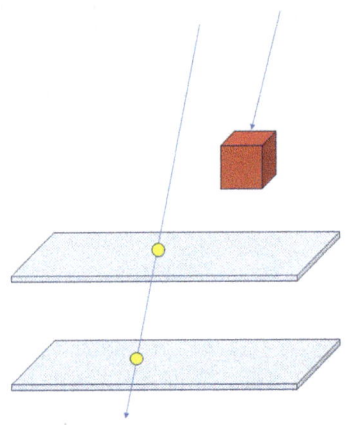

dunque in grado di ricostruire la traccia della particella rivelata. Per confronto con
una misura della distribuzione ottenuta senza alcun oggetto o materiale al di sopra, la misura condotta in presenza di un oggetto pesante potrebbe evidenziare delle
regioni angolari in cui il flusso è minore a causa dell'assorbimento.

Come sappiamo, i contatori Geiger, oltre che essere di piccole dimensioni, non
sono sensibili alla posizione e dunque non sono in grado di segnalare la direzione
della particella che li attraversa. Da questo punto di vista essi non possono essere
considerati adatti ad eseguire misure di questo genere.

Abbiamo visto tuttavia come una configurazione telescopica di due o più contatori possa definire, entro una certa regione angolare corrispondente all'accettanza
geometrica del telescopio, la direzione media di provenienza dei muoni. In linea di
principio, dunque, una serie di misure condotte con uno o più telescopi di contatori
potrebbe essere in grado di esplorare una certa regione dello spazio al di sopra dei
rivelatori e fornire una sorta di mappa del flusso lungo diverse orientazioni. Misure
del genere avrebbero solamente un valore più didattico e dimostrativo che non effettivo, proprio per le elevate specifiche tecniche che devono possedere apparati di
rivelazione preposti a questo scopo, e per la durata delle misure, che con rivelatori
di piccole dimensioni sarebbe proibitiva.

Una interessante misura amatoriale del genere è stata riportata ad esempio recentemente da A. Zanardo [Zanardo2020], sfruttando dei telescopi di piccoli contatori
Geiger posti ad una distanza di 10 cm, che rivelavano il passaggio delle particelle
nello spazio libero o attraverso un cubo di ferro, di lato 25 cm, posizionato al di sopra dei rivelatori, in grado di assorbire una piccola frazione delle particelle stesse.
Spostando il blocco metallico rispetto ai sensori, in step da 5 cm, è stato possibile effettuare una serie di misure molto lunghe, ciascuna della durata di 2 giorni, e
ricostruire una mappa, sebbene con un numero di "pixel" limitato.

Per una valutazione geometrica di un sistema del genere proviamo ad esempio
a considerare dei tipici tubi Geiger posizionati a 10 cm di distanza, verticalmente
l'uno sull'altro. Come abbiamo visto in uno dei capitoli precedenti, dove abbiamo
discusso l'utilizzo di una configurazione telescopica di due contatori Geiger, il rate

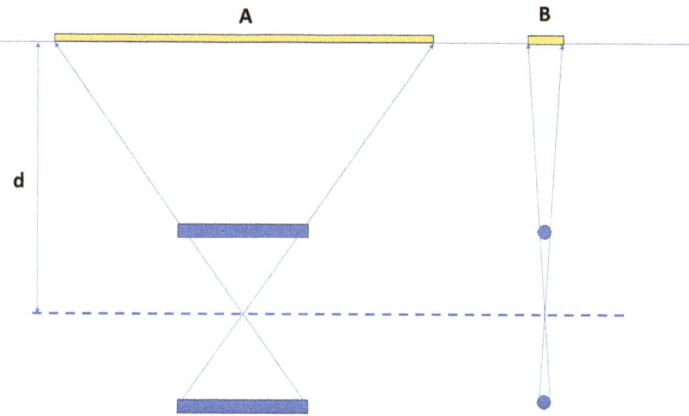

Figura 61.2 Un telescopio costituito da due contatori Geiger con gli assi paralleli e posti ad una certa distanza verticalmente l'uno sull'altro, visto su due piani ortogonali. Le tracce che passano per entrambi i contatori definiscono una regione rettangolare di dimensioni $A \times B$ su un piano posto a distanza d dal piano mediano del telescopio

Tabella 61.1 Dimensioni della regione rettangolare interessata dal passaggio di tracce che possono dare coincidenze nei due rivelatori del telescopio, per diverse distanze rispetto al piano mediano del telescopio

Distanza d (cm)	A (cm)	B (cm)
12	9.8	1.40
15	14	2
20	21	3
25	28	4
30	35	5

misurato di coincidenze per i cosmici in queste condizioni è dell'ordine di 0.001 eventi/s. Le tracce che passano per i due contatori con gli assi paralleli definiranno una zona di forma rettangolare (pixel), di dimensioni $A \times B$, su un piano posto ad una certa distanza d dal piano mediano del telescopio (Fig. 61.2). La Tabella 61.1 riporta le dimensioni di questa zona per diverse distanze d, ipotizzando un diametro di 1 cm e una lunghezza di 7 cm per i tubi Geiger utilizzati.

In riferimento alla Tabella precedente, se ipotizziamo una distanza $d = 20$ cm, le dimensioni della regione di interesse saranno all'incirca di 20×3 cm. Per mettere in evidenza l'effetto dell'assorbimento delle particelle in un blocco di metallo (ad esempio piombo o ferro), si potrebbe utilizzare un blocco che abbia una cavità al suo interno, o più semplicemente dei blocchi modulari di dimensioni più piccole, assemblati opportunamente in modo da lasciare una cavità, come in Fig. 61.3. Spostando progressivamente l'insieme dei blocchi lungo il lato più lungo della regione possiamo andare da una situazione in cui i muoni passano liberamente attraverso la cavità e dunque misurare il flusso standard, ad una situazione in cui tutte le tracce passano attraverso un blocco di materiale solido, con una certa frazione assorbita.

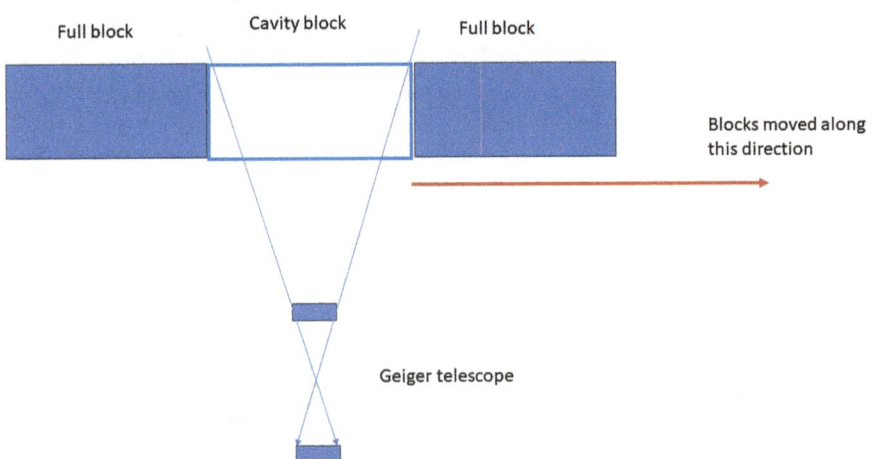

Figura 61.3 Un insieme di blocchi solidi, con delle cavità, può essere spostato rispetto alla zona interessata dalle tracce rivelate da un telescopio di due contatori Geiger, per osservare effetti di assorbimento dei muoni nel materiale sovrastante

Saranno possibili anche le situazioni intermedie, in cui solo una parte delle tracce viene intercettata dal blocco di metallo.

Qual è la riduzione nel flusso che possiamo aspettarci? Questo dipende dallo spessore del blocco e dal tipo di materiale di cui esso è costituito. In altri esperimenti abbiamo visto valori tipici di riduzione del flusso misurato, sia con singoli contatori Geiger che con telescopi di due contatori.

Nel Capitolo 12 abbiamo visto ad esempio che l'utilizzo di mattoni di piombo da 5 cm di spessore intorno al singolo contatore riduceva il rate di conteggio all'incirca del 60%. Questa stima è però fortemente influenzata dall'assorbimento delle radiazioni ambientali, ad esempio i gamma, e non solo dai cosmici verticali. Peraltro, nello studio della curva di transizione abbiamo anche osservato come il posizionamento di un materiale solido al di sopra del rivelatore produce inizialmente un aumento del flusso misurato, a causa delle reazioni secondarie che avvengono nel materiale. Nel contesto di esperimenti amatoriali già citati in precedenza, si stima una riduzione del 15% nel flusso misurato da un telescopio di due contatori in coincidenza, utilizzando uno spessore di piombo da 5 cm. Assumendo una riduzione di quest'ordine di grandezza, le misure in presenza e in assenza del materiale da ispezionare dovranno essere condotte con incertezze statistiche ragionevolmente minori del 15%, diciamo ad esempio del 5%, il che richiede un numero di eventi in ciascuna misura dell'ordine di 500. Se ipotizziamo un rate di conteggio per i muoni verticali di circa 0.001 eventi/s per un telescopio costituito da due contatori Geiger posizionati a 10 cm di distanza, sarebbero necessari circa 5 giorni di presa dati per ciascuna misura. Una serie di almeno 3 misure, spostando opportunamente i blocchi pieni e vuoti, come in Fig. 61.3, richiederebbe dunque almeno 15 giorni di presa dati, che sarebbe opportuno distribuire tra le diverse configurazioni esplorate in modo da non essere influenzate da variazioni di altro genere nell'arco dell'intero intervallo di misura. Se anziché utilizzare piombo si usasse materiale a densità minore, i tempi necessari per le misure sarebbero corrispondentemente maggiori, dato che la riduzione attesa nel flusso dei muoni è minore, a meno di non adoperare spessori maggiori di materiale.

Come si vede dunque, misure dimostrative di carattere tomografico basate sull'assorbimento dei muoni sono in linea di principio fattibili e non richiedono specifici accorgimenti, se non l'utilizzo di un sistema di due contatori montati in configurazione telescopica e un opportuno set di materiali da utilizzare come assorbitori. La geometria del sistema di rivelazione e dei materiali ad esso sovrapposti dovranno essere tuttavia valutate con attenzione, per stimare i tempi di misura necessari ad avere informazioni significative.

Riferimenti bibliografici

[Alvarez1970] L.W. Alvarez et al., *Search for hidden chambers in the pyramids*, Science **167**(1970)832.

[Borozdin2003] K.N. Borozdin et al., *Radiographic imaging with cosmic ray muons*, Nature **422**(2003)277.

[George1955] E.P. George, *Cosmic rays measure overburden of a tunnel*, Commonwealth Engineering **42**(1955)455.

[LoPresti2020] D. Lo Presti et al., *Muographic monitoring of the volcano-tectonic evolution of Mount Etna*, Scientific Reports **10**(2020)11351.

[Procureur2023] S. Procureur et al., *Precise characterization of a corridor-shaped structure in Khufu's Pyramid by observation of cosmic-ray muons*, Nature Communication **14**(2023)1144.

[Riggi2021] F. Riggi et al., *Multiparametric approach to the assessment of muon tomographic results for the inspecion of a full-scale container*, European Physical Journal Plus **136**(2021)139.

[Saracino2017] G. Saracino et al., *Imaging of underground cavities with cosmic ray muons from observations at Mt. Echia (Naples)*, Scientific Reports **7**(2017)1181.

[Tanaka2001] H.K.M. Tanaka et al., *Development of the cosmic ray muon detection system for probing the internal structure of a volcano*, Hyperfine Interact. **138**(2001)521.

[Zanardo2020] A. Zanardo, Muography DIY, reperibile in https://physicsopenlab.org/2020/01/21/muography-diy/. Verificato il 21 Gennaio 2025

Simulazione della risposta di un contatore Geiger

Nella progettazione di esperimenti che fanno uso di rivelatori di particelle, nonché nella successiva interpretazione dei dati ottenuti, è di uso frequente studiare la risposta del rivelatore, e dei materiali ad esso vicini, mediante tecniche di simulazione numerica, chiamate comunemente tecniche Monte Carlo, basate su sequenze di numeri pseudo-casuali. Questo approccio venne utilizzato già fin dai primordi della fisica nucleare, ad esempio da Fermi per lo studio della propagazione dei neutroni, quando ancora non esistevano neppure computer in grado di generare velocemente le sequenze di numeri casuali richiesti.

Oggi le tecniche Monte Carlo sono alla base di ogni studio sperimentale che utilizza rivelatori di particelle complessi, ma possono essere usate proficuamente anche nel caso di esperimenti e sistemi di rivelazione relativamente semplici. Dal punto di vista software, ormai da diversi decenni sono divenuti disponibili dei framework generali per la simulazione della risposta dei rivelatori, che sono capaci di tener conto di tutte le possibili interazioni conosciute tra le particelle e i materiali.

Il software abitualmente usato nella comunità dei fisici nucleari e particellari, ma anche in altri settori, come la fisica dei raggi cosmici, la medicina, in particolare nella radioprotezione e nella diagnostica, e in molti altri settori, è il software GEANT (GEometry ANd Tracking), originariamente sviluppato presso il CERN a metà degli anni '70 e poi distribuito in varie versioni successive, dapprima in Fortran [GEANT3], successivamente in C++ [GEANT4].

Sebbene GEANT sia abitualmente utilizzato per la simulazione di apparati di grandi proporzioni e aventi una struttura complessa, è stato dimostrato in molte occasioni che esso è un valido strumento didattico per una comprensione più dettagliata anche di esperimenti e apparati relativamente semplici [LaRocca2009, LaRocca2018, Riggi2011, Riggi2016], specie in tutti quei casi in cui una soluzione analitica al problema non è facilmente disponibile.

Consideriamo ad esempio il problema dell'assorbimento di elettroni aventi energie dell'ordine delle centinaia di keV o del MeV da parte di un materiale, problema che abbiamo trattato sperimentalmente con l'utilizzo di un piccolo contatore Geiger, per la valutazione del coefficiente di assorbimento. In ciascun processo l'elettrone può subire una perdita di energia oppure essere deviato dalla sua traiettoria, e non è

F. Riggi, *Esperimenti didattici e amatoriali con i contatori Geiger*,
https://doi.org/10.1007/978-3-031-72012-3_62

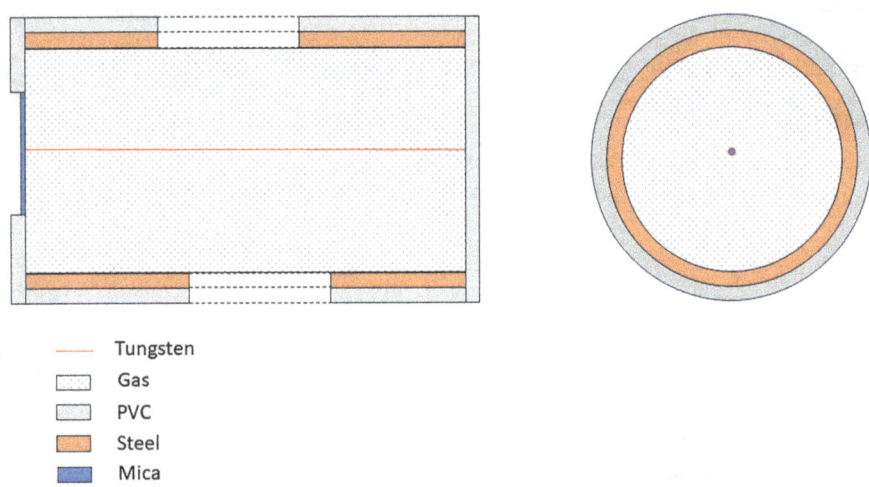

- —— Tungsten
- ☐ Gas
- ☐ PVC
- ☐ Steel
- ☐ Mica

Figura 62.1 Schematizzazione di un tubo Geiger, costituto da un cilindro con pareti esterne in materiale plastico (PVC) e pareti interne in metallo (Acciaio), con una finestra in mica sottile e un filo centrale in tungsteno

possibile in generale trovare una soluzione analitica del problema che ci dica quale frazione di elettroni riuscirà ad arrivare al rivelatore per ogni dato spessore di materiale interposto, specie se gli elettroni non hanno tutti la stessa energia, come è nel caso degli elettroni emessi da una sorgente radioattiva beta. L'andamento della frazione di elettroni rivelati in funzione dello spessore dell'assorbitore può essere considerato in prima approssimazione come una curva esponenziale decrescente, ma in realtà un andamento più preciso può solo essere ricavato da simulazioni numeriche [LaRocca2009].

In casi del genere, data una configurazione geometrica per il rivelatore e i materiali circostanti, la simulazione consente di seguire un elevato numero di eventi, in ciascuno dei quali un elettrone interagisce con il materiale in base ai processi fisici noti (perdita di energia, scattering multiplo, ...) e alla probabilità che essi avvengano, determinando alla fine la distribuzione delle quantità di interesse e il loro valore medio.

In questo contesto abbiamo considerato la possibilità di modellizzare un semplice contatore Geiger costituito da un cilindro metallico con un filo centrale, racchiuso in un cilindro di materiale plastico (PVC), con basi anch'esse in PVC ma eventualmente con una finestra in mica sottile per lasciar passare anche particelle alfa. La dimensione longitudinale del cilindro era pari a 7 cm, con un raggio di 1 cm. Le pareti in PVC sono state assunte avere uno spessore di 1 mm, con le pareti metalliche aventi uno spessore di 0.5 mm (Fig. 62.1). Il filo centrale, di Tungsteno, aveva un raggio di 0.05 mm. Si è assunto come gas di riempimento l'Argon, con un valore di pressione pari a 1/10 di quella atmosferica.

Nella simulazione non sono stati considerati i singoli processi microscopici di ionizzazione nel gas o i successivi processi di trasporto o di ricombinazione degli

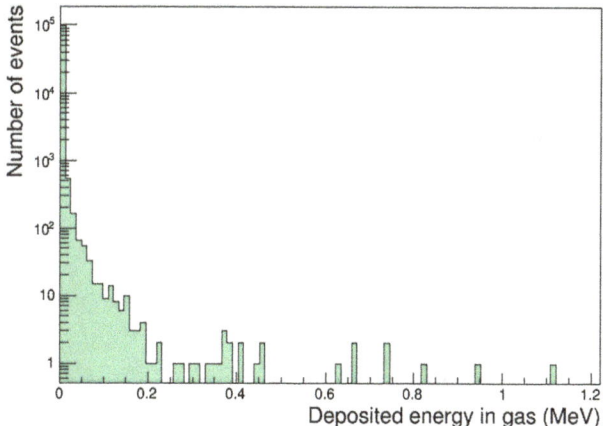

Figura 62.2 Distribuzione dell'energia depositata all'interno del volume sensibile di gas contenuto nel tubo Geiger, da elettroni di energia compresa tra 0 e 5 MeV. La frazione di eventi che hanno depositato un'energia, anche minima, nel gas, è stata pari al 98.4%, frazione che scende al 73% se si impone un'energia minima di 1 keV

elettroni e degli ioni positivi nel gas, cosa che richiederebbe un modello ancora più complesso del comportamento di un gas e dell'intero rivelatore, ma semplicemente i processi fisici di perdita di energia o di scattering delle particelle da rivelare, e la corrispondente distribuzione della energia depositata nei diversi materiali. È stata contemplata anche la possibilità di posizionare materiali aggiuntivi in prossimità del contatore, in modo da poter studiare l'effetto che la presenza di tali materiali può comportare sui processi in gioco.

L'interazione di elettroni di varie energie, distribuite uniformemente tra 0 e 5 MeV è stata considerata dapprima inviando gli elettroni lungo l'asse del tubo Geiger, ipotizzati emessi da una sorgente di forma circolare di raggio 0.5 cm posta a 2.5 cm di distanza dalla superficie frontale del Geiger, posto in aria. In queste condizioni possiamo attenderci che la maggior parte degli elettroni riesca a penetrare nel volume sensibile del contatore, depositando una certa quantità di energia. La Fig. 62.2 mostra la distribuzione dell'energia depositata nel gas, in una simulazione condotta con 10^5 elettroni di energia uniformemente distribuita tra 0 e 5 MeV. Una frazione di elettroni pari al 98.4% produce un deposito di energia nel gas, frazione che scende intorno al 73% se si impone un'energia minima depositata di almeno 1 000 eV, come si può evincere dal fatto che la distribuzione è concentrata verso i valori molto bassi.

La frazione di eventi che è capace di depositare una certa energia nel contatore (e che quindi contribuisce all'efficienza) dipende naturalmente dall'energia iniziale degli elettroni. Possiamo aspettarci infatti che gli elettroni di bassa energia siano assorbiti o diffusi dalla parete frontale del contatore, così da non riuscire a penetrare al suo interno. Se valutiamo questa frazione in funzione dell'energia originale degli elettroni vediamo che una frazione consistente degli elettroni di bassa energia

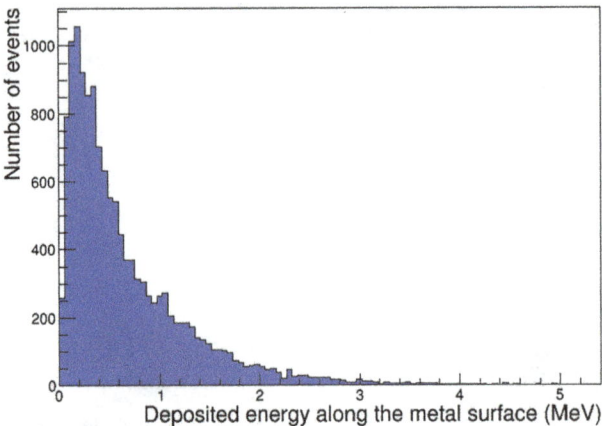

Figura 62.3 Distribuzione dell'energia depositata nel layer metallico che costituisce la superficie laterale del cilindro. La frazione di eventi che hanno depositato un'energia, anche minima, in questo materiale, è stata pari al 13% circa

viene persa. Questo avviene soprattutto per effetti di backscattering (come abbiamo esaminato in uno degli esperimenti proposti), non tanto perché l'efficienza di rivelazione intrinseca sia bassa, ma perché non tutti gli elettroni sono capaci di penetrare nel volume sensibile.

La simulazione di un sistema del genere può aiutarci a comprendere ulteriori aspetti dei fenomeni che avvengono nell'interazione tra le particelle (in questo caso elettroni) e il rivelatore con la sua struttura. In questo caso, ad esempio, dato che stiamo simulando elettroni che viaggiano inizialmente lungo una direzione parallela all'asse del tubo, possiamo aspettarci che una certa quantità di energia, specie per gli elettroni più energetici, sia depositata, oltre che nel gas, dove produce la ionizzazione necessaria per innescare la valanga e rivelare la particella, anche sulle pareti laterali (metallo e plastica) e sulla superficie posteriore del rivelatore. Sulle pareti laterali l'energia può essere depositata a causa di processi di scattering multiplo (importanti per gli elettroni di bassa energia) che deviano in modo consistente gli elettroni dalla loro traiettoria iniziale. La Fig. 62.3 mostra, ad esempio, lo spettro di energia depositata nel rivestimento metallico laterale del contatore, in cui una frazione pari al 13% circa degli eventi ha prodotto dell'energia depositata su questo layer metallico.

Infine, per gli elettroni che non sono troppo deviati dalla loro direzione iniziale, essi possono anche sfuggire attraverso la faccia posteriore del contatore e depositare dell'energia in esso (Fig. 62.4).

In generale, l'interpretazione di quanto avviene in dettaglio in questo sistema, che per quanto semplice, è costituito da diversi materiali, nei quali possono avvenire vari processi fisici in base alla tipologia delle particelle e alla loro energia, non è facile, e in questo senso la simulazione dei processi fisici possibili può aiutarne la comprensione. Se consideriamo ad esempio l'ultimo plot, che rappresenta l'energia

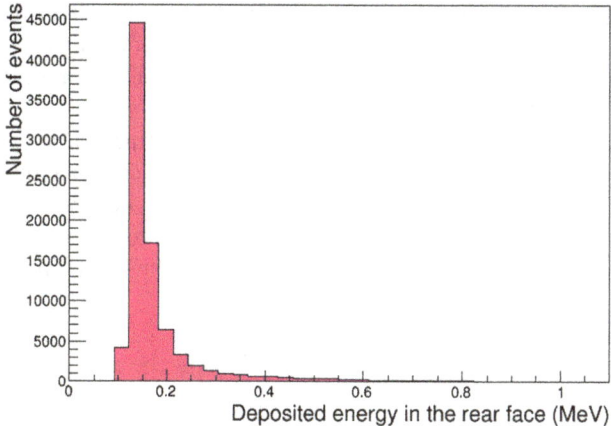

Figura 62.4 Distribuzione dell'energia depositata nella superficie posteriore del contatore Geiger. La frazione di eventi che hanno depositato una certa energia in questo materiale, è stata pari all'86% circa

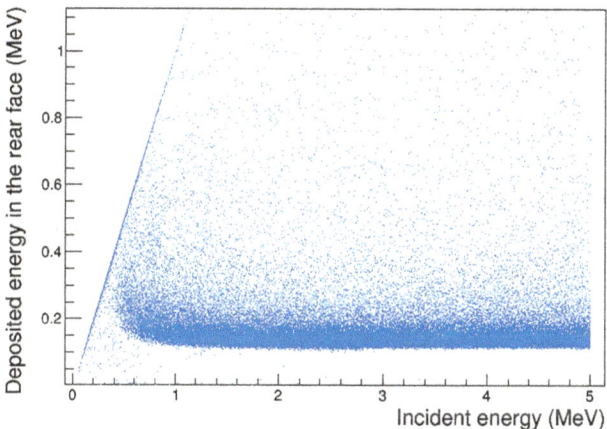

Figura 62.5 Scatter plot dell'energia depositata nella superficie posteriore del contatore Geiger in funzione dell'energia originale degli elettroni incidenti sul contatore

depositata nella superficie posteriore del contatore, possiamo mettere in relazione questa quantità con l'energia incidente degli elettroni, ottenendo uno scatter plot come quello mostrato in Fig. 62.5.

In questa figura si vede come per basse energie, in cui prevalgono i processi di perdita di energia per ionizzazione, l'energia persa nello spessore solido della faccia posteriore sia quasi eguale a quella incidente (essendo trascurabile l'energia depositata nel gas), mentre per energie più elevate possono innescarsi anche altri meccanismi, in cui una parte dell'energia viene depositata in altre forme o può dar luogo ad emissione gamma che sfugge alla rivelazione. Tali processi in buona misura non intervengono tuttavia nel ridurre l'efficienza intrinseca di rivelazione del contatore, che rimane comunque elevata, dato che basta anche una piccola ionizzazione primaria per innescare quella secondaria generata dall'elevato campo elettrico prodotto dal filo centrale.

Simulazioni dettagliate del genere potrebbero essere ripetute, sempre adoperando elettroni, ma simulando uno spettro in energia realistico, come quello continuo prodotto da una sorgente radioattiva beta [LaRocca2009], oppure studiando l'effetto della emissione isotropa degli elettroni da una sorgente, anziché come nel caso considerato, ipotizzando per semplicità una emissione lungo la direzione dell'asse del contatore.

La simulazione di altre particelle, ad esempio particelle alfa, potrebbe essere utilizzata per comprendere meglio la frazione di particelle arrestate dall'aria prima di arrivare sul contatore, in base alla distanza sorgente-rivelatore, o dalla finestra sottile di mica.

Nel caso della radiazione gamma si può studiare ragionevolmente l'efficienza del contatore, in base alla frazione di eventi in cui i gamma sono capaci di produrre particelle cariche secondarie (elettroni), che a loro volta interagiscono con il volume sensibile del contatore.

Ulteriori simulazioni potrebbero essere fatte per studiare l'effetto di un assorbitore sottile (nel caso di elettroni, come riportato in uno degli esperimenti precedenti [LaRocca2009]) o di assorbitori di maggiore spessore, nel caso di radiazioni gamma (ad esempio gamma da 1.46 MeV emessi dal ^{40}K) o di radiazione cosmica.

Si può investigare inoltre l'effetto del porre un materiale ad alto Z, come ad esempio un mattone di piombo, in prossimità del contatore, per comprendere gli effetti delle interazioni Compton che possono avvenire in questo materiale, a loro volta capaci di influenzare la risposta del contatore Geiger.

Riferimenti bibliografici

[GEANT3]　　https://cds.cern.ch/record/1073159/files/cer-002728534.pdf. Verificato il 21 Gennaio 2025

[GEANT4]　　https://geant4.web.cern.ch/. Verificato il 21 Gennaio 2025

[LaRocca2009] P. La Rocca and F. Riggi, *Absorption of beta rays in different materials: an undergraduate experiment*, European Journal of Physics 30(2009)1417.

[LaRocca2018] P. La Rocca, D. Nicotra and F. Riggi, *GEANT4 simulations of small cosmic ray detection modules based on scintillators and WLS bars*, Journal of Instrumentation 13(2018)P10013.

[Riggi2011]　　S. Riggi, P. La Rocca and F. Riggi, *Introducing third year undergraduates to GEANT4 simulation of the light transport and collection in scintillation materials*, European Journal of Physics 32(2011)329.

[Riggi2016]　　F. Riggi, P. La Rocca and S. Riggi, *Muon decay: an old, yet alive experiment in the university physics curriculum*, European Journal of Physics 37(2016)045702.

Sebbene abbiamo già visto una lunga lista di possibili attività sperimentali da condurre mediante l'uso di contatori Geiger, questo elenco non è esaustivo, e si possono immaginare molti altri esperimenti e attività, anche a livello didattico e amatoriale. In questo capitolo vogliamo solo accennare ad alcuni di esse, dando semplicemente una breve introduzione al problema o facendo delle considerazioni circa le possibili condizioni di misura.

63.1 Stima dell'attività di una sorgente

Come abbiamo visto all'inizio del testo, l'attività di una sorgente radioattiva, così come quella di un generico campione che contiene una certa frazione di isotopi radioattivi, è definita dal numero di disintegrazioni al secondo che essa produce. Il numero di conteggi in un rivelatore posto in prossimità della sorgente è legato dunque all'attività della sorgente. Diversi fattori intervengono tuttavia per poter stimare l'attività di una sorgente partendo dal numero di conteggi misurati in un rivelatore. Se chiamiamo R il rate di conteggio misurato nel rivelatore (numero di conteggi per unità di tempo), esso sarà dato dalla somma del rate di conteggio R_s dovuto all'attività della sorgente e del rate di conteggio R_b dovuto al fondo (prodotto dalla radiazione cosmica, quella ambientale, . . .). Dobbiamo dunque innanzitutto stimare in modo il più possibile preciso il contributo dovuto al fondo e sottrarlo dal rate misurato, per ottenere il rate dovuto alla sorgente. Abbiamo visto degli esempi in cui questa sottrazione è problematica (nel senso che porta a incertezze molto elevate), se il contributo del fondo è preponderante rispetto a quello della sorgente.

Una volta ottenuto il rate dovuto alla sorgente, $R_s = R - R_b$, con una stima della sua incertezza, bisogna valutare i due fattori che concorrono a determinare il rate di conteggio nel rivelatore, anche in assenza di fondo, cioè l'accettanza geometrica ε_g e l'efficienza di rivelazione per i prodotti emessi da quella sorgente. Abbiamo visto nel corso del testo delle attività miranti allo studio di entrambi questi fattori, che in ogni caso non sono di facile valutazione.

Il calcolo dell'accettanza geometrica (frazione di particelle emesse dalla sorgente o dal campione che raggiungono il rivelatore), come abbiamo visto, può essere semplice se la sorgente è praticamente puntiforme rispetto alle dimensioni del rivelatore, ma può rivelarsi complicata da valutare nel caso di campioni estesi, come è ad esempio il caso di campioni naturali (materiali, cibo . . .) di cui si voglia stimare l'attività. In questo caso sarebbe opportuno procedere ad una simulazione numerica del problema, modellizzando la forma del campione e del rivelatore, estraendo delle direzioni di emissione delle particelle emesse, con distribuzione isotropa nello spazio, e valutando se queste traiettorie intersecano il volume del rivelatore.

L'efficienza intrinseca ε di rivelazione (frazione di particelle rivelate rispetto al numero di particelle che arrivano sul rivelatore) dipende dal tipo di radiazione considerata e dalla sua energia, ed è anch'essa una quantità di non facile valutazione, specie se le radiazioni che arrivano sul rivelatore hanno energie differenti da evento a evento.

Trascuriamo in questo contesto l'eventuale correzione per il tempo morto del rivelatore, che in genere è trascurabile nel caso di campioni a bassa attività, ma potrebbe essere necessario tenere in conto nel caso di sorgenti ad elevata attività.

Tenuto conto di queste considerazioni e dei possibili aspetti critici nella valutazione di ognuno di questi fattori, si può stimare l'attività della sorgente/campione da

$$A = \frac{R - R_b}{\varepsilon_g \varepsilon}$$

63.2 Valutazione del tempo di dimezzamento di un radioisotopo

Avendo a disposizione un campione radioattivo che abbia una vita media né troppo corta (minuti o inferiore), né troppo lunga (mesi o anni), si può immaginare di misurare il rate di conteggio in condizioni controllate e stabili per un tempo sufficiente e da questi dati stimare la vita media o il tempo di dimezzamento dell'isotopo radioattivo presente nel campione. Abbiamo visto un esempio del genere a proposito della misura dei prodotti del radon utilizzando la tecnica del palloncino caricato elettrostaticamente, nel qual caso il rate di conteggio misurato dal contatore Geiger decadeva all'incirca esponenzialmente con un tempo di dimezzamento dell'ordine di alcune ore. In quel caso in effetti non siamo in presenza di un solo isotopo ben definito, ma di una varietà di isotopi ciascuno con vita media differente, e ciò che è possibile misurare in quelle condizioni è una sorta di media pesata di queste quantità. La curva di decadimento era dunque solo in prima approssimazione una curva esponenziale.

Se si effettua una misura del genere con un solo contatore Geiger e l'attività del campione da esaminare non è particolarmente elevata, bisogna puntare su isotopi che abbiano vite medie dell'ordine delle ore, o eventualmente dei giorni, mentre risulterà poco precisa una misura nel caso di campioni con vite medie dell'ordine dei minuti. Anche in questo caso converrà stimare il rate di conteggio di fondo e

Tabella 63.1 Tempo di dimezzamento di alcuni isotopi di interesse per le attività descritte

Isotopo	Tempo di dimezzamento
^{13}N	9.97 min
^{68}Ga	68 min
^{78}Br	6.4 min
^{99m}Tc	6.006 h
^{131}I	8.02 giorni

sottrarlo dalle misure effettuate in presenza del campione. L'andamento del rate osservato al passare del tempo potrà essere rappresentato nel caso ideale con una curva del tipo

$$N = N_0 e^{-t/\tau}$$

e mediante un best-fit lineare dei dati, rappresentati in scala semi-log, estrarre il valore della vita media.

La Tabella 63.1 mostra a titolo di esempio un elenco di isotopi aventi vita media in un range di valori potenzialmente esplorabili con tempi di misura ragionevoli. Questo, tuttavia, non significa che essi siano facilmente reperibili! Un isotopo metastabile che ha tempi di dimezzamento di alcune ore è un isomero del Tecnezio 99, denominato ^{99m}Tc, ampiamente utilizzato nella diagnostica medica, in particolare per l'esecuzione delle scintigrafie. Un contatore Geiger piazzato nella stessa posizione rispetto ad un eventuale paziente che abbia effettuato una scintigrafia potrebbe mostrare nell'arco di alcune ore il decadimento di questo isotopo mediante una serie di misure condotte a intervalli di tempo ad esempio di un'ora.

63.3   Schermare un Geiger con l'acqua per ridurre il fondo

Tra i materiali che possono essere usati come schermo per le radiazioni, si possono considerare anche i liquidi, in particolare l'acqua. Questo tipo di schermaggio è allo studio, ad esempio, anche per le missioni nello spazio, nelle quali è importante non aumentare inutilmente la massa complessiva da trasportare. Poiché sia l'acqua che i propellenti liquidi sono comunque una parte integrante del carico previsto nella missione, numerosi studi sono stati fatti circa il potere schermante di questi materiali. Alcuni di essi sono stati condotti adoperando sorgenti gamma e semplici contatori Geiger, confrontando i risultati ottenuti nel caso dell'acqua con quelli ottenuti con altri liquidi (acetone, alcool isopropilico ...). Misure della capacità di schermaggio dei cosmici con l'acqua potrebbero essere organizzate anche in termini amatoriali, adoperando opportuni contenitori per l'acqua (o al limite delle bottiglie sovrapposte) posizionati verticalmente sopra uno o più contatori Geiger, per valutare l'assorbimento della radiazione cosmica, proveniente in buona parte dall'alto. Date le energie in gioco delle componenti che costituiscono la radiazione secondaria a livello del mare, è difficile tuttavia attendersi una riduzione significativa di questa componente anche con qualche decina di cm di acqua.

Può essere diverso il caso dell'assorbimento dei gamma di tipo ambientale, ad esempio i gamma emessi dal ^{40}K ad un'energia di 1.46 MeV. Il coefficiente di assorbimento di gamma di questa energia in acqua è di circa 0.057 cm^2/g. Uno spessore di 10 cm di acqua può attenuare dunque il flusso di un fattore $e^{-(0.057 \times 10)} = 0.56$. Utilizzando opportunamente spessori differenti di acqua si può valutare meglio l'effetto di assorbimento relativo alla componente gamma ambientale rispetto a quella dovuta alla radiazione di origine cosmica, di energia molto più elevata.

63.4 Misurare la radioattività della pioggia

La dose misurata a livello del suolo può essere influenzata dalla pioggia o dalle altre precipitazioni atmosferiche [Bottardi2020, Damon1954]. Questo accade perché la pioggia può trascinare con sé una parte degli isotopi radioattivi presenti nell'aria, incluso la progenie del radon, e aumentare temporaneamente il livello di radioattività in prossimità del suolo. Questo aumento può avere una durata di qualche ora, con un ritorno successivo ai valori normali, e in linea di principio il fenomeno può essere osservato mediante scintillatori o anche contatori Geiger [Burnett2010] posti in prossimità del suolo bagnato o utilizzati in vicinanza di un campione di acqua piovana raccolta, nel periodo immediatamente successivo alla pioggia. Misure di questo genere sono state riportate in passato, mostrando una buona correlazione nella serie temporale dei conteggi con il verificarsi di fenomeni di piovosità [METEOLCD] e sono suggerite anche come esempio di monitoraggio della radiazione ambientale in prossimità del suolo per esperimenti didattici [VERNIER].

63.5 Studio delle variazioni stagionali dei raggi cosmici

Oltre alle variazioni giornaliere, alle variazioni cicliche solari e agli eventi aperiodici legati all'attività solare, il flusso dei raggi cosmici segue anche delle variazioni stagionali nel corso dell'anno, originate sia da cause terrestri (le variazioni stagionali delle condizioni dell'atmosfera) che extraterrestri [Jeong2022].

Tali variazioni possono essere messe in evidenza da uno studio condotto per tempi lunghi utilizzando rivelatori dislocati sempre nella stessa posizione e operati nelle stesse condizioni, come ad esempio le stazioni di monitoraggio dei neutroni. Variazioni stagionali possono comunque essere studiate anche attraverso il flusso dei muoni, mediante telescopi di scintillatori. L'ammontare di queste variazioni è dell'ordine del 10% o maggiore tra i valori minimi e i valori massimi osservati nel corso dell'anno.

È possibile utilizzare anche contatori Geiger per lo studio di queste variazioni? In effetti, misure del genere sono state già effettuate negli anni '50 con set di più contatori Geiger [Dolbear1951].

In genere il funzionamento di un contatore Geiger è molto stabile nel corso del tempo, non necessitando di aggiustamenti della tensione di lavoro o della soglia, per cui l'unica precauzione è quella di mantenerlo fisso nella stessa posizione all'interno dell'edificio (o anche all'esterno, sotto un'adatta copertura), in modo che eventuali effetti di schermaggio siano costanti nel tempo. Come abbiamo visto, i valori della pressione atmosferica modificano il rate di conteggio, per cui è opportuno in queste misure fare uso anche di un sensore di pressione che acquisisca i valori a intervalli di tempo prefissati (ad esempio dell'ordine di 30′), in modo da poter correggere i dati in base al coefficiente barometrico discusso in una delle attività precedenti.

Se per misure di questo genere si adopera un singolo contatore Geiger bisogna tener conto del fatto che una frazione consistente dei conteggi è dovuta alla radioattività ambientale o al radon, a seconda delle condizioni di misura scelte, e che quindi le variazioni dovute a modifiche nell'intensità della radiazione cosmica saranno minori in quanto rappresentano solo una parte dei conteggi misurati. Trattandosi di misure di monitoraggio lungo il corso di periodi estesi, si può riportare in un plot il rate medio misurato giornalmente, raggruppando insieme tutti i conteggi ottenuti nell'arco di un giorno. Con un singolo contatore che abbia un rate tipico di 20 conteggi/minuto, il numero di eventi giornalieri attesi è dell'ordine di 30k, che consentirebbe una misura affetta da un errore statistico percentuale dello 0.6%.

63.6   Studio dell'effetto Compton

Abbiamo più volte discusso dell'effetto Compton in questo testo, nell'ambito dei principali meccanismi di interazione dei gamma, e nell'interpretazione di alcuni degli esperimenti proposti nel corso del testo. In questo processo vengono emessi un fotone diffuso e un elettrone, correlati in base ai principi di conservazione dell'energia e della quantità di moto. Le prime misure relative allo studio di questo fenomeno vennero effettuate nel 1924 proprio da Walther Bothe e Hans Geiger, utilizzando dei modelli di contatori Geiger e uno dei primi circuiti di coincidenza. In queste prime misure l'elettrone era rivelato direttamente in uno dei contatori Geiger, mentre il fotone diffuso era rivelato dopo aver prodotto a sua volta un secondo elettrone per ulteriore effetto Compton.

Misure di questo tipo sono effettuate generalmente oggi mediante scintillatori, che possono rivelare i fotoni con elevata efficienza. Nel caso si volessero adoperare esclusivamente contatori Geiger si può tentare di adoperare la strategia originale di Bothe e Geiger, adoperando del materiale che intercetti il fotone diffuso e produca un elettrone a sua volta rivelato da uno dei due contatori, oppure cercare di rivelare direttamente il fotone diffuso in uno dei contatori, tenendo presente tuttavia che l'efficienza di rivelazione è molto bassa, come abbiamo visto in uno degli esperimenti descritti. In entrambi i casi, se si adoperano sorgenti gamma di bassa attività non si tratta di misure semplici da realizzare, e particolare cura deve essere data allo schermaggio dei rivelatori, alla collimazione dei gamma e alla valutazione delle coincidenze casuali.

63.7   Misure di anticoincidenza

Abbiamo discusso a lungo in questo testo dell'uso della tecnica di coincidenza tra due o più rivelatori, per selezionare gli eventi che danno luogo ad un segnale in più di un contatore. Abbiamo visto come la tecnica della coincidenza permette di realizzare un telescopio di contatori, capace di dare informazioni, entro certi limiti geometrici, sulla direzione di provenienza delle particelle. In altre attività, l'uso della tecnica di coincidenza ha consentito di evidenziare l'arrivo di particelle correlate appartenenti a sciami estesi di particelle. Abbiamo utilizzato questa tecnica anche per stimare l'efficienza di un rivelatore posto in posizione intermedia tra altri due, sfruttando il passaggio simultaneo di una particella nei due rivelatori esterni.

In qualche caso può anche essere di interesse sfruttare una combinazione logica di più rivelatori nella quale desideriamo che uno di questi rivelatori non dia segnale quando il segnale è presente in un altro, in altri termini che l'acquisizione di un segnale da parte di un rivelatore avvenga sotto la condizione che l'altro rivelatore non produca un segnale anch'esso. Si dice in questo caso che i due rivelatori operano in anticoincidenza. Immaginiamo, ad esempio, di avere un telescopio di due contatori sovrapposti verticalmente e voler stimare i conteggi prodotti da particelle che provengono dal basso e che si arrestino nel contatore inferiore, mentre vogliamo escludere le particelle (ad esempio quelle energetiche dovute alla radiazione cosmica) provenienti dall'alto e capaci di attraversare entrambi i contatori. In questo caso potremmo imporre già nella fase di acquisizione (mediante un'opportuna definizione del trigger) oppure nella fase di analisi dei dati, che il segnale nel rivelatore in basso non sia accompagnato da un segnale contemporaneo nel rivelatore superiore. Spesso questa condizione è anche chiamata di "veto", in quanto vieta l'acquisizione di una certa frazione di eventi se un dato rivelatore produce un segnale in quell'evento. Condizioni di questo genere sono facilmente implementabili a livello software se si adoperano schede Arduino o simili, leggendo i vari ingressi a cui sono collegati i rivelatori e selezionando solo gli eventi in cui un dato canale non sia attivo. Sebbene di uso meno frequente rispetto all'utilizzo della coincidenza, questa tecnica può essere di aiuto, specie con rivelatori di grandi dimensioni, anche per ridurre il fondo in misure a basso tasso di conteggio, ad esempio circondando il campione da analizzare (posto a sua volta vicino al rivelatore che ne dovrebbe segnalare l'attività) con altri rivelatori che potrebbero "schermare" in modo "attivo" il rivelatore centrale, per eliminare quegli eventi prodotti da particelle che arrivano da altre fonti anziché dal campione in esame.

Riferimenti bibliografici

[Bottardi2020] C. Bottardi et al., *Rain rate and radon daughters' activity*, Atmospheric Environment **238**(2020)117728.
[Burnett2010]   J.L. Burnett et al., *Short-lived variations in the background gamma-radiation dose*, Journal of Radiological Protection **30**(2010)525.
[Damon1954]   P.E. Damon and P.K. Kuroda, *On the natural radioactivity of rainfall*, Eos, Transaction American Geophysical Union, April 1954.

[Dolbear1951]   D.W.N. Dolbear and H. Elliott, *Seasonal and diurnal variations in cosmic ray intensity*, Journal of Atmospheric and Terrestrial Physics **1**(1951)215.

[Jeong2022]   J. Jeong and S. Oh, *Seasonal trends of the cosmic ray intensity observed by 16 neutron monitors for 1964–2020*, Advances in Space Research 70(2022)2625.

[METEOLCD]   https://meteolcd.wordpress.com/2013/08/07/ambient-air-radioactivity-peaks-due-to-radon-washout/. Verificato il 21 Gennaio 2025

[VERNIER]   https://www.vernier.com/vernier-ideas/radioactive-rain/. Verificato il 21 Gennaio 2025

www.ingramcontent.com/pod-product-compliance
Lightning Source LLC
Chambersburg PA
CBHW071435090325

23216CB00001B/5